● 教、学、做一体化教材

国家示范院校重点建设专业

给排水工程技术专业课程改革系列教材

U0791967

给排水施工组织与项目管理

◎主　编　宋文学　刘先春　胡　慨

◎主　审　满广生　曲恒绪

中国水利水电出版社
www.waterpub.com.cn

内 容 提 要

本教材为国家示范院校重点建设专业——给排水工程技术专业课程改革系列教材之一，本着高职高专教育特色，依据国家示范建设专业人才培养方案和课程建设的目标与要求，按照校企专家多次研究讨论后制定的课程标准编写。全书共分10个项目，包括：工程项目管理概述，施工项目招标与投标，施工项目部的建立，施工组织设计，施工项目目标控制，施工项目合同管理，施工项目信息管理，施工项目风险管理，施工项目沟通管理，施工项目收尾管理。

本教材为给排水工程技术专业的教学用书，也可作为土建类相关专业和工程技术人员的参考用书。

本书配有电子教案，读者可从中国水利水电出版社“行水云课”平台免费下载，同时也可扫描书后二维码查看。

图书在版编目（CIP）数据

给排水施工组织与项目管理/宋文学，刘先春，胡慨主编．—北京：中国水利水电出版社，2010.3（2023.7重印）
（国家示范院校重点建设专业、给排水工程技术专业课程改革系列教材）
ISBN 978-7-5084-7334-5

Ⅰ.①给… Ⅱ.①宋…②刘…③胡… Ⅲ.①给排水系统-工程施工-施工组织-高等学校：技术学校-教材②给排水系统-工程施工-项目管理-高等学校：技术学校-教材 Ⅳ.①TU82

中国版本图书馆CIP数据核字（2010）第038634号

书　名	国家示范院校重点建设专业 给排水工程技术专业课程改革系列教材 **给排水施工组织与项目管理**
作　者	主编　宋文学　刘先春　胡　慨 主审　满广生　曲恒绪
出版发行	中国水利水电出版社 （北京市海淀区玉渊潭南路1号D座　100038） 网址：www.waterpub.com.cn E-mail：sales@mwr.gov.cn 电话：（010）68545888（营销中心）
经　售	北京科水图书销售有限公司 电话：（010）68545874、63202643 全国各地新华书店和相关出版物销售网点
排　版	中国水利水电出版社微机排版中心
印　刷	天津嘉恒印务有限公司
规　格	184mm×260mm　16开本　22印张　535千字
版　次	2010年3月第1版　2023年7月第4次印刷
印　数	7501—8500册
定　价	**68.00**元

前言

本教材是依据国家示范院校重点建设专业——给排水工程技术专业的人才培养方案和课程建设目标要求，并按照《建设工程项目管理规范》（GB/T 50326—2017）等有关新规范、新标准进行编写的。

该专业的课程改革是以工作过程为导向，以项目为载体进行的。人才培养方案和课程重构建设方案是由校企等多方面的专家经过多次研讨论证形成的。根据课程教学的基本要求，按照以学习情境代替学科理论为框架体系的编排结构，在教材风格上形成了理论与实践相结合的鲜明特色。与以往教材对比，本教材理论知识本着适度的原则，注意针对性和实用性，强调基本概念、基本原理和基本方法，着重和突出学生实际能力的培养。本教材由10个项目组成，每个项目都附有相应例题，以方便学生自学。

本教材由安徽水利水电职业技术学院宋文学、刘先春、胡慨担任主编：宋文学编写项目1、项目2、项目3、项目4、项目5、项目7，胡慨编写项目2、项目5、项目6，刘先春编写项目8、项目9、项目10，由安徽水利水电职业技术学院满广生、曲恒绪担任主审。

在本教材的编写过程中，得到了合肥市市政公司徐文艳和周翀工程师的大力支持，有关院校及单位的同行提出了许多宝贵的意见，并给予了热情无私的协助，在此一并表示感谢。限于作者水平，书中难免存在欠妥之处，敬请广大读者批评指正。

编者

2010年1月

目录

项目1 工程项目管理概述

学习目标：通过本项目的学习，掌握给排水工程施工项目管理的概念、主要内容和建设程序；掌握项目管理各方的目标和任务；熟悉施工任务委托的模式与建设项目工程总承包的模式；了解物资采购、设计任务委托的模式等。

1.1 工程项目管理的基本知识

1.1.1 工程项目

1. 工程项目的含义

根据相关解释，工程项目（也称建设项目或投资建设项目）的含义可以概括为“在一定的条件约束下，为了特定的目标而进行的投资建设活动”。与工厂里的生产活动不同，工程项目指的是建设过程，而不是指过程终结后所形成的成果或产品。

2. 工程项目的特点

工程项目的基本特点如下：

（1）在一定的约束条件下，以形成固定资产为特定目标。任何项目都是在一定的约束条件下进行的，包括资源条件的约束（人力、物力和财力等）和人为的约束。其中，质量目标、进度目标和费用目标是工程项目普遍存在的三个主要约束条件。

（2）具有特定的对象和明确的目标。所有工程项目都具有特定的对象（可能是一家商场、一所学校或一座污水处理厂等），工程项目的建设周期、造价和功能都是独特的，建成后所发挥的作用和效益也是独一无二的。因此，任何工程项目的目标也是特定的和明确的，如质量目标、进度目标和费用目标。

（3）工程项目的建设需要遵循必要的建设程序和经过特定的建设过程。

（4）有资金限制和经济性要求。任何一个项目，其投资方都不可能无限投入资金，为追求最大的利益，他们总希望投入的越少越好，而产出的越多越好。项目只能在资金许可的范围内完成其所追求的目标——项目的功能要求，包括建设规模、产量和效益等经济性要求。

（5）管理的复杂性和系统性。现代工程项目具有规模大、范围广、风险大、建设周期长和不确定因素多等特点，其专业的组成、协作单位众多，建设地点、工作人员和环境不断变化，加之项目管理组织是临时性的组织，大大增加了工程项目管理的复杂性。因此，要把项目建设好，就必须采用系统的理论和方法，根据具体的对象，把松散的组织、人员、单位组成有机的整体，在不同的限制条件下，圆满完成项目的建设目标。

3. 工程项目的分类

工程项目的分类方法很多，可按照管理主体和内容的不同、专业的不同、工程项目建设性质的不同以及工程项目用途的不同等简单划分如下：

（1）按管理主体和内容的不同可划分为业主项目、设计项目和施工项目。

（2）按专业的不同可划分为建筑工程、安装工程、桥梁工程、公路工程、铁路工程、水电工程等。

（3）按工程项目建设性质的不同可划分为新建项目、扩建项目、改建项目、恢复项目和迁建项目。

（4）按工程项目用途的不同可划分为生产性建设项目和非生产性建设项目。

4. 工程项目的组成

建设项目即工程项目按照从大到小的顺序可将其组成分解为：建设项目→单项工程→单位工程→分部工程→分项工程。

（1）建设项目。统计意义上的建设项目是指在一个总体设计范围内，经济上实行独立核算，行政上具有独立的组织形式的建设工程。它可由一个或数个单项工程组成。

（2）单项工程。单项工程是建设项目的组成部分，指在一个建设项目中，具有独立的设计文件，建成后能够独立发挥生产能力或效益的工程。如××工厂的某一生产车间，××学校的教学楼、图书馆等，都是能够独立发挥其生产能力或使用功能的单项工程。

（3）单位工程。单位工程是单项工程的组成部分，指具有独立组织施工条件及单独作为计算成本对象，但建成后不能独立进行生产或发挥效益的工程。一个工程项目，按照它的构成可分为土建工程和安装工程等单位工程。

（4）分部工程。分部工程是单位工程的组成部分，是按单位工程的结构部位、使用的材料、工种或设备种类和型号等的不同而划分的工程。

（5）分项工程。分项工程是分部工程的组成部分，是按照不同的施工方法，不同的材料及构件规格，将分部工程分解为一些简单的施工过程，是建设工程中最基本的单位内容，即通常所指的各种实物工程量。

1.1.2　工程项目管理

1. 工程项目管理的时间范畴

建设工程项目的全寿命周期包括项目的决策阶段、实施阶段和使用阶段（或称运营阶段）。其中，项目的实施阶段即为工程项目管理的时间范畴，包括设计准备阶段、设计阶段、施工阶段、动用前准备阶段和保修阶段，如图1.1.1所示。招标投标工作分散于设计准备阶段、设计阶段和施工阶段，可以不单独列为招标投标阶段。

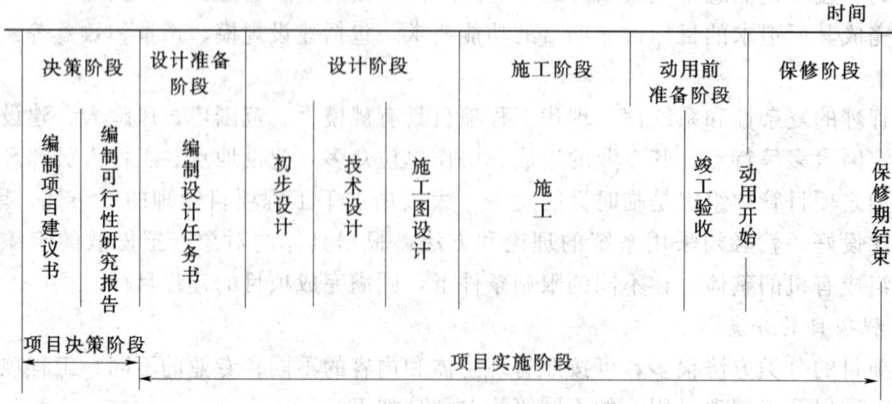

图1.1.1　建设工程项目的阶段划分

2. 工程项目管理的概念

现行规范《建设工程项目管理规范》(GB/T 50326—2017)中对工程项目管理的解释为:“运用系统的理论和方法,对建设工程项目进行的计划、组织、指挥、协调和控制等专业化活动。简称为项目管理。”其内涵为:自项目开始至项目完成,通过项目策划和项目控制,以使项目的费用目标、进度目标和质量目标得以实现。其中部分字段的含义为:“自项目开始至项目完成”指的是项目的实施阶段;“项目策划”指的是目标控制前的一系列筹划和准备工作;“费用目标”对业主而言是指投资目标,对施工方而言是指成本目标。

3. 工程项目管理的类型

由于工程项目管理的核心任务是项目的目标控制,因此,按照项目管理学的基本理论,没有明确的目标的建设工程不是项目管理的对象。从工程实践的意义上讲,如果一个建设项目没有明确的费用目标、进度目标和质量目标,就没有必要进行管理,事实上也无法进行定量的目标控制。

一个工程项目往往是由许多参与单位承担不同的建设任务,而各参与单位的工作性质、工作任务和利益不同,因此也就形成了不同类型的项目管理。按工程项目不同参与方的工作性质和组织特征划分,工程项目管理包括:业主方的项目管理;设计方的项目管理;施工方的项目管理;供货方的项目管理;建设项目工程总承包方的项目管理。

(1)业主方项目管理的目标和任务。业主方的项目管理是指投资方、开发商的项目管理,或由咨询公司提供的代表业主方利益的项目管理服务。业主方项目管理的目标包括项目的投资目标、进度目标和质量目标。其中投资目标指的是项目的总投资目标,是项目由筹建到竣工投入使用为止所发生的全部费用(包括建筑安装工程费、设备工器具购置费、工程建设其它费、预备费、建设期贷款利息、固定资产投资方向调节税)。进度目标指的是项目动用的时间目标,也就是项目交付使用的时间目标,如工厂建成开始投产,道路建成可以通车,办公楼建成可以启用,旅馆开始营业的时间目标等。项目的质量目标不仅涉及施工质量,还包括设计质量、材料质量、设备质量和影响项目运行或运营的环境质量等。质量目标包括满足相应的技术规范和技术标准的规定以及业主方相应的质量要求。

建设项目的投资目标、进度目标、质量目标之间存在着对立统一的关系。要加快进度往往需要增加投资,要提高质量往往也需要增加投资,过度地加快进度则会影响质量,这些反映了三大目标之间的对立关系;通过有效的管理,在不增加投资的前提下,也有可能缩短工期和提高工程质量,增加一些投资可能会减少将来为弥补质量缺陷而进行的追加投资,还可以赶进度提前竣工而带来良好时机的乐观收益等,这些反映了三大目标之间的统一关系。

业主方的项目管理涉及项目实施阶段的全过程,即在设计准备阶段、设计阶段、施工阶段、动用前准备阶段和保修阶段分别进行以下任务:①安全管理;②投资控制;③进度控制;④质量控制;⑤合同管理;⑥信息管理;⑦组织与协调。

(2)设计方项目管理的目标和任务。设计方作为项目建设的参与方之一,其项目管理主要服务于项目的整体利益和设计方本身的利益。设计项目管理的目标包括设计的成本目标、设计的进度目标和设计的质量目标,以及项目的投资目标。项目的投资目标能否实现与设计工作密切相关。

设计方的项目管理工作主要在设计阶段进行，但它也涉及设计前准备阶段、施工阶段、动用前准备阶段和保修阶段。设计方项目管理的任务包括：

①与设计工作有关的安全管理；②设计成本控制和与设计工作有关的工程造价控制；③设计进度控制；④设计质量控制；⑤设计合同管理；⑥设计信息管理；⑦与设计工作有关的组织和协调。

（3）施工方项目管理的目标和任务。施工方作为项目建设的一个重要参与方，施工方的项目管理（包括施工总承包方、施工总承包管理方和分包方的项目管理）主要服务于项目的整体利益和施工方本身的利益，其项目管理的目标为施工成本目标、进度目标和质量目标。

施工方的项目管理工作主要在施工阶段进行，但它也涉及设计准备阶段、设计阶段、动用前准备阶段和保修期。由于设计阶段和施工阶段往往是交叉的，因此施工方的项目管理工作也涉及设计阶段。施工方项目管理的任务包括：①施工安全管理；②施工成本控制；③施工进度控制；④施工质量控制；⑤施工合同管理；⑥施工信息管理；⑦与施工有关的组织与协调（即沟通）。

在工程实践中，建设项目的施工管理和该项目施工方的项目管理是两个相互关联但内涵并不相同的概念。施工管理是传统的较广义的术语，它包括施工方履行施工合同应承担的全部工作和任务，既包含项目管理方面专业性的工作（专业人士的工作），也包含一般的行政管理工作。

从20世纪80年代末和90年代初开始，我国的大中型建设项目引进了为业主方服务（或称代表业主利益）的工程项目管理的咨询服务，这属于业主方项目管理的范畴。然而，在国际上，工程项目管理咨询公司不仅为业主提供服务，也向施工方、设计方和供货方提供服务。因此，施工方的项目管理不能被片面地认为只是施工企业对项目的管理。施工企业委托工程项目管理咨询公司对项目管理的某个方面提供的咨询服务也属于施工方项目管理的范畴。

（4）供货方项目管理的目标和任务。供货方的项目管理（材料和设备供应方的项目管理）主要服务于项目的整体利益和供货方本身的利益。其项目管理的目标包括供货方的成本目标、供货的进度目标和供货的质量目标。

供货方的项目管理工作主要在施工阶段进行，但它也涉及设计准备阶段、设计阶段、动用前准备阶段和保修期。供货方项目管理的任务包括：①供货方的安全管理；②供货方的成本控制；③供货方的进度控制；④供货方的质量控制；⑤供货合同管理；⑥供货信息管理；⑦与供货方有关的组织与协调。

（5）建设项目工程总承包方项目管理的目标和任务。建设项目工程总承包方的项目管理（如设计和施工任务综合承包，或设计、采购和施工任务综合承包的项目管理）主要服务于项目的整体利益和建设项目总承包方本身的利益。其项目管理的目标包括项目的总投资目标和总承包方的成本目标、项目的进度目标和项目的质量目标。

建设工程项目总承包方项目管理工作涉及项目实施阶段的全过程，即设计准备阶段、设计阶段、施工阶段、动用前准备阶段和保修期。建设工程项目总承包方项目管理的任务包括：①安全管理；②投资控制和总承包方的成本控制；③进度控制；④质量控制；⑤合同管理；⑥信息管理；⑦与建设工程项目总承包方有关的组织和协调。

如果采用工程施工总承包或工程施工总承包管理模式，施工总承包方或施工总承包管理方必须按工程合同规定的工期目标和质量目标完成建设任务。当采用指定分包商时，不论指定分包商是与施工总承包方（或施工总承包管理方），还是与业主方签订合同，由于指定分包商合同在签约前都必须得到施工总承包方或施工总承包管理方的认可，因此，施工总承包方或施工总承包管理方都应对合同规定的工期目标和质量目标负责。分包方则必须按工程分包合同规定的工期目标和质量目标完成建设任务。而对于成本目标来说，施工总承包方、施工总承包管理方或分包方均须完成由施工企业根据内部生产和经营的情况自行确定的成本目标。

4. 建设工程项目管理的发展背景和发展趋势

（1）我国建设工程项目管理的发展背景。

1）我国从20世纪80年代初期开始引进建设工程项目管理的概念，世界银行和一些国际金融机构要求接受贷款的业主方应用项目管理的思想、组织、方法和手段组织实施建设工程项目。

2）我国于1983年由原国家计划委员会提出推行项目前期项目经理负责制。

3）我国于1988年开始推行建设工程监理制度。

4）1995年建设部颁布了《建筑施工企业项目经理资质管理办法》，推行项目经理负责制。

5）为了加强建设工程项目总承包与施工管理，保证工程质量和施工安全，根据《中华人民共和国建筑法》和《建设工程质量管理条例》的有关规定，2002年人事部和建设部颁布了人发［2002］111号《建造师执业资格制度暂行规定》的通知，决定对建设工程项目总承包及施工管理的专业技术人员实行建造师执业资格制度。

6）2003年建设部发出《关于建筑业企业项目经理资质管理制度向建造师执业资格制度过渡有关问题的通知》（建市［2003］86号）。

7）2003年建设部发出《关于培育发展工程总承包和工程项目管理企业的指导意见》（建市［2003］30号），“鼓励具有工程勘察、设计、施工、监理资质的企业，通过建立与工程项目管理业务相适应的组织机构、项目管理体系，充实项目管理专业人员，按照有关资质管理规定在其资质等级许可的工程项目范围内开展相应的工程项目管理业务”。

8）为了适应投资建设项目管理的需要，经人事部、国家发改委研究决定，对投资建设项目高层专业管理人员实行职业水平认证制度。2004年人事部与国家发改委颁布了国人部发［2004］110号关于印发《投资建设项目管理师职业水平认证制度暂行规定》和《投资建设项目管理师职业水平考试实施办法》的通知。

9）2006年6月发布了《建设工程项目管理规范》（GB/T 50326—2006），2017年5月4日发布了修订版。

（2）国外建设工程项目管理的发展背景。

1）在20世纪60年代末期和70年代初期，工业发达国家开始将项目管理的理论和方法应用于建设工程领域，并于70年代中期前后在大学开设了与工程管理相关的专业。

2）项目管理首先应用在业主方的工程管理中，而后逐步在承包商、设计方和供货方中得到推广。

3）20世纪70年代中期前后兴起了项目管理咨询服务，项目管理咨询公司的主要服务对象是业主，但它也服务于承包商、设计方和供货方。

4）国际咨询工程师协会（FIDIC）于1980年颁布了《业主方与项目管理咨询公司的项目管理合同条件》（FIDIC IGRA 80PM）。该文本明确了代表业主方利益的项目管理方的地位、作用、任务和责任。

5）在许多国家，项目管理由专业的建造师担任。建造师可以在业主方、承包商、设计方和供货方从事项目管理工作，也可以在教育、科研和政府等部门从事与项目管理有关的工作。建造师的业务范围并不限于在项目实施阶段的工程项目管理工作，还包括项目决策的管理和项目使用阶段的物业管理（设施管理）工作。

（3）建设工程项目管理的发展趋势。

1）项目管理作为一门学科，多年来不断地在发展，传统的项目管理是该学科的第一代，其第二代是多个相互关联项目的管理，第三代指的是多项目（不一定有关联）的组合管理，第四代指的是变更管理。

2）将项目决策阶段的开发管理、实施阶段的项目管理和使用阶段的设施管理集成为项目全寿命管理。

3）在项目管理中应用信息技术，包括项目管理信息系统和项目信息门户，即业主和项目各参与方在互联网平台上进行工程管理等。

1.1.3 施工项目

1. 施工项目的概念

施工项目属于工程项目中的一种，具有工程项目的含义和特点。施工项目以施工承包企业为管理主体，是指施工企业自工程施工投标开始到保修期满为止的全过程中完成的项目。

2. 施工项目的建设程序

一个施工项目的建成往往需要很长时间，需要经过多个阶段，且项目的建设涉及面广，内外协作配合环节多，关系错综复杂，因此，必须遵循必要的建设程序才能有条不紊地进行。在工程建设领域，通常把施工项目的各个阶段和各项工作的先后顺序称为建设程序。施工项目的建设程序具体分为5个阶段：投标、中标、签约阶段；施工准备阶段；施工阶段；竣工验收交付结算阶段；用后服务阶段。

（1）投标、中标、签约阶段。投标、中标、签约阶段是施工项目寿命周期的第一阶段（可称为立项阶段），这一阶段也是施工承包企业运行一个施工项目的开始。项目建设单位对施工项目进行了设计和前期准备工作后，提出建设规模、使用要求、建设期限，通过对材料、人工造价进行估算后制定标底，编制招标文件，进而发布招标信息。施工单位在见到招标广告或邀请函后，决定是否参加投标。若参加投标，需经资格审查合格取得投标文件后，按规定填写标书，提出标价，将密封标书在规定期限内送至招标单位。通过开标、评标和定标，招标单位发出中标通知书。施工承包企业在接到中标通知书后，与发包单位就技术、经济等问题进行谈判，最终达成协议，依法签订施工承包合同。

本阶段施工承包企业的最终目标是签订施工承包合同，其在这一阶段主要进行的工作概括如下：①施工承包企业从经营战略的高度作出是否投标争取承包该项目的决策；②决定投标以后，收集掌握企业自身、相关单位、市场、现场等多方面的大量信息；③编制既能使企业盈利，又具有竞争力，可望中标的投标书；④如果中标，则与招标方进行谈判，按照平等互利、等价有偿的原则依法签订工程承包合同。

（2）施工准备阶段。施工企业与建设单位签订施工项目承包合同后，在施工之前还必须为合同履行和施工活动的顺利进行作必要的准备工作，即项目施工准备工作。现代的工程项目施工是一项十分复杂的生产活动，它不仅需要耗用大量人力、物力，还需要处理各种复杂的技术问题，以及协调各种协作配合关系。如果事先缺乏统筹安排和准备，势必会造成某种混乱，使施工无法正常进行。而全面细致地做好施工前的准备工作，则对于调动各方面的积极因素，合理组织人力、物力，加快施工进度，提高工程质量，节约建设资金，提高经济效益等，都会起着重要的作用。因此，施工准备工作是建设程序中的重要环节，它包括组织准备和开工准备。

组织准备的主要工作是组建项目经理部、授权项目经理，其内容详见项目 3。

开工准备是为了使工程具备开工和连续施工的基本条件而进行的准备工作，其主要内容有：原始资料的收集、技术准备、生产资料准备、施工现场人员准备、施工队伍的准备、季节性施工准备等。

施工准备阶段施工承包企业主要进行的工作概括如下：①成立项目经理部，根据工程管理的需要建立项目组织管理人员；②编制施工组织设计，主要是施工方案、施工进度计划和施工平面图，用以指导施工准备和施工；③制订施工项目管理规划，用以指导施工项目管理活动；④进行施工现场准备，使现场具备施工条件，以利于进行文明施工；⑤编写开工申请报告，待批开工。

(3) 施工阶段。开工报告一经批准，项目便进入了建设实施阶段，即施工阶段。这是一个自开工到竣工的实施过程。在这一过程中，施工活动应按设计要求、合同规定、预算投资、施工程序和顺序、施工组织设计，在保证质量、工期、成本计划等目标的前提下进行，达到竣工标准要求，经过验收合格后，移交给建设单位。

施工阶段的目标是完成合同规定的全部施工任务，达到验收、交工的条件，主要进行以下工作：①按照施工组织设计的安排进行施工；②努力做好动态控制工作，保证质量目标、进度目标、成本目标、安全目标、节约目标的实现；③管好施工现场，实行文明施工；④严格履行施工承包合同，处理好内外关系，管好合同变更及索赔；⑤作好原始记录、协调、检查、分析等工作。

(4) 竣工验收、交付使用、工程结算阶段。当施工项目完成了工程项目设计图样和工程合同规定的全部内容，并达到业主单位的使用要求，就标志着工程的竣工。施工承包企业可以将施工项目建设成果以及有关资料移交建设单位或监理单位，并接受一系列审查验收。如果达到施工项目质量标准，就可以交付使用。

这一阶段施工承包企业的目标是对项目成果进行总结、评价，对外结清债权债务，结束施工合同交易。本阶段主要进行以下工作：①为保证工程正常使用而作必要的技术咨询和服务；②整理、移交竣工文件，进行财务结算，总结工作，编制竣工总结报告；③办理工程交付手续；④项目经理部解体。

(5) 用后服务阶段。施工项目经过竣工验收、交付使用，施工合同交易关系解除，但这并不代表施工企业合同责任和义务的结束，因为施工项目的保修期满才是施工项目寿命周期的最后阶段，即在交工验收后，应按合同规定的责任期进行用后服务、回访与保修，以保证使用单位的正常使用、发挥效益。在该阶段中主要进行以下工作：①为保证工程正常使用而作必要的技术咨询和服务；②进行工程回访，听取使用单位的意见，总结经验教训，观察使用中的问题，进行必要的维护、维修和保修。

1.1.4 施工项目管理

1. 施工项目管理的概念

施工项目管理是施工企业对施工项目进行的管理，是指在有限的空间、时间和资源条件下，利用各种有效的手段，对施工项目寿命周期的各种施工生产要素进行计划、组织、监督、控制和协调的全过程管理方式。施工项目管理是以工程项目为对象，以工程项目所确定的效益为目标，以项目经理负责制为基础，建立以项目经理为中心、遵循工程项目内在的规律并服务于工程项目效益的全面质量保证体系。

（1）施工项目管理的层次。施工项目管理的层次分为企业管理层、项目管理层和施工作业层三个层次。

1）企业管理层。企业管理层包括建设公司领导层和建设公司各管理部门。它具有三个主体特点：市场竞争主体、合同履约主体、企业利益主体。通常，设立项目管理处作为建设公司指导施工项目管理业务的主管机构。

2）项目管理层。项目管理层，即项目经理部，它具有三个“一次性”特点：企业法人一次性授权管理机构、一次性临时组织、一次性成本中心。

3）施工作业层。施工作业层即内部专业公司作业层或外部分承包商，包括内部专业公司派出的施工作业队和参与项目施工的合格分承包商及劳务队伍。

（2）三个层次之间的关系。项目管理层服从于企业管理层，企业管理层服务于项目管理层，施工作业层与项目管理层是经济合同（或内部协议）关系。

企业管理层与项目管理层是授权委托关系，项目经理是建设公司法定代表人在工程项目上的委托代理人。项目管理层与内部专业公司作业队是责任承包经济关系，而与分承包商和供应商之间是经济合同关系。

项目经理部行政上受建设公司直接领导，业务上接受建设公司各专业职能部门的指导、监督管理和考核，经营管理上受《项目管理目标责任书》的约束，对建设公司和参建单位负责。

施工作业层必须服从于项目经理部的统一指挥、协调。凡不服从项目经理部管理的，征得企业法定代表人同意，项目经理部有权予以清退。

（3）三个层次的职能。

1）建设公司。建设公司（即企业）主要负责参与市场竞争，负责公司项目管理政策的制定，负责项目的宏观管理。建设公司的主要职责是：制定和健全施工项目管理制度，规范项目管理；加强计划管理，保持资源的合理分布和有序流动，并为项目生产要素的优化配置和动态管理服务；对项目管理层的工作进行全过程指导、监督和检查。建设公司是项目的决策中心、利润中心。

2）项目经理部。项目经理部负责履行施工合同，是建设公司面向市场为业主提供服务的直接责任层，执行和服从企业管理层对项目管理工作的监督检查和宏观调控。项目经理部是项目的成本控制中心。

3）施工作业层。施工作业层与项目管理层共同履行工程分包合同或内部协议。

2. 施工项目管理的内容

施工项目管理是施工企业履行施工合同的过程，也是实现项目预期目标的全过程，项目管理者在项目实施的过程中，应运用科学管理的基本原理，发挥企业技术管理的整体优势，组织各个层面的管理活动来做好全过程的施工项目管理。项目管理的每一个过程都应体现计划、实施、检查、处理的持续改进过程。

施工项目管理的内容取决于项目管理的目的、对象和手段。而项目管理的目的就是实现质量、成本、工期和安全的预期目标；项目管理的对象就是生产要素；项目管理的手段就是通过管理规划、组织协调、合同管理和信息管理等进行生产要素管理和目标控制。

每个施工项目的具体管理内容由施工企业法定代表人向项目经理下达的《项目管理目标责任书》确定，由项目经理负责组织实施。其内容包括：

(1) 编制"施工项目管理规划大纲"和"施工项目管理实施规划"。施工项目管理规划大纲是项目管理工作中具有战略性、全局性和宏观性的指导文件，也是企业管理层在投标之前编制的用以指导投标文件编制、满足招标文件要求和满足签订合同要求的规划性文件。编制施工项目管理规划大纲的目的是：对施工项目的总目标、施工项目的管理和投标过程进行全面规划，争取中标，并签订一个既符合发包人要求而承包商又能获得综合效益的工程承包合同。项目管理规划大纲可包括项目概况、项目范围管理规划、项目管理目标规划、项目管理组织规划、项目成本管理规划、项目进度管理规划、项目质量管理规划、项目职业健康安全与环境管理规划、项目采购与资源管理规划、项目信息管理规划、项目沟通管理规划、项目风险管理规划、项目收尾管理规划等内容，具体编制时应根据需要选定。

施工项目管理实施规划是在工程承包合同签订后，工程开工之前由项目经理主持编制的用以指导项目实施阶段管理的法规性文件，即用以策划施工项目计划、管理措施和实施方案、工程承包合同顺利实施的文件。编制施工项目管理实施规划的目的是：保证施工项目安全、高效、有序地进行，全面完成工程承包合同责任，实现施工项目的目标。

施工项目管理实施规划和施工项目管理规划大纲的关系是：前者是后者的延续、深化与具体化，后者是前者的编制依据。

项目管理实施规划应包括项目概况、总体工作计划、组织方案、技术方案、进度计划、质量计划、职业健康安全与环境管理计划、成本计划、资源需求计划、风险管理规划、信息管理计划、项目沟通管理计划、项目收尾管理计划、项目现场平面布置图、项目目标控制措施、技术经济指标等内容。

实际上，施工项目管理规划类似于通常所说的施工组织设计。《建设工程项目管理规范》(GB/T 50326—2006) 中明确指出："大中型项目应单独编制项目管理实施规划；承包人的项目管理实施规划可以用施工组织设计项目或质量计划代替，但应能够满足项目管理实施规划的要求。"这里需要说明的是"承包人的项目管理实施规划可以用施工组织设计项目或质量计划代替"，即是指施工项目管理实施规划可以用施工组织设计代替。但施工组织设计是施工项目的施工规划而非施工项目的管理规划，故实行施工项目管理后，应编制施工项目管理规划。

施工组织设计是我国长期工程建设实践中形成的一项管理制度，目前仍继续贯彻执行。当承包人以编制施工组织设计代替项目管理规划时，或者在编制投标文件中的施工组织设计时，应根据施工项目管理的需要，增加相关的内容，使施工组织设计满足施工项目管理规划的要求，满足投标竞争的需要。这样，当施工组织设计满足施工项目管理的需要时，用于投标的施工组织设计也可称作施工项目管理规划大纲，而中标后编制的施工组织设计则也可称作施工项目管理实施规划。施工组织设计的内容详见项目 4。

(2) 施工项目进度控制。施工项目进度控制包括：确定施工项目开工和竣工日期；编制施工项目施工进度计划；向监理工程师提出开工申请报告；实施施工项目施工进度计划。

(3) 施工项目质量控制。施工项目质量控制包括：确定施工项目质量目标；编制施工项目质量计划；实施施工项目质量计划。

(4) 施工项目安全控制。施工项目安全控制包括：确定施工项目施工安全目标；编制施工项目安全保证计划；施工项目安全计划实施；施工项目安全保证计划验证；施工项目安全计划持续改进；兑现合同承诺。

(5) 施工项目成本控制。施工项目成本控制包括：施工企业进行施工项目成本预测；项目经理部编制施工项目成本计划；项目经理部实施施工项目成本计划；项目经理部进行成本核算；项目经理部进行成本分析并编制月度及项目的成本报告；编制成本资料并按规定存档。

(6) 施工项目生产要素管理。施工项目生产要素管理包括：项目人力资源管理；项目材料管理；项目机械设备管理；项目技术管理；项目资金管理。

(7) 施工项目合同管理。施工项目合同管理是指招标投标中的管理，包括策划、投标、中标、签订项目施工合同；合同实施控制；合同变更管理；索赔管理。

(8) 施工项目信息管理。施工项目信息管理是指确定组织成员之间的信息流；确定信息的形式、内容、传递方式、时间和存档；进行信息处理过程的控制；与外界交流信息。

(9) 施工项目现场管理。施工项目现场管理是指制定现场管理规划；规范场容；环境保护；防火安全；卫生防疫和其他事项。

(10) 施工项目组织协调。施工项目组织协调是指内部关系的组织协调；近外层关系和远外层关系的组织协调。

(11) 施工项目竣工验收。施工项目竣工验收是指竣工验收准备；编制竣工验收计划；组织现场验收；进行竣工结算；移交竣工资料；办理竣工手续。

(12) 施工项目考核评价。施工项目考核评价是指制定考核评价方案，经企业法定代表人审批后实行；听取项目经理部汇报，查看项目经理部的有关资料，对项目管理层和劳务作业层进行调查；考察已完工程；对项目管理的实际运作水平进行考核评价；提出考核评价报告；向被考核评价的项目经理部公布评价意见。

(13) 施工项目回访保修。施工项目回访保修是指编制回访工作计划；执行回访并填写回访记录；根据工程质量保修书具体约定内容保修。

3. 施工项目管理的程序

施工项目实行过程必须遵循一定的程序，对项目的管理也必须随项目的进展情况有序进行，施工项目的管理应遵循以下程序：

(1) 编制项目管理规划大纲。

(2) 编制投标书并进行投标。

(3) 签订施工合同。

(4) 选定项目经理。

(5) 组建项目经理部。

(6) 企业法定代表人与项目经理签订《项目管理目标责任书》。

（7）项目经理部编制“项目管理实施规划”。

（8）进行项目开工前的准备工作。

（9）施工实施，并按“项目管理实施规划”进行项目管理。

（10）在项目竣工验收阶段进行竣工结算，清理各种债权债务，移交资料和工程。

（11）进行经济分析。

（12）作出项目管理总结报告并送达企业管理层有关职能部门。

（13）企业管理层组织考核委员会对项目管理工作进行考核评价并兑现《项目管理目标责任书》中的奖惩承诺。

（14）项目经理部解体。

（15）在保修期满前企业管理层根据《工程质量保证书》的约定进行项目回访保修。

1.2　建设工程项目的采购模式

建设工程项目的采购模式或建设项目承发包模式主要有以下几种。

1.2.1　施工总承包模式

1. 施工总承包的概念

施工总承包简称为GC（General Contractor），指的是业主方委托一个施工单位或由多个施工单位组成的施工联合体或施工合作体作为施工总承包单位，经业主同意，施工总承包单位可以根据需要将施工任务的一部分分包给其他符合资质的分包人。施工总承包的合同结构图如图1.2.1所示。

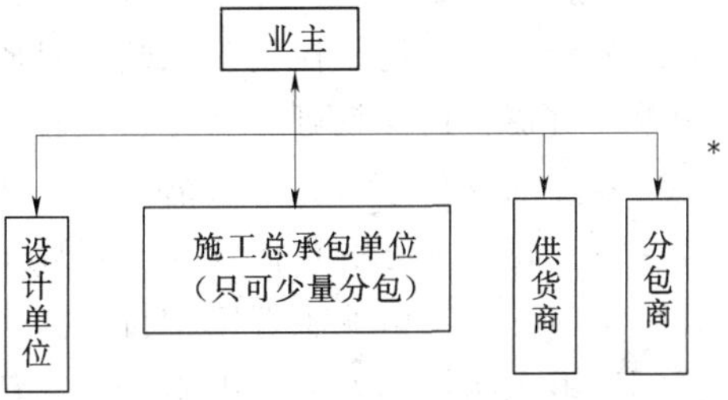

图1.2.1　施工总承包的合同结构图

（注：*为业主自行发包的部分）

2. 施工总承包模式的特点

施工总承包模式具有如下几个方面的特点。

（1）投资控制方面。一般以施工图设计为投标报价的基础，投标人的投标报价较有依据；在开工前就有较明确的合同价，有利于业主的总投资控制；若在施工过程中发生设计变更，可能会引发索赔。

（2）进度控制方面。由于一般要等施工图设计全部结束后，业主才能进行施工总承包的招标，因此，开工日期不可能太早，建设周期会较长。这是施工总承包模式的最大缺点，限制了其在建设周期紧迫的建设工程项目上的应用。

（3）质量控制方面。建设工程项目质量的好坏在很大程度上取决于施工总承包单位的管理水平和技术水平。

（4）合同管理方面。业主只需要进行一次招标，就能与施工总承包商签约，因此招标及合同管理工作量将会减小。

在很多工程实践中，采用的并不是真正意义上的施工总承包，而采用所谓的“费率招标”，这实质上是开口合同，对业主方的合同管理和投资控制十分不利。

（5）组织与协调方面。由于业主只负责对施工总承包单位的管理及组织协调，其组织与协调的工作量比采用平行发包模式会大大减少，这对业主有利。

1.2.2 施工总承包管理模式

1. 施工总承包管理模式的概念

施工总承包管理模式简称MC（Managing Contractor），意为管理型承包，其内涵是：业主方委托一个施工单位或由多个施工单位组成的施工联合体或施工合作体作为施工总包管理单位来负责整个项目的施工组织与管理，业主方另委托其他施工单位作为分包单位进行施工。一般情况下，施工总承包管理单位不参与具体工程的施工，但如施工总承包管理单位也想承担部分工程的施工，它也可以参加该部分工程的投标，通过竞争取得施工任务。

2. 施工总承包管理模式的特点

施工总承包管理模式具有如下几个方面的特点。

(1) 投资控制方面。一部分施工图完成后，业主就可单独或与施工总承包管理单位共同进行该部分工程的招标，分包合同的投标报价和合同价以施工图为依据；在进行对施工总承包管理单位的招标时，只确定施工总承包管理费，而不确定工程总造价，这可能成为业主控制总投资的风险；多数情况下，由业主方与分包人直接签约，这样有可能增加业主方的风险。

(2) 进度控制方面。业主不需要等待施工图设计完成后再进行施工总承包管理的招标，分包合同的招标也可以提前进行，这样有利于提前开工，有利于缩短建设周期。

(3) 质量控制方面。对分包人的质量控制由施工总承包管理单位进行；分包工程任务符合质量控制的“他人控制”原则，对质量控制有利；各分包之间的关系可由施工总承包管理单位负责，这样就可减轻业主方管理的工作量。

(4) 合同管理方面。一般情况下，所有分包合同的招投标、合同谈判以及签约工作均由业主负责，业主方的招标及合同管理工作量较大；对分包人的工程款支付可由施工总承包管理单位支付或由业主直接支付，前者有利于施工总承包管理单位对分包人的管理。

(5) 组织与协调方面。由施工总承包管理单位负责对所有分包人的管理及组织协调，这样就大大减轻了业主方的工作。这是采用施工总承包管理模式的基本出发点。

3. MC与GC相比的优点

合同总价不是一次确定，某一部分施工图设计完成以后，再进行该部分施工招标，确定该部分合同价，因此整个项目的合同总额的确定较有依据；所有分包合同和分供货合同的发包，都通过招标获得有竞争力的投标报价，对业主方节约投资有利；MC单位只收取总包管理费，不赚总包与分包之间的差价。

1.2.3 平行承包模式

1. 平行承包的概念

平行承包是指业主把任务分别委托给多个设计者和多个施工单位，各设计单位之间的关系是平行的，各施工单位之间的关系也是平行的。

2. 平行承包模式的特点

采用平行承包模式对投资控制不利，因为总造价要等签了最后一个合同才知道；采用平行承包模式，建设单位需要和多个设计单位、多个施工单位签订合同，为控制项目的总目标，建设单位协调工作量相当大，对进度协调不利。因为建设单位不仅要协调各个设计单位的进度，还要协调各个施工单位的进度，也要协调施工单位与设计单位的进度，协调工作量大；对合同管理来说，要签的合同太多，不便于进行管理。

但采用这种模式也有有利的一面：即有利于边设计边施工，从而缩短整个项目的建设工期；有利于质量控制；有利于业主选择承建单位。

1.2.4 项目总承包模式

项目总承包模式简称 DB（Design - Build），即设计-施工总承包，“设计-施工总承包是指工程总承包企业按照合同约定，承担工程项目设计和施工，并对承包工程的质量、安全、工期、造价全面负责”。

项目总承包模式解决设计与施工分离导致的问题：设计单位忽视设计的经济性，投资额高，设计费大；较少考虑可施工性；不能结合施工单位的特点和能力进行设计；施工图完成后再进行施工任务的发包，项目建设周期长；建设单位的组织、协调工作量大。

1.2.5 CM 模式

1. CM 模式的概念

CM（Construction Management）模式，也称为两阶段招标，或快速跟进（Fast Track）法，就是在采用快速路径法时，从建设工程的开始阶段就雇用具有施工经验的 CM 单位（或 CM 经理）参与到建设工程实施过程中来，以便为设计人员提供施工方面的建议且随后负责管理施工过程。这种安排的目的是将建设项目的实施作为一个完整的过程来对待，并同时考虑设计和施工的因素，力求使建设项目在尽可能短的时间内，以尽可能经济的费用和满足要求的质量建成并投入使用。

CM 模式分为两个阶段招标：第一阶段：一般是在当设计还处于初步设计阶段时，业主就邀请一家有经验的承包商，由业主的项目管理班子和监理工程师与其详细讨论有关工程类型、规模及承包商的能力等各种问题，然后进行招标。第二阶段：被选中的 CM 公司与设计人员合作，就施工方法、设备选购、进度计划、分包商承担的工程任务提出建议，并负责选定分包商的全部工作。业主可以自始至终参与招标合同谈判的过程，并且分包商的选定必须征得业主的认可。在施工阶段，CM 公司负责直接管理和协调各分包单位，并负责未分包工程和零星工程的施工，对合同规定范围的工程质量、进度和投资负全部责任。

2. CM 模式的适用情况

（1）适用于设计变更可能性较大的建设项目。

（2）适用于时间因素最重要的建设项目。

（3）适用于因为总的范围和规模不确定而无法准确定价的建设项目。

1.2.6 EPC 模式

1. EPC 模式的概念

EPC 为英文 Engineering - Procurement - Construction 的缩写，我国一些学者将其翻译为设计-采购-建造。这容易使人从中文的角度理解，从而将 EPC 模式与工程总承包模式相混淆。

在 EPC 模式中，它不仅包括具体的设计工作，而且可能包括整个建设工程内容的总体策划以及整个建设工程实施组织管理的策划和具体工作。与工程总承包模式相比，EPC 模式将承包范围进一步向建设工程前期延伸，也就是我们所说的通常意义上的决策阶段。

工程总承包模式一般不特别说明其使用的工作范围，而 EPC 模式都特别强调适用于工厂、发电厂、石油开发和基础设施等建设项目。

工程总承包模式不意味着材料和工程设备的采购完全由业主掌握。在 EPC 模式中，材料和工程设备的采购完全由 EPC 承包单位负责。

2. EPC 模式的特征

（1）承包商承担大部分风险。

（2）业主或业主代表管理工程的实施。

（3）采用总价合同。

3. EPC 模式的适用条件

（1）由于承包商承担了工程建设的大部分风险，因此，在招标阶段，业主应给予投标人充分的资料和时间，以使承包人能够仔细审核“业主的要求”，从而详细地了解该文件规定的工程目的、范围、设计标准和其他技术要求，向业主提交一份技术先进可靠、价格和工期合理的投标书。

（2）虽然业主或业主代表有权监督承包商的工作，但不能过分干预承包商的工作，也不要审批大多数的施工图纸。

（3）由于采用总价合同，因而工程的期中支付款应由业主直接按照合同规定支付。

1.2.7 代建制

根据国家发改委起草、国务院原则通过的《投资体制改革方案》，代建制即是指政府通过招标的方式，选择专业化的项目管理单位（以下简称代建单位），负责项目的投资管理和建设组织实施工作，项目建成后交付使用单位的制度。代建期间，代建单位按照合同约定代行项目建设的投资主体职责，有关行政部门对实行代建制的建设项目的审批程序不变。

代建制最早出现在政府投资项目，特别是公益性项目。针对财政性投资、融资社会事业建设工程项目法人缺位，建设项目管理中“建设、监管、使用”多位一体的缺陷，并导致建设管理水平低下、腐败问题严重等问题，通过招标和直接委托等方式，将一些基础设施和社会公益性的政府投资项目委托给一些具有实力和工程管理能力的专业公司实施建设，而业主则不从事具体项目建设管理工作。业主与项目管理公司/工程咨询公司通过管理服务合同来明确双方的责、权、利。其方式有两种：一、代建单位与实施单位只有管理关系，没有合同关系，代建单位按照项目总投资的百分比或者固定的金额收取代建费；二、投资人和代建单位签订委托一代理合同，代建单位再与其它实施单位（设计、施工、供货）签订合同。在后一种情况下，代建单位与实施单位既有管理关系又有合同关系，比较有利于项目的管理。

1.3 建设工程监理的基本知识

1.3.1 建设工程监理的工作性质

工程监理单位是建筑市场的主体之一，建设工程监理是一种高智能的有偿技术服务。在国际上把这类服务归为工程咨询（工程顾问）服务。我国的建设工程监理属于国际上业主方项目管理的范畴。

从事建设工程监理活动，应当遵守国家有关法律、行政法规，严格执行工程建设程序、国家工程建设强制性标准和有关标准、规范，遵循守法、诚信、公平、科学的原则，认真履行委托监理合同。

工程监理企业与建设单位应当在实施建设工程监理之前以书面形式签订委托监理合同。合同条款中应当明确合同履行期限、工作范围和内容，双方的责任、权利和义务，监理酬金及其支付方式，合同争议的解决办法等。

建设工程监理的工作性质有如下几个特点：

(1) 服务性。工程监理机构受业主的委托进行工程建设的监理活动，它提供的不是工程任务的承包，而是服务，工程监理机构将尽一切努力进行项目的目标控制，但它不可能保证项目的目标一定能实现，它也不可能承担由于不是它的缘故而导致项目目标的失控。

(2) 科学性。工程监理机构拥有从事工程监理工作的专业人士——监理工程师，它能运用自身所掌握的工程监理方面科学的思想、组织、方法和手段从事工程监理活动。

(3) 独立性。独立性指的是不依附性，它在组织上和经济上不能依附于监理工作的对象（如承包商、材料和设备的供货商等），否则它就不可能自主地履行其义务。

(4) 公正性。工程监理机构受业主的委托进行工程建设的监理活动，当业主方和承包商发生利益冲突或矛盾时，工程监理机构应以事实为依据，以法律和有关合同为准绳，在维护业主的合法权益的同时，不损害承包商的合法权益，这体现了建设工程监理的公正性。

1.3.2 建设工程监理的工作任务

《中华人民共和国建筑法》中指出“建筑工程监理应当依照法律、行政法规及有关的技术标准、设计文件和建筑工程承包合同，对承包单位在施工质量、建设工期和建设资金使用等方面，代表建设单位实施监督”。建设工程监理的工作任务体现在以下几个方面。

1.《建设工程质量管理条例》中的有关规定

(1) 工程监理单位应当依照法律、法规以及有关技术标准、设计文件和建设工程承包合同，代表建设单位对施工质量实施监理，并对施工质量承担监理责任。

(2) 工程监理单位应当选派具备相应资格的总监理工程师和监理工程师进驻施工现场。未经监理工程师签字，建筑材料、建筑构配件和设备不得在工程上使用或者安装，施工单位不得进行下一道工序的施工。未经总监理工程师签字，建设单位不得拨付工程款，不得进行竣工验收。

(3) 监理工程师应当按照工程监理规范的要求，采取旁站、巡视和平行检验等形式，对建设工程实施监理。

2.《建设工程安全生产管理条例》中的有关规定

(1) 工程监理单位应当审查施工组织设计中的安全技术措施或者专项施工方案是否符合工程建设强制性标准。工程监理单位在实施监理过程中，发现存在安全事故隐患的，应当要求施工单位整改；情况严重的，应当要求施工单位暂时停止施工，并及时报告建设单位。施工单位拒不整改或者不停止施工的，工程监理单位应当及时向有关主管部门报告。工程监理单位和监理工程师应当按照法律、法规和工程建设强制性标准实施监理，并对建设工程安全生产承担监理责任。

（2）违反本条例的规定，工程监理单位有下列行为之一的，责令限期改正；逾期未改正的，责令停业整顿，并处10万元以上30万元以下的罚款；情节严重的，降低资质等级，直至吊销资质证书；造成重大安全事故，构成犯罪的，对直接责任人员，依照刑法有关规定追究刑事责任；造成损失的，依法承担赔偿责任：

1）未对施工组织设计中的安全技术措施或者专项施工方案进行审查的；

2）发现安全事故隐患未及时要求施工单位整改或者暂时停止施工的；

3）施工单位拒不整改或者不停止施工，未及时向有关主管部门报告的；

4）未依照法律、法规和工程建设强制性标准实施监理的。

3. 在建设工程项目实施的几个主要阶段建设监理工作的主要任务

（1）设计阶段建设监理的主要工作任务。设计阶段建设监理的主要工作任务包括：编写设计要求文件；组织建设工程设计方案竞赛或设计招标，协助业主选择勘察设计单位；拟订和商谈设计委托合同；配合设计单位开展技术经济分析，参与设计方案的比选；参与设计协调工作；参与主要材料和设备的选型（视业主的需求而定）；审核或参与审核工程估算、概算和施工图预算；审核或参与审核主要材料和设备的清单；参与检查设计文件是否满足施工的需求；设计进度控制；参与组织设计文件的报批。具体工作内容视业主的需求而定，国家并未作出统一的规定。

（2）施工招标阶段建设监理的主要工作任务。包括：拟订或参与拟订建设工程施工招标方案；准备建设工程施工招标条件；协助业主办理招标申请；参与或协助编写施工招标文件；参与建设工程施工招标的组织工作；参与施工合同的商签。

（3）材料和设备采购供应阶段建设监理的主要工作任务。对于由业主负责采购的材料和设备物资，监理工程师应负责制订计划，监督合同的执行。具体内容包括：制定（或参与制定）材料和设备供应计划和相应的资金需求计划；通过材料和设备的质量、价格、供货期和售后服务等条件的分析和比选，协助业主确定材料和设备等物资的供应单位；起草并参与材料和设备的订货合同；监督合同的实施。

（4）施工准备阶段建设监理的主要工作任务。包括：审查施工单位选择的分包单位的资质；监督检查施工单位质量保证体系及安全技术措施，完善质量管理程序与制度；参与设计单位向施工单位的设计交底；审查施工组织设计；在单位工程开工前检查施工单位的复测资料；对重点工程部位的中线和水平控制进行复查；审批一般单项工程和单位工程的开工报告。

（5）工程施工阶段建设监理的主要工作任务。

1）施工阶段的质量控制。施工阶段的质量控制包括：对所有的隐蔽工程在隐蔽以前进行检查和办理签证，对重点工程由监理人员驻点跟踪监理，签署重要的分项、分部工程和单位工程质量评定表；对施工测量和放样进行检查，对发现的质量问题应及时通知施工单位纠正，并做监理记录；检查和确认运到施工现场的材料、构件和设备的质量，并应查验试验和化验报告单，监理工程师有全权禁止不符合质量要求的材料和设备进入工地和投入使用；监督施工单位严格按照施工规范和设计文件要求进行施工；监督施工单位严格执行施工合同；对工程主要部位、主要环节及技术复杂工程加强检查；检查和评价施工单位的工程自检工作；对施工单位的检测仪器设备、度量衡定期检验，不定期地进行抽验，以确保度量资料的准确；监督施工单位对各类土木和混凝土试件按规定进行检查和抽查；监督施工单位认真处理施工中发生的一般质量事故，并认真做好记录；对大的和重大质量事故以及其他紧急情况报告业主。

2）施工阶段的进度控制。施工阶段的进度控制包括：监督施工单位严格按照施工合同规定的工期组织施工；进行施工进度的动态控制；建立工程进度台账，核对工程形象进度，按月、季和年度向业主报告工程执行情况、工程进度以及存在的问题。

3）施工阶段的投资控制。施工阶段的投资控制包括：审查施工单位申报的月度和季度计量表，认真核对其工程数量，不超计、不漏计，严格按合同规定进行计量支付签证；建立计量支付签证台账，定期与施工单位核对清算；从投资控制的角度审核设计变更。

（6）竣工验收阶段建设监理的主要工作任务。竣工验收阶段建设监理的主要工作任务有：督促和检查施工单位及时整理竣工文件和验收材料，受理单位工程竣工验收报告，并提出意见；根据施工单位的竣工报告，提出工程质量检验报告；组织工程预验收，参加业主组织的竣工验收。

4. 施工合同管理方面建设监理的主要工作任务

（1）拟订合同结构和合同管理制度，包括合同草案的拟订、会签、协商、修改、审批、签署和保管等工作制度及流程。

（2）协助业主拟订工程的各类合同条款，并参与各类合同的商谈。

（3）进行合同执行情况的分析和跟踪管理。

（4）协助业主处理与工程有关的索赔事宜及合同争议事宜。

1.3.3 建设工程监理的工作方法

“实施建筑工程监理前，建设单位应当将委托的工程监理单位、监理的内容及监理权限，书面通知被监理的建筑施工企业”。

“工程监理人员认为工程施工不符合工程设计要求、施工技术标准和合同约定的，有权要求建筑施工企业改正。工程监理人员发现工程设计不符合建筑工程质量标准或者合同约定的质量要求的，应当报告建设单位要求设计单位改正”。

1. 工程建设监理的工作程序

工程建设监理一般应按下列程序进行：

（1）编制工程建设监理规划。

（2）按工程建设进度，分专业编制工程建设监理实施细则。

（3）按照建设监理细则进行建设监理。

（4）参与工程竣工预验收，签署建设监理意见。

（5）建设监理业务完成后，向项目法人提交工程建设监理档案资料。

2. 工程建设监理规划

工程建设监理规划的编制应针对项目的实际情况，明确项目监理机构的工作目标，确定具体的监理工作制度、程序、方法和措施，并应具有可操作性。工程建设监理规划的编制程序和依据应符合下列规定：

（1）工程建设监理规划应在签订委托监理合同及收到设计文件后开始编制，完成后必须经监理单位技术负责人审核批准，并应在召开第一次工地会议前报送业主。

（2）应由总监理工程师主持，专业监理工程师参加编制。

（3）编制工程建设监理规划的依据：

1）建设工程的相关法律、法规及项目审批文件。

2）与建设工程项目有关的标准、设计文件和技术资料。

3）监理大纲、委托监理合同文件以及建设项目相关的合同文件。

工程建设监理规划一般包括的内容为：建设工程概况；监理工作范围；监理工作内容；监理工作目标；监理工作依据；项目监理机构的组织形式；项目监理机构的人员配备计划；项目监理机构的人员岗位职责；监理工作程序；监理工作方法及措施；监理工作制度；监理设施。

3. 工程建设监理实施细则

对中型及中型以上或专业性较强的工程项目，项目监理机构应编制工程建设监理实施细则。它应符合工程建设监理规划的要求，并应结合工程项目的专业特点，做到详细具体，并具有可操作性。在监理工作实施过程中，工程建设监理实施细则应根据实际情况进行补充、修改和完善。

工程建设监理实施细则的编制程序应符合下列规定：

（1）工程建设监理实施细则应在工程施工开始前编制完成，并必须经总监理工程师批准。

（2）工程建设监理实施细则应由各有关专业的专业工程师参与编制。

编制工程建设监理实施细则的依据如下：

（1）已批准的工程建设监理规划。

（2）相关的专业工程的标准、设计文件和有关的技术资料。

（3）施工组织设计。

工程建设监理实施细则应包括下列内容：

（1）专业工程的特点。

（2）监理工作的流程。

（3）监理工作的控制要点及目标值。

（4）监理工作的方法和措施。

4. 旁站监理

"施工企业根据监理企业制定的旁站监理方案，在需要实施旁站监理的关键部位、关键工序进行施工前24小时，应当书面通知监理企业派驻工地的项目监理机构。项目监理机构应当安排旁站监理人员按照旁站监理方案实施旁站监理"。

旁站监理人员的主要职责是：

（1）检查施工企业现场质检人员到岗情况，检查特殊工种人员持证上岗情况以及施工机械、材料准备的情况。

（2）在现场跟班监督关键部位的施工和关键工序的施工执行施工方案的情况以及执行工程建设强制性标准情况。

（3）核查进场材料、构配件、设备和商品混凝土的质量检验报告等，并可在现场监督施工企业进行检验或者委托具有资格的第三方进行复验。

（4）做好旁站监理记录和监理日记，保存旁站监理原始资料。

旁站监理人员应当认真履行职责，对需要实施旁站监理的关键部位、关键工序应在施工现场跟班监督，以便及时发现和处理旁站监理过程中出现的质量问题，而且必须如实准确地做好旁站监理记录。凡旁站监理人员和施工企业现场质检人员未在旁站监理记录上签字的，不得进行下一道工序施工。

旁站监理人员实施旁站监理时，发现施工企业有违反工程建设强制性标准行为的，有权责令施工企业立即整改；发现其施工活动已经或者可能危及工程质量的，应当及时向监理工程师或者总监理工程师报告，由总监理工程师下达局部暂停施工指令或者采取其他应急措施。

学 习 小 结

本项目主要介绍了工程项目与工程项目管理的类型，施工项目管理的概念、内容，工程项目建设程序，项目管理各方的目标和任务，建设项目承发包模式以及工程监理的工作性质、工作任务和工作方法。

能 力 训 练 题

一、简答题

1. 工程项目的概念是什么？
2. 施工方项目管理的目标和任务是什么？
3. 施工项目的建设程序有哪些？
4. 施工项目管理的内容有哪些？
5. 简述一下工程施工阶段建设监理的主要工作任务。
6. 建设项目承发包模式主要有哪些？

二、选择题

1. 我国推行建设工程监理制度的目的是（　　）。

A. 确保工程建设质量　　B. 提高工程建设水平

C. 与国际惯例接轨　　D. 充分发挥投资效益

E. 积极培育建筑市场

2. 项目管理规划（　　）。

A. 是指导项目管理工作的纲领性文件

B. 属于业主方项目管理的范畴

C. 是指导施工管理工作的纲领性文件

D. 由项目经理编制

E. 项目总承包方可以受业主委托编制

3. 项目管理最基本的方法论是（　　）。

A. 项目目标的策划　　B. 项目目标的动态控制

C. 项目管理的目标　　D. 项目管理的信息化

4. 项目目标动态控制的第一步是（　　）。

A. 目标调整　　B. 实际值与计划值的比较

C. 将项目的目标分解　　D. 收集项目目标的实际值

5. 在国际上，业主方项目管理的方式有多种可能，在以下描述中，正确的是（　　）。

A. 业主方自行完成其项目管理任务

B. 业主方委托项目管理者咨询公司进行项目管理

C. 业主方与项目管理咨询公司共同进行项目管理任务

D. 业主方委托本工程的总承包管理公司完成其项目管理任务

E. 业主方委托本工程的项目总承包公司完成其项目管理任务

项目2　施工项目招标与投标

学习目标：通过本学习项目的学习应能够熟悉招标投标前的准备工作以及内容；能够编制准备工作计划，完成招投标准备工作；熟悉招标投标的程序、内容、条件以及标底的编审；熟练掌握招投标的方式、方法；能够进行招投标文件的编制；掌握投标技巧增强中标能力。

2.1　施工项目招标与招标的准备

2.1.1　建设工程招标、投标概述

建设工程招标是业主为实现所投资的建设项目或某一阶段的特定目标，以法定方式吸引实施者（设计单位、施工单位、监理单位等）参加竞争，并择优选择实施者的法律行为。

建设工程投标是建设项目或某一特定目标的可能实施者，经招标单位审查获得投标资格后，按照招标文件要求在规定的期限内向招标单位填报投标书，并争取中标的法律行为。

建设工程招标、投标的内容包括：建设项目全过程招投标，设计招投标，设备供应招投标，施工招投标和专项招投标等，本单元主要介绍建设工程施工招投标。

2.1.2　工程项目招标与招标的条件

1. 工程项目招标与投标的基本程序以及相互关系（图2.1.1）

2. 工程施工招标的条件

根据《工程建设施工招标投标管理办法》的规定，建设单位和建设项目的招标应当具备下列基本条件：

（1）建设单位招标的基本条件。

1）建设单位必须是法人，依法成立的其他组织。

2）有与招标工程相适应的经济、技术管理人员。

3）有组织编制招标文件的能力。

4）有审查投标单位资质的能力。

5）有组织开标、评标、定标的能力。

不具备以上2）～5）项条件的，须委托具有相应资质的咨询、监理等单位代理招标。

（2）建设项目招标的基本条件。

1）工程概算已经批准。

2）建设项目已正式列入国家、部门或地方的年度固定资产投资计划。

3）建设用地的征用工作已经完成。

4）有能够满足施工需要的施工图纸及技术资料。

5）建设资金和主要建筑材料、设备的来源已经落实。

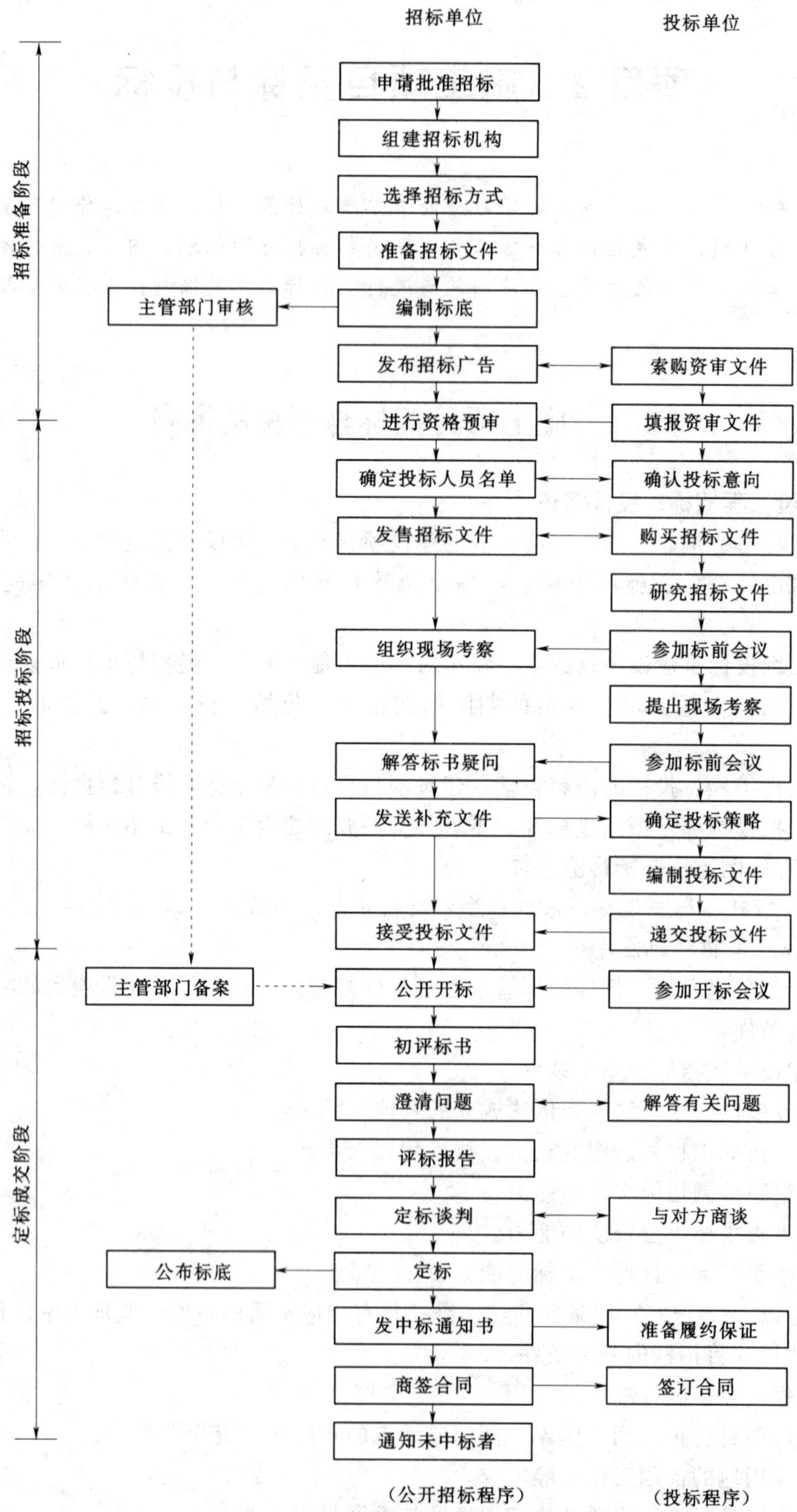

图 2.1.1　工程招标与投标的基本程序以及相互关系图

6）已经建设项目所在地规划问题批准，施工现场的“三通一平”已经完成或一并列入施工招标范围。

2.1.3 招标文件和标底的编制

1. 招标文件的编制

招标文件可以由招标单位编制，也可委托有资格的咨询单位编制，由招标单位审定。它是施工招标的纲领性文件，也是提供投标单位编制标书的基本依据，同时它又是建设单位（业主）与中标单位签订合同的基础。

招标文件的主要内容包括：

（1）工程综合说明。主要包括工程名称、地址、招标项目、工期要求、技术要求，主要工程量、质量标准、现场条件、招标方式、资金来源、对投标企业的资质等级要求等。

（2）设计图纸及技术资料。初步设计完成后招标，应提供总平面图、单体建筑平面、立面剖面图及结构图，以及装修、设备的做法说明。施工图设计完成后招标，应提供全套图纸。

技术资料应明确招标工程适用的施工验收规范或验收标准，有关施工方法的要求，对材料、构配件、设备进行检验和保管的说明等。

（3）工程量清单。工程量清单是投标单位计算标价的依据，一般以每一单体工程为对象，按分部分项工程开列。其格式见表2.1.1所示。

表2.1.1　　×××（单体工程）工程量清单表

编　号	项　目	简要说明	计量说明	工程数量	单　价（元）	总　价（元）
1	2	3	4	5	6	7

工程量清单表2.1.1中第1～5栏由招标单位填列，第6～7栏由投标单位填列。表中关于工程项目的划分和计量方法，应执行有关统一的规定，以使招标与投标单位在工程项目划分和工程量计算方面有统一的口径。

（4）建设资金证明和工程款的支付方式。

（5）主要建材（钢材、木材、水泥等）与设备的供应方式，加工订货情况和材料、设备价差的处理方法。

（6）特殊工程的施工要求以及采用的技术规范。

（7）投标书的编制要求。

（8）投标、开标、评标、定标等活动的日程安排。

（9）《建设工程施工合同条件》及调整要求。

（10）其他需要说明的事项。

以上内容对一般建设项目都适用，但具体项目差别很大，故在具体编写时应根据具体项目的实际情况做必要调整，做到内容齐全、详略得当、前后一致，避免错误和遗漏。

招标文件一般应当注明下列事项：

（1）投标人须知。

（2）招标项目的性质、数量。

（3）技术规格。

（4）招标价格的要求及其计算方式。

（5）评价的标准和方法。

（6）竣工交付或提供服务的时间。

（7）投标人应当提供的有关资格和资信证明文件。

（8）投标保证金的数额或其他形式的担保。

（9）投标文件的编制要求。

（10）提供投标文件的方式、地点和截止日期。

（11）开标、评标、定标的日程安排。

（12）合同格式及主要合同条款。

（13）需要载明的其他事项。

招标文件一经发出，招标单位不得擅自变更其内容或增加附加条件；确需变更和补充的，报建设行政主管部门批准后，在投标截止日期7天前通知所有投标单位。

招标文件发出10天内，招标单位应当组织投标单位召开答疑会，并作好答疑纪要。答疑纪要应当以书面形式通知所有投标单位，并报建设行政主管部门备案。

2. 标底的编审

建设工程进行施工招标时，为了能够指导评标、定标，招标单位应自行或委托有资格的咨询、监理单位编制标底。

标底是由招标单位或其委托的经建设行政主管部门认定具有编制标底能力的机构编制的，对施工标的全部造价。按照规定工程施工招标必须编制标底。

编制标底的原则：

（1）根据招标文件，参照国家规定的技术、经济标准定额及规范编制。

（2）标底价格由成本、利润、税金组成，一般应控制在经批准的总概算及投资包干的限额内。

（3）标底价格作为建设单位的期望价格，应与市场的实际情况相吻合，既要有利于竞争，又要保证工程质量。

（4）标底价格应考虑人工、材料、机械台班等价格变动因素，还应包括人工不可预见费、包干费和措施费。

（5）一个工程只编制一个标底。

编制标底价格的依据：

（1）招标文件的商务条款。

（2）工程施工图纸、工程量计算规划。

（3）施工现场地质、水平、地上情况的有关资料。

（4）施工方案或施工组织设计。

（5）现行工程预算定额、工期定额、工程项目计价类别及取费标准、国家或地方有关价格调整文件等。

（6）招标时建筑安装材料及设备的市场价格。

工程标底一经编制，应报招标投标办事机构审定，一经审定应密封，所有接触过标底的人均负有保密责任，不得泄露标底。

2.1.4 招标文件的审批与备案

按照规定编制标底后，须报建设行政主管部门审核确定，或者由建设行政主管部门委托有资格的单位审核。实际议标的工程，其承包价格由承发包双方商议，报建设行政主管部门有关机构备案。标底经审核确定后，必须密封至开标时方能公布。如标底在开标前泄密，会导致招标工作失败，对直接负责者应严肃处理，直至追究法律责任。

2.1.5 编制资格预审文件

编制资格预审的工程项目，招标人应编写资格预审文件。资格预审文件的主要内容有：资格预审申请人须知，资格预审申请书格式，资格预审评审标准或方法。

2.2 施工项目招标的实施

2.2.1 招投标方式方法的选择

1. 招标方式选择

根据《招标投标法》的规定，招标分为公开招标和邀请招标两种。

(1) 公开招标。这是一种无限竞争性招标，由招标单位发布（利用报刊、电台、电视等大众传播媒体）招标公告，使所有符合招标条件的承包商都有同等的机会参与投标竞争，使业主有更大的选择余地，有利于选择到满意的承包商。

公开招标方式的优点是：机会均等、吸引招标、打破垄断，形成全面竞争，从而可促使承包商努力提高工程质量、缩短施工工期、降低成本；招标单位可以在众多投标单位中选择报价合理、技术优良、工期较短、信誉良好的承包单位。其缺点是：投标单位越多，审查工作量越大，招标费用支出也越多；若资格审查不严，易被不诚实的承包商抢标，造成招标的失败。

(2) 邀请招标。这是一种有限竞争性招标，也称为选择招标或指定性招标。招标单位不公开发布招标通告，而是根据工程特点和施工要求，招标单位向预先选择的、数量有限的、有承包能力的承包商发出招标通知，由接到招标通知的承包商参加范围较小的投标。一般邀请 5～10 家，但不得少于 3 家。

邀请招标方式的优点是：参与投标的单位数量少，招标工作量大大减少；由于对这些承包者的技术、经济、信誉比较了解，能确保工程的质量和进度，组织工作比较简单。其缺点是：投标单位较少，选择余地很小，有可能失去优秀的投标者。

2. 招标方法的选择

工程招标的基本方法按时间序列分有：

(1) 一阶段招投标法。这种方法是在完成施工图设计及概算书后，对整个工程项目进行招标、决标，签订合同后开始施工。这种方法一旦签订合同，就确定了整个工程项目承发包的内容，便于管理。但须事先做好所有招标准备工作，故前期准备时间较长，对于较大型的工程项目，工期就要向后推移。

(2) 二阶段招投标法。目前，我国的二阶段招投标方法是指：第一阶段实行公开招标，经过投标、评标以后，再邀请其中报价较低或招标单位认为最有资格的二、三家施工企业进行第二阶段的报价。这种方法适用于业主对新的项目没有经验且对所编标底没有把握的情况，可把第一阶段招标作为摸底、选出较优方案，然后第二阶段再一次详细报价。

国际上采用的二阶段招投标法则有更广泛、更积极的作用。第一阶段，业主委托监理单位（招标单位）在设计尚未完成以前，即对所了解的承包商进行多方面的比较，并选出几个可能承包的对象开始商谈。由于当时还没有条件编制预算，就由各可能承包商提出单价表，作为协商造价的主要资料。然后择优选出一个承包商作为总包商开始投入施工准备。待施工图及预算书编制完成后，第二阶段再签订正式合同。这样做的优点是：工程可以早开工、早完工，提高设计质量，可以避免大规模的招标工作，节省开支，但双方的风险性都较大。

2.2.2 发布招标公告或投标邀请书

招标公告和投标邀请书应当载明招标人的名称和地址、招标项目的性质、数量、实施地点和时间以及获取招标文件的办法等事项。《招标投标法》第十六条招标人采用公开招标方式的，应当发布招标公布，应当通过国家指定的报刊、信息网络或者其他媒介发布。招标公告应当载明招标人的名称和地址、招标目的性质、数量、实施地点和时间以及获取招标文件的办法等事项。

采用邀请招标方式进行招标的，应由招标单位向预先选定的承包商发出招标邀请书。

投标单位通过各种途径了解到招标信息，结合自身实际情况，做出是否投标的决定，向招标单位申请投标。

2.2.3 资格审查

准备参加投标的企业，必须按招标公告规定的时间报送投标申请书，并附投标企业承包工程资质证明文件和资料。

其主要内容一般包括：

(1) 企业的名称、地址、法人代表、开户银行及账号。

(2) 营业执照、资质等级证书复印件。

(3) 企业的简况等。

具体做法一般是在规定的时间内，愿意参加投标的单位向招标单位购买《申请投标企业简况调查表》，表格按规定填写后，交回招标单位。该表格的形式如表 2.2.1 所示。

为了淘汰不合格的投标者，确保参加投标的企业均为有承包能力、资信可靠的企业，以减轻投标工作量、加快招标进程，招标单位对按时提交《申请投标企业简况调查表》的承包商，应进行严格的资质审查。

资质审查的内容主要有：企业的营业执照、企业的资质等级证书、企业的资信情况，是否有类似本工程的施工经验、企业的信誉等，最后必须将审查结果通知各申请投标单位。

2.2.4 发放招标文件

1. 向合格的投标单位分发招标文件及有关技术资料

招标单位向通过投标资质审查的企业正式发出投标邀请，并在规定的时间、地点发（售）招标文件，领（购）招标文件的企业要办理签收手续，并向招标单位交纳保证金。

表 2.2.1 **申请投标企业简况调查表**

<table>
<tr><td>企业名称</td><td colspan="3"></td><td colspan="2">法人代表</td><td colspan="2"></td></tr>
<tr><td>总部地址</td><td colspan="3"></td><td colspan="2">技术负责人及职称</td><td colspan="2"></td></tr>
<tr><td rowspan="2">企业在编
职业人数</td><td colspan="3" rowspan="2">全员　人，其中技术工人　人
工程技术人员　人</td><td colspan="2">企业等级及证号
工商营业执照及证号</td><td colspan="2"></td></tr>
<tr><td colspan="2">开户银行及账号</td><td colspan="2"></td></tr>
<tr><td colspan="8">准备参加本工程施工的概况</td></tr>
<tr><td>本地投标许可证
证号及有效期限</td><td colspan="3"></td><td colspan="2">驻本地负责人
驻本地地址</td><td colspan="2"></td></tr>
<tr><td>本地职工人数</td><td colspan="3">总计　人
其中：技术工人　人
工程技术人员　人</td><td colspan="2">本工程负责人及职称</td><td colspan="2"></td></tr>
<tr><td rowspan="3">主要施工机械</td><td colspan="2">机械设备名称</td><td>台数</td><td colspan="2">机械设备名称</td><td>台数</td><td>机械设备名称</td><td>台数</td></tr>
<tr><td colspan="2"></td><td></td><td colspan="2"></td><td></td><td></td><td></td></tr>
<tr><td colspan="2"></td><td></td><td colspan="2"></td><td></td><td></td><td></td></tr>
<tr><td colspan="8">过去5年中完成或正在施工的主要工程</td></tr>
<tr><td>工程项目名称</td><td>已完工或在建</td><td>结构</td><td>层数</td><td>建筑面积</td><td>质量评定等级</td><td>开竣工年月</td><td>备注</td></tr>
<tr><td></td><td></td><td></td><td></td><td></td><td></td><td></td><td></td></tr>
<tr><td></td><td></td><td></td><td></td><td></td><td></td><td></td><td></td></tr>
<tr><td></td><td></td><td></td><td></td><td></td><td></td><td></td><td></td></tr>
</table>

2. 组织投标单位踏勘现场并对招标文件进行答疑

投标单位收到招标文件后，若有疑问或有不清楚的问题需澄清解释的，应在收到招标文件后7日内以书面形式向招标单位提出，招标单位应以书面形式或投标预备会形式予以解答。

进行答疑的目的在于澄清招标文件中的疑问，解答投标单位对招标文件和勘察现场中所提出的疑问。答疑可安排在发出招标文件7日后、28日以内举行。由招标单位对招标文件和现场情况做介绍或解释，并解答投标单位提出的疑问，包括书面提出的和口头提出的询问。答疑会结束后，招标人以书面形式将所有问题及解答向投标人发放。招标单位不得私下单独向某投标单位解释招标文件。会议记录作为招标文件的组成部分，若与已发放的招标文件不一致，以会议记录为准。

招标单位的书面答复的记录，如表2.2.2所示。该类记录具有与招标文件同等的法律效力，应同时分发给所有投标单位。

2.2.5 组织开标、评标

1. 建立评标组织、制定评标、定标办法

2. 接受投标书

招标文件中要明确规定投标者投送投标文件的地点、期限和方式。投标人送达投标文件时，招标单位应检验文件密封和送达时间是否符合要求，合格者发给回执否则拒收。

表 2.2.2 ×××工程招标答疑记录表

时间 主持人：(注明姓名、职务和所代表的单位)

地点 参加人：(注明姓名、职务和所代表的单位)

问题	提问人	答案	解答人

3. 召开开标会议，审查投标书

开标是由招标单位主持，在建设行政主管部门监督下，按招标文件规定的日期、地点，向到会的各投标人和邀请参加的有关人员当众宣布评标、定标办法和标底，当众启封投标书并予以宣读，使所有与会的投标人都了解各家的报价和自己在其中的位次的法定活动。招标单位逐一宣读标书，但不能解答任何问题。

投标截止后，应按规定时间开标，不宜拖延。国内建设工程施工开标，一般应按规定邀请当地公证机关代表到会公证。由公证人员检查并确认标书密封完好，封套书写符合规定，没有其他字样或标记，然后工作人员逐一拆封、宣读其中要点，并在预先准备的表册上（表 2.2.3）逐项登记，并由读标人、登记人和公证人当场签字，作为开标正式记录，同时向各投标人报告标价总表，由业主保存备查。

表 2.2.3 某工程开标结果登记表 年 月 日

投标单位	总标价（元）	总工期（月）	钢材（t）	水泥（t）	木材（m^3）	附加条件及补充说明	其他事件

开标时，如发现标书属于下列情况之一者，招标人应在公证人监督下，当场宣布为废标。

(1) 投标书未密封。

(2) 投标书无单位和法定代表人或法定代表人委托的代理人的印鉴。

(3) 投标书未按规定的格式填写，内容不全或字迹模糊，辨认不清。

(4) 投标书逾期送达。

(5) 投标单位未参加开标公议。

(6) 投标书未说明采取特殊有效措施，并超过许可幅度的。

4. 组织评标，决定中标单位

评标是在开标后由招标单位组织评标工作小组对各投标人的投标书进行综合评议的法定活动。

为了保证评标工作的科学性和公正性，评标工作小组成员应由建设单位或代理招标单位、建设单位上级主管部门、标底编制与审定单位、设计单位、资金提供单位等组成。评标工作小组成员中应有工程师、经济师和会计师参加，特殊建设项目和大中型建设项目应有高级工程师、高级经济师和高级会计师参加。

评标工作小组组长由建设单位法定代表人或其委托的代理人担任，组员人数为 6 人以上，其中建设单位的组员人数一般不得超过组员总人数的1/3。评标小组的组员不代表各自的单位和组织，也不应受任何单位或个人的干扰。

评标的条件绝非仅仅是简单地比较投标单位的投标报价，而应从多方面进行综合比较。其主要条件是：

（1）投标报价合理。对国内招投标的建设工程项目来讲，所谓标价合理并不是标价越低越合理，而是指标价与标底接近，即标价不超过预先规定的许可幅度。在一般情况下，小型建设工程项目的投标价格与标底价格相差不超过±3%，中型建设工程项目的投标价格与标底价格相差不超过±4%，大型建设工程项目的投标价格与标底价格相差不超过±5%。对国际招标投标的或特殊的国内招标的建设项目可不受此限。

比较投标报价，既要比较总价，也要分析单价。

（2）建设工期适当。满足招标文件中提出的工期要求。

（3）施工方案先进可行。要求一般工程应有施工方案，大中型工程应有施工组织设计，并做到先进、可行、合理，能够在技术上保证工程质量达到需求的质量标准或质量等级，主要材料的耗用量经济合理。

（4）企业质量业绩充分、社会信誉良好。企业承担过较多的类似工程，质量可靠、履行情况良好等。

目前有很多地区的建设工程评标采用定性的方法，即综合分析评比法。这种方法主要是对上述评标条件进行定性的比较分析，最后确定中标单位。它一方面体现了对招标单位的自主权的尊重，但另一方面由于定性分析多，定量分析少、透明度不高、主观随意性强，很难真正做到公正、合理。因而有的招标单位在评标中搞“明标暗定”，使招标工作流于形式，挫伤了投标单位的积极性。

当前，应大力提倡“打分法”，即对各投标书的报价、工期、施工方案及主要材料用量、质量业绩、企业信誉等进行综合评议，按照评标方法中规定的打分标准及分数比例打分，获最高分者为最有可能中标单位。表2.2.4所示为“打分法”各评标因素分值的示例，由于各投标项目的具体情况不同，其基本分值也可不同。

表2.2.4　评标因素分析示例

评标因素	基本分值	评分标准说明	得分值
标价			
工期			
施工方案			
质量业绩			
企业信誉			
合计			

定标又称决标，是招评单位根据评标工作小组评议的结果、确定中标人的法定活动。在决标过程中，招标单位一般根据评标结果选择2～3家中标候选单位，分别邀请该投标单位会谈，以求了解这些投标单位在其投标书中有关内容所包含的意愿，弄清各投标单位

若中标后如何组织施工，如何保证质量、工期，对工程的难点、重点采取什么措施，以判明投标单位的技术水平和能力，进一步验证所提出的施工方案的合理性和可行性。还可要求投标单位对其报价进行分析说明，对计费的依据作进一步的说明。上述会谈应有会谈纪要，经双方签字作为其投标书的正式组成部分。

通过上述会谈，招标单位择优选定中标单位。

自开标（或开始议标）至定标的期限，小型工程不超过10天，大中型工程不超过30天，特殊情况可适当延长。选定中标单位后，招标单位应于7天内发出中标通知书，同时抄送各未中标单位，抄报建设行政主管部门、经办银行。未中标的投标单位应在接到通知7天内退回招标文件及有关资料，招标单位同时退还投标保证金。

5. 向中标单位发出中标通知书

中标人确定后，招标人应当向中标人发出中标通知书，并同时将中标结果通知所有未中标的投标人。

中标通知书对招标人和投标人具有法律效力。中标通知发出后，招标人改变中标结果的，或者中标人放弃中标项目的，应当依法承担法律责任。

中标通知书格式见表2.2.5。

表2.2.5　　中 标 通 知 书

中标通知书

招标单位　　　　　　　　　　　　招标工程（招标文件　　　　号）

通过定标（议标）已确定　　　　　　为中标单位，中标标价为人民币　　　元，　　工期　　天，工程质量必须达到国家施工验收规范的要求。希望接到通知后，3天内起草承包合同，　　月　　日携带合同稿到招标单位共同协商签订，以利工程顺利进行。

定标单位：盖章

年　　月　　日

6. 建设单位与中标单位签订承包合同

招标人将招投情况书面报告建设行政主管部门备案无异议，发出中标通知书。中标通知书发出后，招标人和中标人应当自中标通知书发出30日内，招标单位与中标单位应在一定期限内就签订承发包合同进行磋商，双方在合同条款协商一致、达成协议后，立即签订合同。至此，中标单位即改变为承包单位，并对承包的工程负有经济和法律责任，建设项目的施工招标也即告结束。

2.3　施工项目投标的实施

2.3.1　施工项目投标的实施

2.3.1.1　取得并研究招标文件及资料

企业通过资格审查后，合格者即可向招标单位领取或购买招标文件及资料，并交纳投标保证金。企业若无故不按要求报送标书时，招标单位将没收投标保证金。但若投标单位落标时，投标单位退还招标单位招标文件及资料，招标单位返还投标单位的投标保证金。

招标文件是编制标书的基本依据。承包商在领取招标文件后，应认真熟悉和掌握招标文件的内容，认真研究工程条件，工程施工范围、工程量、工期、质量要求、付款办法及合同其他主要条款等，弄清承包责任和报价范围，避免遗漏。如果发现招标文件中存在模糊概念和把握不准之处，应认真做好记录，以便在招标单位组织的答疑会上提出，以得到澄清。

2.3.1.2 参加招标单位组织的现场踏勘及质疑

需要调查的资料主要有：施工现场的地理位置，现场地质条件、气候条件、交通情况，现场临时供电、供水、通讯设施条件，当地劳动力资源及供应情况、地方材料价格、施工用地、材料堆场等内容。

另外，参加现场踏勘的有招标单位有关人员和所有参加投标的单位（竞争对手）代表人员在场，可以随时就施工现场的环境以及招标文件的疑点，向招标单位有关人员提出质疑，并受到其他参加投标单位质疑的启发，以准确地理解招标文件每一部分内容的确切含义和招标单位的真实意图。

2.3.1.3 进行投标决策

投标决策又称投标策略，它是施工企业在对各种投标竞争的情报、资料收集、整理和分析的基础上，实现企业所追求的合理利润所采取的击败对手的手段选择。企业要获得较高的利润，在相当程度上取决于企业技术水平和管理水平，这是投标竞争的基础。竞争能力具体体现为工期、质量、信誉和报价的竞争。但是并非竞争能力强的的企业每次投标都能如愿以偿，而相当程度上取决于企业的投标决策。某企业争取在投标竞争中取胜，这是投标决策的实质。

企业的投标决策包括两个主要方面：一是对投标工程项目的选择；二是工程项目的投标决策。前者从整个企业角度出发，基于对企业内部条件和竞争环境的分析，为实现企业经营目标而考虑；后者是就某一项具体工程投标而言，一般称它为工程项目投标决策。工程项目投标决策又包括工程项目成本估算决策及投标报价决策两大内容。

1. 投标工程项目的选择

（1）市场信息收集。随着社会主义市场经济的建立，施工企业要想在开放的市场竞争中承揽到施工任务，必须认真地收集有关信息，没有全面、及时、准确的市场信息（情报），很难进行投标项目的正确选择，甚至在投标竞争中失败。

市场信息收集的主要途径是：①计划部门的经济信息中心；②建设行政主管部门；③工程咨询公司；④设计单位；⑤建设单位的招标公告；⑥金融信贷部门；⑦外资投资流向；⑧报刊杂志消息；⑨企业业务人员、其他员工提供的信息；⑩社会调查等。总之，应该多渠道收集、全方位了解市场信息，以供决策。

（2）投标前的分析。在投标竞争中，信息十分重要。没有全面、准确、可靠的信息，就很难保证决策的正确性，甚至导致投标竞争的失败。投标企业必须广泛调查研究，通过各种渠道收集与投标工作有关的各种信息。一般收集信息的渠道有：各类咨询机构；行业协会；有关刊物；招标广告；各级建设管理部门；建设单位及主管部门；建设银行（或有关投资银行）；设计单位，建筑企业主管部门；咨询公司监理公司各类技术开发公司；老客户的后续工程等。

对收集的信息应从如下几方面进行有针对性的分析：

1）建筑市场的状况。分析市场的容量，竞争程度及发展动态。

2）社会环境。分析招标工程所在地的政治、法律、经济制度，分析对施工和费用的影响力。

3）自然环境。了解招标工程所在地的气象、水文、地质等情况，分析对施工和费用的影响力。

4）经济环境。了解招标工程所在地的劳动力数量、技术水平、服务能力；原材料、构配件的供应能力、价格、质量，以及运输能力；机械租赁、维修能力；工资、生活水平。分析这些因素对施工和费用的影响。

5）竞争环境。了解竞争对手的实力、信誉、报价动态，以便分析自己取胜的可能性和必须采取的对策。

6）报价资料。了解当地报价的各项规定，并和企业水平进行对比分析。

7）建设单位的信誉。了解建设单位的信誉程度，工程项目的可行性，奖金供应能力。

对上述收集到的工程项目是否参加投标，主要取决于以下三个方面：

1）施工企业的自身业务能力水平和当前经营状况的分析。主要是分析企业的施工力量、机械设备、技术水平、施工经验等条件能否满足招标文件的要求。对于该投标工程是否有人员、设备、经验方面的特长，分析本企业当前在建筑工程施工中的任务饱和程度、经济情况、社会信誉和企业的竞争优势等。

2）投标工程项目的特点和发包单位基本情况的分析。主要是分析投标工程项目所在地的技术经济条件、投标工程本身施工技术和组织的难易程度，施工在技术和经济方面有无重大风险；是否能带来新的投标机会和续建工程项目；分析发包单位的资金雄厚程度、社会信誉高低、发展后劲强弱以及本企业与发包单位的原有关系等。

3）通过以上两个方面的分析，我们还必须结合本企业的年度经营目标，对于重大的投标工程必须结合企业的经营战略，进一步分析并制订出本企业的投标目标。

投标决策的准备工作主要是收集与投标有关的广泛的信息，分析企业内外条件，为投标决策提供依据。下面主要介绍企业投标的外部环境。

（3）投标目标的选择。在分析招标信息的基础上，发现了投标对象，但不一定每一项工程都去投标，应选择一些有把握的工程项目。选择投标对象，一般考虑以下因素：

1）投标的目标。投标的目标有以下几种情况：

a. 投标的目标仅在于使企业有任务，能生存下去或取得最低利润。这种投标目标往往是在该施工企业不景气，有生产能力，但在施工任务吃不饱的情况下产生的。

b. 投标的目标在于开拓新的业务，打开新局面，争取长期利润。这种投标目标往往是在该施工企业为扩大经营范围、扩大影响，选择有把握的工程项目建立和提高企业信誉的情况下产生的。

c. 投标的目标在于薄利多销，扩大长期利润。这种投标目标往往是在该施工企业在业务能力水平方面与其他施工企业相比没有太大的优势，建筑市场竞争激烈的情况下产生的。

d. 投标的目标在于取得较大的近期利润。这种投标目标往往是在该施工企业当前的经营状况比较好，在社会上已有一定信誉，建筑工程施工任务饱和，主要是为了提高企业的经济效益的情况下产生的。

2）中标的可能性。了解竞争对手，分析竞争对手的竞争能力，估计本企业中标的可能性。

3）工程条件。工程条件从以下几点分析：

a. 工程的获利前景。分析工程中标后企业的赢利水平。

b. 工程的影响程度。分析工程建成后，在社会上可能产生的影响。

c. 建设单位的信用。分析建设单位的信用程度，避免中标后可能出现的纠纷。

d. 施工条件。如道路、场地、气象、水文地质、运输能力、协调能力、材料市场等。这些对施工管理和成本都有影响。

e. 时间要求。编制标书需要一定的时间，如投标要求的时间紧，则不宜草率投标。

通过对上述因素的分析后，如果条件好，可考虑投标；如果条件不理想，则不参加投标，或适当提高投标报价，以减少中标后可能的风险。

通过上述各方面的综合分析，如果我们得出利大于弊的判断，就应该果断决定报名参加投标，反之，则应放弃投标。

2. 工程项目施工投标决策

工程项目施工投标决策，就是对投标工程对象制订报价的策略。投标报价的高低，在总体（宏观）上是受价值规律支配的，也就是说企业为工程形成所付出的劳动量低于社会平均水平，就有可能获得比竞争对手更低的成本。企业工程成本越低，预期的企业利润相应越大，则报价机动幅度也越大；相反，报价机动的幅度就会受限制。投标报价既然是价格的竞争，因此，它还受到社会主义市场供求规律的支配，当供大于求时，价格会相应降低；而求大于供时，价格也会相应提高。以上两个因素形成了投标决策的两个主要组成部分：一是要做好工程项目施工成本估算决策；二是要做好工程施工投标报价决策。

（1）工程项目施工成本估算决策。自招投标承包制实施以来，工程造价普遍下降，工期普遍缩短，证明了市场机制在控制工程造价方面的作用。随着社会主义经济体制的逐步完善，建筑市场必将更加开放、有序，投标报价将更加具有弹性和竞争活力。投标报价将以企业成本为依据。因此，竞争将从工程项目的成本估算决策开始。

1）风险费估算。在工程项目成本估算决策中要特别注意风险费的计算。风险费是指工程施工中难以事先预见的费用，当风险费在实际施工中发生时，则构成工程成本的组成部分，但如果在施工中没有发生，这部分风险费就转化为企业的利润。因此，在实际工程施工中应尽量减少风险费的支出，力争转化为企业的利润。

由于风险费是事先无法具体确定的费用，如果估计太大就会降低中标概率；估计太小，一旦风险发生就会减少企业利润，甚至亏损。因此，确定风险费多少是一个复杂的决策，是工程项目估算决策的重要内容。

从大量的工程实践中统计获得的数据表明，风险费可占工程成本的10％～30％；其大小主要取决于以下因素：

为防止工程量估算失误的损失，由风险费来补偿；单价估计的精确程度。直接成本是分项分部工程量与单价乘积的总和，单价估计不精确，风险费相应增大；施工中自然环境的不可预测因素，如气候及其他自然灾害，就必须加入风险费；市场材料、人工、机械价格的波动因素。这些因素在不同的合同价格中风险虽不一样，但都存在用风险费来补偿的问题。

理想的条件是力求成本估算准确，但实际估算中，特别是大型工程，要做到准确是十分困难的。一般规律是，估算精度随估算本身的时间及费用的增加而增加。估算越准确，风险度越小，这是两个相互制约的因素，要求决策者做出抉择。

2）工程成本估算。工程项目成本估算决策，主要做好工程直接费和间接费的估算决策。

对于直接费的估算决策，主要是在对工程量计算结果有直接影响的施工方案（或施工组织设计）决策的基础上，对单价高低的决策。在同一工程成本估算中，单价高低一般根据以下具体情况确定：

a. 估计工程量将来可能增加的分部分项工程，单价可提高一些；否则相反。

b. 能先拿到钱的项目（如土方、基础工程等），单价可提高一些；否则相反。

c. 图纸不明确或有错误，估计将来要修改的项目，单价可提高一些；工程内容做法说明不清楚者，单价可略低一些，以利于日后的索赔。

d. 没有工程量，只填报单价的项目（如土方工程中的水下挖土、挖湿土等备用单价），其单价要提高一些，这样做也不影响投标总价。

e. 暂定工程中，以后一定做的项目，其单价应高；估计以后不会做的项目；则单价应低。

当然，必须注意在调高或调低单价后，应使直接费的总量基本不变。确保施工企业在将来的决算中处于有利地位。

对于间接费的估算决策，主要是要提高管理工作效率，精简管理机构的人员，这是降低成本的重要途径。

在作成本估算时，要注意工程质量和工程进度必须满足招标文件的要求。盲目提高质量档次，或以降低工程质量来求得低成本，都是不可取的。超过合理工期幅度就会加大赶工成本，延长工期同样也会加大成本。

（2）工程项目施工投标报价决策。

1）投标报价规律和技巧。工程项目投标报价决策就是正确决定估算成本和投标价格的比率。为了做好这项决策工作，除了重视收集信息，做到知己知彼之外，还必须掌握竞争取胜的基本规律和技巧。

竞争取胜的基本规律就是：“以优胜劣”、“以长取短”。如何发挥本企业自己的优势，以优胜劣，就得应用投标报价的技巧。

投标报价的技巧是指投标工作中针对具体情况而采取的对策和方法。它不能代替考察、分析和具体的做标工作，而是一种做标的艺术，主要有以下几种：

a. 扩大标价法。这是一种常用的做标方法，即除了按已知的正常条件编制标价以外，对工程中变化较大的或没有把握的作业，采用扩大单价，增加“不可预见费”的方法来减少风险。这种做标的缺点是，总价过高，往往不能中标。

b. 开口升级报价法。这种做标方法是将投标看成是与发包方协商的开始，首先对图纸和说明书进行分析，把工作中的一些难题，如特殊基础等花钱最多的部分的标价降至“最低”，使竞争对手无法与自己竞争，以此来吸引业主，取得与业主商谈的机会。但在标书中加以注解，并在技术谈判中，根据工程的实际情况，使成交时达到合理的标价。

c. 多方案报价法。这种做标方法是在标书上报两个单价。一是按原说明书条款报一个价；二是加以注解，如："如果说明书作了……的改变，则报价可以减少××%"，使报价成为较低的。当业主看到这种报价时，考虑到按原说明书则投资较大，作一定修改后则投资减少，业主会考虑对原说明书作某些修改。这种方法适用于说明书的条款不够明确或不合理，承包企业为此要承担很大风险的情况。

d. 突然袭击法。这种报价方法是一种用来迷惑对手的竞争艺术。在整个报价过程，仍然按一般情况进行报价，甚至故意表现自己对该工程兴趣不大，等快到投标截止的时候，再来个突然降价，使竞争对手措手不及。

以上投标技巧，要根据实际情况灵活应用，及时采取相应的决策，才能取得较好的效果。

2）投标报价的定性决策。以上已经提出，成本估价低于社会平均消耗水平，是企业可能获得更高利润的源泉。如果企业能够以低于社会平均成本实现工程任务，那么获利的机会就增大。另外，按供求关系决定报价，这是企业经营市场观念的重要体现。

投标报价的定性决策，通常有以下三种：

a. 高报价决策。工程投标中对于工期要求紧的工程，技术及质量上有特殊要求、投标者要承担更大风险的工程，企业自己有特长又较少对手的工程，企业信誉高、任务已很饱和、不太想承接工程等，往往都采取较高的报价。

b. 低报价决策。类同于薄利多销的政策，目的在于应用低价的吸引力打入一个新市场和新专业，或为长期经营着想，想要掌握新的技术等。低价的损失成为企业应变的"工程招揽费"或"学费"。

低报价决策还适用于企业工程任务不饱和，竞争对手多，用微利或保本的报价，以求维持企业固定费用的开支；或用于比较简单、工程量大的工程。

c. 中报价决策。作出这种决策是投标报价定性决策中工作难度最大的决策类型，它常常伴随着投标临机决策而发生。例如在获得竞争对手的某些信息后，在投标截止时间前一刻钟，临时决定削低标价，以求中标。

3）投标报价的定量决策。把上述的定性决策和定量决策结合起来，才能作出正确的投标报价决策。下面介绍常用的几种。

a. 成本定价法。成本定价法的基本依据就是量本利分析法中的量、本、利三者的关系。这里的"量"，一般是指企业一定期限中单位产品的数量，建筑施工企业一般以一定时期承包工程的产值（承包经营金额）计算。这里的"本"，是指施工工程的成本，它包括固定成本和变动成本。固定成本是指随产品产量增加而增加的费用；变动成本与产量成正比。将成本划分为固定成本和变动成本与工程预算、估价的成本项目构成不同。应用这个方法时必须对预算成本核算项目逐一分解成变动成本和固定成本然后予以汇总。这里的"利"，是指企业的施工利润。

这种成本定价法是以价格不变及效率不变为前提的。量、本、利三者的关系可写成：

承包经营额＝固定成本＋变动资本＋利润

用符号来表示，可写成公式：

$$PX=F+VX+E \tag{2-3-1}$$

式中：P 为综合单位工程量价格；V 为综合单位工程量的变动成本；F 为企业的固定成

本；X 为按单位工程量汇总的企业完成的实物工程量；E 为企业利润（施工利润）。

当施工企业目标利润决定以后，按工程项目应分摊的固定成本及单位工程量变动成本，求综合单位工程量单价。利用式（2-3-1）推出：

$$P=\frac{F+VX+E}{X} \tag{2-3-2}$$

b. 概率分析法。投标企业不仅需要在投标竞争中获胜，而且希望得到最大的经济效益，以实现企业的经营目标。如果把这里的经济效益看成是标价与实际成本的差额，即利润，则投标企业希望从承包工程中得到的利润的高低取决于他的标价的高低。在投标竞争中，科学地处理好得标与否和得到多少的矛盾，是实现企业既定目标的关键。这正是概率分析法所要解决的问题。

这种数学方法能否奏效，取决于投标单位在以往竞争中对其竞争对手们的情报掌握的程度，通过分析研究，把竞争对手们过去投标的实际资料公式化，就可建立通常所说的投标模型。

在投标竞争中，根据竞争对手的多少及这些对手是否确定（即是否掌握对手是哪些人），可建立不同的投标决策的数学模型，下面分别作一介绍。

A. 直接利润和预期利润法。为了便于理解，我们假设承包者对于工程的估价是准确的，并认为和实际造价相等。因此，对某项工程进行投标时，承包企业可能取得它所希望的利润（假设投标企业在投标中中标），也可能其利润等于零（假设投标企业在投标时失标）。由于利润可能出现两种情况（取决于投标是否中标），在实际分析中，有必要区别两种类型的利润，即直接利润和预期利润。

投标者的直接利润可理解为工程的投标价格与实际成本之间的差额。用公式表示为：

$$I_p=X-A \tag{2-3-3}$$

式中：I_p 为投标者在某项工程中的直接利润；X 为投标者对该工程的投标价格；A 为该工程的实际成本。

投标者的预期利润是在各种投标方案中得标概率的基础上估算的预得利润，可用下式求得：

$$E_p=P(X-A)=PI_p \tag{2-3-4}$$

式中：E_p 为投标者在某项工程中的预期利润；P 为该工程中标的概率。

例如投标者决定参加某项工程的投标，并拟定了3个不同的标价进行选择。设工程的实际造价为800000元。各方案的标价、中标概率、直接利润和由此推算的预期利润列于表2.3.1中。

表2.3.1　　三种投标方案

方案序号	标　价（元）	得标概率	直接利润（元）	预期利润（元）
1	1000000	0.1	200000	20000
2	900000	0.6	100000	60000
3	850000	0.8	50000	40000

表2.3.1中各方案得标的概率，是投标者自己估计的，认为是最低的可能性。方案1有较高的直接利润，但获胜的概率较小，因此，该方案的预期利润反而最少。方案2不具有最高的直接利润，却具有最高的预期利润。投标企业对大量工程投标时，预期利润就成为各个工程的平均利润。虽然它不能反映企业从某工程上获得的实际利润（如采用方案2，得到的利润或者是零，或者是100000元，而不是60000元），但由于它考虑了投标是否获胜的因素，因而更具有现实意义。特别是多数企业都有实现长期稳定利润的要求，故均以预期利润作为投标决策的依据。因此，在上例中以采用方案2为宜。

运用预期利润的方法，结合以往投标竞争的情报，承包企业就可以制定一个具有最恰当利润的投标策略。

B. 具体对手法。具体对手法是已知竞争对手是谁和对手的数量时所采用的投标竞争方法。

a. 只有一个对手的情况。如果已知只有一个确定的对手甲，并在过去投标时曾和他打过多次交道，掌握了他的投标记录，对他的投标报价都有记载，那么，根据这些情报，就可以求出甲在历次投标中的标价与自己的估价的比率，并找出不同比率发生的频数和概率，如表2.3.2所示。

表2.3.2　　比率、频数与概率关系

对手甲的标价/承包企业估价	频数	概率	对手甲的标价/承包企业估价	频数	概率
0.8	1	0.01	1.3	25	0.26
0.9	3	0.03	1.4	8	0.08
1.0	10	0.10	1.5	3	0.03
1.1	18	0.19	合计	97	1.00
1.2	29	0.30			

表中各种比率发生的概率是用频数除以总频数得到（如比率为1.0的概率是10/97）即0.10（概率取小数点后两位）。

在算出各种比率的概率之后，承包企业就可以求出他所出的某一标价比竞争对手甲所出的标价低的概率。这个概率就是本企业与对手甲竞争中出某一标价时得胜的概率，只需将甲的所有高于本企业所出标价与估价的比率的概率相加即得，如表2.3.3所示。

表2.3.3　　承包企业标价低于甲的概率

承包企业标价/承包企业估价	承包企业标价低于甲的概率	承包企业标价/承包企业估价	承包企业标价低于甲的概率
0.75	1.00	1.25	0.37
0.85	0.99	1.35	0.11
0.95	0.96	1.45	0.03
1.05	0.86	1.55	0.00
1.15	0.67		

例如，承包企业揭标价与估价之比为1.35时，得标的概率是0.11。它是甲按1.5的比率（甲的标价与承包企业估价的比率），投标的概率0.03和按1.4的比率投标的概率0.08之和。

承包企业可以利用这种获胜概率计算的方法，确定对竞争对手甲的竞争投标策略，并可以将投标获胜的概率和投标中的直接利润相乘求得预期利润（直接利润是投标价格减去实际成本）。假设承包企业的估价等于实际成本A。则投标工程的直接利润为投标价格减去1.0A。例如，当投标价为1.35A时，直接利润就是1.35A减1.0A即0.35A。各种标价的预期利润可用其直接利润乘以与对手甲竞争中获胜的概率得到。例如当标价为1.35A时，投标中获胜的概率为0.11，预期利润就是0.11乘以0.35A，即0.0385A。各种投标方案的预期利润计算见表2.3.4。

表2.3.4　各种投标标价的预期利润

承包企业的承包价	预期利润	承包企业的承包价	预期利润
0.75A	1.00×（−0.25A）＝−0.25A	1.25A	0.37×（+0.25A）＝+0.09A
0.85A	0.99×（−0.15A）＝−0.15A	1.35A	0.11×（+0.35A）＝+0.04A
0.95A	0.96×（−0.05A）＝−0.05A	1.45A	0.03×（+0.45A）＝+0.01A
1.05A	0.86×（+0.05A）＝+0.04A	1.55A	0.00×（+0.55A）＝+0.00A
1.15A	0.67×（+0.15A）＝+0.10A		

从表2.2.9可以看出，采用标价为1.15A的投标方案，可以得到最大的预期利润0.10A，这说明在同对手甲的竞争中，承包企业按标价与估价比为1.15进行投标，是最有利的。例如，工程估价是100000元。投标价格就应该是115000元。考虑到失败的可能，承包企业在这项投标中的预期利润，应为10000元，当然，日后再遇到对手甲时，本企业应采用的最好标价与估价比，要在分析他最近的投标报价资料并进行综合研究后才能确定。

b. 有几个对手竞争的情况。如果承包企业在投标时要与几个已知的对手竞争，并掌握了这些对手过去的投标信息，那么，他可用上述方法分别求出自己的报价低于每个对手的报价的概率P_1、P_2、P_3、…、P_i、…、P_n。由于每个对手的投标报价是互不相关的独立事件，根据概率论可知，它们同时发生的概率，即投标企业的标价低于所有对手的报价的概率P，等于它们各自概率的乘积，即

$$P=P_1\times P_2\times P_3\times\cdots\times P_i\times\cdots\times P_n \tag{2-3-5}$$

求出P后，可按只有一个对手的情况，根据预期利润做出投标报价决策。

概率分析法除了上述具体对手法外，还有平均对手法。但是，不管采用哪种方法，前提是要充分掌握所有竞争对手过去的投标信息，并和定性分析的方法相结合。因为制订投标策略并不是一个纯数学问题。在投标竞争中，随着承包市场情况等因素的变化，对手们的报价策略是很难捉摸的。所以，把定性分析和定量分析结合起来运用是十分重要的。

c. 线性规划法。线性规划法是一种应用较广的优化方法。当同时有几项工程可供投标时，由于企业自身力量所限，可采用该方法优选。现举例说明该方法的应用。

【例】 某承包企业在同一时期内有8项工程可供选择投标，其中有5项住宅工程，3项工业车间，由于这些工程要求同时施工，而企业又没有能力同时承担，这就需要根据自身的能力，权衡两类工程的盈利水平，作出正确的投标方案。现将有关数据整理如表2.3.5所示。

表 2.3.5 可供选择投标的工程的具体情况

	预期利润（元）	砌筑量（m^3）	混凝土（m^3）	抹灰量（m^3）
每项住宅	50000	4200	280	25000
每项工业车间	80000	1800	880	480
企业能力		13800	3680	108000

根据上述资料，承包企业应向哪些工程投标，才能在充分发挥自身能力的前提下，取得最大利润呢？

如果设 X_1、X_2 分别为承包企业打算投标的住宅工程和工业车间的数目，则上面的总是可以表示成如下的线性规划模型：

目标函数 $\max Z=50000X_1+80000X_2$

约束条件 $4200X_1+1800X_2\leqslant 13800$

$280X_1+880X_2\leqslant 3680$

$25000X_1+480X_2\leqslant 10800$

其中：$X_1=0$，1，2，3，4，5；$X_2=0$，1，2，3。

这个数学模型属于线性规划中的整数规划。由于该例题比较简单，变量少，可用较直观的图解法求解，而对较复杂的总是可参阅运筹学书籍，并借助电子计算机求解。

通过求解得最优解为 $X_1=2$，$X_2=3$，这时 Z 最大，即 $Z=340000$。因此，承包企业应选两项住宅工程和三项工业车间。这种方案为最佳投标方案，其预期利润最大，为340000 元。

3. 投标文件的编制

投标书是投标单位的投标文件，是对招标文件提出的实质性要求和条件做出的响应。投标人应当按照招标文件的规定编制投标文件。投标文件应当载明的事项包括：投标函；投标人资格、资信证明文件；投标项目方案及说明；投标价格；投标保证金或者其他形式的担保；招标文件要求具备的其他内容。

编制标书是一件复杂的工作，投标单位应该认真对待。在取得招标文件后，首先应详细阅读全部内容，然后对现场进行实地考察，向建设单位询问有关问题，把招标工程的各方面情况弄清楚，在此基础上完整地填写标书。

投标报价是投标单位给招标工程制定的价格，是投标企业的竞争价格，它反映的是企业的经营管理水平，体现企业产品的个别价值。报价受价值规律的影响，在编制时企业要根据市场的竞争情况，在施工图预算的基础上浮动。报价的高低直接影响企业能否中标，报价过高，投标企业不能中标，报价过低，又影响企业的利润。报价是由工程成本、风险费、预期利润组成。其中风险费为预防不可预见因素引起价格变动而增设的费用项目。在施工中如发生风险费，则计入相应的成本项目，如果没有发生，则归入企业利润，或按双方约定的合同条款，由双方共享。投标报价的具体工作如下：

编制投标文件一般从校核工程量以及编制施工方案入手，然后估算出成本、算出标价，提出保证工程质量、进度和施工安全的主要技术措施，确定计划开工、竣工日期及工程总进度，最后编写投标文件的综合说明以及对招标文件中合同条款的确认意见。投标文件中的内容要连贯一致、互为补充，以形成有机整体。

(1) 校核工程量。

1）核实工程量。在投标书的编制过程中，投标单位对招标文件应认真分析研究，全面掌握投标人须知，熟悉招标文件中各项要求采用的技术标准、规范、合同条件、计量支付、建设工期等。还必须对工程量进行计算校核。如有错误或遗漏，应及时通知招标单位。工程量是整个报价工作的基础，必须认真对待。各种材料的用量、单价、对报价有直接的影响，所以对材料价格的调查也非常重要。

2）如要使报价编制合理准确、不重不漏，还应考虑以下几个费用问题：

a. 充分考虑人工、材料、机械台班等价格变动因素，特别是材料市场动态，还应计算各种不可预见的费用等。

b. 工程保险费用，一般由业主承担，应在招标文件工程量清单总则中单列；承包人的装备和材料到场后的保险，一般由承包人自行承担，应分摊至有关分项工程单价中去。

c. 编制标书所需的费用，如现场考察、资料情报收集、编制标书、公关等费用。

d. 各种保证金的费用，如投标保函、履约保函、预付款保函等。办理保证手续费占保证金的 4%～6%，银行一般要求承包商有足够的现款在账户（且不计利息）上，所以应考虑这种损失。

e. 因其他有关要求而增加的费用，如赶工期增加的费用；工程受交通或少数土地等条件限制而增加的费用；业主可能提供的材料设备单价、数量及其损耗、短途运输费用、装载车费用、二次搬运费用、仓库保管费用等。

(2) 编制施工方案。一般工程编制施工方案、大中型工程编制施工组织设计是投标报价的一个前提条件，也是招标单位评标时考虑的关键因素之一。编制施工方案要求投标单位的技术负责人亲自主持。

关于保证工程质量、进度和施工安全的主要技术组织措施的确定和计划开工、竣工日期及工程总进度的确定，这些内容与施工方案密切相连，所以在编制施工方案的同时，上述内容一般一并考虑，并用招标文件要求的表达方法或尽量用简单明了的表格方式表达。

施工能力、施工组织管理、质量保证、业绩和信誉等占 30～50 分。所以施工组织设计编制的好坏直接影响到投标单位报价入围后能否中标。因为投标单位报价入围后，如与对手的报价相差不大，那只有从投标书的符合性、响应性检查、资格核查、技术评审等各项指标的评分上压倒对手。施工组织设计的编制内容以满足招标文件的要求为准，高效率和低消耗是其编制的总原则。在编制的过程中还应充分考虑技术上的先进性和可靠性，以最大限度的提高劳动生产率，降低施工成本；充分利用现有的施工机械设备，提高施工机械的使用率以降低机械施工成本；采用先进性的进度管理手段，优化施工进度计划，选择最优施工排序，均衡施工，尽量避免施工高峰的赶工现象和施工低谷中的窝工现象，机动安排非关键线路上的剩余资源，从非关键线路上要效益。

(3) 估算成本。由于标底价格由成本、利润、税金组成，对国内招投标的建设工程项目来讲，要求标价必须接近于标底，所以，标价的构成也应该与标底价格构成口径相同。

投标单位根据招标文件、当地的概（预）算定额、取费标准等有关规定，并结合本企业自身的管理水平、技术措施和施工方法等条件，在充分调查研究，切实掌握自己企业成本的基础上，最后汇总得出估算成本，这种估算成本的方法称为施工图预算编制法，它估算出来的成本比较准确，是目前投标单位最常用的方法，但它工作量较大，花费时间较长。实际上编制投标文件的时间往往是非常短暂的，因此，投标组织者首先必须科学安排时间，选用适当方法，进行成本的估算工作。当时间比较紧迫时，可按经验估算出一个综合的工程量，然后套用综合预算定额来估算成本；或者按平方米造价指标估算成本。

估算成本确定后，再通过工程项目投标决策，最后形成标价。

（4）编写投标文件的综合说明及对招标文件中主要条款的确认意见。投标文件的综合说明，主要是说明投标企业的优势（如对类似工程施工的丰富经验，机械装备水平的先进程度，企业资金雄厚、信誉高等），编制投标文件的依据以及投标文件包括的主要内容等，有时也将对招标文件中合同主要条款的确认意见一并写入，当然在对合同主要条款的确认意见内容比较多时，应单独作为投标文件的一项内容编写。

4. 投标的实施

（1）报名参加投标。建设工程施工企业（承包商）根据招标公告或邀请书，对符合本企业经营目标和招投条件，并具备承包能力的招标项目，作出参加投标决策后，应在招标文件规定的期限内报名参加投标。

参加投标的施工企业（承包商）都有可能成为工程的实施者，但不同的工程对施工投标者有不同的要求，根据《工程建设施工招标投标管理办法》的规定，一般具备下列条件时，才可以进行投标。

1）必须具有权力机关批准的营业执照，执照上应注明业务范围。

2）必须具有社会法人的资格，方能进行工程投标活动。

3）符合招标单位提出的条件和要求，中标后能及时进行施工。

4）投标文件已编写齐全。

（2）报送投标申请书。在投标之前，投标申请方应向招标单位递交全面阐述自己的财务状况、技术能力、企业信誉、施工经验等方面情况的书面文件，该申请书必须按照招标单位发售的投标申请文件要求填报，做到实事求是、简明扼要、符合要求。

有些省区还规定，省外施工企业还须出示经本省建设行政主管部门或授权机构批准的进入本省参加投标的有关手续。

以上投标申请书的内容应真实填报，并附有关证明文件，能经得起招标单位的审查，并在规定的时间、地点报送。

（3）接受招标单位资质审查。凡持有营业执照和相应资质证书的施工企业或施工企业联合体，均可按招标文件的要求参加投标。招标单位不得以任何借口阻碍投标单位参加投标，投标单位也必须接受招标单位的资质审查。

为了了解投标单位的承包能力和信誉，以便限制不具备承包条件的单位盲目投标，造成不必要的麻烦，要对投标单位进行资格审查。审查的主要内容有：

1）营业执照、所有制类别、技术等级。

2）投标单位的简历和以往业绩，包括开业的时间，承担过哪些主要工程项目以及达到的质量等级，是否发生过重大质量、安全事故等。

3）技术装备情况，主要机械设备的情况、性能和台数；附属生产部门及其生产能力。

4）资金及财务状况和开户银行出具的投标保证书。

5）职工总人数、工程技术人员的水平和人数、技术工人的人数和平均技术等级。

6）社会信誉及已完成工程的评价。

（4）报送标书。投标单位将投标文件的所有内容备齐，并加盖投标单位公章和投标单位法人代表签名盖章后，应装订成册封入密封袋中，在规定的期限内、按规定的方式报送到招标单位指定的地点。

（5）开标与中标。

1）参加开标会。投标企业必须按通知规定准时到会参加开标，不参加开标会的其投标书则视为废标。通过公开进行的开标会，对自己的招标文件进行答辩，投标单位可以知道自己是未中标的，还是成为中标的候选单位或者已经成为中标单位。

2）参加招标单位会谈。当开标会结束后，有些投标单位成为中标的候选单位，这些投标单位在开标会后，必须按规定参加与招标单位的会谈，并形成会谈纪要，双方签证后作为投标书的一部分，最后由招标单位选定中标单位。

3）中标与授标。投标单位收到招标单位的授标通知书，称之为中标。当企业接到中标通知书后，应在招标单位规定的时间内与招标单位谈判，并最终签订承发包施工合同。

学 习 小 结

本项目主要介绍了招标投标的概念、内容和程序；招投标准备工作；招投标文件的编制；招标的方式；方法选择；开标的组织；评标和定标；招标文件的获取与研究；投标决策；投标技巧；投标书的编制；投标报价。

能 力 训 练 题

一、简答题

1. 建设工程招标工作应具备的前置条件有哪些？
2. 招标文件审查要点包括哪些内容？
3. 简述评标程序及注意事项。
4. 简述开标程序及注意事项。

二、选择题

1. 招标投标活动的公平原则体现在（　　）等方面。

A. 要求招标人或评标委员会严格按照规定的条件和程序办事

B. 平等地对待每一个投标竞争者

C. 不得对不同的投标竞争者采用不同的标准

D. 投标人不得假借别的企业的资质，弄虚作假来投标

E. 招标人不得以任何方式限制或者排斥本地区、本系统以外的法人或者其他组织参加投标

2. 工程建设项目招标范围包括（　　）。

A. 全部或者部分使用国有资金投资或者国家融资的项目

B. 施工单项合同估算价在100万元人民币以上的项目

C. 关系社会公共利益、公众安全的大型基础设施项目

D. 使用国际组织或者外国政府资金的项目

E. 关系社会公共利益、公众安全的大型公用事业项目

3. 采用公开招标方式，（　　）等都应当公开。

A. 评标的程序

B. 评标人的名单

C. 开标的程序

D. 评标的标准

E. 中标的结果

4.《招标投标法》第 5 条规定：招标投标活动应当遵循（　　）原则。

A. 公开

B. 公平

C. 诚实信用

D. 公正

E. 平等

5. 在招标投标活动中，（　　）属于违反招标投标法的行为。

A. 不编制标底

B. 委托代理机构进行招标

C. 委托评标委员会定标

D. 在招标文件中约束外省施工单位投标

项目3 施工项目部的建立

学习目标：通过本项目的学习，能够掌握施工项目管理组织的概念；熟悉施工项目管理组织的工作内容、施工项目管理组织机构的设置原则与设置程序；熟悉施工项目管理组织的形式、部门设置和人员配备；掌握施工项目经理的责、权、利，理解施工项目经理责任制。

3.1 施工项目管理组织

施工项目管理组织的基本原理就是组织论，即关于组织应当采取何种组织结构才能提高效率的观点、见解和方法的集合。现代的组织理论研究分为两个相互联系的分支学科，一是组织结构学；一是组织行为学。本部分内容主要是从组织结构学的角度进行介绍。组织结构学侧重于组织静态的研究，目的是建立一种精干、高效和合理的组织结构。

3.1.1 组织的概念

1. 组织

"组织"一词的含义比较宽泛，这里指为了使系统达到特定目标而使全体参与者经分工协作及设置不同层次的权力和责任制度构成的一种组合体，如企业组织、项目组织等。可以看出，组织包含三个方面的意思：

(1) 目标是组织存在的前提。

(2) 组织以分工协作为特点。

(3) 组织具有一定层次的权力和责任制度。

"工程项目组织"是指为完成特定的工程项目任务而建立起来的，从事工程项目具体工作的组织。它是在工程项目寿命期内临时组建的，只是为完成特定的目的而成立的。其内在逻辑关系为：由目标产生工作任务，由工作任务决定承担者，由承担者形成组织。

2. 组织构成因素

通常，组织是由管理层次、管理跨度、管理部门和管理职能四大因素构成，呈上小下大的形式，四大因素密切相关、相互制约。

(1) 管理层次。管理层次是指从组织的最高管理者到最基层的实际工作人员的等级层次的数量。管理层次可分为决策层、协调和执行层、操作层三个层次。每个层次的职能要求不同，职责和权限也不同，由上到下权责递减，但人数递增。

组织必须形成一定的管理层次，否则其运行将陷于无序状态；但管理层次也不能过多，否则会造成资源和人力的巨大浪费。

(2) 管理跨度。管理跨度是指一个主管直接管理下属人员的数量。在组织中，某级管理人员的管理跨度大小直接取决于这一级管理人员所要协调的工作量，跨度大，处理人与人之间关系的数量随之增大，则领导者和下属接触关系数会增大。跨度（N）与工作接触关系数（C）的关系公式（即邱格纳斯公式）是：

$$C=N(2^{N-1}+N-1) \tag{3-1-1}$$

可见，若跨度（N）太大，则接触关系数（C）非常大，领导会有应接不暇的烦恼。因此，在组织结构设计时，必须强调跨度适当。跨度的大小与分层多少有关。一般来说，管理层次增多，跨度会减小；反之，层次减少，跨度会增大。

（3）管理部门。将通过专业化细分后的工作，按照类别进行分组，以便于对共同的工作进行协调，即为部门化。部门可以根据职能来划分，可以根据产品类型来划分，可以根据地区来划分，也可以根据顾客类型来划分。组织中各部门的合理划分对发挥组织效能非常重要。如果划分不合理，就会造成控制、协调困难，浪费人力、物力和财力。

（4）管理职能。组织机构设计确定的各部门的职能，要在纵向上使指令传递、信息反馈及时；在横向上使各部门相互联系、协调一致。

3.1.2 施工项目管理组织

1. 施工项目管理组织的概念

施工项目管理组织是指对施工项目进行管理所设置的组织机构，包括领导体制、部门设置、人员设置、层次划分、职责分工、规章制度等，并赋予相应的权利和职责。施工项目管理组织是为实施施工项目管理目标而建立的组织机构以及为实现施工项目管理目标所进行的各项组织工作的总称。

2. 施工项目管理组织的工作内容

施工项目管理组织的工作内容包括以下几点：

（1）组织的设计。根据施工项目管理目标和任务，建立合理的项目管理组织机构；建立必要的规章制度、分配制度；建立组织内外之间的相互联系、信息流通以及它们之间的协调原则和方法。其中，管理层次的划分、部门的设置要科学、合理，各部门、科室（队组）、岗位人员的职责应明确。

（2）组织联系。组织联系就是规定组织机构中各部门的相互关系，明确信息流通和信息反馈的渠道，以及它们之间的协调原则和方法。

（3）组织的运行。根据才职相称的原则配备符合要求的管理人员，使他们在各自的岗位上履行职责、行使权力、交流信息，确保管理活动的正常开展与有效运行。有计划、有目标地对管理人员进行培训、激励考核与奖惩，以提高其素质和积极性，通过共同努力实现项目管理目标。

（4）组织行为。组织行为就是指应用行为科学、社会学及社会心理学原理来研究、理解和影响组织中人们的行为、言语、组织过程、管理风格以及组织变更等。

（5）组织的调整。根据工作的需要、环境的变化，分析原有项目管理组织的适应性、效率性及缺陷，对原有项目管理组织系统进行调整和重新组合，包括组织形式的变化、人员的变动、规章制度的修订、责任系统和信息系统的调整等。

3. 施工项目管理组织机构的设置原则

施工项目管理组织机构设置的目的是为了充分发挥项目管理功能，提高项目整体管理效率，以达到项目管理的最终目标。因此，企业在推行项目管理中合理设置施工项目管理组织机构是一个至关重要的问题。一般来说，施工项目管理组织机构的设置应遵循以下原则：

（1）目的性原则。施工项目管理组织机构设置的根本目的，是为了产生组织功能，实现施工项目管理的总目标。从这一根本目标出发，就会顺势做出：因目标设事→因事设机构定编制→按编制设岗位定人员，以职责定制度授权力。

（2）精干高效原则。施工项目管理组织机构的人员设置，以能实现项目所要求的工作任务（事）为原则，尽量简化机构，做到精干高效。人员配置要严格控制二三线人员，力求一专多能，一人多职。同时还要增加项目管理班子人员的知识含量，着眼于使用和学习锻炼相结合，以提高人员素质。

（3）业务系统化管理原则。项目是一个开放的系统，由众多子系统组成。各子系统之间，子系统内部各单位工程之间，不同组织、工种、工序之间，存在着大量结合部，这就要求施工项目管理组织也必须是一个完整的组织结构系统，恰当地分层和设置部门，以便在结合部上能形成一个相互制约、相互联系的有机整体，避免在职能分工、权限划分和信息沟通上产生相互矛盾或重叠。这就要求在进行组织机构设计时应以业务工作系统化原则为指导，周密考虑层间关系、分层与跨度关系、部门划分、授权范围、人员配备及信息沟通等，使施工项目管理组织机构本身成为一个严密的、封闭的组织系统，合理分工及协作以完成施工项目管理的总目标。

（4）弹性和流动性原则。工程项目施工所具有的单件性、阶段性、露天性和流动性等主要特点，必然带来生产对象数量、质量和地点的变化，进而带来资源配置的品种和数量的变化。这就要求管理工作和组织机构能随之进行调整，以使组织机构适应任务的变化。也就是说要按照弹性和流动性的原则建立组织机构，切不可一成不变；要准备调整人员及部门设置，以适应工程任务变动对管理机构流动性的要求，确保建立高效率的组织体系和组织机构。

（5）项目组织与企业组织一体化原则。项目组织是企业组织的有机组成部分，企业是它的母体，归根结底，项目组织是由企业组建的。从管理方面来看，企业是项目管理的外部环境，项目管理人员来自企业，项目管理组织解体后，其人员仍回企业。即使进行组织机构调整，人员也是进出于企业人才市场的，因此施工项目的组织形式与企业的组织形式密切相关，不能抛开企业的组织形式去谈项目的组织形式。

4. 施工项目管理组织机构的设置程序

施工项目组织应按图 3.1.1 所示的程序进行设置。

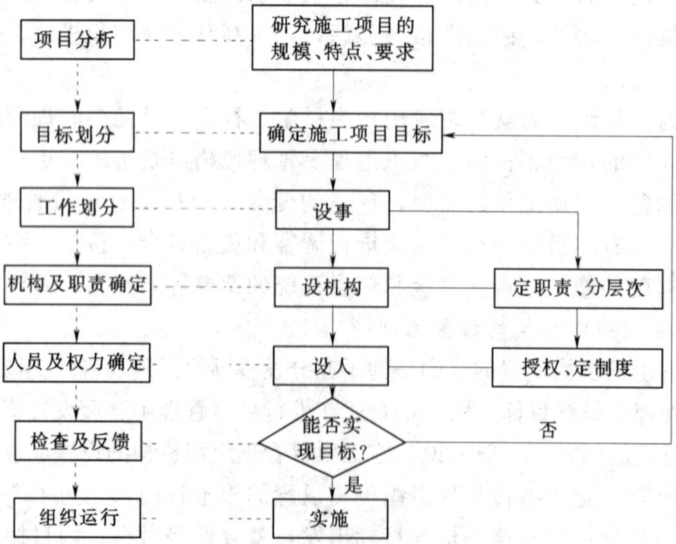

图 3.1.1 施工项目管理组织机构设置程序图

5. 施工项目管理组织形式

与施工项目管理组织机构设置同时进行的工作是施工项目管理组织形式的确定，就是要解决“以什么样的结构方式”去处理层次、跨度、部门设置和上下级关系。组织结构形式反映了一个组织系统中各子系统之间或各元素之间的指令关系；而组织分工则反应了一个组织系统中各子系统或各元素的任务分工和管理职能的分工。组织结构形式和组织分工都是一种相对静态的组织关系。

施工项目常用的管理组织结构形式有多种，主要包括：部门控制式、工作队式、矩阵式和事业部式。

(1) 部门控制式项目管理组织。对于专业性较强、只涉及个别少数部门的小型施工项目，可选择部门控制式组织形式。它是按职能原则建立的项目组织，没有打乱企业现行的建制，是把项目委托给企业某一专业部门或施工队，由被委托的部门（工作队）领导，在本单位选人组合，负责实施项目管理，项目终止后恢复原职。部门控制式项目管理组织机构形式如图 3.1.2 所示。

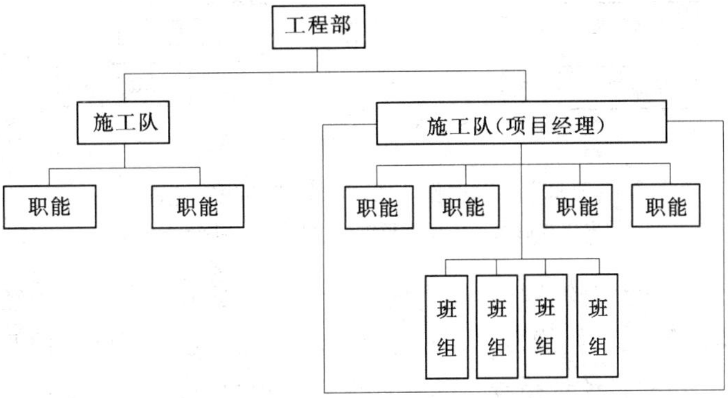

图 3.1.2 部门控制式项目管理组织示意图

部门控制式项目管理组织的特征：①人员素质一般、力量不大、人员构成单一；②基础工作能力、管理水平和施工经验一般即可。

1) 部门控制式项目管理组织的优点：

a. 因为是由熟人组合办熟悉的事，所以，人事关系容易协调，人才作用发挥较充分。

b. 从接受任务到组织运转启动，时间短。

c. 职责明确，职能专一，关系简单，项目经理无需专门训练便可进入状态。

2) 部门控制式项目管理组织的缺点：

a. 不能适应大型工程项目管理的需要。

b. 不利于对计划体系下的组织体制（固定建制）进行调整。

c. 不利于精简机构。

(2) 工作队式项目管理组织。对于大型项目、工期要求紧迫的项目、要求多工种多部门密切配合的项目，可选择工作队式项目管理组织形式。工作队式项目管理组织是按照对象原则组织的项目管理机构，可独立地完成任务，相当于一个“实体”。工作队式项目管理组织机构形式如图 3.1.3 所示。

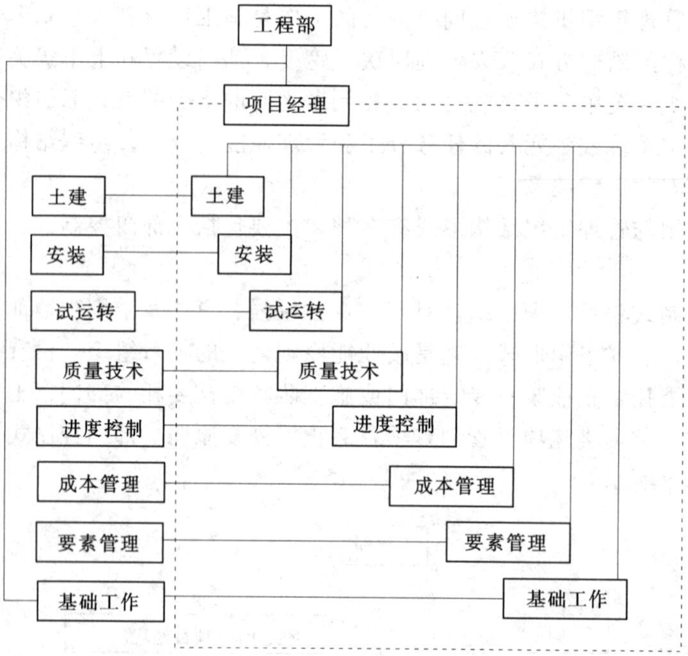

图 3.1.3　工作队式项目管理组织示意图
（图中虚线内表示项目管理组织，其人员与原部门脱离）

工作队式项目管理组织的特征：①专业人才多、人员素质高、管理经验丰富、管理水平和技术水平较高、基础工作能力较强；②项目经理在企业内招聘，抽调职能人员组成管理机构（工作队），由项目经理指挥，独立性大；③项目管理班子成员在工程建设期间与原所在部门停止领导与被领导关系，原单位负责人员负责业务指导及考察，但不能随意干预其工作或调回人员；④项目管理组织与项目同寿命，项目结束后该临时管理机构撤销，所有人员仍回原所在部门和岗位。

1）工作队式项目管理组织的优点：

a. 项目经理是从职能部门抽调或招聘的一批专家，他们在项目管理中协同配合工作，可以取长补短，有利于培养一专多能的人才并充分发挥其作用。

b. 各专业人才集中在现场办公，减少了争执和等待时间，办事效率高，问题解决快。

c. 项目经理权力集中，受到的干扰少，故决策及时，指挥灵便。

d. 由于减少了项目与职能部门的结合部，项目与企业的结合部关系弱化，故关系易于协调，行政干预减少，项目经理的工作易于开展。

e. 不打乱企业的原建制，企业的管理组织形式仍然存在。

2）工作队式项目管理组织的缺点：

a. 各类人员来自不同部门，具有不同的专业背景和经历，配合不熟悉，难免配合不力。

b. 各类人员在同一时期内所担负的管理工作任务可能有很大差别，因此很容易产生忙闲不均，导致人员浪费。特别是对稀缺专业人才，难以在企业内调剂使用。

c. 职工长期离开原单位，即离开了自己熟悉的环境和工作配合对象，容易影响其积极性的发挥，而且由于环境变化，容易产生临时观点和情绪。

d. 职能部门的优势无法发挥。由于同一部门人员分散，很难进行有效的培养、指导，削弱了职能部门。

（3）矩阵式项目管理组织。对于大型、复杂的施工项目，对于同时承担多个需要进行工程项目管理的企业对于管理效率要求很高的项目，可采用矩阵式项目管理组织形式。矩阵式项目管理组织机构形式如图 3.1.4 所示。

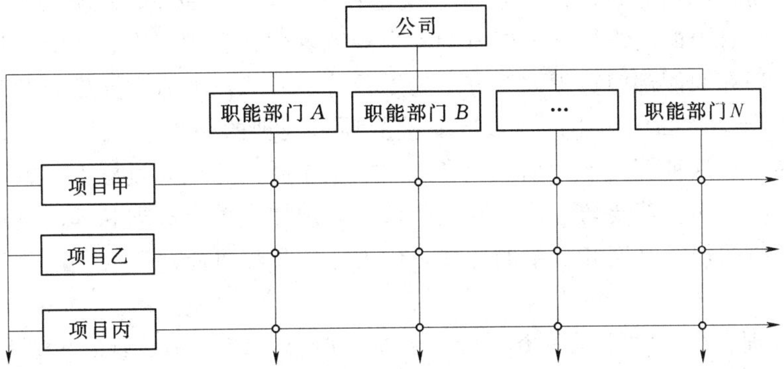

图 3.1.4 矩阵式项目管理组织示意图

当企业同时承担多个需要进行管理的工程项目时，由于各项目对专业技术人才和管理人员都有需求，加在一起数量较大，采用矩阵式项目管理组织可以充分利用有限的人才对多个项目进行管理，特别有利于发挥稀有人才的作用；当为大型、复杂的施工项目时，采用矩阵式项目管理组织可以实现多部门、多技术、多工种配合实施的要求以及在不同阶段对不同人员有不同的数量和搭配的要求。

矩阵式项目管理组织的特征：①项目管理组织是按照职能原则和对象原则相结合建立起来的，既发挥职能部门的纵向优势，又发挥项目组织的横向优势，多个项目与职能部门的结合形成了矩阵结构；②企业专业职能部门是相对稳定的，项目管理组织是临时性的。职能部门负责人对参与项目组织的人员有组织调配、业务指导和管理考察的责任。项目经理和参与项目组织的职能人员在横向上有效的组织在一起，为实现项目目标协同工作；③矩阵中的每个成员接受原部门负责人和项目经理的双重领导，但部门的控制力大于项目的控制力。部门负责人有权根据不同项目的需要，在项目之间调配本部门人员。一个专业人员可能同时为几个项目服务，特殊人才可充分发挥作用，大大提高人才利用率；④项目经理对“借”到本项目经理部来的人员，有权控制和使用。当感到人力不足或某些成员不得力时，他可以向职能部门求援或要求调换、辞退回原部门；⑤项目经理部的工作有多个职能部门支持，项目经理没有人员包袱。但要求在水平方向和垂直方向有良好的信息沟通和协调配合，对整个企业组织和项目组织的管理水平和组织渠道畅通提出了较高的要求。

1）矩阵式项目管理组织的优点：

a. 兼有部门控制式和工作队式两种项目组织形式的优点，把职能原则与对象原则融为一体，解决了传统模式中企业组织和项目组织相互矛盾的状况，求得了企业长期例行性管理和项目一次性管理的一致性。

b. 能通过对人员的及时调配，以尽可能少的人力实现多个项目管理的高效率。理由是：通过职能部门的协调，一些项目上的闲置人才可以及时转移到需要这些人才的项目上去，防止人才短缺，项目组织因此具有弹性和应变力。

c. 有利于人才的全面培养。不同知识背景的人在合作中相互取长补短，知识面大大拓宽，纵向的专业优势得到发挥，为人才培养奠定了深厚的基础。

2）矩阵式项目管理组织的缺点：

a. 矩阵式项目管理组织的结合部多，组织内部的人际关系、业务关系、沟通渠道等都较复杂，容易造成信息量膨胀，使信息梗塞或失真。这就要求在协调组织内部的关系时，必须要有强有力的组织措施和规章制度来规范管理，管理层次、职责、权限要明确划分。当项目经理和职能部门负责人双方产生严重分歧时，需要有企业领导及时出面协调。

b. 双重领导。项目组织中的成员既要接受项目经理的领导，又要接受企业中原单位负责人的领导。在这种情况下，如果领导双方发生矛盾，意见和目标不一致时，当事人将无所适从，影响工作。若要防止这一问题产生，必须加强项目经理和部门负责人之间的沟通，还要有严格的规章制度和详细的计划，使工作人员尽可能明确在不同时间内应当干什么工作。

c. 如果管理人员同时管理多个项目、身兼多职时，便往往难以确定管理项目的优先顺序，尤其是在施工的高峰期难免会应接不暇、顾此失彼。

d. 由于人员来自职能部门，仍受职能部门控制，故凝聚在项目上的力量减弱，往往使项目管理组织的作用发挥受到影响。

（4）事业部式项目管理组织。对于大型企业承包的施工项目，在一个地区有长期市场或有多种专业化施工力量的企业承包的施工项目，远离企业基地的施工项目，应选择事业部式项目管理组织形式。事业部式项目管理组织如图 3.1.5 所示。

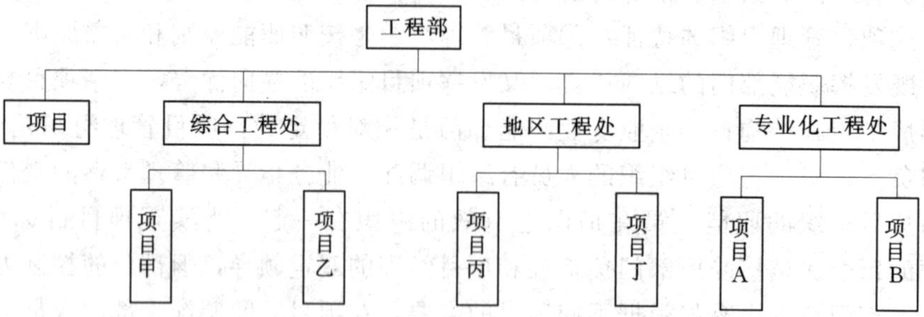

图 3.1.5　事业部式项目管理组织机构示意图

事业部式项目管理组织机构的特征：①企业下设事业部，事业部对企业来说是职能部门，对企业外来说可以是一个独立单位，享有相对独立的经营权。事业部可以按地区设置，也可以按工程类型或经营内容设置；②事业部中的工程开发部，或对外工程公司的海外部下边设置项目经理部，项目经理由事业部委派，一般对事业部负责，也可以直接对业主负责，但要经特殊授权才可以。

1）事业部式项目管理组织的优点：

a. 事业部式项目管理组织能充分调动与发挥事业部的积极性和独立经营作用，有利于延伸企业的经营职能，扩大企业的经营业务领域，还有利于迅速适应环境变化以加强项目管理。

b. 事业部式项目管理组织形式能较迅速地适应环境变化，提高企业的应变能力，调动部门积极性。当企业向大型化、智能化发展并实行作业层和经营管理层分离时，既可以加强经营战略管理，又可以加强项目管理。

2）事业部式项目管理组织的缺点：

a. 在事业部式项目管理组织中，企业对项目经理部的约束力减弱，协调指导的机会减少，容易造成企业结构松散。

b. 事业部的独立性强，导致企业的综合协调难度大，因此，必须加强制度约束和规范化管理。

3.2 施工项目经理部的建立

3.2.1 施工项目经理部的含义和组织形式

1. 施工项目经理部的含义

施工项目经理部（或施工项目部）是由企业选派的施工项目经理领导，以市场为指导、实行指标考核、责任经营管理的方式对施工项目进行管理的临时性管理机构，随着合同的签订而成立，随着项目的终结而解体，属企业项目施工管理层，接受企业公司业务部门的指导，负责所承担的工程项目从开工到竣工全过程的管理工作，是企业组织生产经营的基础。

施工项目经理部是企业在某一工程上的一次性管理组织机构，是代表企业履行工程承包合同的主体，项目经理为项目部的最高领导，代表企业以业主满意的最终建设产品对业主全面负责。而施工项目经理部要当好参谋，为项目经理决策提供信息，执行施工项目经理的决策意图，对施工项目经理全面负责。施工项目经理部对作业层负有管理和服务的双重职能，其工作质量的好坏将对作业层的工作质量有重大影响。

施工项目经理部是一个管理组织，要完成项目管理任务和专业管理任务；要凝聚管理人员的力量，调动其积极性，促进合作；要协调部门之间、管理人员之间的关系，发挥每个人的岗位作用，为共同目标进行工作；要贯彻组织责任制，搞好管理；要及时沟通部门之间，施工项目经理部与作业层之间、与公司之间、与环境之间的信息。

2. 施工项目经理部的组织形式

（1）施工项目经理部设置的基本原则。施工项目经理部的设置应满足以下原则：

1）责权利统一的原则。不同的项目组织形式和不同的管理环境，对其管理职责有不同的要求，并有相应管理权限以及合理的利益分配，体现责权利统一的原则。

2）组织现代化的原则。按项目规模大小、技术复杂性的不同，按综合化、系统化设置科、组成员，反映目标要求，分工协作，达到精干和高效原则。

3）功能齐全的原则。人员配置上能适应施工现场的经营、计划、合同、工程、调度、技术、质量、安全、资金、预算、核算、劳务、物资、机具以及分包管理的需要，设置专、兼职人员。

4）弹性建制的原则。施工项目经理部是非固定的一次性工程管理组织，无固定的管理队伍，根据施工进展，人员有进有出，应及时对组织进行优化调整，实行动态管理。

（2）施工项目经理部的设置思路。

1）简单项目、只涉及少数部门的小项目、承包内容单一的项目，应采用部门控制式项目管理组织。

2）大型综合企业，人员素质高、管理基础强、业务综合性强，可以承担大型项目施工承包任务，宜采用矩阵式、工作队式或事业部式的项目管理组织。

3）在同一企业内，可以根据项目情况同时采用几种形式的管理组织，如事业部式项目管理组织和矩阵式的项目管理组织相结合、工作队式项目管理组织与事业部式项目管理组织相结合等。但不能同时采用矩阵式及混合工作队式，以免造成管理渠道和管理秩序的混乱。

施工项目经理部采用什么样的组织形式，应由企业决策层来决定。但是，不论如何在选择其组织形式时，均要将企业的基础、素质、任务、条件与施工项目的规模、特点、内容、复杂程度、任务需要和要求等综合起来分析。要有利于企业战略决策指令的实施，有利于人员（资源）的优化配置，有利于强化管理，有利于最终目标的实现，这样才能选择出最适宜的项目组织形式。

为了方便施工项目经理部组织形式的选择，下面将施工项目经理部组织形式的设置进行一个概括，如表3.2.1所示。

表3.2.1　施工项目经理部组织形式设置参考表

项目组织形式	项目性质	施工企业类型	企业人员素质	企业管理水平
部门控制式	简单项目； 专业性较强项目； 只涉及少数部门的小项目	小企业； 专业单一的企业	人员素质较差； 人员构成单一； 力量薄弱	管理水平较低； 基础工作能力较差； 施工经验一般
工作队式	大型项目； 复杂项目； 工期紧的项目	大型综合企业； 有得力项目经理的企业	人员素质较强； 专业人才多； 职工和技术素质较高	管理水平较高； 基础工作能力较强； 管理经验丰富
矩阵式	多工种、多部门、多技术配合的项目； 管理效率要求很高的项目	大型综合企业； 经营范围很宽的企业； 实力很强的企业	管理人才多； 人员一专多能； 人员素质很高	管理水平很高； 管理渠道畅通； 信息沟通灵敏； 管理经验丰富
事业部式	大型项目； 远离企业基地项目； 事业部制式企业承包项目	大型综合企业； 经营能力很强的企业； 海外承包企业； 跨地区承包企业	人员素质高； 专业人才多； 项目经理强	管理经验丰富； 经营能力强； 信息手段强； 资金实力雄厚

3.2.2 施工项目经理部的组建

施工项目经理部组建时应符合下列的要求：

（1）应根据所选择的项目组织形式组建施工项目经理部。项目组织形式的不同决定了企业对项目管理方式的不同，提供的管理环境不同，以及对施工项目经理授予的权限不同。同时对施工项目经理部的管理力量配备以及管理职责的要求也不同。但不论何种项目组织形式均要体现责权利的统一。

（2）应根据项目的规模、复杂程度和专业特点设置施工项目经理部。大型施工项目的施工项目经理部要设置职能部、处，中型施工项目的施工项目经理部要设置职能处、科，小型的只要设置职能人员即可。若施工项目的专业性很强，则设置相应的专业职能部门，如水电处、安装处等。施工项目经理部的设置应满足施工项目的目标要求，便于管理，有利于提高效率，体现组织现代化。

（3）应根据施工任务的需要适时调整。施工项目经理部是弹性的、一次性的工程管理实体，不应成为一级固定组织，不设固定的管理队伍。应根据施工的进展，业务的变化，实施人员选聘进出，优化组织，适时调整，动态管理。施工项目经理部一般是在项目开工前组建，工程竣工交付使用后随之解体。

（4）施工项目经理部应适应现场施工的需要。施工项目经理部人员配备应面向施工项目现场，可考虑设专职或兼职人员，功能上应满足施工现场的计划与调度、技术与质量、成本与核算、劳务与物资、安全与文明施工的需要。不应设置经营与咨询、研究与发展、政工与人事等与项目施工关系较少的非生产性部门。

（5）在施工项目管理机构建成后，应建立有益于组织运转的工作制度。

3.2.3 施工项目经理的确定

施工项目经理是指受企业法定代表人委托和授权，在工程项目施工中担任施工项目经理岗位职务，对工程项目施工全过程全面负责的项目管理者，直接负责工程项目施工的组织实施者。同时，施工项目经理也是工程施工项目的责任主体，是企业法人代表在工程项目上的一次性授权代理人。因此，施工项目经理在施工项目管理中具有举足轻重的地位，是施工项目管理成败的关键人物。

充分认识和理解项目经理这一角色的地位与作用、职责范围及其需具备的素质和能力，对上级管理部门而言，是培养和选拔适当的项目经理、确保项目成功的前提；对项目经理本身而言，是加强自身修养、正确行使职责，做一名合格项目经理的基础。

1. 施工项目经理的地位

（1）施工项目经理是施工项目实施阶段的第一责任人。施工项目经理是企业法人代表在施工项目上的委托负责管理和合同履行的授权代理人，是施工项目实施阶段的第一责任人。

从施工企业内部看，施工项目经理是施工项目全过程所有工作的总负责人，是施工项目动态管理的体现者，是施工项目生产要素合理投入和优化组合的组织者；从对外方面看，作为施工企业法人代表的企业经理，不直接对每个建设单位负责，而是由施工项目经理在授权范围内对建设单位直接负责。由此可见，施工项目经理是项目目标的全面实现者，既要对建设单位的成果性目标负责，又要对施工企业效益性目标负责。

（2）施工项目经理是协调各方面关系的桥梁和纽带。施工项目经理是协调各方面关系，使之相互紧密协作、配合的桥梁和纽带。他对施工项目经理目标的实现承担着全部责任，即承担合同责任，履行合同义务，执行合同条款，处理合同纠纷，受法律的约束和保护。

（3）施工项目经理对项目实施进行控制，是各种信息的集散中心。施工项目自下、自外而来的信息，通过各种渠道汇集到项目经理的手中；项目经理又通过指令、计划和“办法”等，对上反馈信息，对下、对外发布信息，通过信息的集散达到控制的目的，使项目管理取得成功。

(4) 施工项目经理是施工项目责、权、利的主体。因为施工项目经理是项目总体的组织管理者，是项目中人、财、物，技术、信息和管理等所有生产要素的组织管理人。这一点不同于技术、财务等专业的总负责人。项目经理必须把组织管理职责放在首位，项目经理首先必须是项目的责任主体，是实现项目目标的最高责任者，而且目标的实现不应超出限定的资源条件。责任是实现项目经理责任制的核心，它构成了项目经理工作的压力，是确定项目经理权力和利益的依据。

2. 施工项目经理的素质和能力要求

施工项目经理作为工程项目的承包责任人，是施工项目的决策者、管理者和组织者。在企业内部，项目经理向企业经理负责；对外方面，在企业经理授权时，可对业主负责。一个胜任的施工项目经理必须在政治思想素质、道德品质、知识结构、业务素质以及身心素质等方面具备良好的素质。他应在实际工作中经过了工程施工管理的锻炼，具有关于施工项目管理的实践经验（知识），具有较强的决策能力、组织能力、指挥能力和应变能力，能够带领项目经理部成员一起工作。此外，大中型项目的项目经理必须取得工程建设类相应专业注册执业资格证书。

(1) 施工项目经理的素质要求。

1) 政治思想素质。施工项目经理应具备高度的政治思想觉悟，政策性强，有强烈的事业心、责任感，实事求是，敢于承担风险，有创新进取精神；有正确的经营管理理念，讲究经济效益；有团队精神，作风正派，能密切联系群众，发扬民主作风，大公无私，不谋私利；要言行一致，以身作则；任人唯贤，不计个人恩怨；坚持原则，奖惩分明；要有良好的职业道德和团队协作精神，遵纪守法、爱岗敬业、诚信尽责。

2) 道德品质。施工项目具有一次性的特点，施工项目管理的成败取决于项目经理的能力和工作态度。因此，项目经理必须具有良好的职业道德，工作积极认真，任劳任怨，勇于挑战，敢于承担责任，公平正直，具有合作精神。

3) 知识结构。施工项目经理应具备可以承担施工项目管理任务的专业技术知识，应该是土木工程专业的内行，能够鉴别项目的工艺设计、设备选型、安装调试，熟悉土建施工技术；同时还必须具有广泛的知识面，具备一定的专业管理、经济和法律法规知识，学习和掌握工程项目管理、决策论、运筹学理论、网络计划技术、价值工程和质量管理、领导科学、合同法等相关知识。

施工项目经理应接受过有关的专门培训，取得任职资质证书，具备施工项目经理资质管理规定的工程实践经历、经验和业绩，有处理工程实际问题的能力。施工项目经理和承担涉外工程的施工项目经理最好能熟练掌握一门外语。

4) 业务素质。施工项目经理应对项目管理过程中发生的问题和矛盾有敏锐的洞察力，能迅速作出正确分析和判断。有解决问题的严谨思维能力；多谋善断，有当机立断的科学决策能力；在安排工作和生产经营活动时，有协调人力、物力、财力，排除干扰实现预期目标的组织控制能力；有善于沟通上下级关系、内外关系、同事之间关系，调动各方面积极性的公关能力；有知人善任、任人唯贤以及善于发现人才、提拔使用人才的用人能力。

5) 身心素质。施工项目经理应年富力强、精力充沛、身体健康、思维敏捷、记忆力良好，同时还要有坚强的毅力和决心以及健康的情感和心理素质。

项目经理不应同时承担两个或两个以上未完项目领导岗位的工作。在项目运行正常的情况下，组织不得随意撤换项目经理。特殊原因需要撤换项目经理时，应进行审计并按有关合同规定报告相关方。

(2) 施工项目经理的能力要求。项目经理面临的工作任务是复杂的，这就要求项目经理应具有高度的灵活性、适应性、工作协调能力、说服能力、交流技巧、处理突发事件的应变能力，以及在激烈的竞争中和复杂的组织关系中寻求生存的能力。换句话说，一个成功的项目经理，需要有坚强的性格和毅力、高超的管理能力、熟练的技术手段。

施工项目经理应具备的能力如下：

1) 领导能力。领导能力包括指导能力、授权能力和激励能力三个方面。指导能力是指项目经理能够指导项目团队成员去完成项目；授权能力是指项目经理能够赋予项目团队成员相应的权力，让他们可以做出与自己工作相关的决策；激励能力是指项目经理懂得怎样激励队员，并设计出一种富于支持和鼓励的工作环境。

2) 决策能力。决策能力是一种综合的判断能力，即面对几个方案或错综复杂的情况，能够迅速进行分析、做出正确的判断，果断采取行动。

3) 沟通能力。项目经理应该是一个良好的沟通者，它需要与项目团队成员、承包商、客户、公司高层管理人员以及建设单位、政府相关职能部门定期进行交流沟通。因为只有进行充分的交流沟通才能及时掌握工程方面的即时信息，发现潜在的问题并予以改正，保证项目的顺利进行。

4) 人际交往能力。项目经理无时无刻不在和工程施工过程参与各方以及建设单位、政府职能部门发生这样或那样的关系，因此良好的人际交往能力、处理好与各方的关系是项目经理必备的技能。

5) 人员开发能力。项目经理的人员开发能力是指一个优秀的项目经理在完成项目的同时，能对项目团队人员进行训练和培养，使他们能够将项目视为增加自身价值的机会。

3. 项目经理的培养和选拔

施工项目经理是决定施工项目管理成败的关键人物，因此选择合适的项目经理是非常重要的。项目经理的选择必须遵守一定的原则，按照一定的程序进行。选择项目经理应坚持：选择方式必须有利于人才选拔；项目经理产生的程序必须具有一定的资质审查和监督机制；最后决定权属于企业法定代表人；逐步采用从人才市场上竞争上岗的选拔和聘任方式。

目前，一般是从工程师、经济师以及有专业特长的工程技术管理人员中，发掘那些熟悉专业技术、懂得管理知识、表现出有较强组织能力和社会能力的人员，经过基本素质考察后，作为项目经理预备人才加以有组织、有目的的培训。培训的关键是在其取得专业工作经验以后，给予从事项目管理实践锻炼的机会，使之既挑担子，又接受考察，逐步具备项目经理的任职条件，然后上岗。在锻炼的过程中，重点锻炼其在项目设计、施工、采购和管理方面的技能。此外，在项目计划安排、网络计划编制、工程概预算和估算、招标投标工作、合同业务、质量检验、技术措施制定以及财务结算等方面均要给予学习和锻炼的机会。

大中型工程的项目经理，在上岗前要在资历深的项目经理的带领下，接受项目副经理、助理或见习项目经理的锻炼，或独立承担小型项目经理工作。经过实践锻炼，确实证明其有担任大中型工程项目经理的能力后，才能委以大中型项目经理的重任。但在初期，还应给予指导，培养与考核，进一步开阔其眼界，丰富其经验，使其逐步成长为德才兼备、理论和实践兼能、法律和经济兼通、技术和管理兼行的项目经理。

4. 施工项目经理的责、权、利

（1）项目经理的责任。我国实行项目经理负责制，项目经理是项目的第一负责人，其主要职责有：

1）代表企业实施项目管理，贯彻国家有关法律、法规和政策，执行企业的各项管理制度，维护企业的合法权益。

2）严格财经制度，加强财经管理，正确处理国家、企业和个人的利益关系。

3）履行建设公司与业主总包方签订的项目施工合同及与分包商签订的分包合同，履行《项目管理目标责任书》规定的任务。

4）对工程项目施工进行有效控制，执行有关技术规范和标准，积极推广应用新技术，确保工程质量和工期，实现安全、文明生产，努力提高经济效益。

5）主持编制项目管理实施规划，制定工期、质量、成本、安全和文明施工等各项措施计划，并组织实施。

6）建立各种专业管理体系并组织实施，对进入施工现场的生产要素进行优化配置和系统的动态管理。

7）进行授权范围内的利益分配。

8）在建设公司授权范围内，协调与业主总包方、监理、作业队等各方的关系。

9）组织编制、实施项目年、季、月施工计划，参与竣工验收，办理竣工结算，负责工程款回收和债权、债务清理。

10）及时报送规定的各种报表、定期向建设公司汇报项目情况及报告重大事项。

11）组织收集整理竣工验收资料及工程经济、技术资料，项目结束时交建设公司归档。

12）接受建设公司对项目的监督、检查、审计和考核。

13）项目经理是在项目上体现企业形象的第一责任人，负责项目的文明工地建设及施工人员的精神文明建设。

14）协助建设公司进行项目评奖申报工作。

15）项目后续工程跟踪、信息反馈和参与后续项目的招投标活动。

16）项目结束善后处理工作。

（2）施工项目经理的权限。

1）参与本工程相关项目的投标和施工合同的签订活动。

2）与建设公司签订《项目管理目标责任书》。

3）参与组建项目经理部，确定项目管理组织机构，负责项目副经理、项目总工程师的提名，聘用项目管理人员。

4）参与工程任务分工。

5）负责分承包商的调查和选择，审核、签订分包合同。

6）确定项目经理部管理人员的职责，并定期考核、评价和奖惩。有权解聘不称职的管理人员。

7）按项目工资分配制度和核定的工资总额确定项目管理人员的岗薪工资分配，对项目绩效工资有建议和分配权。

8）在公司财务制度规定的范围内，根据公司的授权和工程项目管理的需要决定资金的投入和使用。

9）根据公司物资、设备管理文件的规定行使采购权、租赁权。

10）按公司授权范围和有关规定，代表公司与业主商签项目执行文件和来往函件，以及修改、补充施工合同。

11）主持项目经理部工作，全面行使项目的组织、指挥、协调、控制权。

12）法定代表人授予的其他权力。

（3）施工项目经理的利益。施工项目经理最终的利益是项目经理行使权力和承担责任的结果，也是商品经济条件下责、权、利相互统一的具体体现。利益或奖励可分为两大类：一是物质兑现；二是精神奖励，两者都要重视。

1）项目经理实行项目责任经营管理，按《项目管理目标责任书》确定的指标完成情况进行审计、考核、兑现。

2）项目经理的岗薪工资按项目经理部的岗薪工资标准执行，其绩效工资与项目的管理业绩考核挂钩。

3）有突出业绩或在降低成本、为企业创效益中有突出贡献的可获特殊奖励。

4）可获得表彰、记功、优秀项目经理等荣誉称号。

5. 施工项目经理的日常工作

施工项目经理的日常工作，主要有以下四个方面。

（1）科学决策。对于重大决策问题项目经理必须按照完整的科学方法进行处理。但项目经理也不必包揽一切决策，倘若出现下面的两种情况时，项目经理才有必要及时作出准确的决断：一是出现非规范事件（即例外性事件），例如出现了特别的合同变更，对某种特殊材料的购买，领导重要指示的执行决策等；另一是下级请示的重大问题，即涉及项目目标的全局性问题。此时，项目经理需要明确地做出决策。项目经理可不直接回答下属问题，只直接回答下属建议。项目经理的决策要及时、明确，不要模棱两可，更不要遇到问题绕着走。

（2）深入实际。项目经理必须经常深入实际、密切联系群众，这样才能体察下情，能够发现问题，便于开展领导工作。要把问题解决在群众面前，把关键工作做在最恰当的时候。

（3）学习。项目管理涉及现代生产、科学技术和经营管理，往往是三者的智慧结晶。项目管理的内容宽泛，形式多样，学科知识发展变化速度快。项目经理必须不断抛弃老化了的知识、学习新知识、新思想和新方法。要跟上改革的形势，推进管理改革，使各项管理能与国际接轨。

（4）实施合同。对合同中确定的各项目标的实现进行有效的协调与控制，协调各种关系，组织全体职工实现工期、质量、成本、安全、文明施工目标。

6. 施工项目经理责任制

《建设工程项目管理规范》（GB/T 50326—2006）中关于项目经理责任制的规定为："项目经理责任制应作为项目管理工作的基本制度，是评价项目经理绩效的依据。项目经理责任制的核心是项目经理承担实现项目管理目标责任书确定的责任。项目经理与项目经理部在工程建设中应严格遵守和实行项目管理责任制度，确保项目目标全面实现。"

由以上规定可以看出：项目经理在施工项目管理中处于中心地位，对施工项目负有全面管理的责任。因此，对所承包的施工项目，应建立以项目经理为首的生产经营管理系统，实行施工项目经理责任制。施工项目经理既是生产经营活动的中心，又是履行合同的主体。施工项目经理从施工项目开工到竣工验收、交付使用，进行全过程的施工和经营管理，并在实行项目经理负责制的前提下与企业签订责任状，实行成本核算，对费用、质量、工期、降低成本以及安全文明负责。实行多项复合型技术经济指标的全额、全过程责任承包，承包的最终结果关系项目经理、项目经理部职员的晋升和奖罚。

(1) 施工项目经理责任制的原则。

1) 责、权、利、效统一的原则。

2) 兼顾企业、承包者和职工三者利益的原则。

3) 实事求是的原则。

(2) 施工项目经理责任制的概念。施工项目经理责任制是指由企业制定的、以施工项目经理为责任主体，确保施工项目目标实现的责任制度。施工项目经理责任制是施工项目目标实现的具体保障和基本条件，它是以施工项目为对象，以施工项目经理全面负责为前提，以《项目管理目标责任书》为依据，以获得项目产品的最佳经济效益为目的，实行从施工项目开工到交工的一次性全过程的管理。施工项目经理责任制是推行施工项目管理的核心，也是完成业主和国家对企业要求的最终落脚点。

(3) 施工项目经理责任制的作用。施工项目经理责任制作为施工项目管理的基本制度，在施工项目管理中具有十分重要的作用。这些作用主要体现在以下几点：

1) 有利于明确施工项目经理与企业、项目经理部成员三者之间的责权利关系。

2) 有利于运用经济、法制手段强化对施工项目的管理。

3) 有利于对施工项目进行规范化、科学化管理和提高工程质量。

4) 有利于促进和提高施工项目管理的经济效益和社会效益。

(4) 施工项目经理责任制的内容。

1) 施工企业内部各层次之间的关系。推行施工项目经理责任制的施工企业内部分为企业管理层、项目管理层和施工作业层。企业管理层首先应制定和健全施工项目管理制度，用于规范施工项目管理工作；其次，应加强计划管理，保证资源的合理分布和有序流动，为施工项目生产要素的优化配置和动态管理服务；再次，应对项目管理层的工作进行指导、监督和检查。项目管理层对施工项目的资源进行优化配置和动态管理，执行和服从企业管理层的指导、监督和检查。企业管理层和施工作业层应签订劳务分包合同，项目管理层与施工作业层应建立共同履行劳务分包合同的关系。

2) 施工项目管理的目标责任体系。

a. 企业法人代表与项目经理之间的目标责任制。施工项目经理产生以后，与企业法人代表之间就施工项目全过程管理签订《项目管理目标责任书》，它是对施工项目从开工到竣工交付使用全过程及项目经理部建立、解体和善后处理期间重大问题的办理而事先形成的具有企业法规性的文件，也是对项目经理任职目标的规定，具有很强的约束力。

b. 项目经理与项目经理部成员之间的目标责任制。项目经理部组建以后，项目经理必须对项目经理部成员进行明确的职责分工，建立以项目经理为中心的分工负责目标责任制。项目经理应与项目经理部成员签订岗位责任状，明确每一业务岗位的责、权、利和各业务岗位之间的分工协作关系，把“一人负责”转变为“人人尽职尽责”。

c. 项目经理部与作业分包队之间的目标责任制。项目经理部对作业分包队的责任落实，在通常情况下，可以单位工程为对象，签订目标责任书。在料具按时供应、技术指导及时、责任目标兑现的前提下，落实以施工预算为依据、质量管理为中心、成本管理为手段的目标责任制。

具体做法包括：①按施工预算的有关费用一次包死，实行全额计件承包；②定质量等级、定形象进度、定安全标准；③工资总额的核定与工程质量、形象进度、施工成本、文明施工四项指标挂钩；④实行优质工程奖和材料节约奖。

3.2.4　施工项目经理部的部门设置和人员配备

施工项目经理部的部门设置和人员配备与施工项目的规模和项目的类型有关，不应一概而论，目标是为了把施工项目变成市场竞争的核心、企业管理的重心、成本核算的中心、代表企业履行合同的主体及工程管理的实体。施工项目经理部内应配备施工项目经理、总工程师、总经济师、总会计师和技术、预算、劳资、定额、计划、质量、保卫、测试、计量以及辅助生产人员 15～45 人。

施工项目经理部的部门设置和人员配备实行一职多岗，全部岗位职责覆盖项目施工全过程的全面管理，不留死角，亦避免职责重叠交叉。

施工项目经理部主要设置 4 个业务部门：

(1) 经营核算部门。主要负责预算、合同、索赔、资金收支、成本控制与核算、劳动配置及劳动分配等工作。

(2) 工程技术部门。主要负责生产调度、进度控制、文明施工、技术管理、施工组织设计、计量、测量、试验、计划、统计工作。

(3) 物资设备部门。主要负责材料的询价、采购、计划供应、管理、运输、工具管理、机械设备的租赁配套使用等工作。

(4) 监控管理部门。主要负责工程质量、安全管理、消防保卫、环境保护等工作。

施工项目经理部的规模等级及人员配备如下：

一级施工项目经理部。适用于建筑面积在 15 万 m^2 及其以上的群体工程；面积在 10 万 m^2 及其以上的单体工程；投资在 8000 万元及其以上的各类施工项目。一级施工项目经理部的人员一般在 30～45 人。

二级施工项目经理部。适用于建筑面积在 15 万 m^2 以下，10 万 m^2 及其以上的群体工程；面积在 10 万 m^2 以下，5 万 m^2 及其以上的单体工程；投资在 8000 万元以下，3000 万元及其以上的各类施工项目。二级施工项目经理部的人员一般在 20～30 人。

三级施工项目经理部。适用于建筑面积在 10 万 m^2 以下，2 万 m^2 及其以上的群体工程；面积在 5 万 m^2 以下，1 万 m^2 及其以上的单体工程；投资在 3000 万元以下，500 万元及其以上的各类施工项目。三级施工项目经理部的人员一般在 15～20 人。

1. 施工项目的劳动力组织

施工项目的劳动力来源于企业的劳务市场。企业劳务市场由企业劳务管理部门（或劳务公司）管理，对内以生活基地为依托组建施工劳务队，对外招用由行业主管部门协调或由指定的基地输入通过培训的施工队伍。

(1) 劳务输入。坚持“计划管理，定向输入，市场调节，双向选择，统一调配，合理流动”的方针。项目经理部根据所承担的工程项目任务，编制劳动力需要量计划，交公司劳动部门，公司进行平衡，然后由项目经理部根据公司平衡结果，进行供需见面，双向选择，与施工劳务队签订劳务合同，明确需要的工种，人员数量，进出场时间和有关奖罚条款等，正式将劳动力组织引入施工项目，形成施工项目作业层。

（2）劳动力组织。以施工劳务队的建制进入施工项目后，以项目经理部为主、施工劳务公司（或队）配合，双方协商共同组建作业承包队，打破工种界限，实行混合编班，提倡一专多能，一岗多职。形成既具有专业工种，又有协作配套人员，并能独立施工的承包队。也可对组建的作业承包队设置“项目经理助理”，作为项目经理在单位工程上的委托代理人，对项目经理负责，实行从单位工程开工到竣工交付使用的全过程管理。负责解决所管辖现场施工出现的问题，签证各类经济洽商，保证料具供应，沟通协调作业承包队与项目经理部各业务部门之间的关系。

2. 各个单位共同参与施工项目管理的方式

设备施工单位和机械租赁单位也应按照合同规定的责任、权利、义务参与施工项目管理，可以向项目派出管理人员，全权代表本单位参加项目经理部的工作，负责组织、调度、控制所属作业力量，配置相应的资源。接受项目统一进度计划的制约和协调；接受项目既定的各项制度和标准的监督；接受隶属企业（单位）和项目经理部的双重领导。在维护项目整体利益的前提下保障本单位利益。与此要求相适应，土建、设备安装和机械租赁企业（单位）可以根据具体任务情况，重组本单位的管理体制。可设立若干个项目管理班子，也可以推行区域性项目管理，一个班子管理多个项目。

3.2.5 施工项目管理制度的建立

1. 制定施工项目管理制度的原则

项目经理部组建以后，作为组织建设内容之一的管理制度应立即着手建立。建立管理制度必须遵循以下原则：

（1）制订施工项目规章制度必须贯彻国家法律政策、部门的法规、企业的制度等文件精神，不得有抵触和矛盾，不得危害公众利益。

（2）必须符合施工项目管理的需要，且制度之间应相互配套，不留漏洞，不产生矛盾，形成完整的体系；施工项目最需要的管理制度是有关工程技术、计划、统计、经营、核算。承包、分配以及各项业务管理制度，它们应是制定管理制度的主要目标。

（3）管理制度的制订应具有针对性，条款应明确具体，词语表达应简洁、明确。

（4）管理制度的颁布、修改和废除要有严格的程序，凡不涉及企业的管理制度，由项目经理签字决定，报企业备案；凡涉及企业的管理制度，由企业法人代表批准方可生效。

2. 施工项目管理制度的分类和内容

（1）施工项目管理制度的分类。施工项目管理制度按约束力的不同可以分为责任制度和规章制度。

施工项目管理责任制度是以施工项目经理部内部各部门、各岗位为对象制订的，它规定了每个人应该承担的责任。

施工项目管理规章制度是以各种活动、行为为对象，明确规定人们行为和活动不得逾越的规范和准则。它是施工项目经理部的内部法规，更强调约束性。

（2）施工项目管理制度的内容。施工项目管理制度的内容主要涉及以下方面：

1）项目管理人员岗位责任制度。

2）项目技术管理制度。

3）项目计划、统计与进度管理制度。

4）项目质量和安全管理制度。

5）项目成本核算制度。

6）项目材料、机械设备管理制度。

7）项目现场管理制度。

8）项目分包与劳务管理制度。

9）项目信息管理制度。

10）项目分配与奖励制度。

3. 施工项目管理制度的制定

施工项目经理部管理制度的制定应围绕计划、责任、监理、核算和质量等方面。计划制的建立是为了使各方面都能协调一致地为施工项目总目标服务，它必须覆盖项目施工的全过程和全方位，计划的制订必须有科学的依据，计划的执行和检查必须落实到人；责任制的建立应做到人人有责可负，一个独立的职责，必须由一个人全权负责；而监理制和奖惩制的目的是保证计划制和责任制贯彻落实，对项目任务完成进行控制和激励，它应具备的条件是有一套公平的绩效评价标准和评价方法，有健全的信息管理制度，有完整的监督和奖惩体系；核算制建立的目的是为落实上述四项制度提供基础，了解各种制度执行的情况和效果，并进行相应的控制：核算必须落实到最小的可控制单位上（如班组），要把按人员职责落实的核算与按生产要素落实的核算、经济效益和经济消耗结合起来，要有完善的核算手续；质量是工程的灵魂，必须通过工艺和管理予以保证，故必须有相应的质量制度作出严格规定。

学 习 小 结

本项目主要介绍了组织的概念、构成，施工项目管理组织及其工作内容，施工项目管理组织机构的设置原则、设置程序，常见的施工项目管理组织形式，施工项目经理部的组织形式、部门设置和人员配备，施工项目经理的责、权、利以及施工项目经理责任制。

能 力 训 练 题

1. 常见的施工项目管理组织形式有哪些？各有什么特点？
2. 施工项目管理组织机构的设置原则、设置程序是什么？
3. 施工项目管理组织的工作内容是什么？
4. 如何选择施工项目经理部的组织形式？
5. 项目经理素质要求有哪些？
6. 如何理解项目经理责任制？

项目4 施 工 组 织 设 计

学习目标：通过本项目的学习，能够理解施工准备工作的重要性与要求；能够编制施工准备工作计划并实施；能够理解流水施工的概念，掌握流水施工的方式及组织方法；能够掌握工程网络计划技术，能够编制施工项目的施工组织设计。

4.1 施 工 准 备 工 作

4.1.1 施工准备工作的重要性、内容与要求

前面已经提及，施工准备工作包括：组织准备和开工准备。组织准备的主要工作是组建项目经理部、授权项目经理，组织准备的主要工作内容项目3已经介绍过，此处不再赘述。本部分重点介绍开工准备部分的内容。

开工准备是为了使工程具备开工和连续施工的基本条件而进行的准备，需要强调的是：开工准备不仅指工程破土动工前要做，而且当工程顺利开工之后，随着工程施工逐步开展，要连续不断地进行施工，仍要根据各施工阶段的特点及工期安排等不同要求，提前做好各种必要的准备工作。也就是说，开工准备工作不仅存在于开工之前，而且贯穿于整个施工过程之中。开工准备工作的重要性不容忽视。

1. 开工准备工作的重要性

施工项目开工准备工作是为了保证工程的顺利开工和施工活动的正常进行所必须事先做好的各项准备工作，它是生产经营管理的重要组成部分，是施工程序中重要的一环。做好施工项目开工准备工作的重要性如下：

（1）做好施工准备工作是全面完成施工任务的必要条件。工程施工不仅需要消耗大量人力、物力、财力，而且还会遇到各式各样的复杂技术问题、协作配合问题等。对于这样一项复杂而庞大的系统工程，如果事先缺乏充分的统筹安排，必然会使施工过程陷于被动，导致施工无法正常进行。由此可见，做好施工准备工作，它既可为整个工程的顺利施工奠定基础，同时又可为各个分部分项工程的施工创造先决条件。

（2）做好施工准备工作是降低工程成本，提高企业经济效益的有力保证。认真细致地做好施工准备工作，能充分发挥各方面的积极因素、合理组织各种资源，能有效加快施工进度、提高工程质量、降低工程成本、实现文明施工、保证施工安全，从而增加必要的经济效益，赢得企业的社会信誉。

（3）做好施工准备工作是取得施工主动权，降低施工风险的有力保障。工程施工生产投入的生产要素多且易变，影响因素多而预见性差，可能遇到的风险也大。只有充分做好施工准备工作，采取预防措施，增强应变能力，才能有效地降低风险损失。

（4）做好施工准备工作是遵循施工项目建设程序的重要体现。建设项目的施工活动，有其科学的技术规律和市场经济规律，基本建设项目的总程序是按照规划、设计和施工等几个阶段进行，施工阶段又分为施工准备、土建施工、设备安装和交工验收阶段。由此可

见，施工准备阶段是施工项目基本建设程序的重要阶段之一。施工准备工作的好坏，将直接影响建筑产品生产的全过程。无数工程实践证明，凡是重视施工准备工作，积极为拟建工程创造一切良好施工条件，其工程的施工就会顺利地进行；凡是不重视施工准备工作，将会处处被动，给工程的施工带来一系列的麻烦和重大损失。

2. 施工准备工作的分类和内容

(1) 施工准备工作的分类。

1) 按施工准备工作的对象分类：

a. 施工总准备。以整个建设项目为对象统一部署的各项施工准备，其特点是施工准备工作的宗旨是为整个建设项目的顺利施工创造有利条件，它既需要为全场性的施工做好准备，同时也需要兼顾单位工程施工条件准备。

b. 单位工程施工准备。以单位工程为对象而进行的施工条件的准备，其特点是它的准备工作的宗旨是为单位工程施工服务的。它不仅要为单位工程在开工前做好一切准备，而且要为分部分项工程做好施工准备工作。

c. 分部分项工程作业条件的准备。以某分部分项工程为对象而进行的作业条件的准备。

2) 按拟建工程所处施工阶段分类：

a. 开工前的施工准备。它是拟建工程正式开工之前所进行的一切施工准备工作。其目的是为工程正式开工创造必要的施工条件，它带有全局性和总体性。

b. 工程作业条件的准备。它是在拟建工程开工以后，在每一个分部分项工程施工之前所进行的一切施工准备工作。其目的是为各分部分项工程的顺利施工创造必要的施工条件，它带有局部性和经常性。

综上所述，施工准备工作必须要有计划、有步骤、分期和分阶段地进行，要贯穿于拟建工程的整个建设过程。

(2) 施工准备工作的内容。施工准备工作涉及的范围广、内容多，其内容应视工程本身特点及其具备的条件的不同而不同，一般可归纳为以下几个方面：原始资料的收集、技术准备、生产资料准备、施工队伍的准备、施工现场准备以及季节性施工准备等。

3. 施工准备工作的要求

(1) 编好施工准备工作计划。为了有步骤、有安排、有组织、全面地搞好施工准备，在进行施工准备之前，应编制好施工准备工作计划。其形式见表 4.1.1 所示。

表 4.1.1　施工准备工作计划表

序号	项目	施工准备工作内容	要求	负责单位	负责人	配合单位	起止时间		备注
							月　日	月　日	
1									
2									

施工准备工作计划是施工组织设计的重要组成部分，应依据施工方案、施工进度计划、资源需要量等进行编制。由于各准备工作之间有相互依存的关系，除了采用上述表格和形象计划外，还可采用网络计划进行编制，以明确各项准备工作之间的关系，找出关键工作，并可在网络计划上进行施工准备期的调整，尽量缩短准备工作的时间。

(2) 建立严格的施工准备工作责任制。施工准备工作必须有严格的责任制，按施工准备工作计划将责任落实到有关部门和具体人员，项目经理全权负责整个项目的施工准备工作，对准备工作进行统一布置和安排，协调各方面关系，以便按计划要求及时全面地完成准备工作。

(3) 建立施工准备工作检查制度。施工准备工作不仅要有明确的分工和责任，要有布置、有交底，在实施过程中还要定期检查。其目的在于督促和控制，通过检查发现问题和薄弱环节，并进行分析、找出原因，及时解决，不断协调和调整，把工作落到实处。

(4) 严格遵守建设程序，执行开工报告制度。必须遵循基本建设程序，坚持没有做好施工准备不准开工的原则，当施工准备工作的各项内容已完成，满足开工条件，已办理施工许可证，项目经理部应申请开工报告，报上级批准后才能开工。实行监理的工程，还应将开工报告送监理工程师审批，由监理工程师签发开工通知书。

(5) 处理好各方面的关系。施工准备工作的顺利实施，必须将多工种、多专业的准备工作统筹安排、协调配合，施工单位要取得建设单位、设计单位、监理单位及有关单位的大力支持与协作，使准备工作深入有效地实施，为此要处理好几个方面的关系：

1) 建设单位准备与施工单位准备相结合。为保证施工准备工作全面完成，不出现漏洞，或职责推诿的情况，应明确划分建设单位和施工单位准备工作的范围、职责及完成时间。并在实施过程中，相互沟通、相互配合，保证施工准备工作的顺利完成。

2) 前期准备与后期准备相结合。施工准备工作有一些是开工前必须做的，有一些是在开工之后交叉进行的，因而既要立足于前期准备工作，又要着眼于后期的准备工作，两者均不能偏废。

3) 室内准备与室外准备相结合。室内准备工作是指工程建设的各种技术经济资料的编制和汇集，室外准备工作是指对施工现场和施工活动所必需的技术、经济、物质条件的建立。室外准备与室内准备应同时并举，互相创造条件；室内准备工作对室外准备工作起着指导作用，而室外准备工作则对室内准备工作起促进作用。

4) 现场准备与加工预制准备相结合。在现场准备的同时，对大批预制加工构件就应提出供应进度要求，并委托生产。对一些大型构件应进行技术经济分析，及时确定是现场预制还是加工厂预制，构件加工还应考虑现场的存放能力及使用要求。

5) 土建工程与安装工程相结合。土建施工单位在拟定出施工准备工作规划后，要及时与其它专业工程以及供应部门相结合，研究总包与分包之间综合施工、协作配合的关系，然后各自进行施工准备工作，相互提供施工条件，有问题及早提出，以便采取有效措施，促进各方面准备工作的进行。

6) 班组准备与工地总体准备相结合。在各班组进行施工准备工作时，必须与工地总体准备相结合，要结合图纸交底及施工组织设计的要求，熟悉有关的技术规范、规程，协调各工种之间衔接配合，力争连续、均衡的施工。

班组作业的准备工作包括：①进行计划和技术交底，下达工程任务书；②施工机具进行保养和就位；③将施工所需的材料、构配件，经质量检查合格后，供应到施工地点；④具体布置操作场地，创造操作环境；⑤检查前一工序的质量，搞好标高与轴线的控制。

4.1.2 原始资料的收集

调查研究和收集有关施工资料，是施工准备工作的重要内容之一。尤其是当施工单位进入一个新的城市和地区，此项工作显得更加重要，它关系到施工单位全局的部署与安排。通过原始资料的收集分析，为编制出合理的、符合客观实际的施工组织设计文件，提供全面、系统、科学的依据；为图纸会审、编制施工图预算和施工预算提供依据；为施工企业管理人员进行经营管理决策提供可靠的依据。

1. 收集给排水、供电等资料

水、电和蒸汽是施工不可缺少的条件。收集的内容如表 4.1.2 所示。资料来源主要是当地城市建设、电业、电讯等管理部门和建设单位。主要用作选用施工用水、用电和供热、供汽方式的依据。

表 4.1.2　　水、电、汽条件调查表

序号	项目	调 查 内 容	调 查 目 的
1	供水 排水	(1) 工地用水与当地现有水源连接的可能性，可供水量、接管地点、管径、材料、埋深、水压、水质及水费；至工地距离，沿途地形地物状况； (2) 自选临时江河水源的水质、水量、取水方式，至工地距离，沿途地形地物状况；自选临时水井的位置、深度、管径、出水量和水质； (3) 利用永久性排水设施的可能性，施工排水的去向、距离和坡度；有无洪水影响，防洪设施状况	(1) 确定生活、生产供水方案； (2) 确定工地排水方案和防洪方案； (3) 拟定供排水设施的施工进度计划
2	供电 电讯	(1) 当地电源位置，引入的可能性，可供电的容量、电压、导线断面和电费；引入方向，接线地点及其至工地距离，沿途地形地物状况； (2) 建设单位和施工单位自有的发、变电设备的型号、台数和容量； (3) 利用邻近电讯设施的可能性，电话、电报局等至工地的距离，可能增设电讯设备、线路的情况	(1) 确定供电方案； (2) 确定通讯方案； (3) 拟定供电、通讯设施的施工进度计划
3	供汽 供热	(1) 蒸汽来源，可供蒸汽量，接管地点、管径、埋深，至工地距离，沿途地形地物状况；蒸汽价格； (2) 建设、施工单位自有锅炉的型号、台数和能力，所需燃料及水质标准； (3) 当地或建设单位可能提供的压缩空气、氧气的能力，至工地距离	(1) 确定生产、生活用汽的方案； (2) 确定压缩空气、氧气的供应计划

2. 收集交通运输资料

建筑施工中，常用铁路、公路和航运等三种主要交通运输方式。收集的内容如表 4.1.3 所示。资料来源主要是当地铁路、公路、水运和航运管理部门。主要用作决定选用材料和设备的运输方式，组织运输业务的依据。

3. 收集建筑材料资料

建筑工程要消耗大量的材料，主要有钢材、木材、水泥、地方材料（砖、砂、灰、石）、装饰材料、构件制做、商品混凝土、建筑机械等，其内容见表 4.1.4、表 4.1.5。资料来源主要是当地主管部门和建设单位及各建材生产厂家、供货商。主要用作选择建筑材料和施工机械的依据。

表 4.1.3 **交通运输条件调查表**

序号	项目	调查内容	调查目的
1	铁路	(1) 邻近铁路专用线、车站至工地的距离及沿途运输条件； (2) 站场卸货线长度，起重能力和储存能力； (3) 装卸单个货物的最大尺寸、重量的限制	选择运输方式； 拟定运输计划
2	公路	(1) 主要材料产地至工地的公路等级、路面构造、路宽及完好情况，允许最大载重量；途经桥涵等级、允许最大尺寸、最大载重量； (2) 当地专业运输机构及附近村镇能提供的装卸、运输能力（吨公里）、运输工具的数量及运输效率；运费、装卸费； (3) 当地有无汽车修配厂、修配能力和至工地距离	
3	航运	(1) 货源、工地至邻近河流、码头渡口的距离，道路情况； (2) 洪水、平水、枯水期时，通航的最大船只及吨位，取得船只的可能性； (3) 码头装卸能力、最大起重量，增设码头的可能性； (4) 渡口的渡船能力；同时可载汽车数，每日次数，能为施工提供能力； (5) 运费、渡口费、装卸费	

表 4.1.4 **地方资源调查表**

序号	材料名称	产地	储藏量	质量	开采量	出厂价	供应能力	运距	单位运价
1									
2									
⋮									

表 4.1.5 **三材、特殊材料和主要设备调查表**

序号	项目	调查内容	调查目的
1	三材	(1) 钢材订货的规格、型号、数量和到货时间； (2) 木材订货的规格、等级、数量和到货时间； (3) 水泥订货的品种、标号、数量和到货时间	(1) 确定临时设施和堆放场地； (2) 确定木材加工计划； (3) 确定水泥储存方式
2	特殊材料	(1) 需要的品种、规格、数量； (2) 试制、加工和供应情况	(1) 制定供应计划； (2) 确定储存方式
3	主要设备	(1) 主要工艺设备名称、规格、数量和供货单位； (2) 供应时间：分批和全部到货时间	(1) 确定临时设施和堆放场地； (2) 拟定防雨措施

4. 社会劳动力和生活条件调查

建筑施工是劳动密集型的生产活动。社会劳动力是建筑施工劳动力的主要来源，其内容见表 4.1.6。资料来源是当地劳动、商业、卫生和教育主管部门。主要作用是为劳动力安排计划、布置临时设施和确定施工力量提供依据。

5. 原始资料的调查

原始资料调查的主要内容有：建设地点的气象、地形、地貌、工程地质、水文地质、场地周围环境及障碍物见表 4.1.7，资料来源主要是气象部门及设计单位。主要用作确定施工方法和技术措施，编制施工进度计划和施工平面图布置设计的依据。

表 4.1.6　　社会劳动力和生活设施调查表

序号	项目	调 查 内 容	调 查 目 的
1	社会劳动力	（1）少数民族地区的风俗习惯； （2）当地能支援的劳动力数量、技术水平、来源、工资价格及生活安排	（1）拟定劳动力计划； （2）安排临时设施
2	房屋设施	（1）必须在工地居住的单身人数和户数； （2）能作为施工用的现有的房屋栋数、每栋面积、结构特征、总面积、位置、水、暖、电、卫生设备状况； （3）上述建筑物的适宜用途；用作宿舍、食堂、办公室的可能性	（1）确定原有房屋为施工服务的可能性； （2）安排临时设施
3	生活服务	（1）主副食品供应、日用品供应、文化教育、消防治安等机构能为施工提供的支援能力； （2）邻近医疗单位至工地的距离，可能就医的情况； （3）周围是否存在有害气体污染情况；有无地方病	安排职工生活基地

表 4.1.7　　自然条件调查表

序号	项目	调 查 内 容	调 查 目 的
一		气 象	
1	气温	（1）年平均、最高、最低、最冷、最热月份的逐月平均温度； （2）冬、夏季室外计算温度	（1）确定防暑降温的措施； （2）确定冬季施工措施； （3）估计混凝土、砂浆强度
2	雨（雪）	（1）雨季起止时间； （2）月平均降雨（雪）量、最大降雨（雪）量、一昼夜最大降雨（雪）量； （3）全年雷暴日数	（1）确定雨季施工措施； （2）确定工地排水、防洪方案； （3）确定防雷设施
3	风	（1）主导风向及频率（风玫瑰图）； （2）≥8 级风的全年天数、时间	（1）确定临时设施的布置方案； （2）确定高空作业及吊装的技术安全措施
二		工程地形、地质	
1	地形	（1）区域地形图：1/10000～1/25000； （2）工程位置地形图：1/1000～1/2000； （3）该地区城市规划图； （4）经纬坐标桩、水准基桩的位置	（1）选择施工用地； （2）布置施工总平面布置图； （3）场地平整及土方量计算； （4）了解障碍物及其数量
2	工程地质	（1）钻孔布置图； （2）地质剖面图：土层类别、厚度； （3）物理力学指标：天然含水率、孔隙比、塑性指数、渗透系数、压缩试验及地基土强度； （4）地层的稳定性：断层滑块、流沙； （5）最大冻结深度； （6）地基土破坏情况：枯井、古墓、防空洞及地下构筑物等	（1）土方施工方法的选择； （2）地基土的处理方法； （3）基础施工方法； （4）复核地基基础设计； （5）拟定障碍物拆除计划
3	地震	地震等级、烈度大小	确定对基础影响、注意事项
三		工程水文地质	
1	地下水	（1）最高、最低水位及时间； （2）水的流向、流速及流量； （3）水质分析、水的化学成分； （4）抽水试验	（1）基础施工、降水方案选择； （2）取水工程施工； （3）侵蚀性介质及施工注意事项
2	地面水	（1）临近江河湖泊距工地的距离； （2）洪水、平水、枯水期的水位、流量及航道深度； （3）水质分析； （4）最大、最小冻结深度及结冻时间	（1）确定临时给水方案； （2）确定运输方式； （3）确定水工工程施工方案； （4）确定防洪方案

4.1.3 技术准备

技术准备是施工准备工作的核心，是现场施工准备工作的基础。由于任何技术的差错或隐患都可能引起人身安全和质量事故，造成生命、财产和经济的巨大损失，因此必须认真地做好技术准备工作。

工程开工前，根据设计单位提供的图纸资料、沿线地下构筑物和管线资料，地质勘察资料、进行的设计交底和测量交桩，做好现场的技术准备。其主要内容包括：熟悉及审查设计图纸及有关资料；编制施工组织设计；编制施工图预算和施工预算等。通常，施工单位的做法是：

（1）在接到施工图纸后，认真组织技术人员熟悉审查设计图纸，编制详细的施工组织设计，组织对各工种施工人员进行技术交底。

（2）配备齐全有效的施工规范、规程、验收标准，划分分部分项工程，编制有见证试验计划，制定技术资料管理目标，建立健全资料管理体系。

1. 审查设计图纸

审查设计图纸的程序通常分为自审阶段、会审阶段和现场签证三个阶段。

自审是施工企业组织技术人员熟悉和自审图纸，自审记录包括对设计图纸的疑问和有关建议。

会审是由建设单位主持、设计单位和施工单位参加，先由设计单位进行图纸技术交底，各方面提出意见，经充分协商后，统一认识形成图纸会审纪要，由建设单位正式行文，参加单位共同会签、盖章，作为设计图纸的修改文件。通过图纸会审正确理解设计意图，对图纸中的不明确和矛盾的地方，或者施工困难的问题，均要在由业主组织的图纸会审过程中会同设计和业主解决。

现场签证是在工程施工过程中，发现施工条件与设计图纸的条件不符，或图纸仍有错误，或因材料的规格、质量不能满足设计要求等原因，需要对设计图纸进行及时修改，应遵循设计变更的签证制度，进行图纸的施工现场签证。一般问题，经设计单位同意，即可办理手续进行修改。重大问题，须经建设单位、设计单位和施工单位共同协商，由设计单位修改，向施工单位签发设计变更单，方可有效。

图纸审查的内容包括：

（1）是否是无证设计或越级设计，图纸是否经设计单位正式签署。

（2）地质勘探资料是否齐全。

（3）设计图纸与说明是否齐全。

（4）设计中地震烈度设防是否符合当地要求。

（5）几个单位共同设计的，相互之间有无矛盾？专业之间，平、立、剖面图和工艺图之间是否有矛盾？标高是否有遗漏？

（6）总平面与施工图的几何尺寸、平面位置、标高等是否一致。

（7）防火要求是否满足？

（8）各专业图纸是否有差错及矛盾，表示方法是否清楚，是否符合制图标准？预埋件是否表示清楚？是否有钢筋明细表？钢筋锚固长度与抗震要求等。

（9）施工图中所列各种标准图册，施工单位是否具备，如不具备，如何取得。

（10）建筑材料来源是否有保证。

（11）地基处理方法是否合理，是否存在不能施工、不便于施工、容易导致质量、安全或经费等方面的问题。

（12）工艺管道、电气线路、运输道路与建筑物之间有无矛盾，管线之间的关系是否合理？

（13）施工安全是否有保证？

2. 编制施工组织设计

施工组织设计是指导施工现场全部生产活动的技术经济文件。它既是施工准备工作的重要组成部分，又是做好其它施工准备工作的依据；它既要符合体现建设计划和设计的要求，又要符合施工活动的客观规律，对建设项目的全过程起到战略部署和战术安排的双重作用。

由于建设产品的特点及工程施工的特点，决定了工程项目种类繁多、施工方法多变，目前尚没有一个通用的、一成不变的施工方法，每个工程项目都需要分别确定施工组织方法，作为组织和指导施工的重要依据。因此，施工组织设计的编制内容也不是一成不变的，关于施工组织设计的编制，4.4 有详细介绍，此处不再另作说明。

3. 编制施工图预算和施工预算

施工图预算是技术准备工作的主要组成部分之一，它是按照施工图确定的工程量，施工组织设计所拟定的施工方法，工程预算定额及其取费标准，由施工单位主持，在拟建工程开工前的施工准备工作期所编制的，确定工程造价的经济文件。施工图预算是施工企业签订工程承包合同、工程结算、银行贷款，进行企业经济核算的依据。

施工预算是根据施工图预算、施工图纸、施工组织设计或施工方案、施工定额等文件综合企业和工程实际情况所编制，在工程确定承包关系以后进行；它是企业内部经济核算和班组承包的依据，因而是企业内部使用的一种预算。

施工图预算与施工预算存在很大区别：施工图预算是甲乙双方确定预算造价、发生经济联系的技术经济文件；施工预算是施工企业内部经济核算的依据。“两算”对比，是促进施工企业降低物资消耗，增加积累的重要手段。

4.1.4 生产资料准备

生产资料准备是指工程施工中必须的劳动手段（施工机械、机具等）和劳动对象（材料、构件、配件等）的准备。该项工作应根据施工组织设计的各种资源需要量计划，分别落实货源、组织运输和安排储备，这是工程连续施工的基本保证，主要内容有：

1. 建筑材料的准备

建筑材料的准备包括：三材（钢材、木材、水泥），地方材料（砖、瓦、石灰、砂、石等），装饰材料（面砖、地砖等），特殊材料（防腐、防射线、防爆材料等）的准备。为保证工程顺利施工，材料准备要求如下：

（1）编制材料需要量计划，签订供货合同。根据预算的工料分析，按施工进度计划的使用要求，材料储备定额和消耗定额，分别按材料名称、规格、使用时间进行汇总，编制材料需用量计划，同时根据不同材料的供应情况，随时注意市场行情，及时组织货源，签订定货合同，保证采购供应计划的准确可靠。

（2）材料的运输和储备。材料的储备和运输要按工程进度分期分批进场。现场储备过多会增加保管费用、占用流动资金，过少难以保证施工的连续进行，对于使用量少的材料，尽可能一次进场。

(3) 材料的堆放和保管。现场材料的堆放应按施工平面布置图的位置，按材料的性质、种类，选取不同的堆放方式，合理堆放，避免材料的混淆及二次搬运；进场后的材料要依据材料的性质妥善保管，避免材料的变质及损坏，以保持材料的原有数量和原有的使用价值。

2. 施工机具和周转材料的准备

施工机具包括施工中所确定选用的各种土方机械、木工机械、钢筋加工机械、混凝土机械、砂浆机械、垂直与水平运输机械、吊装机械等，应根据采用的施工方案和施工进度计划，确定施工机械的数量和进场时间；确定施工机具的供应方法和进场后的存放地点和方式，并提出施工机具需要量计划，以便企业内平衡或外签约租借机械。

周转材料的准备主要指模板和脚手架，此类材料施工现场使用量大、堆放场地面积大、规格多、对堆放场地的要求高，应按施工组织设计的要求分规格、型号整齐码放，以便使用和维修。

3. 预制构件和配件的加工准备

工程施工中需要大量的钢筋混凝土构件、木构件、金属构件、水泥制品、塑料制品、卫生洁具等，应在图纸会审后提出预制加工单，确定加工方案、供应渠道及进场后的储备地点和方式。现场预制的大型构件，应依施工组织设计作好规划提前加工预制。

此外，对采用商品混凝土的现浇工程，要依施工进度计划要求确定需用量计划，主要内容有商品混凝土的品种、规格、数量、需要时间、送货方式、交货地点，并提前与生产单位签订供货合同，以保证施工顺利进行。

4.1.5　施工队伍的准备

一项工程完成的好坏，很大程度上取决于承担该项工程的施工队伍的素质。现场施工队伍包括施工的组织指挥者和具体操作者。这些人员的选择和组织是否合理、高效，将直接关系和影响到工程质量、施工进度及工程成本。因此，施工队伍准备是开工前施工准备的一项重要内容。

1. 现场施工组织机构的建立

对于大型建设工程，一般都要建立生产指挥部，通盘解决施工、生产中的组织、技术、人事、生产、调度、保卫等问题。对于小型建设工程，由施工单位在现场组织人员管理安排施工，并与建设单位密切联系，共同解决一些大的问题。

现场的管理人员是生产任务的直接组织者与指挥者，其人员配备应视工程对象的规模大小和难易程度而定，坚持合理分工与密切协作相结合的原则；执行因事设职、因职选人的原则，将富有经验、创新精神、工作效率高的人员入选项目管理领导机构。对工地的主要负责人或工程经济承包的责任者，应综合考核其技术水平、管理能力、组织能力、协调能力及施工经验等几个方面。目前，一般由公司直接指定工程负责人，也可公开招聘，择优录用。

2. 基本施工队伍的确定

工人是工程的具体操作者，是施工队伍的主体。开工前，应根据工程特点，按照施工组织设计提出的劳动力需用表，选择各有关工种的工人进行合理组织。应考虑工程工种的特点，选择与之适应的施工队伍，优化劳动组合，建立精干高效的劳动组织，技工、普工合理搭配，使各工序之间的衔接比较紧凑，劳动效率比较高。

3. 专业施工队伍的组织

对于大中型工业项目或公用工程，即使是一个单位工程，其内部的机电安装工作任务也很繁重，而且一般标准都较高，应由专业施工队伍来承担。例如消防系统、空调系统、通信系统、变配电系统等，由于其中包括相应的设备，如泵、冷冻机、变压器、配电柜、电梯等，因此应由专业队伍施工。同时，有些设备往往要由生产厂家来进行安装与调试。在施工准备中，应以签订承包合同的形式予以明确，并落实施工队伍。对有些需要机械化施工公司来承担的分项工程，如土方工程、吊装工程等，应在制定施工方案时予以明确。

4. 联合施工队伍的组织

随着建筑市场的开放，用工制度的改变，施工单位仅仅依靠自身的基本队伍来完成施工任务已不能满足需要，因而往往要联合其他建筑队伍共同完成施工任务。联合力量的组织形式有三种：①联合力量独立承担单位工程的施工；②联合施工力量承担某个分部（分项）工程的施工；③联合施工力量与本企业施工队伍混编使用。

在确定施工队伍时，不论是土建工程还是安装工程，一定要遵循劳动力相对稳定的原则，以保证工程质量和劳动效率的提高。施工队伍的数量、进场时间和退场时间，都应根据劳动力需用计划来确定。并随着施工进展及时予以调整，防止脱节和窝工。对于某些采用新结构、新工艺、新材料、新技术的工程，应该先将有关的管理人员和操作工人组织起来进行培训，使之达到标准后再上岗操作。这也是施工队伍准备工作的内容之一。

4.1.6 施工现场准备

施工现场的准备（又称室外准备），它主要为工程施工创造有利的施工条件，施工现场的准备按施工组织设计的要求和安排进行，其主要内容为“三通一平”、测量放线、临时设施的搭设等。

1. 现场“三通一平”

“三通一平”是在施工用地范围内，接通施工用水、用电、道路和平整场地的总称。而工程实际的需要往往不止水通、电通、路通，有些工地上还要求有“热通”（供蒸汽）、“气通”（供煤气）、“话通”（通电话）等，但最基本的还是“三通”。

（1）平整场地。施工场地的平整工作，首先通过测量，按总平面图中确定的标高，计算出挖土及填土的数量，设计土方调配方案，组织人力或机械进行平整工作；若拟建场内有旧建筑物，则须拆迁房屋，同时要清理地面上的各种障碍物，对地下管道、电缆等要采取可靠的措施。

（2）路通。施工现场的道路，是组织大量物资进场的运输动脉，为了保证各种建筑材料、施工机械、生产设备和构件按计划到场，必须按施工总平面布置图要求修通道路。为了节省工程费用，应尽可能利用已有道路或结合正式工程的永久性道路。为使施工时不损坏路面，可先做路基，施工完毕后再做路面。

（3）水通。施工现场的通水包括给水与排水。施工现场用水包括生产、生活和消防用水，其布置应按施工总平面布置图的规划进行安排。施工用水设施尽量利用永久性给水线路。临时管线的铺设，既要满足用水点的需要和使用方便，又要尽量缩短管线。施工现场要做好有组织的排水系统，否则会影响施工的顺利进行。

（4）电通。施工现场用电包括生产用电和生活用电。根据生产、生活用电的电量，选择配电变压器，与供电部门或建设单位联系，按施工组织要求布设线路和通电设备。当供电系统供电不足时，应考虑在现场建立发电系统，以保证施工的顺利进行。

2. 测量放线

在土方开挖前，按设计单位提供的总平面图及给定的永久性经纬坐标控制网和水准控制基桩，进行场区施工测量，设置场区永久性坐标、水准基桩，建立场区工程测量控制网。在进行测量放线前，应做好以下几项准备工作：

（1）了解设计意图，熟悉并校核施工图纸。

（2）对测量仪器进行检验和校正。

（3）校核红线桩与水准点。

（4）制定测量放线方案，主要包括平面控制、标高控制、沉降观测和竣工测量等项目，其方案制订依设计图纸要求和施工方案来确定。

定位放线是确定整个工程平面位置的关键环节，施测中必须保证精度，杜绝错误，否则其后果将难以处理。一般通过设计图中平面控制轴线来确定施工对象的轮廓、位置，经自检合格后，提交有关部门和甲方（监理人员）验线，以保证定位的准确性。对于顶管施工，还应做好：地下控制测量；地面控制点及高程点的导入；顶进过程中管道的中心和高程的测量。

3. 临时设施的搭设

现场所需临时设施，应报请规划、市政、消防、交通、环保等有关部门审查批准，按施工组织设计和审查情况来实施。

对于指定的施工用地周界，应用围墙（栏）围挡起来，围挡的形式和材料应符合市容管理的有关规定和要求，并在主要出入口设置标牌，标明工程名称、施工单位、工地负责人、监理单位等。

各种生产（仓库、混凝土搅拌站、预制构件厂、机修站、生产作业棚等）、生活（办公室、宿舍、食堂等）用的临时设施，应严格按批准的施工组织设计规定的数量、标准、面积、位置等来组织实施，不得乱搭乱建，并尽可能做到以下几点：

（1）利用原有建筑物，减少临时设施的数量，以节省投资。

（2）适用、经济、就地取材，尽量采用移动式、装配式临时建筑。

（3）节约用地、少占农田。

4.1.7　季节性施工准备

1. 冬季施工准备工作

（1）合理安排冬季施工项目。工程项目的施工周期长，且多为露天作业，冬季施工条件差、技术要求高，因此在施工组织设计中就应合理安排冬季施工项目，尽可能保证工程连续施工，一般情况下尽量安排费用增加少、易保证质量、对施工条件要求低的项目在冬季施工，如吊装、打桩等，而如土方、基础等则不宜在冬季施工。

（2）落实各种热源的供应工作。提前落实供热渠道，准备热源设备，储备和供应冬季施工用的保温材料，做好司炉培训工作。

（3）做好保温防冻工作。

1）临时设施的保温防冻：给水管道保温，防止管道冻裂；防止道路积水、积雪成冰，保证运输顺利。

2）工程已完成部分的保温保护：如基础完成后及时回填至基础顶面同一高度等。

3）冬季要施工部分的保温防冻：如凝结硬化尚未达到强度要求的砂浆、混凝土要及时测温，加强保温，防止遭受冻结等。

（4）加强安全教育。要有冬季施工的防火、安全措施，加强安全教育，做好职工培训工作，避免火灾、安全事故的发生。

2. 雨季施工准备工作

（1）合理安排雨季施工项目。在施工组织设计中要充分考虑雨季对施工的影响，一般情况下，雨季到来之前，多安排土方、基础、室外作业等不易在雨季施工的项目，多留一些室内工作在雨季进行，以避免雨季窝工。

（2）做好现场的排水工作。施工现场雨季来临前，做好排水沟，准备好抽水设备，防止场地积水，最大限度地减少泡水造成的损失。

（3）作好运输道路的维护和物资储备。雨季前检查道路边坡排水，适当提高路面，防止路面凹陷，保证运输道路的畅通，并多储备一些物资，减少雨季运输量，节约施工费用。

（4）做好机具设备等的保护。对现场各种机具、电器、工棚都要加强检查，采取防倒塌、防雷击、防漏电等一系列技术措施。

（5）加强施工管理。认真编制雨季施工的安全措施，加强对职工教育，防止各种事故的发生。

4.2 流 水 施 工

4.2.1 流水施工的概念

流水施工又叫流水作业，它与一般工业流水生产线作业方式的原理相似，是组织产品生产过程中科学理想的方法。流水施工方式将产品的生产过程合理分解、科学组织，能使施工连续、均衡地进行，节省工期，降低生产成本，提高经济效益。

除流水施工方式之外，常见的施工方式还有依次施工和平行施工。下面通过例子分别进行比较、说明。

现有三幢相同的建筑物的基础施工，施工过程为挖土、垫层、基础混凝土和回填土。每个施工过程在每段上的作业时间均为1天。每个施工过程所对应的施工人员分别为6、12、10、8，分别采用三种组织方式施工，并加以比较。

1. 依次施工

依次施工也称顺序施工，是指各施工队依次开工、依次完成的一种施工组织方式（图4.2.1、图4.2.2）。

由图4.2.1、图4.2.2可以看出，依次施工是按照单一的顺序组织施工，现场管理比较简单，单位时间内投入的劳动力等物资资源比较少，有利于资源供应的组织工作，适用于规模较小、工作面有限的工程。但是，同时可以看出各专业施工队的作业不连续或工作

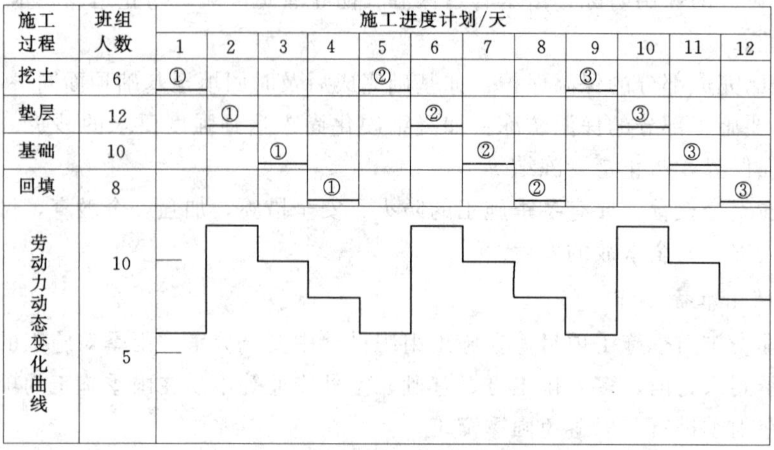

图 4.2.1 按幢（或施工段）依次施工

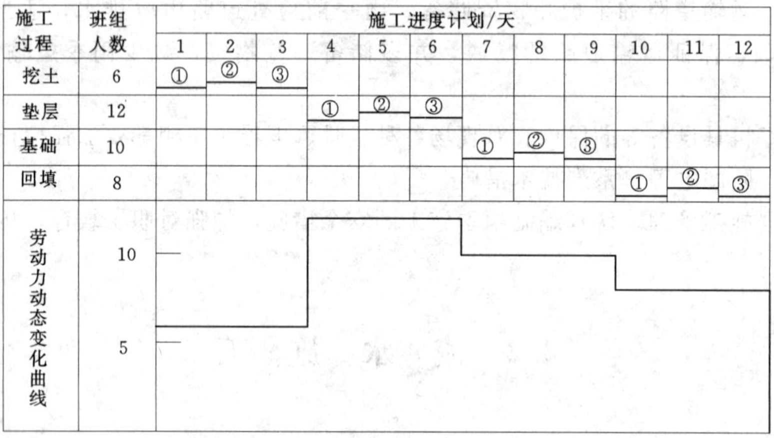

图 4.2.2 按施工过程依次施工

面有间歇，时空关系没有处理好，导致工期拉得很长。

2. 平行施工

平行施工是指所有的三幢房屋（或同一施工过程）同时开工、同时完工的一种组织方式（图 4.2.3）。

由图 4.2.3 可以看出，平行施工的总工期大大缩短，但是各专业施工队的数目成倍增加，单位时间内投入的劳动力等资源以及机械设备也大大增加，资源供应的组织工作难度剧增，现场组织管理相当困难。该方法通常只用于工期十分紧迫的施工项目，并且工作面须满足要求以及资源供应有保证。

3. 流水施工

流水施工是将三幢房屋按照一定的时间依次搭接，各流水段上陆续开工、陆续完工的一种组织方式（图 4.2.4）。由图可以看出，各专业施工队的作业是连续的，不同施工过程尽可能地平行搭接，充分利用了工作面，时空关系处理得比较恰当，工期较为合理。流水施工组织方式吸取了前面两种施工方式的优点，克服了它们的缺点，是一种比较科学的施工组织方式。

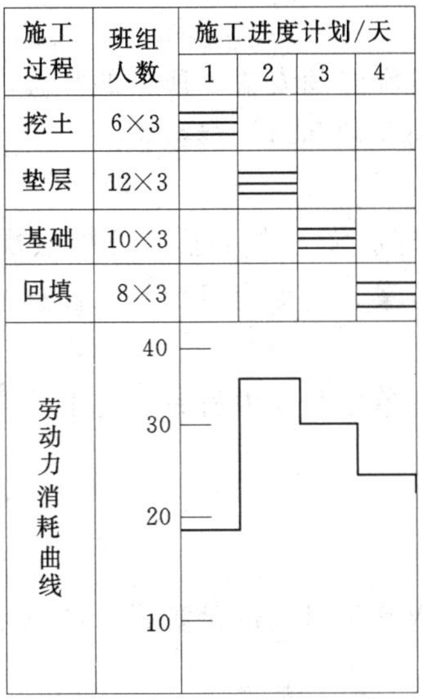

图 4.2.3 平行施工

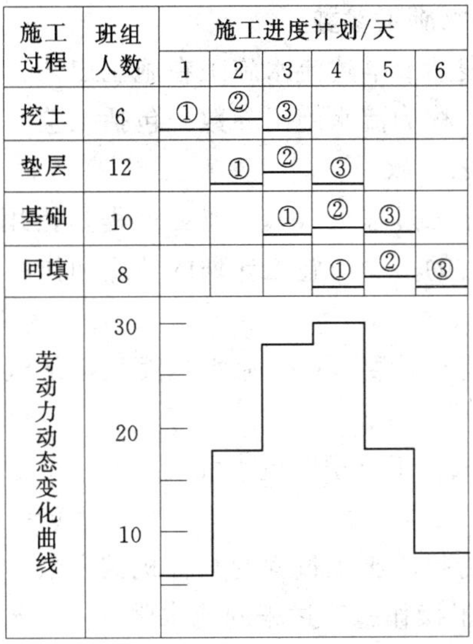

图 4.2.4 流水施工

4.2.2 流水施工的组织条件及表达方式

1. 流水施工的组织条件

(1) 划分施工段（批量产品）。

(2) 划分施工过程（多工序）。

(3) 每个施工过程组织独立的施工班组。

(4) 主要（导）施工过程施工要连续、均衡。

(5) 相邻施工过程间尽可能地组织平行搭接。

2. 流水施工的表达形式

(1) 横道图。即甘特图，亦称水平图表，其形式见图 4.2.1～图 4.2.4。它的优点是简单、直观、清晰明了。

(2) 斜线图。亦称垂直图表，其形式见图 4.2.5。斜线图以斜率形象地反映各施工过程的施工节奏性（速度）。

(3) 网络图。形式见 4.3，网络图的优点在于逻辑关系表达清晰，能够反映出计划任务的主要矛盾和关键所在，并可利用计算机进行参数计算、目标优化和控制调整等全面地管理。

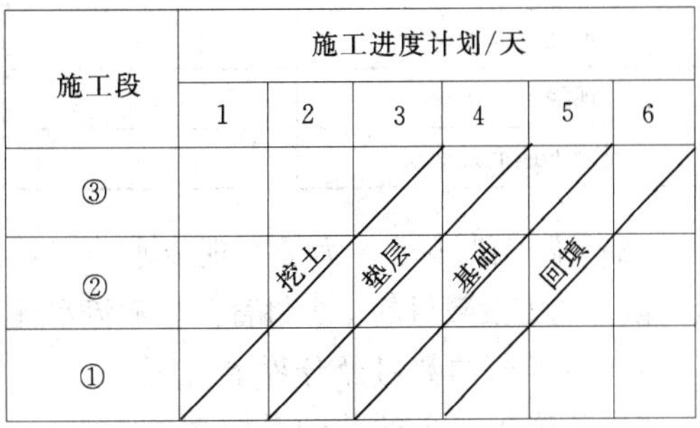

图 4.2.5 斜线图表达的流水施工

4.2.3 流水施工的分类

按其组织范围分类，包括：

(1) 分项工程流水（细部流水）。

(2) 分部工程流水（专业流水）。

(3) 单位工程流水（综合流水）。

(4) 群体工程流水（大流水）。

4.2.4 流水施工参数

为了表达或描述流水施工在施工工艺、空间布置和时间安排上所处的状态，而引入的一些参数，称为流水施工参数，包括工艺参数、空间参数和时间参数。

1. 工艺参数

(1) 施工过程数（n）。施工过程是指用来表达流水施工在工艺上开展层次的相关过程。其数目的多少与施工计划的性质和作用、施工方案、劳动力组织与工程量的大小等因素有关。

(2) 流水强度（V）。流水强度是指某施工过程在单位时间内所完成的工程数量，分为如下两种：

a. 机械施工过程的流水强度

$$V=\sum N_i P_i$$

式中：N为投入施工过程的某种机械台数；P为投入施工过程的某种机械产量定额。

b. 人工操作施工过程的流水强度

$$V=\sum N_i P_i$$

式中：N为投入施工过程的专业工作队人数；P为投入施工过程的工人的产量定额。

2. 空间参数

(1) 工作面（a）。工作面是指某专业工种进行施工作业所必需的活动空间。主要工种工作面的参考数据，见表4.2.1。

表4.2.1 主要工种工作面的参考数据

工作项目	工作面大小（m^2/人）	工作项目	工作面大小（m^2/人）
砌砖基础	7.6	预制钢筋混凝土柱、梁	3
砌砖墙	8.5	预制钢筋混凝土板	1.9
现浇混凝土柱	2.45	卷材屋面	18.6
现浇混凝土梁	3.2	门窗安装	11
现浇混凝土板	5.3	内墙抹灰	18.5
混凝土地面及面层	40	外墙抹灰	16

(2) 施工段（m）。为了实现流水施工，通常将施工项目划分为若干个相等的部分，即施工段。施工段数目的多少将直接影响流水施工的效果，合理地划分施工段应遵守以下原则：

1) 施工段的数目及分界要合理。

2) 各施工段上的劳动量应大致相等。

3) 满足各专业工种对工作面的要求。

4) 建筑（构筑）物为若干层时，施工段的划分要同时考虑平面方向和竖直方向。

应特别指出，当存在层间关系若组织全等节拍流水施工时m需满足：$m\geqslant n$。

3. 时间参数

(1) 流水节拍（t_i）。各专业施工班组在某一施工段上的作业时间称为流水节拍，用t_i

表示。流水节拍的大小可以反映施工速度的快慢、节奏感的强弱和资源消耗的多少。

流水节拍的确定，通常可以采用以下方法：

1）定额计算法

$$t_i = Q_i / S_i R_i N_i = P_i / R_i N_i$$

式中：Q_i 为施工过程 i 在某施工段上的工程量；S_i 为施工过程 i 的人工或机械产量定额；R_i 为施工过程 i 的专业施工队人数或机械台班；N_i 为施工过程 i 的专业施工队每天工作班次；P_i 为施工过程 i 在某施工段上的劳动量。

2）经验估算法

$$t = (a + 4c + b)/6$$

式中：a 为最长估算时间；b 为最短估算时间；c 为正常估算时间。

3）工期计算法。

a. 根据工期倒排进度，确定某施工过程的工作持续时间 D_i。

b. 确定某施工过程在某施工段上流水节拍 t_i。

$$t_i = D_i / m$$

需要说明一下，在确定流水节拍时应考虑以下几点：①满足最小劳动组合和最小工作面的要求；②工作班制要适当；③机械的台班效率或台班产量的大小；④先确定主导工程的流水节拍；⑤计算结果取整数。

（2）流水步距（B）。流水步距是指相邻两个施工过程开始施工的时间间隔，用 $B_{i,i+1}$ 表示。流水步距可反映出相邻专业施工过程之间的时间衔接关系。通常，当有 n 个施工过程，则有（$n-1$）个流水步距值。流水步距在确定时，需注意以下几点：

1）要满足相邻施工过程之间的相互制约关系；

2）保证各专业施工班组能够连续施工；

3）以保证质量和安全为前提，对相邻施工过程在时间上进行最大限度地、合理地搭接。

（3）间歇时间（Z）。根据工艺、技术要求或组织安排，而留出的等待时间。按其性质，分为技术间歇 t_j 和组织间歇 t_z。技术间歇时间按其部位，又可分为施工层内技术间歇时间 t_{j1}、施工层间技术间歇时间 t_{j2} 和施工层内组织间歇时间 t_{z1}、施工层间组织间歇时间 t_{z2}。

（4）搭接时间（t_d）。前一个工作队未撤离，后一施工队即进入该施工段。两者在同一施工段上同时施工的时间称为平行搭接时间，以 t_d 表示。

（5）流水工期（T_L）。自参与流水的第一个队组投入工作开始，至最后一个队组撤出工作面为止的整个持续时间。

$$T_L = \sum B + T_n$$

式中：B 为流水步距；T_n 为最后一个施工过程作业时间。

4.2.5 流水施工的基本方式

根据流水节拍的特征，可将流水施工方式划分如下。

1. 全等节拍流水

全等节拍流水是指所有施工过程在任意施工段上的流水节拍均相等，也称固定节拍流水。根据其有无间歇时间，而将全等节拍流水分为无间歇全等节拍流水和有间歇全等节拍流水。

（1）无间歇全等节拍流水。

1）无间歇全等节拍流水施工方式的特点：

a. $t_i=t$（常数）。

b. $B_{i,i+1}=t_i=t$（常数）。

c. 专业工作队数目等于施工过程数，即 $N=n$。

d. 各专业工作队均能连续施工，工作面没有停歇。

2）无间歇全等节拍流水的工期计算。

a. 不分层施工

$$
\begin{aligned}
T_L &= \sum B+T_n \\
&= (n-1)\ t+mt \\
&= (m+n-1)\ t
\end{aligned}
$$

式中：T_L 为流水施工工期；m 为施工段数；n 为施工过程数；t 为流水节拍。

b. 分层施工

$$T_L=(m\times r+n-1)t \quad 或 \quad T_L=(n\cdot r+m-1)t$$

式中：r 为施工层数；其他符号含义同前（图 4.2.6）。

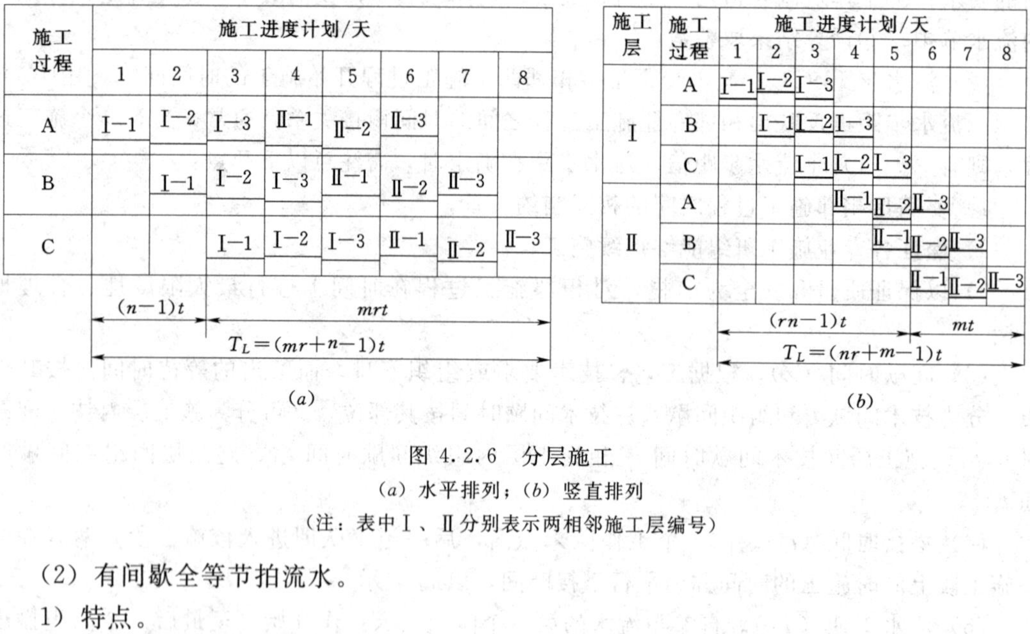

(a)　　(b)

图 4.2.6　分层施工

(a) 水平排列；(b) 竖直排列

（注：表中Ⅰ、Ⅱ分别表示两相邻施工层编号）

（2）有间歇全等节拍流水。

1）特点。

a. $t_i=t$（常数）。

b. $B_{i,i+1}$与 t_i未必相等。

c. 专业工作队数目等于施工过程数，即 $N=n$。

d. 有间歇或同时有搭接时间。

2）有间歇全等节拍流水的工期计算。

a. 不分层施工

$$
\begin{aligned}
T_L &= \sum B+T_n \\
&= (n-1)\ t+Z_1-\sum t_d+mt
\end{aligned}
$$

$$= (m+n-1)\ t+Z_1-\sum t_d$$

式中：Z_1 为层内间歇时间之和（$Z_1=\sum t_{j1}+\sum t_{z1}$）；$\sum t_d$ 为搭接时间之和；其他符号意义同前；$\sum t_{j1}$、$\sum t_{z1}$分别为层内技术间歇时间之和和层内组织间歇时间之和（图 4.2.7）。

b. 分层施工

$$T_L=\sum B+T_n=(n-1)t+Z_1-\sum t_d+mrt$$
$$= (mr+n-1)\ t+Z_1-\sum t_d$$

或
$$T_L= (nr-1)\ t+Z_1+Z_2-\sum t_d+mt$$
$$= (m+nr-1)\ t+Z_1+Z_2-\sum t_d$$

式中：Z_1为层内间歇时间之和（$Z_1=\sum t_{j1}+\sum t_{z1}$）；$Z_2$为层间间歇时间之和（$Z_2=\sum t_{j2}+\sum t_{z2}$）；其他意义同前；$t_{z1}$为层内组织间歇时间；$t_{j2}$为层间技术间歇时间；$t_{z2}$为层间组织间歇时间（图 4.2.8、图 4.2.9）。

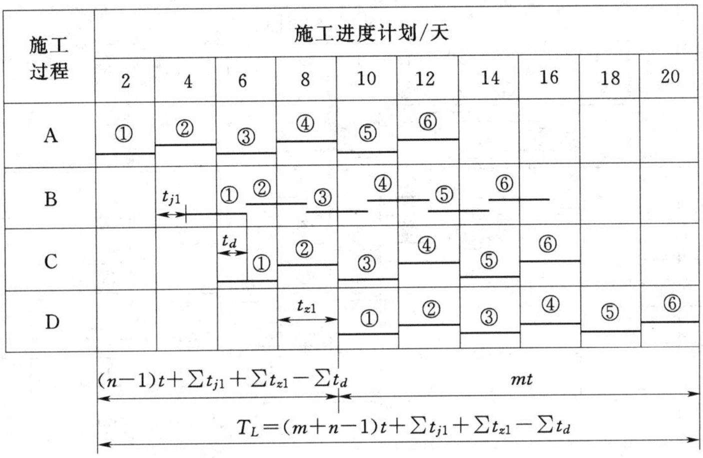

图 4.2.7　有间歇不分层施工计划

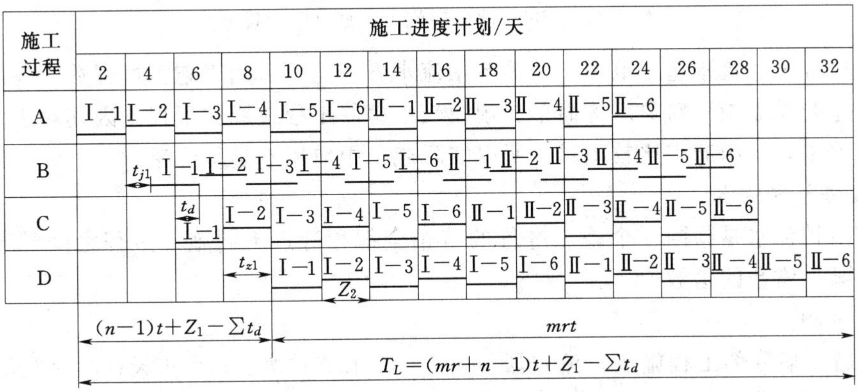

图 4.2.8　有间歇分层施工计划（水平排列）

3）分层施工时 m 与 n 之间的关系讨论。由图 4.2.8 和图 4.2.9 可以看出，当 $r=2$ 时，有

$$T_L=(mr+n-1)t+Z_1-\sum t_d=(2m+n-1)t+t_{j1}+t_{z1}-t_d$$

$$= (m+nr-1)t+Z_1+Z_2-\sum t_d$$
$$= (m+2n-1)+2t_{j1}+2t_{z1}+Z_2-2t_d$$

可得等式

$$(2m+n-1)t+t_{j1}+t_{z1}-t_d=(m+2n-1)+2t_{j1}+2t_{z1}+Z_2-2t_d$$

即
$$(m-n)t=t_{j1}+t_{z1}+Z_2-t_d=Z_1+Z_2-t_d$$

将 $B=t$ 代入上式，得到
$$(m-n)B=Z_1+Z_2-t_d$$

进一步可得
$$(m-n)=(Z_1+Z_2-t_d)/B$$

最终可得
$$m=n+(Z_1+Z_2-t_d)/B$$

此为专业工作队连续施工时需满足的关系式，即 m 的最小值 $m_{\min}=n+(Z_1+Z_2-t_d)/B$。若施工有间歇，则 $m>n$（图 4.2.7）；若没有任何间歇和搭接，则 $m=n$（图 4.2.6）。

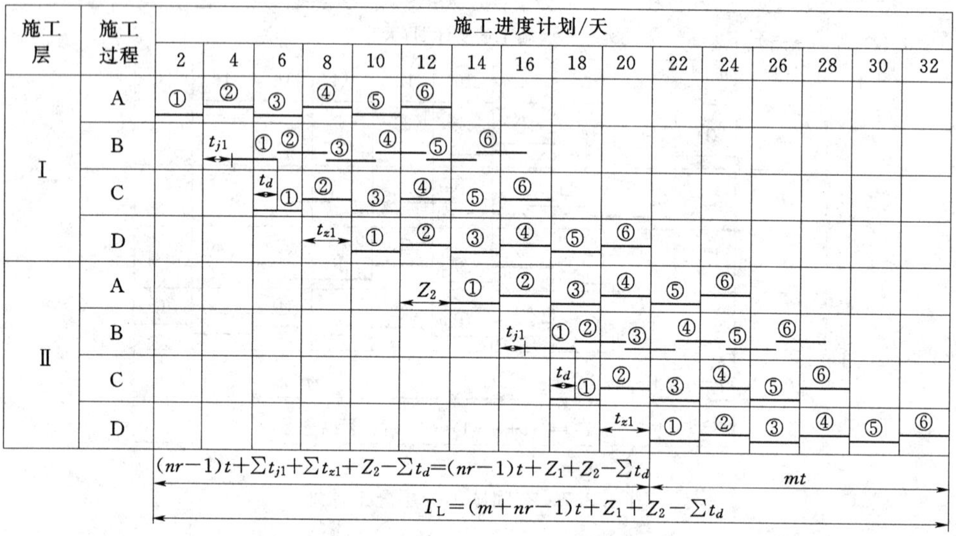

图 4.2.9 有间歇分层施工计划（竖向排列）

（3）全等节拍流水适用范围。全等节拍流水方式比较适用于施工过程数较少的分部工程流水，主要见于施工对象结构简单、规模较小房屋工程或线性工程。因其对于流水节拍要求比较严格，组织起来比较困难，所以实际施工中应用不是很广泛。

2. 成倍节拍流水

成倍节拍流水是指同一个施工过程的节拍全都相等；不同施工过程之间的节拍不全等，但为某一常数的倍数。

（1）示例。

【例 1】 某分部工程施工，流水段 $m=3$，流水节拍为：$t_A=6$ 天；$t_B=2$ 天；$t_C=4$ 天。试组织流水作业。

解 （1）组织方式。

1）考虑充分利用工作面，见图 4.2.10；

2）考虑施工队施工连续，见图 4.2.11；

3）考虑工作面及施工均连续（即成倍节拍流水），见图 4.2.12。

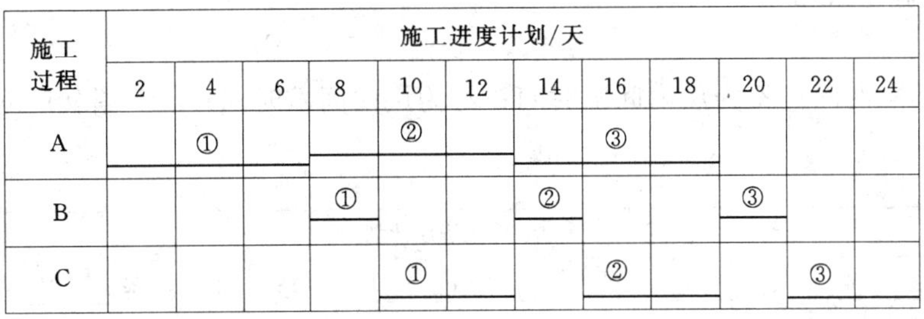

图 4.2.10 工作面不停歇充分利用（工期短）

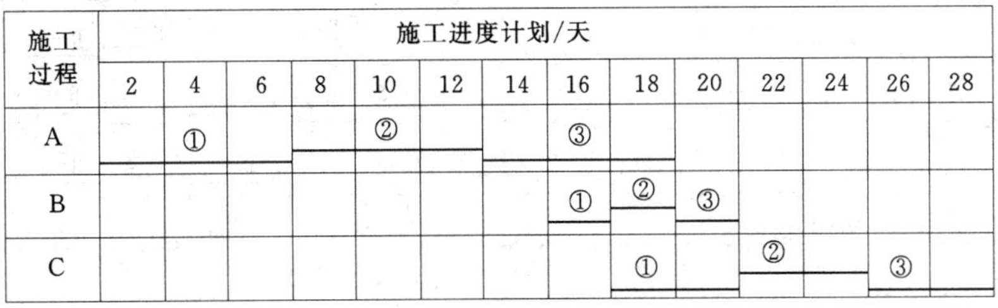

图 4.2.11 施工队不停歇施工连续（工期长）

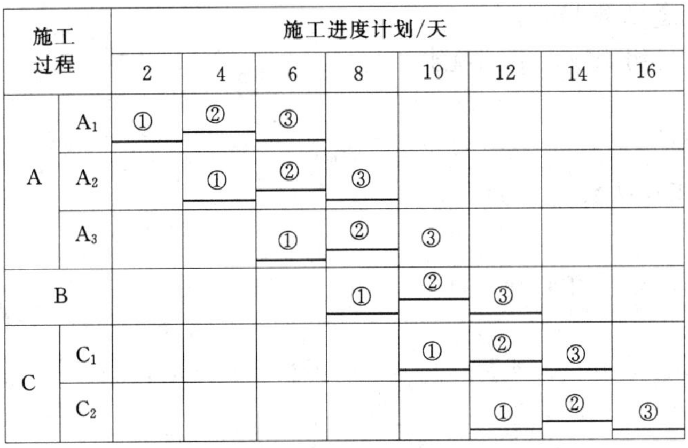

图 4.2.12 成倍节拍流水

（2）成倍节拍流水施工方式的特点。

1）同一个施工过程的流水节拍全都相等。

2）各施工过程之间的流水节拍不全等，但为某一常数的倍数。

3）若无间歇和搭接时间流水步距 B 彼此相等，且等于各施工过程流水节拍的最大公约数 K_b（即最小流水节拍 t_{min}）。

4）需配备的专业工作队数目 $N=\sum t_i/t_{min}$ 大于施工过程数 n。

5）各专业施工队能够连续施工，施工段没有间歇。

（3）成倍节拍流水施工的计算。

1）不分层施工（图 4.2.12）。

$$流水工期\ T_L=(m+N-1)t_{min}+Z-\sum t_d$$

2）分层施工（图 4.2.13）。

$$T_L=(mr+N-1)t_{\min}+Z_1-\sum t_d$$

式中：Z 为间歇时间；Z_1 为层内间歇时间；Z_2 为层间间歇时间；t_d 为搭接时间。

施工过程	施工班组	施工进度计划/天													
		2	4	6	8	10	12	14	16	18	20	22	24	26	28
A	A_1	Ⅰ—1	Ⅰ—2	Ⅰ—3	Ⅰ—4	Ⅰ—5	Ⅱ—1	Ⅱ—2	Ⅱ—3	Ⅱ—4	Ⅱ—5				
	A_2		Ⅰ—1	Ⅰ—2	Ⅰ—3	Ⅰ—4	Ⅰ—5	Ⅱ—1	Ⅱ—2	Ⅱ—3	Ⅱ—4	Ⅱ—5			
B	B			Ⅰ—1	Ⅰ—2	Ⅰ—3	Ⅰ—4	Ⅰ—5	Ⅱ—1	Ⅱ—2	Ⅱ—3	Ⅱ—4	Ⅱ—5		
C	C_1				Ⅰ—1	Ⅰ—2	Ⅰ—3	Ⅰ—4	Ⅰ—5	Ⅱ—1	Ⅱ—2	Ⅱ—3	Ⅱ—4	Ⅱ—5	
	C_2					Ⅰ—1	Ⅰ—2	Ⅰ—3	Ⅰ—4	Ⅰ—5	Ⅱ—1	Ⅱ—2	Ⅱ—3	Ⅱ—4	Ⅱ—5

$(N-1)t_{\min}$　　$mrt_{\min}$

$T_L=(mr+N-1)t_{\min}+Z_1-\sum t_d$

图 4.2.13　成倍节拍流水施工进度计划（分层）

（4）举例（题意见例 1）。

解　根据题意可组织成倍节拍流水

1）计算流水步距

$$B=K_b=t_{\min}=2\text{ 天}$$

2）计算专业工作队数

$N_i=t_i/t_{\min}$

$N_A=t_A/t_{\min}=6/2=3$ 个；$N_B=1$ 个；$N_C=2$ 个。

所以

$$N=\sum t_i/t_{\min}=(3+2+1)=6\text{ 个}$$

3）计算工期

$$T=(m+N-1)t_{\min}+Z-\sum t_d$$
$$=(3+6-1)\times 2=16\text{ 天}$$

4）绘制施工进度计划表，如图 4.2.12 所示。

（5）成倍节拍流水施工方式的适用范围。从理论上讲，很多工程均具备组织成倍节拍流水施工的条件，但实际工程若不能划分成足够的流水段或配备足够的资源，则不能采用该施工方式。

成倍节拍流水施工方式比较适用于线性工程（如道路、管道等）的施工。

3. 异节拍流水

（1）示例。

【例 2】　某分部工程有 A、B、C、D 四个施工过程，分三段施工，每个施工过程的节拍值分别为 3 天、2 天、3 天、2 天。试组织流水施工。

解　由流水节拍的特征可以看出，既不能组织全等节拍流水施工也不能组织成倍节拍流水施工。

1）考虑施工队施工连续，施工计划见图 4.2.14。

2）考虑充分利用工作面，施工计划见图 4.2.15。

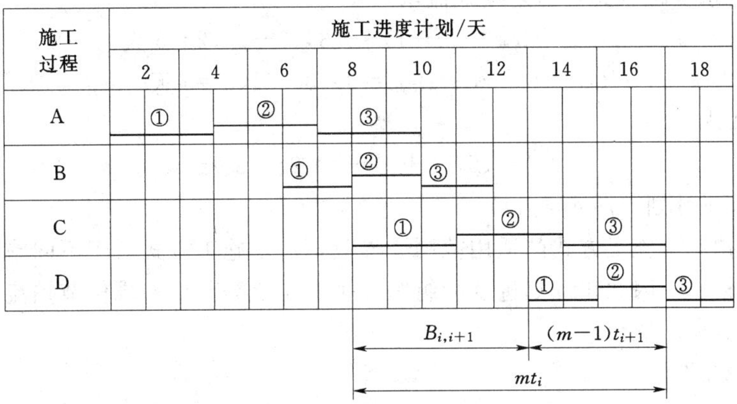

图 4.2.14 异节拍流水施工（连续式）

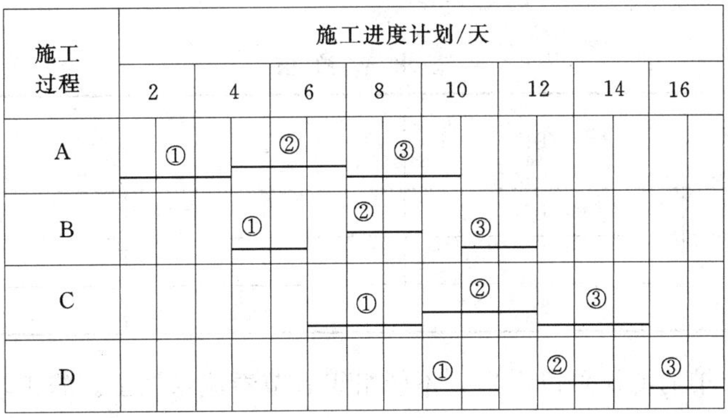

图 4.2.15 异节拍流水施工（间断式）

（2）异节拍流水施工方式的特点。通过上述示例可以得出异节拍流水的特点：

1）同一施工过程流水节拍值相等。

2）不同施工过程之间流水节拍值不完全相等，且相互间不存在不为 1 的最大公倍数（即不同于成倍节拍）。

3）专业工程队数与施工过程数相等（即 $N=n$）。

（3）流水步距的确定。对于图 4.2.15 所示间断式异节拍流水施工方式，流水步距的确定比较简单。而对于图 4.2.14 所示连续式异节拍流水施工方式，其流水步距的确定则有些复杂，可分两种情形进行：

1）当 $t_i \leqslant t_{i+1}$ 时，$B_{i,i+1}=t_i$。

2）当 $t_i > t_{i+1}$ 时，$B_{i,i+1}=mt_i-(m-1)t_{i+1}$。

说明：这里所说的是不含间歇时间和搭接时间的情形，若有则需将它们考虑进去（加上间歇时间，减去搭接时间），此处不再赘述。

（4）流水工期的确定（连续式）。

$$T=\sum B_{i,i+1}+mt_n+Z-\sum t_d$$

(5) 举例（题意见例2）。

解 根据题意知该施工方式为异节拍流水施工。

1）确定流水步距（此处为连续式流水）

$$B_{A,B}=mt_A-(m-1)t_B=3\times3-2\times2=5\text{ 天}$$

$$B_{B,C}=t_B=2\text{d}；B_{C,D}=3\times3-2\times2=5\text{ 天}$$

2）确定流水工期

$$T=(5+2+5)+3\times2=18\text{ 天}$$

3）绘制施工计划（图4.2.14）

(6) 异节拍流水施工方式的适用范围。异节拍流水施工方式对于不同施工过程的流水节拍限制条件较少，因此在计划进度的组织安排上比全等节拍和成倍节拍流水施工灵活得多，实际应用更加广泛。

4. 无节奏流水

(1) 示例。

【例3】 某A、B、C三个施工过程，分三段施工，流水节拍值见表4.2.2。试组织流水施工。

表4.2.2 **流 水 节 拍 值**

施工段 / 施工过程	①	②	③
A	1	4	3
B	3	1	3
C	5	1	3

解 由流水节拍的特征可以看出，不能组织有节奏流水施工。施工计划见图4.2.16。

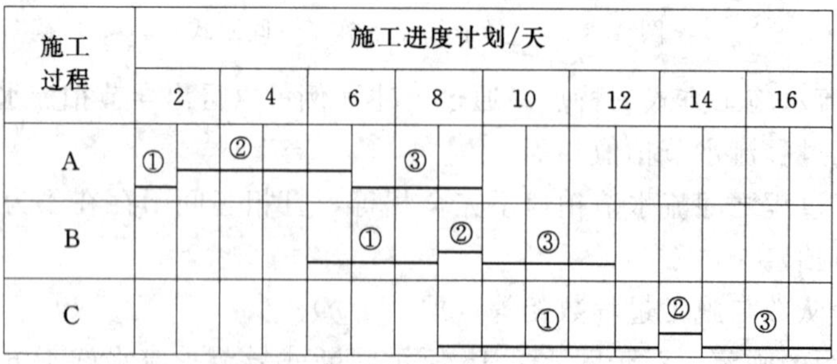

图4.2.16 无节奏流水施工

(2) 无节奏流水施工方式的特点。通过上述示例可以得出无节奏流水的特点。

1）同一施工过程流水节拍值未必全等。

2）不同施工过程之间流水节拍值不完全相等。

3）专业工程队数与施工过程数相等（即$N=n$）。

4）各专业施工队能够连续施工，但施工段可能有闲置。

(3) 流水步距的确定。用潘特考夫斯基法求流水步距，即"累加一斜减一取大差"

法，以例 3 为例，进行求解。

1）累加（流水节拍值逐段累加）。累加结果见表 4.2.3。

表 4.2.3　　累加结果

A	1	5	8
B	3	4	7
C	5	6	9

2）斜减（错位相减）。

	1	5	8	
A—B	—	3	4	7
	1	2	4	−7
	3	4	7	
B—C	—	5	6	9
	3	−1	1	−9

3）取大差

$$B_{A,B}=\max\{1,2,4,-7\}=4$$

$$B_{B,C}=\max\{3,-1,1,-9\}=3$$

（4）流水工期的确定。仍以例 3 为例，进行求解。

$$\begin{aligned}T_L&=\sum B_{i,i+1}+T_n\\&=(4+3)+9\\&=16\text{ 天}\end{aligned}$$

于是，可以绘出施工计划，见图 4.2.16。

（5）无节奏流水施工方式的使用范围。无节奏流水施工方式的流水节拍没有时间约束，在施工计划安排上比较自由灵活，因此能够适应各种结构各异、规模不等、复杂程度不同的工程，具有广泛的应用性。在实际中，该施工方式比较常见。

4.3 网络计划技术

网络计划技术是一种比较盛行的现代生产管理的科学方法，被美、日、德、俄等国建筑业公认为当前最先进的计划管理方法。该方法主要用于进行项目规划、计划和实施控制，在缩短项目建设周期、提高工效、降低成本和提高生产管理水平等方面取得了显著成效。

4.3.1 网络计划技术概述

1. 基本概念

（1）网络图和网络计划。网络图是由箭线和节点组成的、用来表示工作流程的有向、有序网状图形。网络图有两种，即单代号、双代号网络图（图 4.3.1、图 4.3.2）。顾名思义，以一个节点及其编号（即一个代号）表示工作的网络图称为单代号网络图；以两个代号表示工作的称为双代号网络图。

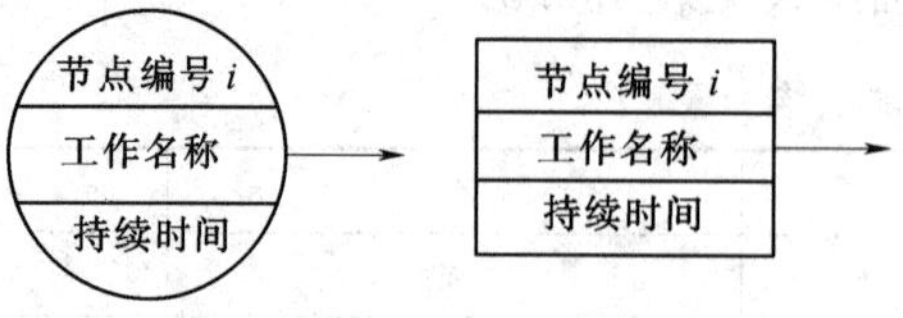

图 4.3.1 单代号网络图

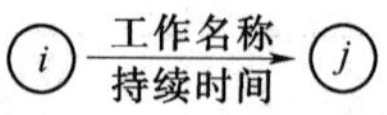

图 4.3.2 双代号网络图

网络计划是用网络图表达任务构成、工作顺序并加注工作时间参数的进度计划。用网络计划对任务的工作进度进行安排和控制，以保证实现预定目标的科学的计划管理技术称为网络计划技术。

(2) 工作和逻辑关系。网络图中的工作可大可小。通常，完成一项工作需要消耗时间或同时消耗资源。

网络图中的逻辑关系分为工艺关系和组织关系两种。工艺关系是由生产工艺决定的、客观上存在的先后顺序关系；组织关系是主观上、人为地组织安排的先后顺序关系。

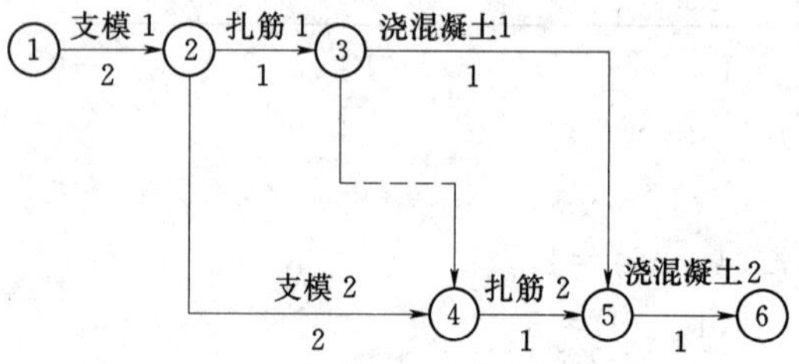

图 4.3.3 某混凝土工程双代号网络图

工作之间的逻辑关系具体表现为：紧前工作、紧后工作和平行工作及先行工作、后续工作（图 4.3.3）。

相对于某一项工作（称其为本工作）来讲，紧挨在其前边的工作称为紧前工作（如支模 2、扎筋 1 是扎筋 2 的紧前工作）；紧挨在其后边的工作称为紧后工作（如扎筋 2 是支模 2、扎筋 1 的紧后工作）；与本工作同时进行的工作称为平行工作（如扎筋 1 和支模 2 互为平行工作）；从网络图起点节点开始到达本工作之前为止的所有工作，称为本工作的先行工作；从紧后工作到达网络图终点节点的到达网络图终点节点的所有工作，称为本工作的后续工作。

2. 网络计划技术的基本原理

(1) 应用网络图表示出某项工程中各施工过程的开展顺序和相互制约、相互依赖的关系。

(2) 通过对网络图中各时间参数进行计算，找出关键工作和关键线路。

(3) 利用最优化原理，改进初始方案，寻求最优网络计划方案。

(4) 在网络计划执行过程中，进行有效监督、控制与调整，以最少的消耗，获得最佳的经济效果。

4.3.2 双代号网络计划

1. 双代号网络图的组成

双代号网络图由节点、箭线和线路 3 个要素组成。

(1) 节点。节点用圆圈或其他形状的封闭图形画出，表示工作之间的逻辑关系。起联结、开始或结束的作用，不消耗时间与资源。有起点节点、终点节点和中间节点及开始、结束节点之分。

(2) 箭线。箭线与其两端节点表示一项工作，有实箭线和虚箭线之分。实箭线表示的工作有时间的消耗或同时有资源的消耗，被称为实工作（图 4.3.4）；虚箭线表示的是虚工作（图 4.3.5），它没有时间和资源的消耗，仅用以表达逻辑关系。虚箭线的运用较复杂，具有断开、联系和区分的作用。

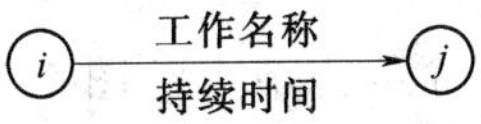

图 4.3.4 实工作

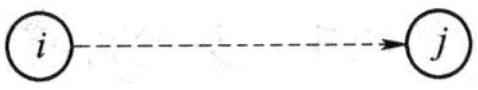

图 4.3.5 虚工作

（3）线路。网络图中从起点节点开始，沿箭头方向顺序通过一系列箭线与节点，最后到达终点节点的通路称为线路。

其中，线路上总的工作持续时间最长的线路称为关键线路，用粗箭线或双箭线画出。关键线路的线路时间，代表整个网络计划的总工期。关键线路上的工作称为关键工作。

2. 双代号网络图的绘制

（1）要正确表达逻辑关系（表 4.3.1）。

表 4.3.1 各工作之间逻辑关系的表示方法

序号	各工作之间的逻辑关系	双代号网络图
1	A 完成后进行 B，B 完成后进行 C	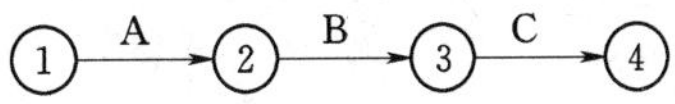
2	A 完成后进行 B 和 C	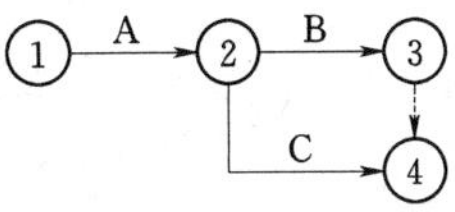
3	A 和 B 完成后进行 C	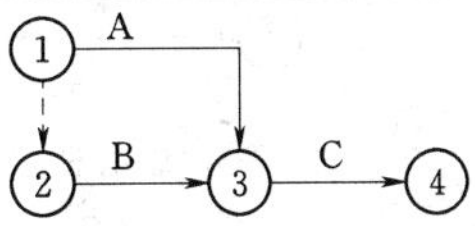
4	A、B 完成后进行 C 和 D	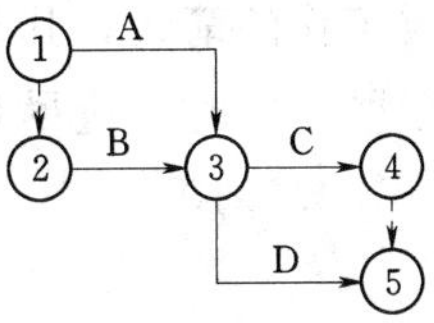
5	A 完成后，进行 C；A、B 完成后进行 D	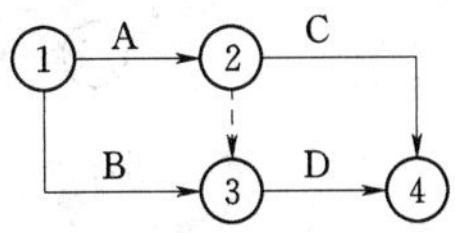
6	A、B 完成后，进行 D； A、B、C 完成后，进行 E； D、E 完成后，进行 F	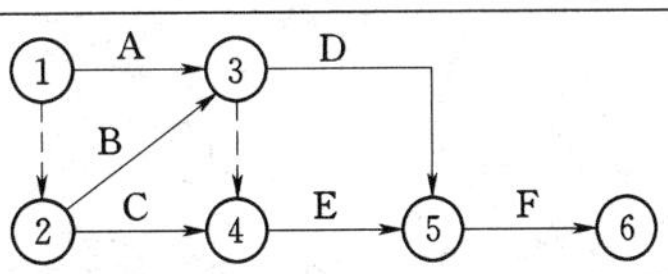
7	A、B 活动分成三段流水	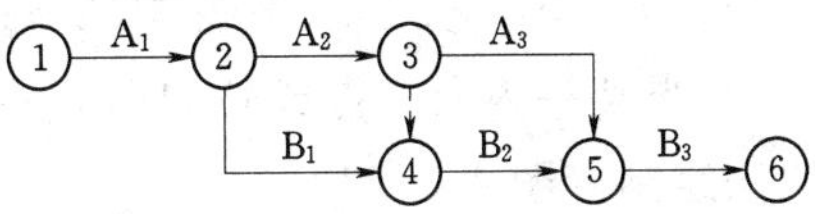
8	A 完成后，进行 B； B、C 完成后，进行 D	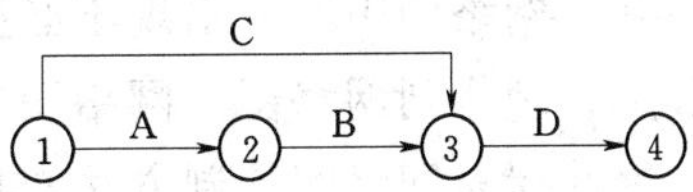

（2）要遵守绘制规则。双代号网络图绘制规则如下：

1）网络图必须具有能够表明基本信息的明确标识，用数字或字母均可。

2）工作或节点的字母代号或数字编号，在同一项任务的网络图中，不允许重复使用［图 4.3.6（*a*）］。

3）在同一网络图中，只允许有一个起点节点和一个终点节点［图 4.3.6（*b*）］。

4）不允许出现封闭循环回路［图 4.3.6（*c*）］。

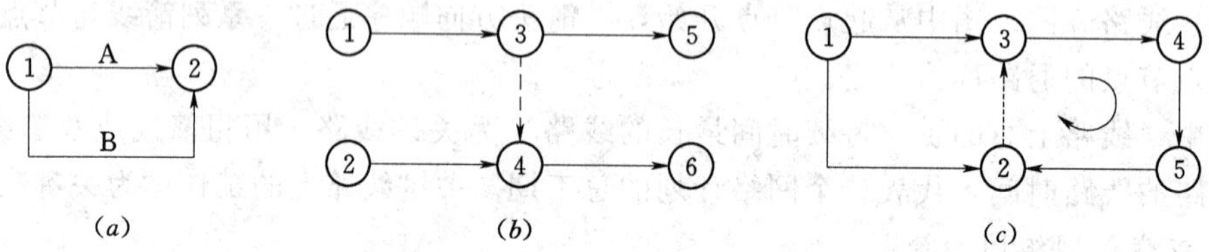

图 4.3.6

5）网络图的主方向是从起点节点到终点节点的方向，绘制时应尽量横平竖直。

6）严禁出现无箭头和双向箭头的连线（图 4.3.7）。

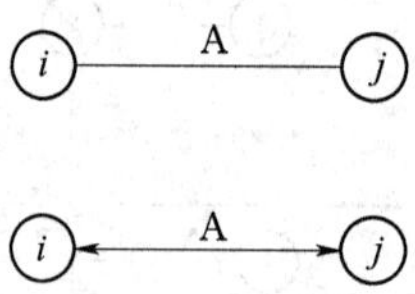

图 4.3.7

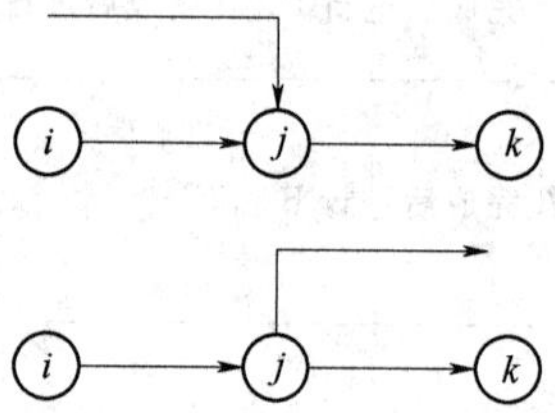

图 4.3.8

7）代表工作的箭线，其首尾必须有节点（图 4.3.8）。

8）绘制网络图时，应尽量避免箭线交叉。避免箭线交叉时可采用过桥法或指向法（图 4.3.9、图 4.3.10）。

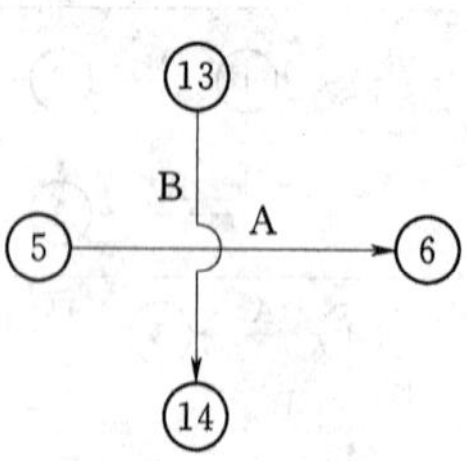

图 4.3.9　过桥法

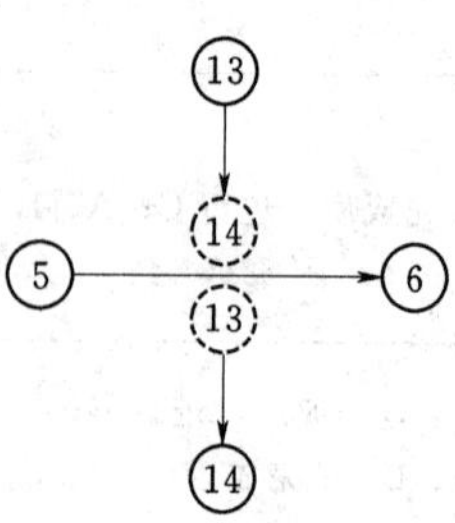

图 4.3.10　指向法

9）当某一内向节点或外向节点有多个（4 个或以上）内向工作、外向工作时应采用母线法绘制（图 4.3.11）。

另外，网络图中不应出现不必要的虚工作（图 4.3.12）。

（3）合理排列网络图。网络图要重点突出，层次清晰，布局合理。

（4）双代号网络图绘制方法与步骤。

1）按网络图的类型，合理确定排列方式与布局。

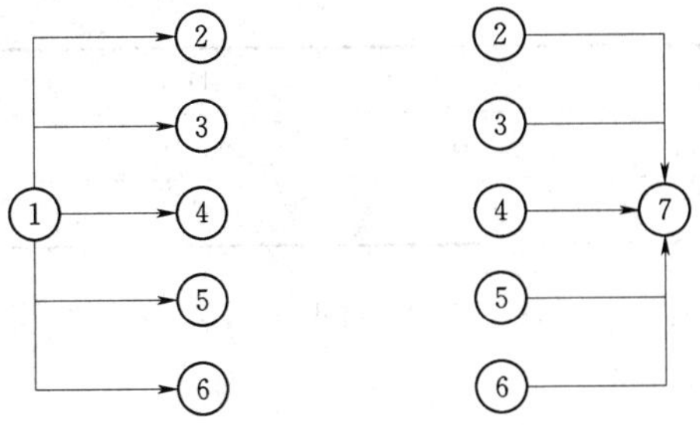

图 4.3.11　母线法

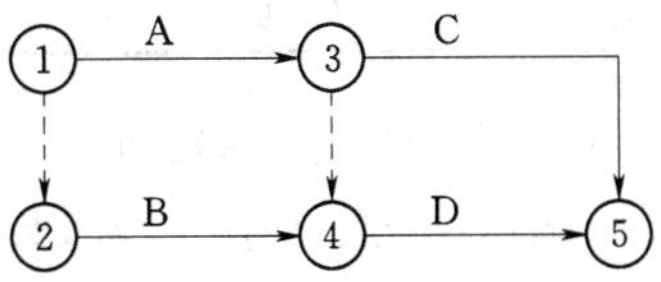

图 4.3.12　有多余虚箭线（错误）

2）从起始工作开始，自左至右依次绘制，直到全部工作绘制完为止。

3）检查工作和逻辑关系有无错漏并进行修正。

4）按网络图绘图规则的要求完善网络图。

5）按网络图的编号要求对节点进行编号。

（5）虚箭线的判定。

1）若 A、B 两工作的紧后工作中既有相同的又有不同的，那么 A、B 工作之间须用虚箭线连接。虚箭线的个数为：①当只有一方有区别于对方的紧后工作时，用 1 个虚箭线；②当双方互有区别于对方的紧后工作时，用 2 个虚箭线（图 4.3.13）。

2）若有 n 个工作同时开始、同时结束（即为并行工作），那么这 n 个工作之间须用 $n-1$ 个虚箭线连接。如图 4.3.14 和图 4.3.15 所示。

3. 双代号网络图绘制示例

【例 1】 作间逻辑关系见表 4.3.2，绘制双代号网络图。

表 4.3.2

本工作	A	B	C	D	E	F
紧前工作	—	—	—	B、C	A、B	B、C
紧后工作	E、D	D、E、F	D、F	—	—	—

解 根据工作 A、C 的紧后工作，由虚箭线的判定（1）中②可以得出，工作 A、C 间需用 2 个虚箭线连接，如图 4.3.13（*a*）所示。再由上表可以看出工作 A、B 以及工作 B、C 之间亦有虚箭线存在，从而可以得出网络图 4.3.13（*b*），绘制完毕。

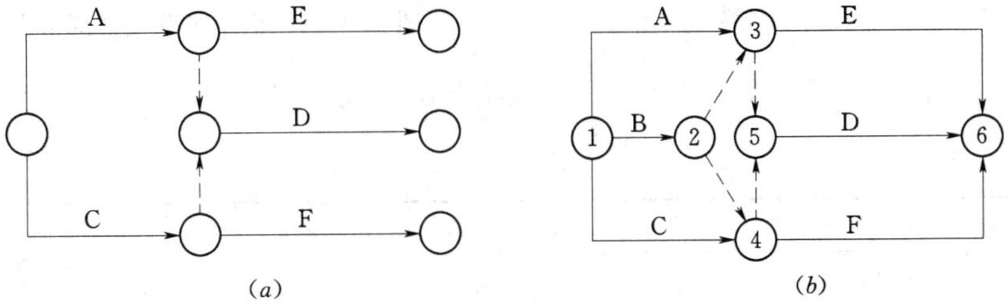

图 4.3.13　例 1 之双代号网络图

【例 2】 工作间逻辑关系见表 4.3.3，试绘制出双代号网络图。

表 4.3.3

本工作	A	B	C	D	E
紧前工作	—	—	A、B	A、B	C、D
紧后工作	C、D	C、D	E	E	—

解 由虚箭线的判定 2）可以得出工作 A 与 B、C 与 D 之间分别有一个虚箭线存在。于是，可以画出网络图如图 4.3.14 所示。

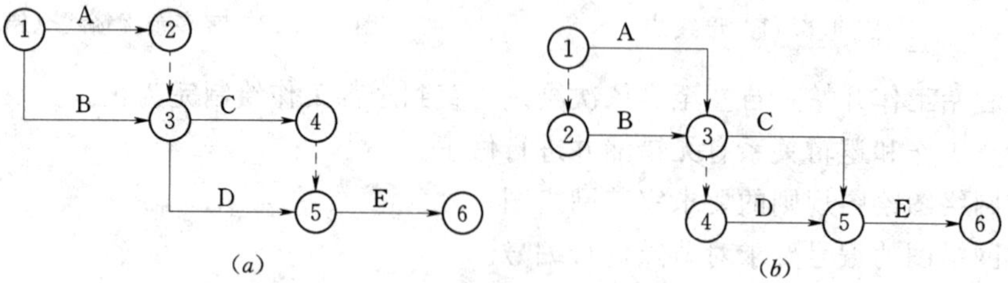

图 4.3.14 例 2 之双代号网络图

【例 3】 工作间逻辑关系见表 4.3.4，试绘制出双代号网络图。

表 4.3.4

本工作	A	B	C	D
紧前工作	—	—	—	—
紧后工作	—	—	—	—

解 由虚箭线的判定（2）可以画出网络图如图 4.3.15 所示。

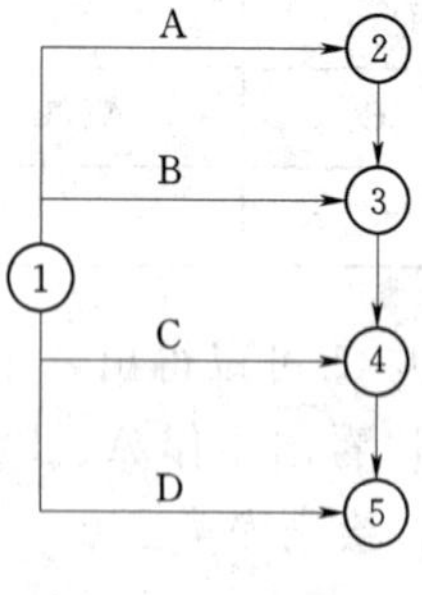

图 4.3.15 例 3 之双代号网络图

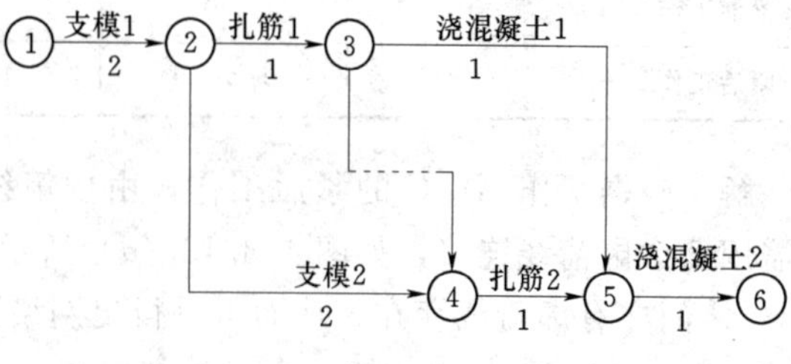

图 4.3.16 例 4 之双代号网络图

【例 4】 工作间逻辑关系见表 4.3.5，试绘制出双代号网络图。

表 4.3.5

本工作	支模 1	扎筋 1	浇混凝土 1	支模 2	扎筋 2	浇混凝土 2
紧后工作	扎筋 1 支模 2	扎筋 2 浇混凝土 1	浇混凝土 2	扎筋 2	浇混凝土 2	—
持续时间	2	1	1	2	1	1

解 由虚箭线的判定 1）中①，可以知道工作扎筋 1 与支模 2 之间有 1 个虚箭线，进一步可以画出网络图如图 4.3.16 所示。

4. 双代号网络计划时间参数

（1）工作持续时间和工期。

1）工作持续时间 D_{i-j}。

2）工期。

a. 计算工期（T_c），指通过计算求得的网络计划的工期。

b. 计划工期（T_p），指完成网络计划的计划（打算）工期。

c. 要求工期（T_r），指合同规定或业主要求、企业上级要求的工期。

通常，$T_p \leqslant T_r$ 或 $T_p = T_c$。

（2）工作的 6 个时间参数。

1）工作的最早开始时间（ES_{i-j}）。

2）工作的最早完成时间（EF_{i-j}）。

3）工作的最迟开始时间（LS_{i-j}）。

4）工作的最迟完成时间（LF_{i-j}）。

5）工作的自由时差（FF_{i-j}）。

6）工作的总时差（TF_{i-j}）。

（3）节点的两个时间参数。

1）节点的最早时间（ET_i）。

2）节点的最迟时间（LT_i）。

5. 双代号网络计划时间参数计算

双代号网络计划的时间参数既可以按工作计算法进行计算，也可以按节点计算法进行计算，下面分别举例说明。

（1）工作计算法。

工作计算法是指以网络计划中的工作为对象直接计算工作的 6 个时间参数，并将计算结果标注在箭线上方（图 4.3.17）。

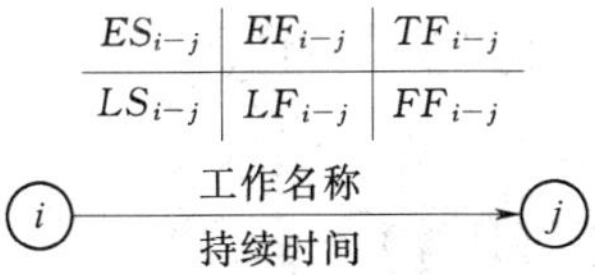

图 4.3.17 工作计算法时间参数的标注

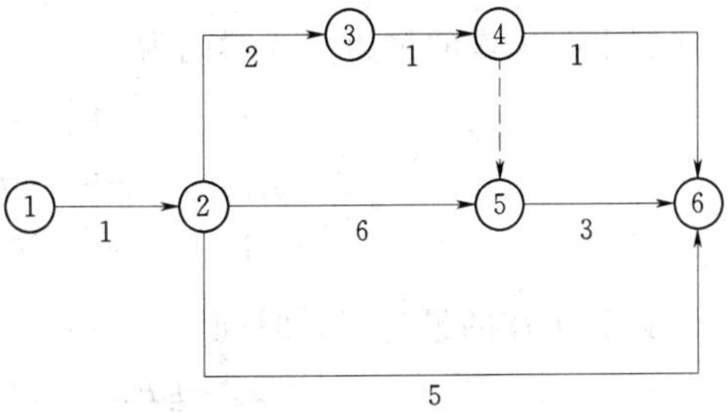

图 4.3.18 双代号网络计划

下面以图 4.3.18 为例介绍一下按工作计算法计算时间参数的过程。

1）计算工作的最早时间（顺线累加，逢内取大）。工作的最早时间即最早开始时间和最早完成时间。计算时应从网络计划的起点节点开始，顺箭线方向逐个进行计算。具体计算步骤为：

a. 最早开始时间。以起点节点为开始节点的工作，其最早开始时间若未规定则为零。在本例中，工作1－2的最早开始时间均为零，即$ES_{1-2}=0$，其他工作的最早开始时间，应等于其紧前工作最早完成时间的最大值

$$ES_{i-j}=\max\{EF_{h-i}\}=\max\{ES_{h-i}+D_{h-i}\}$$

式中：EF_{h-i}为工作$i-j$的紧前工作的最早完成时间；ES_{h-i}为工作$i-j$的紧前工作的最早开始时间。

本例中其他工作（不含虚工作）的最早开始时间为

$$ES_{2-3}=ES_{2-5}=ES_{2-6}=EF_{1-2}=ES_{1-2}+D_{1-2}=0+1=1$$
$$ES_{3-4}=EF_{2-3}=ES_{2-3}+D_{2-3}=1+2=3$$
$$ES_{4-6}=ES_{3-4}+D_{3-4}=4$$
$$ES_{5-6}=\max\{EF_{h-i}\}=\max\{ES_{2-5}+D_{2-5},ES_{3-4}+D_{3-4}\}=7$$

b. 最早完成时间

$$EF_{i-j}=ES_{i-j}+D_{i-j}$$

本例中各工作的最早完成时间为

$$EF_{1-2}=ES_{1-2}+D_{1-2}=0+1=1$$
$$EF_{2-3}=1+2=3；EF_{2-5}=1+6=7；EF_{2-6}=1+5=6$$
$$EF_{3-4}=3+1=4；EF_{4-6}=4+1=5；EF_{5-6}=7+3=10$$

应指出：$T_c=\max\ \{EF_{i-n}\}\ =10$，通常$T_p=T_c$。

2）计算工作的最迟时间（逆线递减，逢外取小）。

a. 以终点节点为结束节点的工作的最迟完成时间

$$LF_{i-n}=T_p$$

本例中，$LF_{4-6}=LF_{5-6}=LF_{2-6}=10$。

b. 其他工作的最迟完成时间

$$LF_{i-j}=\min\{LF_{j-k}-D_{j-k}\}=\min\{LS_{j-k}\}$$

或
$$LF_{i-j}=LF_{j-k}-D_{j-k}=LS_{j-k}$$

本例中各工作的最迟完成时间为

$$LF_{2-5}=LF_{5-6}-D_{5-6}=10-3=7$$
$$LF_{3-4}=\min\ \{10-3，10-1\}\ =7；LF_{2-3}=7-1=6$$
$$LF_{1-2}=\min\ \{6-2，7-6，10-5\}\ =1$$

c. 计算工作的最迟开始时间

$LS_{j-k}=LF_{j-k}-D_{j-k}$（此处不再计算）

3）计算工作的自由时差（不影响紧后工作最早开始）。

a. 对于有紧后工作的（紧后工作不含虚工作）

$$FF_{i-j}=\min\{ES_{j-k}-EF_{i-j}\}=\min\{ES_{j-k}-ES_{i-j}-D_{i-j}\}$$

b. 对于无紧后工作的

$$FF_{i-n}=T_p-EF_{i-n}=T_p-ES_{i-n}-D_{i-n}$$

本例中各工作的自由时差见表 4.3.6。

表 4.3.6

工作	1—2	2—3	2—5	2—6	3—4	4—6	5—6
自由时差	0	0	0	4	0	5	0

4）计算工作的总时差（不影响工期）。

$$TF_{i-j}=LF_{i-j}-EF_{i-j}=LS_{i-j}-ES_{i-j}$$

本例中各工作的总时差见表 4.3.7。

表 4.3.7

工作	1—2	2—3	2—5	2—6	3—4	4—6	5—6
总时差	0	3	0	4	3	5	0

5）确定关键工作和关键线路。总时差为 0 的工作为关键工作如工作①→②、②→⑤、⑤→⑥。由关键工作形成的线路即为关键线路，见图 4.3.19。线路①→②→⑤→⑥为关键线路。

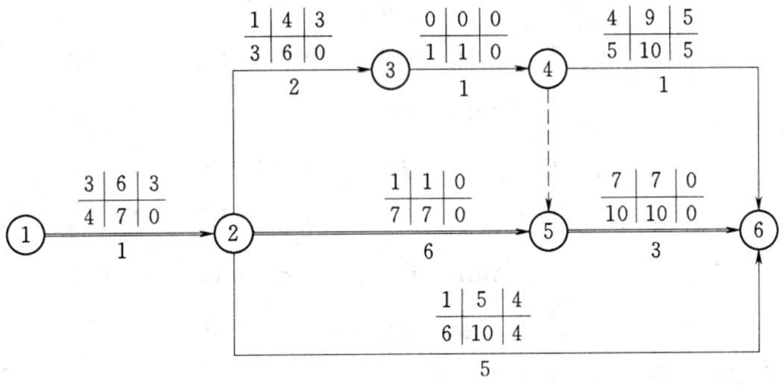

图 4.3.19 双代号网络计划

（2）按节点计算法。

1）计算节点的最早时间和最迟时间。

a. 节点最早时间，是指该节点所有紧后工作的最早可能开始时刻。

起点节点，令 $ET_1=0$，其他节点：

$$ET_j=\max\{ET_i+D_{i-j}\}\text{（顺线累加，逢内取大）}$$

式中：ET_j 为工作 $i-j$ 的完成节点 j 的最早时间；ET_i 为工作 $i-j$ 的开始节点 i 的最早时间；D_{i-j} 为工作 $i-j$ 的持续时间。

其他节点最早时间为：

$$ET_2=ET_1+D_{1-2}=0+1=1$$

$$ET_3=ET_2+D_{2-3}=1+2=3$$

$$ET_4=ET_3+D_{3-4}=3+1=4$$

$$ET_5=\max\ \{ET_2+D_{2-5},\ ET_4+D_{4-5}\}$$

$$=\max\ \{1+6,\ 7+0\}\ =7$$

$$ET_6=\max\ \{ET_4+D_{4-6},\ ET_5+D_{5-6},\ ET_2+D_{2-6}\}$$

$$=\max\{4+1,\ 7+3,\ 1+5\}=10$$

b. 节点最迟时间，是指该节点所有紧前工作最迟必须结束的时刻。它应是以该节点为完成节点的所有工作最迟必须结束的时刻。若迟于这个时刻，紧后工作就要推迟开始，整个网络计划的工期就要延迟。

由于终点节点代表整个网络计划的结束，因此要保证计划总工期，终点节点的最迟时间应等于此工期。

若总工期有规定，可令终点节点的最迟时间 LT_n 等于规定总工期 T，即 $LT_n=T$。

若总工期未规定，则可令终点节点的最迟时间 LT_n 等于按终点节点最早时间计算出的计划总工期，即 $LT_n=ET_n$。

本例中，终点节点⑥的最迟时间为 $LT_6=T=10$。

其他节点的最迟时间

$$LT_i=\min\{LT_j-D_{i-j}\}\text{（逆线递减，逢内取小）}$$

式中：LT_i 为工作 $i-j$ 的开始节点 i 的最迟时间；LT_j 为工作 $i-j$ 的完成节点 j 的最迟时间；D_{i-j} 为工作 $i-j$ 的持续时间。

本例中，其他各节点的最迟时间为：

$$LT_5=LT_6-D_{5-6}=10-3=7$$

$$LT_4=\min\{LT_6-D_{4-6},\ LT_5-D_{4-5}\}$$
$$=\min\{10-1,\ 7-0\}=7$$

$$LT_3=LT_4-D_{3-4}=7-1=6$$

$$LT_2=\min\{LT_3-D_{2-3},\ LT_5-D_{2-5},\ LT_6-D_{2-6}\}$$
$$=\min\{6-2,\ 7-6,\ 10-5\}=1$$

$$LT_1=LT_2-D_{1-2}=1-1=0$$

节点时间参数计算结果如图 4.3.20 所示。

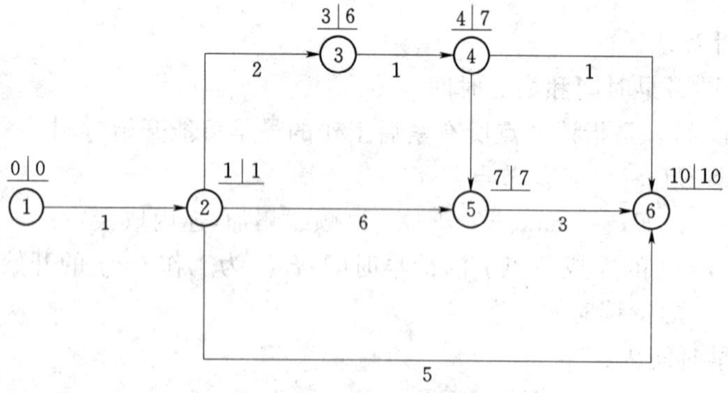

图 4.3.20 节点时间参数

2）采用节点的时间参数计算工作的时间参数。

a. 利用节点计算工作的最早开始、完成时间

$$ES_{i-j}=ET_i$$

$$EF_{i-j}=ES_{i-j}+D_{i-j}=ET_i+D_{i-j}$$

b. 利用节点计算工作的最迟完成、开始时间

$$LF_{i-j}=LT_j$$

$$LS_{i-j}=LF_{i-j}-D_{i-j}=LT_j-D_{i-j}$$

c. 利用节点计算工作的自由时差和总时差

$$FF_{i-j}=\min\ \{ES_{j-k}-EF_{i-j}\}\ =\min\ \{ES_{j-k}-ES_{i-j}-D_{i-j}\}$$

$$=\min\ \{ES_{j-k}\}\ -ES_{i-j}-D_{i-j}=ET_j-ET_i-D_{i-j}$$

$$TF_{i-j}=LF_{i-j}-EF_{i-j}=LT_j-\ (ES_{i-j}+D_{i-j})$$

$$=LT_j-ET_i-D_{i-j}$$

4.3.3 单代号网络计划

1. 单代号网络图的组成

和双代号网络图一样，单代号网络图也是由节点、箭线和线路 3 个要素组成。

（1）节点。单代号网络图中的节点表示一项工作（或工序），有时间或资源的消耗。另外，当网络图中出现多项没有紧前工作的工作节点或多项没有紧后工作的工作节点时，应在网络图的两端分别设置虚拟的起点节点（S_t）或虚拟的终点节点（F_{in}）。

（2）箭线。单代号网络图中箭线仅用于表达逻辑关系，且无虚箭线。由于单代号网络图中没有虚箭线，我们可以推断单代号网络图绘制比较简单，事实上即是如此。

（3）线路。和双代号网络图一样，单代号网络图自起点节点向终点节点也形成若干条通路。同样，持续时间最长的即是关键线路。

2. 单代号网络图的绘制

（1）绘制规则。单代号网络图的绘制规则与双代号网络图基本相同。主要的不同之处是单代号网络图可能要增加虚拟的起点节点（S_t）或终点节点（F_{in}）。

（2）绘图方法。

1）正确表达逻辑关系（根据表 1 绘图，结果详见表 4.3.8）。

2）箭线不宜交叉，否则采用过桥法。

3）其他同双代号网络图绘图方法。

表 4.3.8　　逻辑关系的表达

序号	工作间的逻辑关系	单代号网络图
1	A 完成后进行 B，B 完成后进行 C。	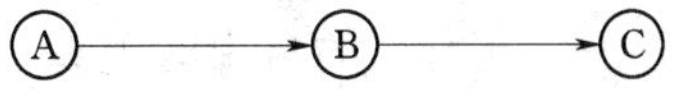
2	A 完成后进行 B 和 C	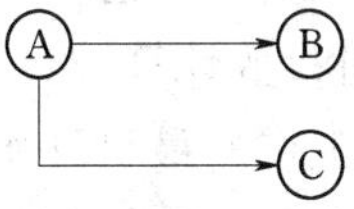
3	A 和 B 完成后进行 C	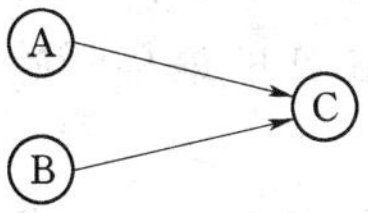
4	A、B 完成后进行 C 和 D	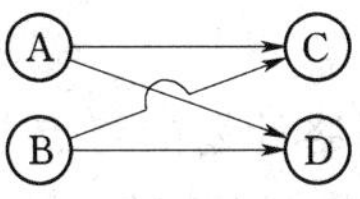

续表

序号	工作间的逻辑关系	单代号网络图
5	A完成后，进行C； A、B完成后进行D	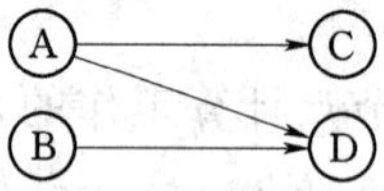
6	A、B完成后，进行D；A、B、C完成后，进行E； D、E完成后，进行F	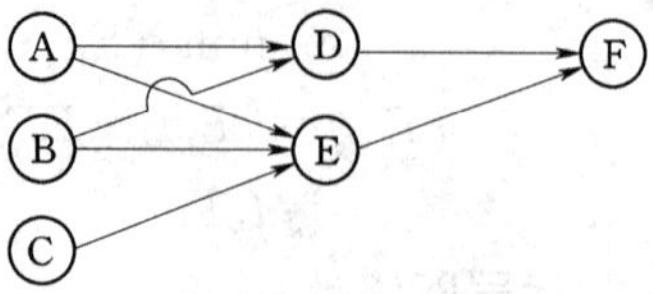
7	A、B活动分成三段流水	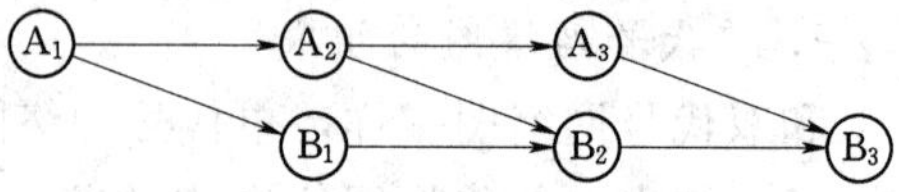
8	A完成后，进行B； B、C完成后，进行D	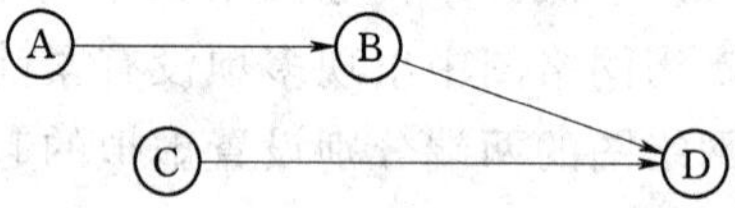

【例5】 逻辑关系明细表见表4.3.9，试绘制单代号网络图。

表4.3.9

工作	A	B	C	D	E	F	G
紧后工作	B、C、D	E	G	—	F、G	—	—

绘制结果见图4.3.21。

3. 单代号网络计划时间参数计算

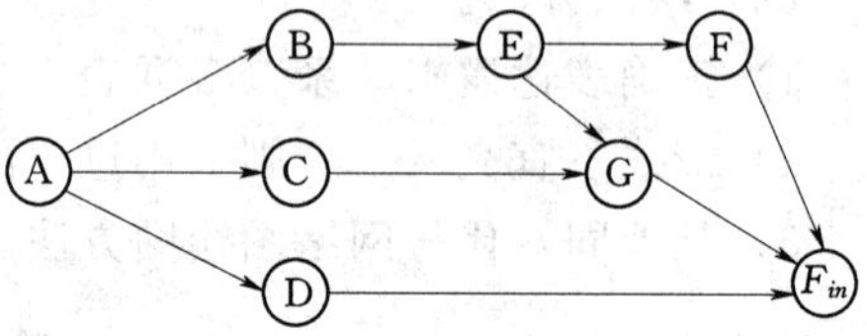

图4.3.21 单代号网络图

(1) 时间参数符号：

$LAG_{i,j}$——工作 i 和工作 j 的时间间隔；

ES_i——工作 i 的最早开始时间；

EF_i——工作 i 的最早完成时间；

LS_i——工作 i 的最迟开始时间；

LF_i——工作 i 的最迟完成时间；

FF_i——工作 i 的自由时差；

TF_i——工作 i 的总时差。

(2) 时间参数计算：

1) 计算工作的最早开始时间和最早完成时间。

a. 最先开始的工作的最早开始时间为零，其最早完成时间等于其工作的持续时间。

b. 其他工作的最早开始、最早完成时间为

$$ES_j = \max\{EF_i\}; EF_i = ES_i + D_i$$

c. 终点节点的最早完成时间等于计算工期

$$EF_n = T_c = T_p$$

式中：n 为网络计划的终点节点。

2) 计算相邻两工作之间的时间间隔。相邻两工作之间的时间间隔 $LAG_{i,j}$ 是指其紧后

工作的最早开始时间与本工作的最早完成时间的差值：

$$LAG_{i,n}=T_p-EF_i$$

$$LAG_{i,j}=ES_j-EF_i$$

3）计算工作的自由时差。

a. 以终点节点所代表的工作的自由时差

$$FF_n=T_p-EF_n$$

b. 其他工作的自由时差

$$FF_i=\min\{LAG_{i,j}\}$$

4）计算工作的总时差

$$TF_n=T_p-T_c$$

$$TF_i=\min\{LAG_{i,j}+TF_j\}$$

5）计算工作的最迟时间

$$LF_n=T_p$$

$$LF_i=EF_i+TF_i \text{ 或 } LF_i=\min\ \{LS_j\}$$

$$LS_i=ES_i+TF_i \text{ 或 } LS_i=LF_i-D_i$$

4.3.4　单代号搭接网络计划

1. 基本概念

在实际工程中，经常采用平行搭接的施工方式。单代号搭接网络计划有 5 种基本的工作搭接关系：

（1）开始到开始的关系（STS_{i-j}）。

（2）结束到结束的关系（FTF_{i-j}）。

（3）开始到结束的关系（STF_{i-j}）。

（4）结束到开始的关系（FTS_{i-j}）。

（5）混合搭接关系。

当两项工作之间同时存在上述四种基本关系中的两种关系时，称为“混合搭接关系”。

2. 示例

【例 6】 有甲、乙、丙三个施工过程，分三段施工，流水节拍值分别为 3 天、1 天和 2 天，试分别用横道图和网络图表达搭接施工。

解　(1) 用横道图表达如下。

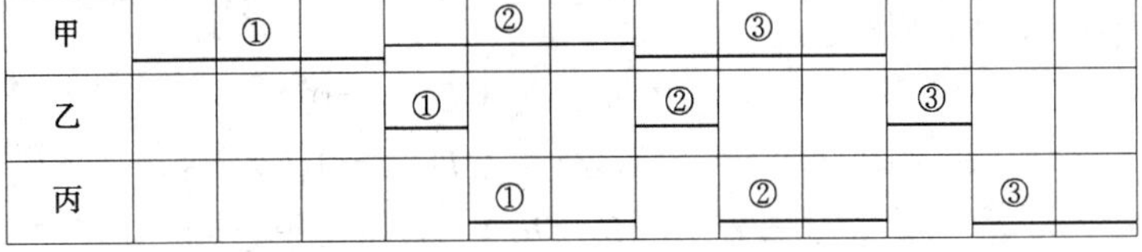

图 4.3.22　示例 2 横道图

(2) 用双代号网络图表达如下。

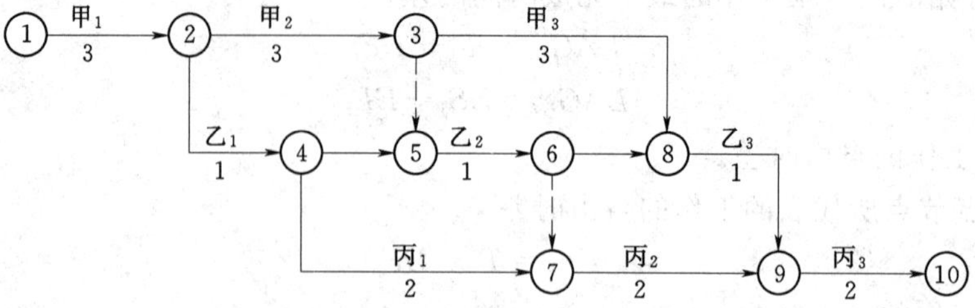

图 4.3.23　示例 2 双代号网络图

(3) 用单代号网络图表达如下。

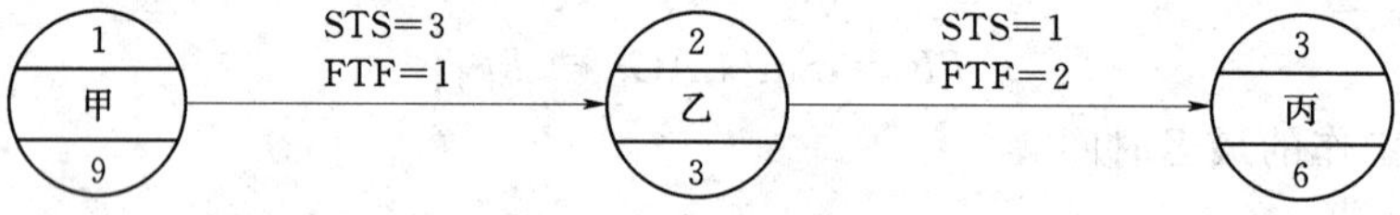

图 4.3.24　示例 2 单代号网络图

可以看出，用双代号表达搭接施工比较麻烦，甚至不能够表达，而用单代号表达搭接施工则比较容易，这也是单代号的一大优点。

4.3.5　时间坐标网络计划

1. 基本概念

时间坐标网络计划是吸取了横道计划的优点，以时间坐标为尺度绘制的网络计划，简称时标网络计划。

在时标网络图中，用工作箭杆的水平投影长度，表示其持续时间的多少，会使网络计划具备直观、明了的特点，更具实用性。

2. 时标网络计划的绘制

绘制时标网络图时，通常采用标号法，采用此法可以迅速确定节点的坐标，完成时标网络图的绘制。

下面以图 4.3.18 所示双代号网络图为例说明标号法的操作方法。

标号法的格式为（源节点，标号值），标号值的计算过程如下：

(1) 起点节点的标号值为零。本例中节点①的标号值为零，即 $b_1=0$。

(2) 其他节点的标号值根据下式按照节点编号由小到大的顺序逐个计算：

$$b_j=\max\{b_i+D_{i-j}\}\text{（沿线累加，逢内取大）}$$

式中：b_j 为工作 $i-j$ 的完成节点的标号值；b_i 为工作 $i-j$ 的开始节点的标号值；D_{i-j} 为工作 $i-j$ 的持续时间。

本例中，各节点的标号值为：

$$b_2=b_1+D_{1-2}=0+1=1$$

$$b_3=b_2+D_{2-3}=1+2=3$$

$$b_4=b_3+D_{3-4}=3+1=4$$

$$b_5=\max\{b_2+D_{2-5},\ b_4+D_{4-5}\}=\max\{1+6,\ 4+0\}=7$$

$$b_6=\max\{b_2+D_{2-6},\ b_4+D_{4-6},\ b_5+D_{5-6}\}=10$$

计算结果见图 4.3.25。

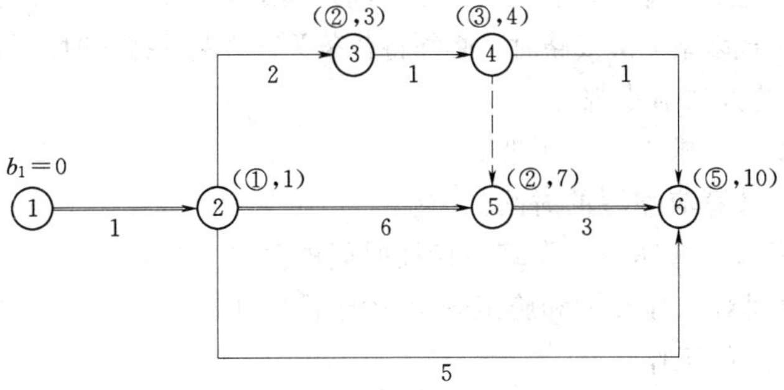

图 4.3.25 双代号网络图（标号法）

(3) 终点节点的标号值即为网络计划的计算工期。本例中终点节点⑥的标号值 10 即为该网络计划的计算工期。

(4) 通过标号计算，逆着箭线根据源节点，还可以确定网络计划的关键线路。

如本例中，可以找出关键线路：①→②→⑤→⑥，标示于图 4.3.25。

通过采用标号法计算出各节点的标号值之后，根据标号值将各节点定位在时间坐标上，然后根据关键线路划出关键工作。非关键工作在连接时应根据其工作持续时间连接开始与结束节点，除去工作持续时间之后，时间刻度如有剩余则划波形线。绘图结果见图 4.3.26。

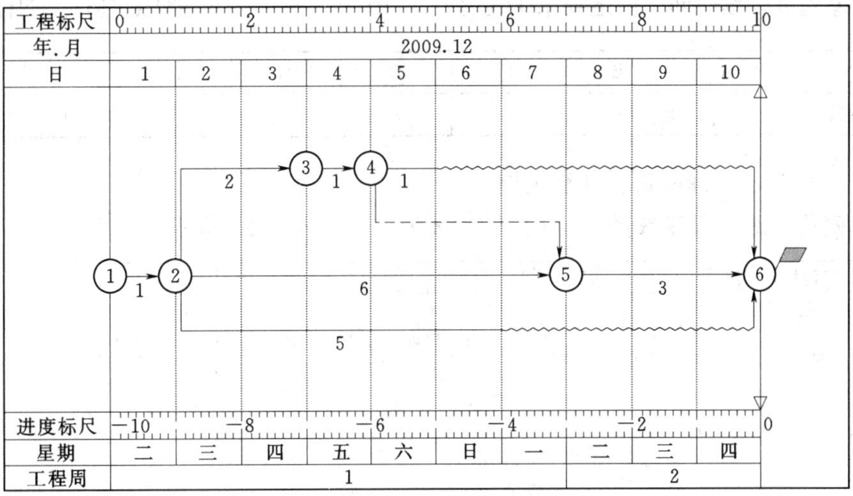

图 4.3.26 时标网络图

4.3.6 网络计划的优化

网络计划的优化是指在一定约束条件下，按既定目标对网络计划进行不断调整，直到寻找出满意的结果。

网络计划优化的目标一般包括工期目标、资源目标和费用目标。根据既定目标，网络计划优化的内容分为工期优化、费用优化和资源优化三个方面。

1. 工期优化

(1) 基本概念。工期优化就是通过压缩计算工期，以达到既定工期目标，或在一定约束条件下，使工期最短的过程。

工期优化一般是通过压缩关键线路的持续时间来满足工期要求的。在优化过程中要保证能够控制住工期。当出现多条关键线路时，必须将各条关键线路的持续时间同步压缩某一数值。

（2）工期优化的方法与步骤。

1）找出关键线路，求出计算工期。

2）按要求工期计算应缩短的时间。

3）根据下列诸因素选择应优先缩短持续时间的关键工作：

a. 缩短持续时间对工程质量和施工安全影响不大的工作。

b. 资源储备充足的工作。

c. 缩短持续时间所需增加的费用最少的工作。

d. 将应优先缩短的工作缩短至最短持续时间，并找出关键线路，计算工期。

e. 重复上述过程直至满足工期要求或工期无法再缩短为止。

（3）工期优化示例。

【例7】 已知网络计划如图4.3.27所示。箭线下方括号外数据为该工作的正常持续时间，括号内数据为该工作的最短持续时间，各工作的优选系数如下表所示。根据实际情况并考虑选择优选系数（或组合优选系数）最小的关键工作缩短其持续时间。假定要求工期为 $T_r=19$ 天，试对该网络计划进行工期优化。

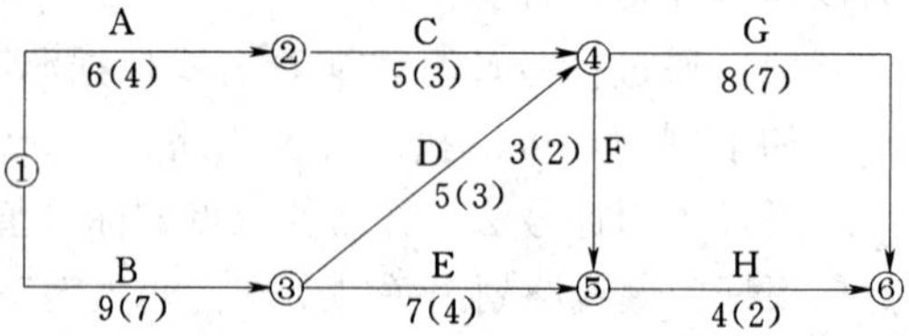

图 4.3.27 原始网络计划

工作	A	B	C	D	E	F	G	H
优选系数	7	8	5	2	6	4	1	3

解 （1）确定关键线路和计算工期。

原始网络计划的关键线路和工期 $T_c=22$ 天，如图4.3.28所示。

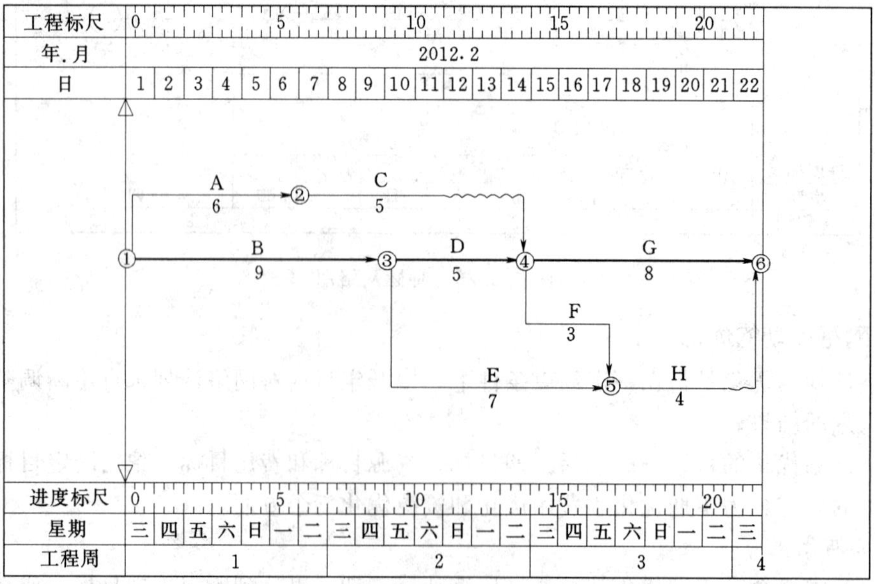

图 4.3.28 原始网络计划的关键线路和工期

(2) 计算应缩短工期。

$$\Delta T = T_c - T_r = 22 - 19 = 3 \text{ 天}$$

(3) 确定工作 G 的持续时间压缩 1 天后的找出关键线路和工期，如图 4.3.29 所示。

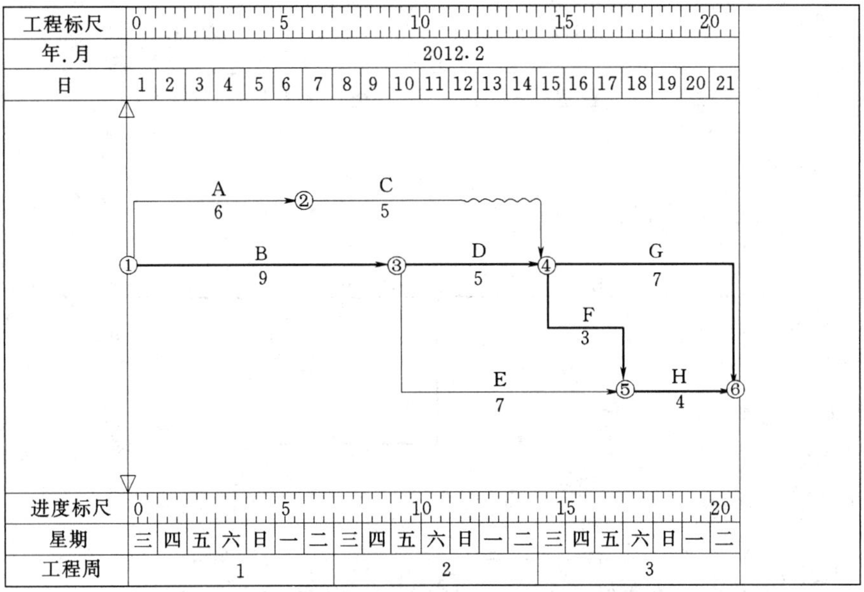

图 4.3.29 工作 G 压缩 1 天后的关键线路和工期

(4) 继续压缩关键工作。

将工作 D 压缩 1 天，网络计划如图 4.3.30 所示。

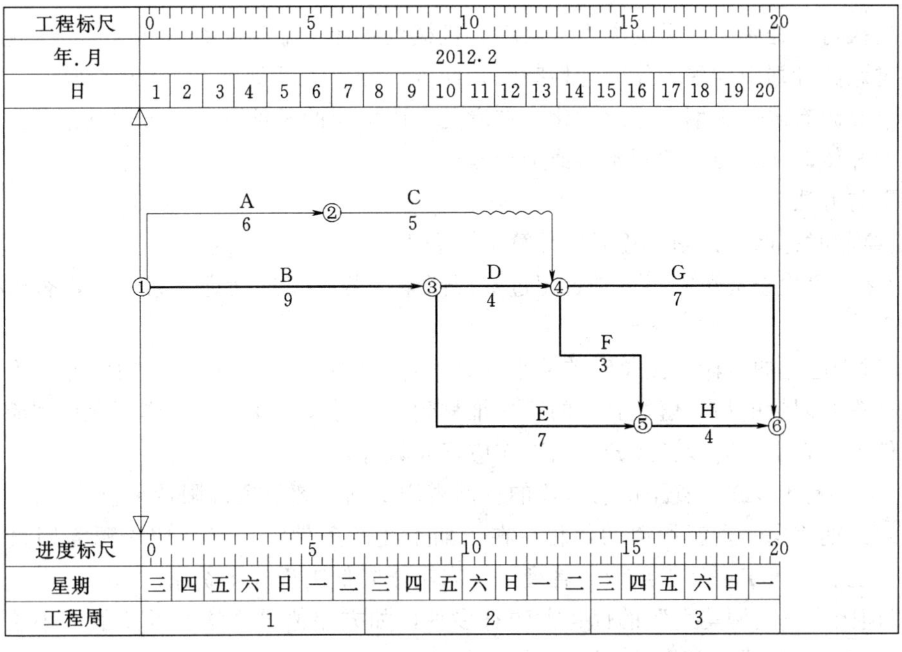

图 4.3.30 工作 D 压缩 1 天后的关键线路和工期

(5) 继续压缩关键工作。

将工作D、H同步压缩1天，此时计算工期为20－1＝19天，满足要求工期。最终优化结果见图4.3.31。

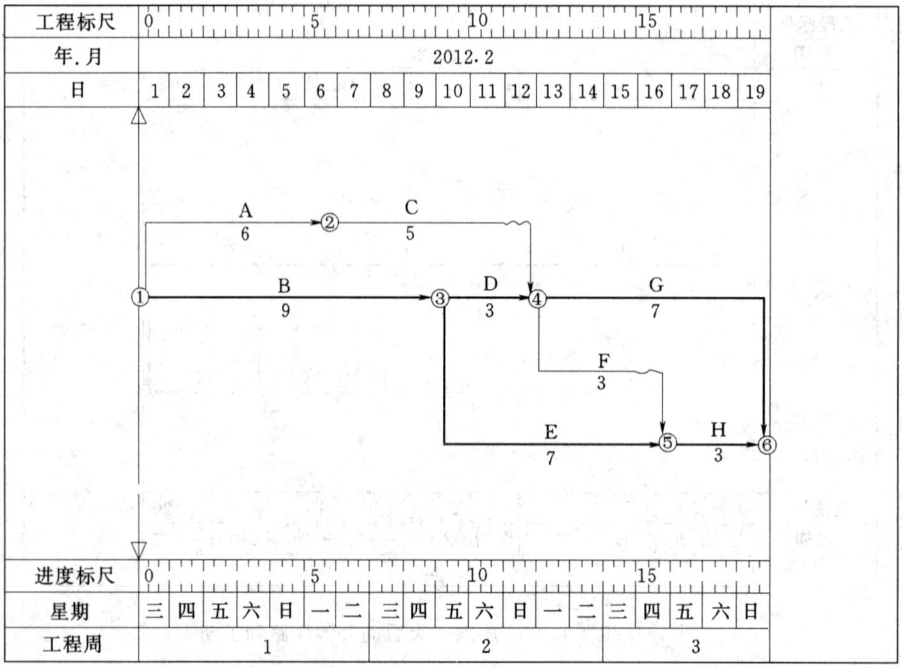

图 4.3.31 工作D、H同步压缩1天后的关键线路和工期（最终结果）

2. 资源优化

计划执行过程中，所需的人力、材料、机械设备和资金等统称为资源。资源优化的目标是通过调整计划中某些工作的开始时间，使资源分布满足要求。

(1) 资源有限—工期最短的优化。在满足有限资源的条件下，通过调整某些工作的投入作业的开始时间，使工期不延误或最少延误。

步骤与方法：

1) 绘制时标网络计划，逐时段计算资源需用量。

2) 逐时段检查资源需用量是否超过资源限量，若有超过则进入第3步，否则检查下一时段。

3) 对于超过的时段，按总时差从小到大累计该时段中的各项工作的资源强度，累计到不超过资源限量的最大值，其余的工作推移到下一时段（在各项工作不允许间断作业的假定条件下，在前一时段已经开始的工作应优先累计）。

4) 重复上述步骤，直至所有时段的资源需用量均不超过资源限量为止。

(2) 工期固定—资源均衡的优化。在工期不变的条件下，尽量使资源需用量保持均衡。这样既有利于工程施工组织与管理，又有利于降低工程施工费用。

“工期固定—资源均衡”的优化方法有多种，如方差值最小法、极差值最小法、削高峰法等。这里仅介绍方差值最小法。

1) 方差值最小法。对于某已知网络计划的资源需用量，其方差为

$$\sigma^2 = \frac{1}{T}\sum_{t=1}^{T}(R_t - R_m)^2 \qquad (4-3-1)$$

式中：σ^2 为资源需用量方差；T 为网络计划的计算工期；R_t为第 t 个时间单位的资源需用量；R_m为资源需用量的平均值。

式（4－3－1）可简化为

$$\begin{aligned}
\sigma^2 &= \frac{1}{T}\sum_{t=1}^{T}(R_t - R_m)^2 \\
&= \frac{1}{T}[(R_1 - R_m)^2 + (R_2 - R_m)^2 + \cdots + (R_T - R_m)^2] \\
&= \frac{1}{T}[(R_1^2 + R_2^2 + \cdots + R_T^2) + TR_m^2 - 2R_m(R_1 + R_2 + \cdots + R_T)] \\
&= \frac{1}{T}(\sum_{t=1}^{T}R_t^2 + TR_m^2 - 2R_m\sum_{t=1}^{T}R_t) \\
&= \frac{1}{T}(\sum_{t=1}^{T}R_t^2 + TR_m^2 - 2R_mTR_m) \\
&= \frac{1}{T}\sum_{t=1}^{T}R_t^2 - R_m^2
\end{aligned}$$

因此，

$$\sigma^2 = \frac{1}{T}\sum_{t=1}^{T}R_t^2 - R_m^2 \qquad (4-3-2)$$

若要使资源需用量尽可能地均衡，必须使 σ^2 为最小。而工期 T 和资源需用量的平均值 R_m 均为常数，故而可以得出应为 $\sum_{t=1}^{T}R_t^2$ 为最小。

对于网络计划中某项工作 K 而言，其资源强度为 γ_K。在调整计划前，工作 K 从第 i 个时间单位开始，到第 j 个时间单位完成，则此时网络计划资源需用量的平方和为

$$\sum_{t=1}^{T}R_{t0}^2 = R_1^2 + R_2^2 + \cdots R_i^2 + R_{i+1}^2 + \cdots + R_j^2 + R_{j+1}^2 + \cdots + R_T^2$$

若将工作 K 的开始时间右移一个时间单位，即工作 K 从第 $i+1$ 个时间单位开始，到第 $j+1$ 个时间单位完成，则第 i 天的资源需用量将减少，第 $j+1$ 天的资源需用量将增加。此时网络计划资源需用量的平方和为：

$$\sum_{t=1}^{T}R_{t1}^2 = R_1^2 + R_2^2 + \cdots (R_i - \gamma_K)^2 + R_{i+1}^2 + \cdots + R_j^2 + (R_{j+1} + \gamma_K)^2 + \cdots + R_T^2$$

将右移后的 $\sum_{t=1}^{T}R_{t1}^2$ 减去移动前的 $\sum_{t=1}^{T}R_{t0}^2$ 得

$$\Delta = (R_i - \gamma_K)^2 - R_i^2 + (R_{j+1} + \gamma_K)2 - R_{j+1}^2 = 2\gamma_K(R_{j+1} + \gamma_K - R_i)$$

如果资源需用量平方和的增量 Δ 为负值，说明工作 K 的开始时间右移一个时间单位能使资源需用量的平方和减小，也就使资源需用量的方差减小，从而使资源需用量更均衡。因此，工作 K 的开始时间能够右移的判别式是：

$$\Delta=2\gamma_K(R_{j+1}+\gamma_K-R_i)\leqslant 0$$

由于 $\gamma_K>0$，因此上式可简化为

$$\Delta=R_{j+1}+\gamma_K-R_i\leqslant 0$$

即

$$R_{j+1}+\gamma_K\leqslant R_i \tag{4-3-3}$$

式（4－3－3）表明，当网络计划中工作 K 完成时间之后的一个时间单位所对应的资源需用量 R_{j+1} 与工作 K 的资源强度 γ_K 之和不超过工作 K 开始时所对应的资源需用量 R_i 时，将工作 K 右移一个时间单位能使资源需用量更加均衡。这时，就应将工作 K 右移一个时间单位。

如果工作 K 不满足式（4－3－3），说明工作 K 右移或左移一个时间单位不能使资源需用量更加均衡，这时可以考虑在其总时差允许的范围内，将工作 K 右移数个时间单位。

补充说明，在优化过程中使用判断公式的时候应注意以下几点：

a. 如果工作右移 1 天的资源变化值 $\Delta\leqslant 0$ 即

$$R_{j+1}+\gamma_K-R_i\leqslant 0$$

说明可以右移；

b. 如果工作右移 1 天的资源变化值 $\Delta>0$，即

$$R_{j+1}+\gamma_K-R_i>0$$

并不说明工作不可以右移，可以在时差范围内尝试继续右移 n 天：

当右移 n 天引起的总资源变化值 $\sum\Delta\leqslant 0$，即

$$R_{j+1}+\gamma_K-R_i\leqslant 0+(R_{j+2}+\gamma_K-R_{i+1})\leqslant 0\text{ 时，可以右移；}$$

当右移 n 天引起的总资源变化值 $\sum\Delta>0$，即

$$\sum\Delta>0\text{ 时，不可以右移。}$$

2）"工期固定－资源均衡"优化步骤和方法。

a. 绘制时标网络计划，计算资源需用量。

b. 计算资源均衡性指标，用均方差值来衡量资源均衡程度。

c. 从网络计划的终点节点开始，按非关键工作最早开始时间的后先顺序进行调整（关键工作不得调整）。

d. 绘制调整后的网络计划。

（3）工期固定—资源均衡优化示例。

为了清晰地说明工期固定一资源均衡优化的应用方法，这里使用通过表格来反映优化过程，其结果如表 4.3.10 所示。

工作 4—6 右移后的优化结果见图 4.3.33。

下面再看工作 3—6，优化过程见表 4.3.11。

工作 3—6 右移后的结果见图 4.3.34。

工作 2—5，优化过程见表 4.3.12。

工作 2—5 右移后的结果见图 4.3.35。

判定其他工作能否移动，结果见表 4.3.13。

工作 1—4 不可右移进度计划及资源消耗计划不变化见图 4.3.35。

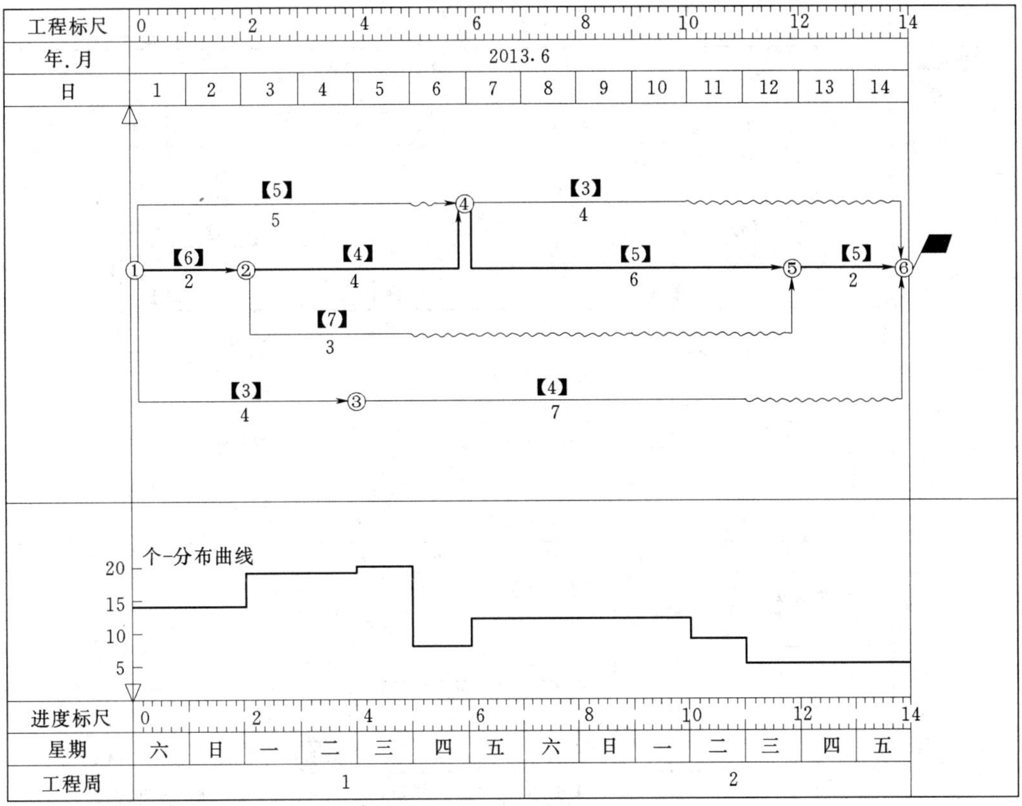

注：【】内为资源消耗数量。

图 4.3.32 初始时标网络图

表 4.3.10

工作	计算参数	判别式结果	能否右移
4—6	$R_{j+1}=R_{10+1}=9$ $\gamma_{4,6}=3$ $R_i=R_7=12$	$\Delta_1=9+3-12=0$	可右移 1 天
	$R_{j+1}=R_{11+1}=5$ $\gamma_{4,6}=3$ $R_i=R_8=12$	$\Delta_2=5+3-12<0$	可右移 1 天
	$R_{j+1}=R_{12+1}=5$ $\gamma_{4,6}=3$ $R_i=R_9=12$	$\Delta_3=5+3-12<0$	可右移 1 天
	$R_{j+1}=R_{13+1}=5$ $\gamma_{4,6}=3$ $R_i=R_{10}=12$	$\Delta_3=5+3-12<0$	可右移 1 天
结论	该工作可右移 4 天		

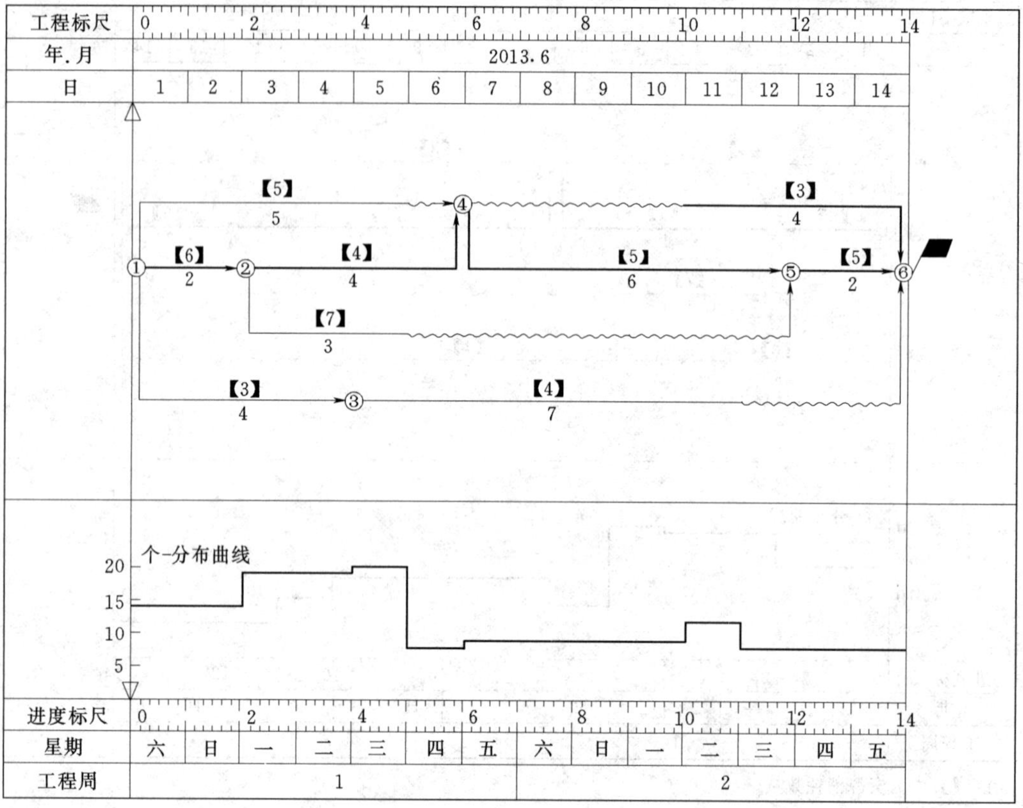

图 4.3.33 工作 4－6 右移后的进度计划及资源消耗计划

表 4.3.11

工作	计算参数	判别式结果	能否右移
3－6	$R_{j+1}=R_{11+1}=8$ $\gamma_{3,6}=4$ $R_i=R_5=20$	$\Delta_1=8+4-20<0$	可右移 1 天
	$R_{j+1}=R_{12+1}=8$ $\gamma_{3,6}=4$ $R_i=R_6=8$	$\Delta_2=8+4-8>0$	不可继续右移
	$R_{j+1}=R_{13+1}=8$ $\gamma_{3,6}=4$ $R_i=R_7=9$	$\Delta_3=8+4-9>0$	不可继续右移
结论	该工作可右移 1 天		

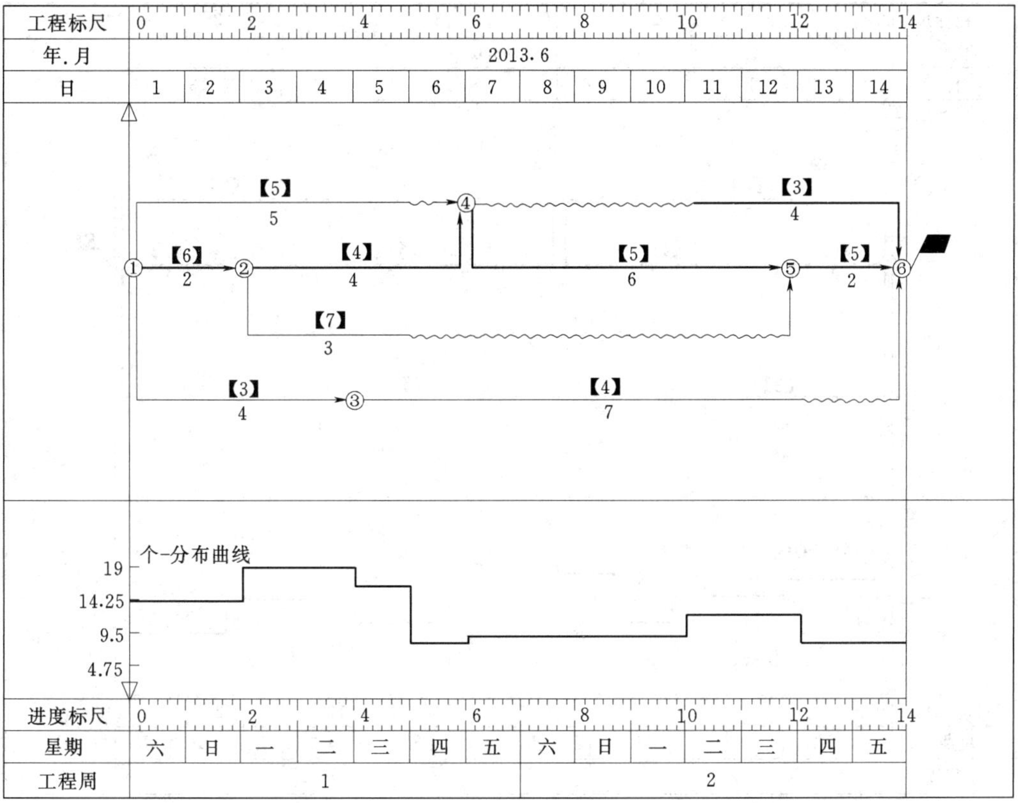

图 4.3.34　工作 3—6 右移后的进度计划及资源消耗计划

表 4.3.12

工作	计算参数	判别式结果	能否右移
2—5	$R_{j+1}=R_{5+1}=8$ $\gamma_{2,5}=7$ $R_i=R_3=19$	$\Delta_1=8+7-19<0$	可右移 1 天
	$R_{j+1}=R_{6+1}=9$ $\gamma_{2,5}=7$ $R_i=R_4=19$	$\Delta_2=9+7-19<0$	可右移 1 天
	$R_{j+1}=R_{7+1}=9$ $\gamma_{2,5}=7$ $R_i=R_5=16$	$\Delta_3=9+7-16=0$	可右移 1 天
	$R_{j+1}=R_{8+1}=9$ $\gamma_{2,5}=7$ $R_i=R_6=8$	$\Delta_4=8+7-8>0$	不可右移 2 天。 同样，能够看出也不可继续右移
结论	该工作可右移 3 天		

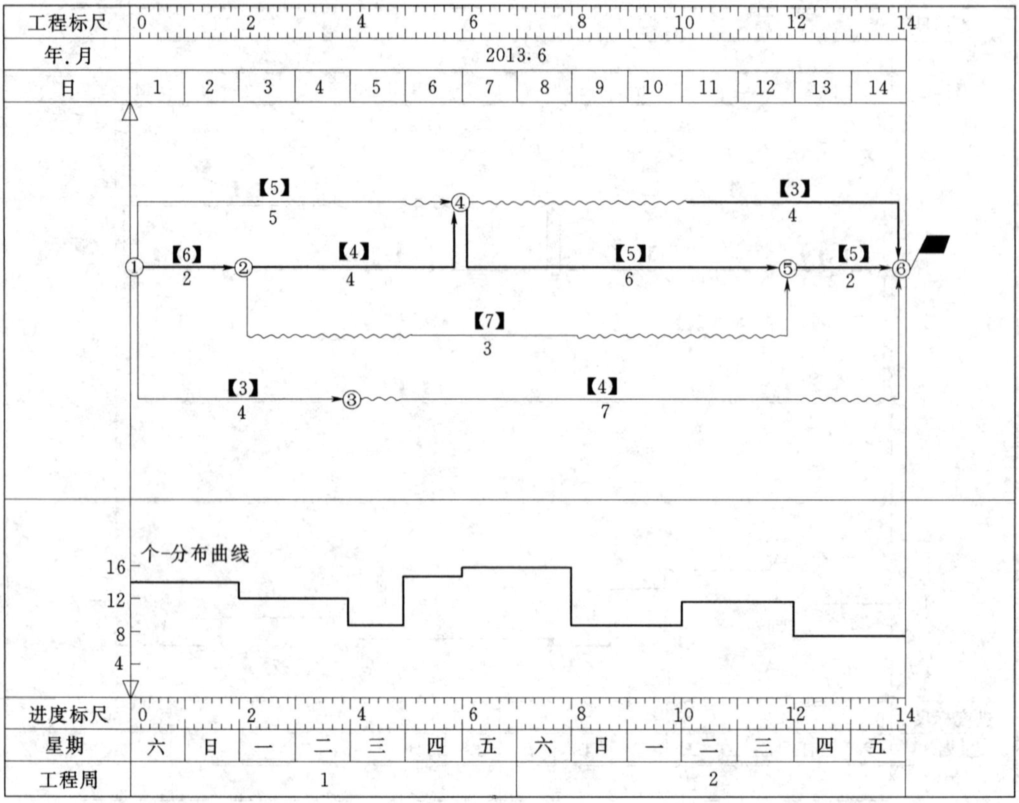

图 4.3.35 工作 2—5 右移后的进度计划及资源消耗计划

表 4.3.13

工作	计算参数	判别式结果	能否右移
1—4	$R_{j+1}=R_{5+1}=15$ $\gamma_{1,4}=5$ $R_i=R_1=14$	$\Delta=15+5-14>0$	不可右移
结论	该工作不可右移		

表 4.3.14

工作	计算参数	判别式结果	能否右移
1—3	$R_{j+1}=R_{4+1}=9$ $\gamma_{1,3}=3$ $R_i=R_1=14$	$\Delta=9+3-14<0$	可右移 1 天
结论	该工作仅可右移 1 天		

工作 1—3 仅可右移 1 天，优化结果见图 4.3.36。

第一轮优化结束，开始第二轮优化。

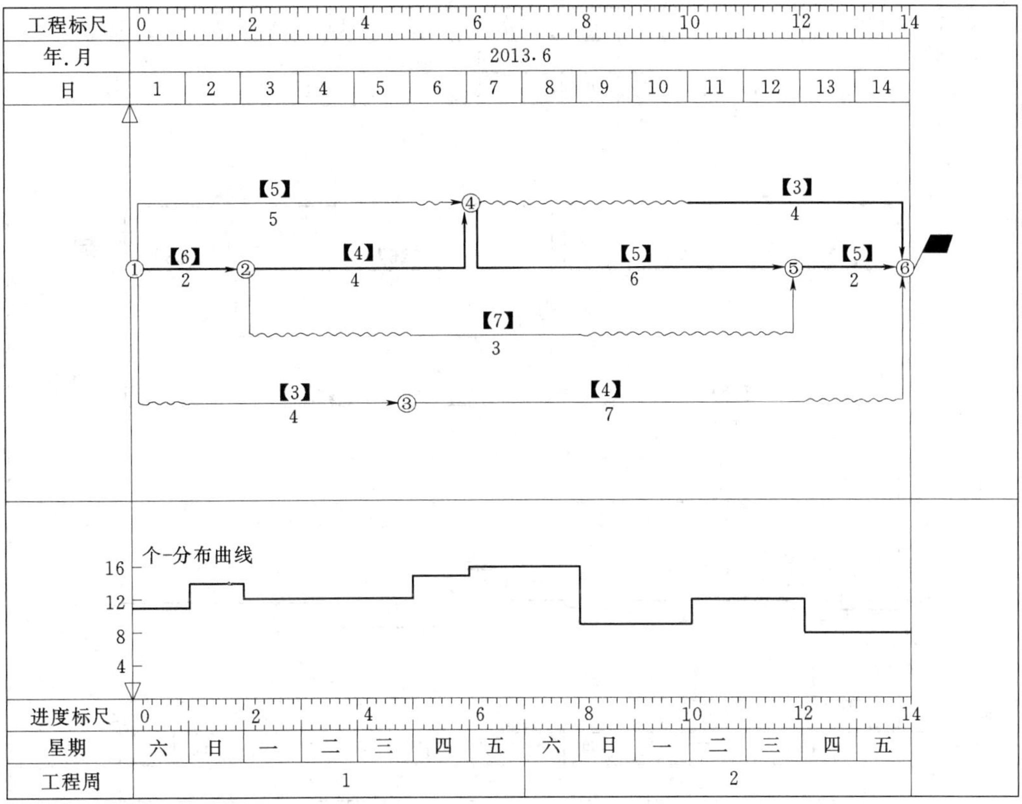

图 4.3.36　工作 1—3 右移后的进度计划及资源消耗计划

表 4.3.15

工作	计算参数	判别式结果	能否右移
3—6	$R_{j+1}=R_{12+1}=8$ $\gamma_{3,6}=4$ $R_i=R_6=15$	$\Delta_1=8+4-15<0$	可右移 1 天
	$R_{j+1}=R_{13+1}=8$ $\gamma_{3,6}=4$ $R_i=R_7=16$	$\Delta_2=8+4-16<0$	可右移 1 天
结论	该工作可右移 2 天		

工作 3—6 可右移 2 天，优化结果见图 4.3.37。

可以判定其他工作均不可右移，至此，资源均衡优化完毕。

3. 费用优化

(1) 费用优化的概念。一项工程的总费用包括直接费用和间接费用。在一定范围内，直接费用随工期的延长而减少（图 4.3.38），而间接费用则随工期的延长而增加，总费用最低点所对应的工期（T_O）就是费用优化所要追求的最优工期。

(2) 费用优化的步骤和方法。

1) 计算正常作业条件下工程网络计划的工期、关键线路和总直接费、总间接费及总费用。

2) 计算各项工作的直接费率。直接费率的计算公式可按下式计算：

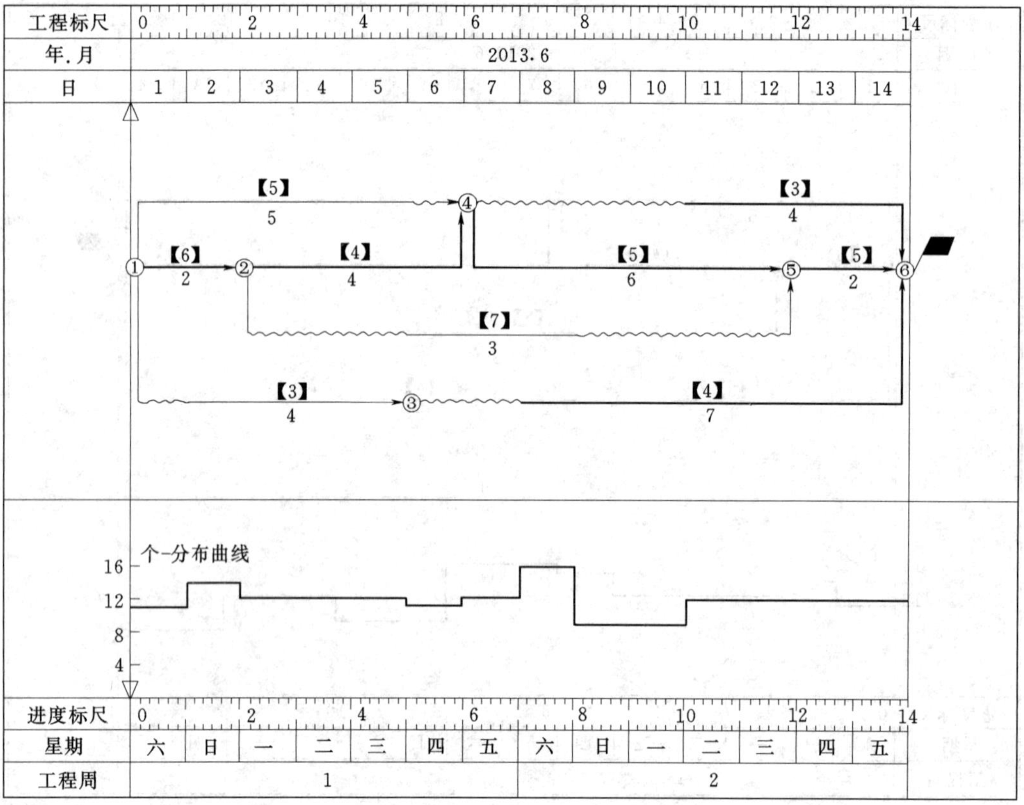

图 4.3.37 工作 3—6 右移后的进度计划及资源消耗计划（最终优化结果）

$$\Delta D_{i-j}=\frac{CC_{i-j}-\quad CN_{i-j}}{DN_{i-j}-\quad DC_{i-j}}$$

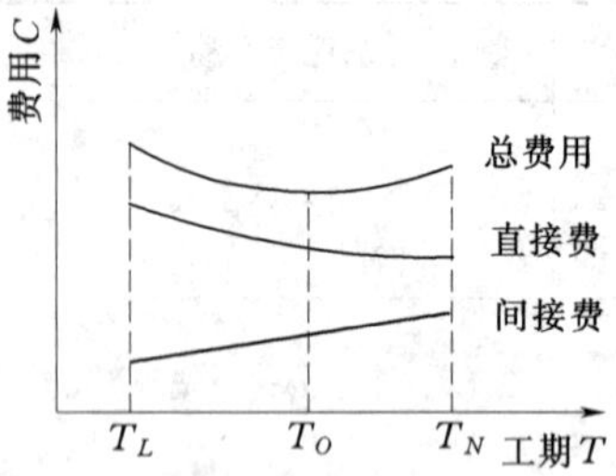

图 4.3.38 工期—费用关系图

式中：ΔD_{i-j}为工作 $i-j$ 的直接费率；CC_{i-j}为工作 $i-j$ 的持续时间为最短时，完成该工作所需直接费用；CN_{i-j}为在正常条件下，完成工作 $i-j$ 所需直接费；DC_{i-j}为工作 $i-j$ 的最短持续时间；DN_{i-j}为工作 $i-j$ 的正常持续时间。

3）在关键线路上，选择直接费率（或组合直接费率）最小并且不超过工程间接费率的工作作为被压缩对象。

4）将被压缩对象压缩至最短，当被压缩对象为一组工作时，将该组工作压缩同一数值，并找出关键线路，如果被压缩对象变成了非关键工作，则需适当延长其持续时间，使其刚好恢复为关键工作为止。

5）重新计算和确定网络计划的工期、关键线路和总直接费、总间接费、总费用。

6）重复上述步骤 3）～5），直至找不到直接费率或组合直接费率不超过工程间接费率的压缩对象为止。此时即求出总费用最低的最优工期。

7）绘制出优化后的网络计划。在每项工作上注明优化的持续时间和相应的直接费用。

（3）费用优化示例。

已知网络计划如图 4.3.39 所示，图中箭线下方括号外数字为工作的正常持续时间（单位：天），括号内数字为最短持续时间；箭线上方括号外数字为工作按正常持续时间完成时所需直接费（单位：万元），括号内数字为按最短持续时间完成时所需直接费。该工程的间接费率为1万元/天。试对该网络计划进行费用优化。

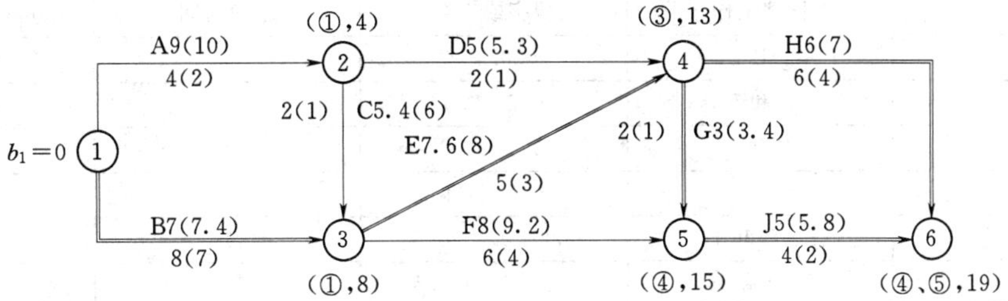

图 4.3.39　费用优化网络图

解

（1）根据工作的正常持续时间，用标号法确定工期和关键线路（图4.3.39）。计算工期为19天，关键线路为①→③→④→⑤→⑥和①→③→④→⑥。

（2）计算各工作的直接费率，见表4.3.16。

表 4.3.16

工作	A	B	C	D	E	F	G	H	J
直接费率	0.5	0.4	0.6	0.3	0.2	0.6	0.4	0.5	0.4

（3）计算总费用。

1）直接费总和为9+7+5.4+5+7.6+8+3+6+5=56万元。

2）间接费总和为19×1=19万元。

3）工程总费用为56+19=75万元。

（4）费用优化。

1）通过压缩关键工作，可以列出如下优化方案（表4.3.17）。

表 4.3.17

序号	压缩工作	费率	压缩时间	方案选取结果
1	B	0.4	1	
2	E	0.2	1	√
3	G 和 H	0.4+0.4	1	
4	H 和 J	0.5+0.4	2	

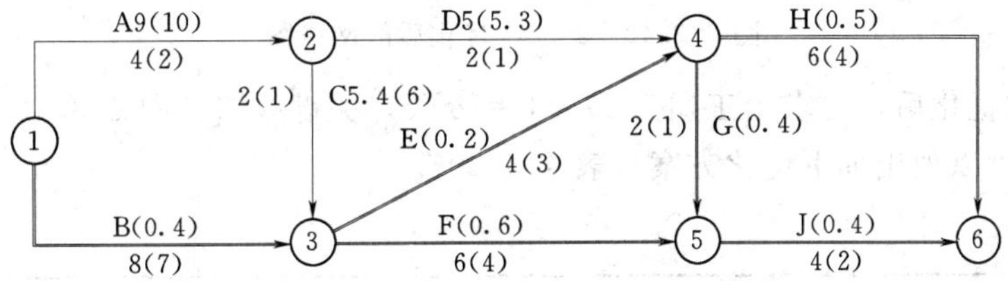

图 4.3.40　第一次优化后的网络图

2）第一次优化后，可求出工期为19−1=18天，关键线路如图4.3.40所示。通过压缩关键工作，可以列出如下优化方案（表 4.3.18）。

表 4.3.18

序　　号	压缩工作	费率或组合	压缩时间	方案选取结果
1	B	0.4	1	√
2	E 和 F	0.2+0.6	1	
3	E 和 J	0.2+0.4	1	
4	H 和 J	0.5+0.4	2	
5	F、G 和 H	0.2+0.4+0.5	1	
6	F、J 和 H	0.2+0.4+0.5	2	

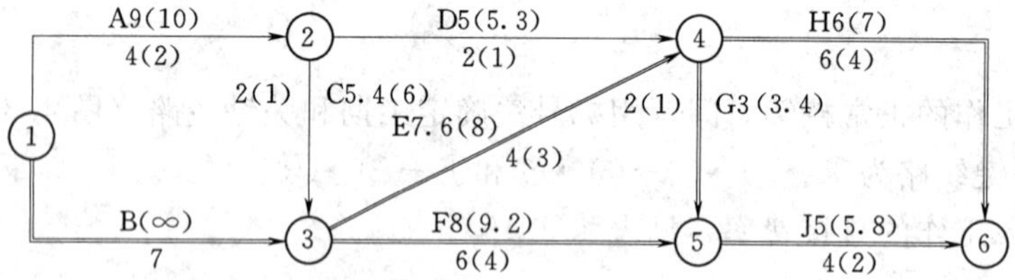

图 4.3.41　第二次优化后的网络图

3）第二次优化后，可求出工期为 18－1＝17 天，关键线路如图 4.3.41 所示。通过压缩关键工作，可以列出如下优化方案（表 4.3.19）。

表 4.3.19

序　　号	压缩工作	费率	压缩时间	方案选取结果
1	E 和 F	0.2+0.6	1	
2	E 和 J	0.2+0.4	1	√
3	H 和 J	0.5+0.4	2	
4	F、G 和 H	0.2+0.4+0.5	1	
5	F、J 和 H	0.2+0.4+0.5	2	

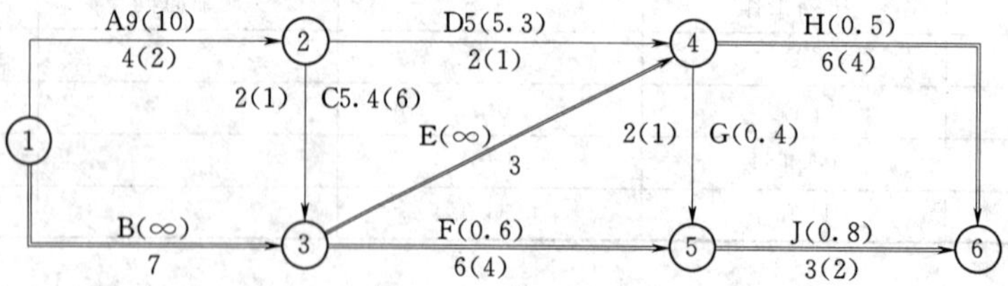

图 4.3.42　第三次优化后的网络图

4）第三次优化后，可求出工期为 17－1＝16 天，关键线路如图 4.3.42 所示。通过压缩关键工作，可以列出如下优化方案（表 4.3.20）。

表 4.3.20

序　号	压缩工作	费率	压缩时间	方案选取结果
1	F 和 H	0.6+0.5	1	
2	H 和 J	0.5+0.4	1	√

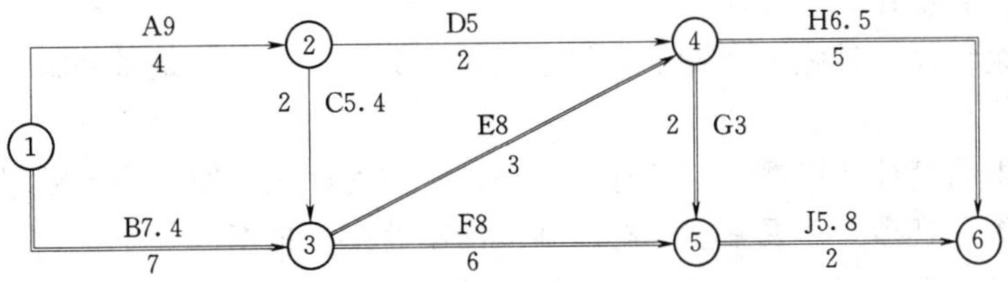

图 4.3.43 第四次优化后的网络图（最终结果）

5）第四次优化后，可求出工期为 16－1＝15 天，关键线路如图 4.3.43 所示。通过查找关键线路可以看出没有可供选择的优化方案，优化过程结束，图 4.3.43 即为优化的最终结果（表 4.3.21）。

表 4.3.21

压缩次数	被压缩的工作	直接费率或组合费率（万元/天）	费率差（万元/天）	缩短时间（天）	费用减少值（万元）	总工期（天）	总费用（万元）
0	—	—	—	—	—	19	75
1	E	0.2	0.8	1	0.8	18	74.2
2	B	0.4	0.6	1	0.6	17	73.6
3	E 和 J	0.2＋0.4＝0.6	0.4	1	0.4	16	73.2
4	H 和 J	0.5＋0.4＝0.9	0.1	1	0.1	15	73.1

4.4 施工组织设计的编制

前面在介绍施工项目管理的内容时曾经提及过施工项目管理的内容包括“项目管理规划大纲”和“项目管理实施规划”，而“项目管理规划大纲”和“项目管理实施规划”的内容比较丰富。但是对于施工承包人而言，当施工组织设计满足项目管理的需要时，可以用施工组织设计代替项目管理规划。这样就使得施工组织设计有了一定的实用价值，而且施工组织设计是我国长期工程建设实践中形成的一项管理制度，在人们的心目中已经有了很深的根基，大家比较习惯于将它用于工程项目管理。因此，本书很有必要予以介绍本部分内容。

4.4.1 施工组织设计的概念、作用和分类

1. 施工组织设计的概念

施工组织设计是规划和指导拟建工程从工程投标、签订承包合同、施工准备到竣工验收全过程的一个综合性的技术经济文件，是对拟建工程在人力和物力、时间和空间、技术和组织等方面所作的全面合理的安排，是沟通工程设计和施工之间的桥梁。作为指导拟建工程项目的全局性文件，施工组织既要体现拟建工程的设计和使用要求，又要符合工程施工的客观规律。它应尽量适应施工过程的复杂性和具体施工项目的特殊性，通过科学、经济、合理的规划安排，使工程项目能够连续、均衡、协调地进行施工，以满足工程项目对工期、质量、投资等方面的各项要求。

2. 施工组织设计的作用

施工组织设计是用于指导施工组织与管理、施工准备与实施、施工控制与协调、资源的配置与使用等全面性的技术经济文件，是对施工活动的全过程进行科学管理的重要手

段。其作用具体表现在以下方面：

（1）施工组织设计是施工准备工作的重要组成部分，同时又是做好施工准备工作的依据和保证。

（2）施工组织设计是根据工程各种具体条件拟定的施工方案、施工顺序、劳动组织和技术组织措施等，是指导开展紧凑、有序施工活动的技术依据。

（3）施工组织设计所提出的各项资源需要量计划，直接为组织材料、机具、设备、劳动力需要量的供应和使用提供数据。

（4）通过编制施工组织设计，可以合理安排和利用为施工服务的各项临时设施，可以合理地部署施工现场，确保文明施工、安全施工。

（5）通过编制施工组织设计，可以将工程的设计与施工、技术与经济、施工全局性规律和局部性规律、土建施工与设备安装、各部门之间、各专业之间有机结合，统一协调。

（6）通过编制施工组织设计，可分析施工中的风险和矛盾，及时研究解决问题的对策和措施，从而提高施工的预见性，减少盲目性。

（7）施工组织设计是统筹安排施工企业生产的投入与产出过程的关键和依据。工程产品的生产和其他工业产品的生产一样，都是按要求投入生产要素，通过一定的生产过程后生产出成品，而中间转换的过程离不开管理。施工企业也是如此，从承接工程任务开始到竣工验收交付使用为止的全部施工过程的计划、组织和控制的基础就是科学的施工组织设计。

（8）施工组织设计可以指导投标与签订工程承包合同，并作为投标书的内容和合同文件的一部分。

3. 施工组织设计分类

施工组织设计是一个总的概念，根据工程项目的类别、工程规模、编制阶段、编制对象和范围的不同，在编制的深度和广度上也有所不同。

（1）按施工组织设计所处的阶段不同分类。根据工程施工组织设计所处阶段和作用的不同，工程施工组织设计可以划分为两类：一类是投标前编制的施工组织设计（简称标前设计），另一类是签订工程承包合同后编制的施工组织设计（简称标后设计）。两类施工组织设计的特点和区别见表 4.4.1。

表 4.4.1　　标前、标后施工组织设计的特点

种类	服务范围	编制时间	编制者	主要特征	追求主要目标
标前设计	投标和签约	投标书编制前	经营管理层	规划性	中标和经济效益
标后设计	施工准备至验收	签约后开工前	项目管理层	作业性	施工效率和效益

（2）按施工组织设计的工程对象分类。按施工组织设计的工程对象范围分类，可分为施工组织总设计、单位工程施工组织设计及施工方案。

1）施工组织总设计。施工组织总设计是以整个建设项目或民用建筑群为对象编制的，用以指导整个工程项目施工全过程的各项施工活动的全局性、控制性文件。它是对整个建设项目的全面规划，涉及范围较广，内容比较概括。施工组织总设计一般在初步设计或扩大初步设计被批准之后，由总承包企业的总工程师负责，会同建设、设计和分包单位的工程师共同编制。

施工组织总设计用于确定建设总工期、各单位工程开展的顺序及工期、主要工程的施工方案、各种物资的供需计划、全工地性暂设工程及准备工作、施工现场的布置等工作，同时它也是施工单位编制年度施工计划和单位工程施工组织设计的依据。

2）单位工程施工组织设计。单位工程施工组织设计是以一个单位工程（一个建筑物或构筑物，一个交工系统）为编制对象，用以指导其施工全过程的各项施工活动的局部性、指导性文件。它是施工单位年度施工计划和施工组织总设计的具体化，用以直接指导单位工程的施工活动，是施工单位编制作业计划和制定季、月、旬施工计划的依据。单位工程施工组织设计一般在施工图设计完成后，在拟建工程开工之前，由工程项目的技术负责人负责编制。单位工程施工组织设计，根据工程规模、技术复杂程度不同，其编制内容的深度和广度亦有所不同。对于简单单位工程，施工组织设计一般只编制施工方案并附以施工进度和施工平面图，即“一案、一图、一表”。

3）施工方案。施工方案也叫分部（分项）工程施工作业设计。它是以分部（分项）工程为编制对象，用以具体实施其分部（分项）工程施工全过程的各项施工活动的技术、经济和组织的实施性文件。一般对于工程规模大、技术复杂、施工难度大或采用新工艺、新技术施工的建筑物或构筑物，在编制单位工程施工组织设计之后，常需对某些重要的又缺乏经验的分部（分项）工程再深入编制专业工程的具体施工设计。例如深基础工程、大型结构安装工程、无黏结预应力混凝土工程、定向爆破、冬雨期施工、地下防水工程等。分部（分项）工程作业设计一般在单位工程施工组织设计确定了施工方案后，由施工队（组）技术人员负责编制，其内容具体、详细、可操作性强，是直接指导分部（分项）工程施工的依据。

施工组织总设计、单位工程施工组织设计和分部（分项）工程施工组织设计，是同一工程项目，不同广度、深度和作用的三个层次。施工组织总设计是对整个建设项目管理的总体构想（全局性战略部署），其内容和范围比较概括；单位工程施工组织设计是在施工组织总设计的控制下，以施工组织总设计为依据且针对具体的单位工程编制的，是施工组织总设计的深化与具体化；分部（分项）工程施工组织设计是以施工组织总设计，单位工程施工组织设计为依据且针对具体的分部分项工程编制的，它是单位工程施工组织设计的深化与具体化，是专业工程具体的组织管理施工的设计。

4.4.2 施工组织设计的编制原则、编制程序和内容

1. 施工组织设计的编制原则

（1）重视施工组织对施工的作用。

（2）提高施工的工业化程度。

（3）重视管理创新和技术创新。

（4）重视工程施工的目标控制。

（5）积极采用国内外先进的施工技术。

（6）充分利用时间和空间，合理安排施工顺序，提高施工的连续性和均衡性。

（7）合理部署施工现场，实现文明施工。

2. 施工组织设计的编制程序

（1）施工组织总设计的编制程序。施工组织总设计的编制程序框图如图 4.4.1 所示。

（2）单位工程施工组织设计的编制程序。单位工程施工组织设计根据其特点和施工条件，编制程序繁简不一，一般工程施工组织设计的编制程序如图 4.4.2 所示。

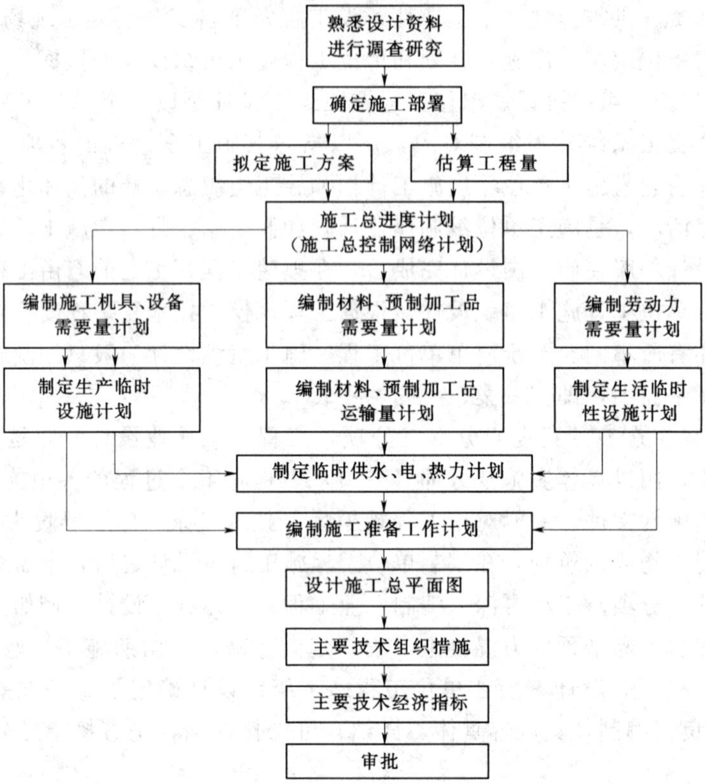

图 4.4.1 施工组织总设计的编制程序框图

3. 施工组织设计的内容

施工组织设计内容的一般规定包括：

（1）施工组织设计的内容应具有真实性，能够客观反映实际情况。

（2）施工组织设计的内容应涵盖项目的施工全过程，作到技术先进、部署合理、工艺成熟，针对性、指导性以及可操作性强。

（3）施工组织设计中大型施工方案的可行性在投标阶段应经过初步论证，在实施阶段应进行细化并审慎详细论证。

（4）施工组织设计中分部分项工程施工方法应在实施阶段细化，必要时可单独编制。

（5）施工组织设计涉及的新技术、新工艺、新材料和新设备应用，应通过有关部门组织的鉴定。

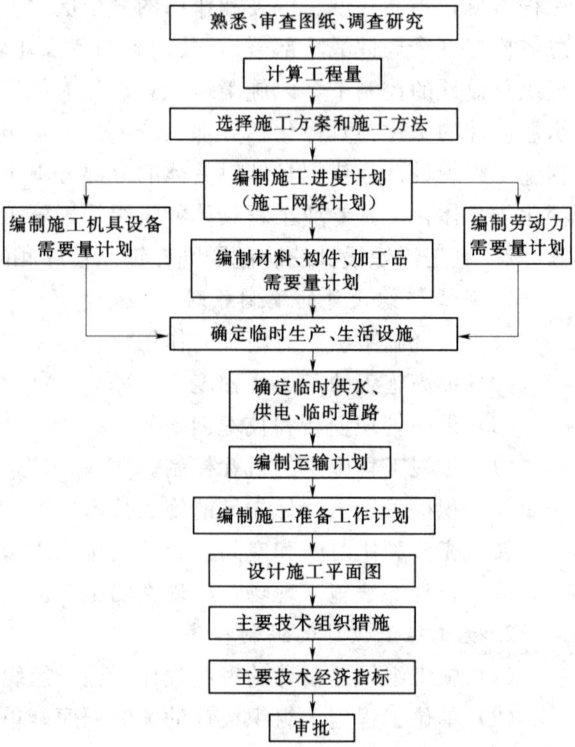

图 4.4.2 单位工程施工组织设计的编制程序框图

(6) 施工组织设计的内容应包括常规内容和施工方法，同时根据工程实际情况和企业素质，可增设附加内容。施工组织设计的常规内容和附加内容。见表 4.4.2。

表 4.4.2　施工组织设计的内容

分类	常规内容	附加内容
主要内容	1. 编制依据及说明； 2. 工程概况； 3. 施工准备工作； 4. 施工管理组织机构； 5. 施工部署； 6. 施工进度计划； 7. 资源需求计划； 8. 施工现场平面布置与管理； 9. 工程质量保证措施； 10. 安全生产保证措施； 11. 文明施工、环境保护保证措施； 12. 冬、雨季，台风及高温季节的施工保证措施	1. 新技术、新工艺、新材料和新设备应用； 2. 成本控制措施； 3. 施工风险防范； 4. 总承包管理与协调； 5. 工程创优计划及保证措施

4.4.3 施工组织总设计的编制

1. 施工组织总设计的编制依据

(1) 计划批准文件及有关合同的规定。如国家（包括国家计委及部、省、市计委）或有关部门批准的基本建设或技术改造项目的计划、可行性研究报告、工程项目一览表、分批分期施工的项目和投资计划；建设地点所在地区主管部门有关批件；施工单位上级主管部门下达的施工任务计划；招投标文件及签订的工程承包合同中的有关施工要求的规定；工程所需材料、设备的订货合同以及引进材料、设备的供货合同等。

(2) 设计文件及有关规定。如批准的初步设计或扩大初步设计，设计说明书，总概算或修正总概算和已批准的计划任务书等。

(3) 建设地区的工程勘察资料和调查资料。工程勘察资料主要有：地形、地貌、水文、地质、气象等自然条件；调查资料主要有：可能为建设项目服务的建筑安装企业、预制加工企业的人力、设备、技术与管理水平等情况，工程材料的来源与供应情况、交通运输情况以及水电供应情况等建设地区的技术经济条件和当地政治、经济、文化、科技、宗教等社会调查资料。

(4) 现行的规范、规程和有关技术标准。主要有施工及验收规范、质量标准、工艺操作规程、HSE 标准、概算指标、概预算定额、技术规定和技术经济指标等。

(5) 类似资料。如类似、相似或近似建设项目的施工组织总设计实例、施工经验的总结资料及有关的参考数据等。

2. 工程概况

施工组织设计中的工程概况，实际上是一个总的说明，是对拟建项目或建筑群体工程所作的一个简明扼要、重点突出的文字介绍。

(1) 建设项目特点。主要介绍建设地点、工程性质、建设规模、总占地面积、总工期、分期分批投入使用的项目及期限；主要工种工程量、设备安装及其吨位；总投资额、建筑安装工作量、工厂区与生活区的工程量；生产流程和工艺特点；结构类型与特点，新技术与新材料的特点及应用情况等各项内容。为了更清晰地反映这些内容，也可利用附图或表格等不同形式予以说明。

(2) 建设地区特征。主要介绍建设地区的自然条件和技术经济条件。如：地形、地貌、水文、地质和气象资料等自然条件，地区的施工力量情况、地方企业情况、地方资源供应情况、水电供应和其他动力供应等技术经济条件。

(3) 施工条件及其他方面的情况。主要介绍施工企业的生产能力，机械装备，技术水平和管理水平，市场竞争力和完成指标的情况，主要设备、材料、特殊物资等的供应情况，以及上级主管部门或建设单位对施工的某些要求等。

其他方面的情况主要包括有关建设项目的决议和协议，土地的征用范围、数量和居民搬迁时间等与建设项目实施有关的重要情况。

3. 施工准备工作

施工准备工作相关内容参见4.1，此处不再赘述。

4. 施工管理组织机构

施工管理组织机构的内容包括：

(1) 施工管理组织机构设置。

(2) 项目经理部决策层岗位职责和各管理部门职责。

(3) 项目主要管理人员的简历及证书复印件。

其中，(1)、(2) 两点内容需详细介绍，相关具体内容参见项目1，此处也不再赘述。(3) 点内容比较简单、易懂，此处也不再赘述。

5. 施工部署及主要工种施工方案

施工部署主要说明工程总体目标和总体施工方案，是在充分了解工程情况、施工条件和建设要求的基础上，对整个建设工程进行全面统筹安排，用于解决施工中可能出现的重大问题所作的计划方案，是编制施工总进度计划的前提。

施工部署的内容和侧重点，根据建设项目的性质、规模和客观条件不同而有所不同。

施工部署一般包括以下内容：

(1) 明确施工任务分工和组织安排。施工部署应首先明确施工项目的管理机构、体制，划分参与施工的各单位的任务，明确各承包单位之间的关系，建立施工现场统一的组织领导机构及其职能部门，确定综合的、专业化的施工组织，划分施工阶段，明确各单位分期分批的主攻项目和穿插配合的项目等。

(2) 编制施工准备工作计划。施工准备工作是顺利完成项目建设任务的一个重要阶段，必须从思想上、组织上、技术上和物资供应等方面做好充分准备，并做好施工准备工作计划。其主要内容有：

1) 安排好场内外运输，施工用主干道，水、电来源及其引入方案。

2) 安排好场地平整方案和全场性的排水、防洪。

3) 安排好生产、生活基地。在充分掌握该地区情况和施工单位情况的基础上，规划混凝土构件预制，钢、木结构制品及其他构配件的加工，仓库及职工生活设施等。

4) 安排好各种材料的库房、堆场用地和材料货源供应及运输。

5) 安排好冬雨季施工的准备。

6) 安排好场区内的宣传标志，为测量放线做准备。

(3) 主要项目施工方案的拟订。施工组织总设计中要对一些主要工程项目和特殊的分项工程项目的施工方案予以拟定。这些项目通常是建设项目中工程量大、施工难度大、工期长、在整个建设项目中起关键作用的单位工程项目以及影响全局的特殊分项工程。其目的是为了进行技术和资源的准备工作，同时也为了施工进程的顺利展开和现场的合理布置。其内容应包括：

1）施工方法。要求兼顾技术的先进性和经济的合理性。注重新技术、新工艺、新材料和新设备的应用。

2）施工工艺流程。要求兼顾各工种、各施工段的合理搭接。

3）工程量。要求对资源的合理安排。

4）施工机械设备。要求能使主导机械满足工程需要，又能发挥其效能，使各大型机械在各工程上进行综合流水作业，减少装、拆、运的次数，辅助配套机械的性能应与主导机械相适应。其中，施工方法和施工机械设备应重点组织安排。

（4）确定工程开展程序。根据建设项目总目标的要求，确定合理的工程项目开展程序，主要考虑以下几个方面：

1）在保证工期的前提下，实行分期分批建设。实行分期分批建设与投入使用，既可以使每一具体项目迅速建成，尽早投入使用，又可在全局上取得施工的连续性和均衡性，以减少暂设工程数量，降低工程成本，充分发挥项目建设投资的效果。

一般大型工业建设项目（如：冶金联合企业、化工联合企业等）都应在保证工期的前提下分期分批建设。这些项目的每一个车间不是孤立的，它们分别组成若干个生产系统，在建造时，需要分几期施工，各期工程包括哪些项目，要根据生产工艺要求、建设部门要求、工程规模大小和施工难易程度、资金状况、技术资源情况等确定。同一期工程应是一个完整的系统，以保证各生产系统能够按期投入生产。例如，某大型发电厂工程，由于技术、资金、原料供应等原因，工程分两期建设。一期工程安装两台200万千瓦国产汽轮机组和各种与之相适应的辅助生产、交通、生活福利设施。建成后投入使用，两年之后再进行第二期工程建设，安装一台500万千瓦国产汽轮机组，最终形成900万千瓦的发电能力。

2）各类项目的施工应统筹安排，保证重点，确保工程项目按期投产。一般情况下，应优先考虑的项目是：

a. 按生产工艺要求，需先期投入生产或起主导作用的工程项目。

b. 工程量大，施工难度大，工期长的项目。

c. 运输系统、动力系统，如厂内外道路、铁路和变电站。

d. 供施工使用的工程项目，如各种加工厂、搅拌站等以及其他为施工服务的临时设施。

e. 生产上优先使用的机修、车库、办公及家属宿舍等设施。

3）一般工程项目均应按先地下、后地上，先深后浅，先干线后支线的原则进行安排。如地下管线和筑路的程序，应先铺管线，后筑路。

4）应考虑季节对施工的影响。对于大型土石方工程施工和深基础土石方施工一般要避开雨季，寒冷地区应尽量在冬季转入室内作业和设备安装。

6. 施工总进度计划

施工总进度计划是以拟建项目交付使用时间为目标而确定的控制性施工进度计划，它是控制整个建设项目的施工工期及其各单位工程施工期限和相互搭接关系的依据。正确地编制施工总进度计划，是保证各个系统以及整个建设项目如期交付使用、充分发挥投资效果、降低工程成本的重要条件。其表达形式有：横道图和网络图。横道图计划的表格形式如表 4.4.3 和表 4.4.4 所示。

表 4.4.3　施工总进度计划

序号	工程名称	建筑指标		设备安装指标（t）	造价（千元）			进度计划					
		单位	数量		合计	建筑工程	设备安装	第一年				第二年	第三年
								Ⅰ	Ⅱ	Ⅲ	Ⅳ		

注　1. 工程名称的顺序应按生产、辅助、动力车间、生活福利和管网等次序。
2. 进度线的表达应按土建工程、设备安装和试运转用不同线条表示。

表 4.4.4　主要分部（项）工程流水施工进度计划

序号	单位工程和分部分项工程名称	工程量		机械			劳动力			施工延续天数	施工进度计划				
		单位	数量	机械名称	台班数量	机械数量	工种名称	总工日数	平均人数		××××年				
											×月	×月	×月	×月	

施工总进度计划的编制一般按下述步骤进行：

(1) 计算工程项目及全工地性工程的工程量。施工总进度计划主要起控制总工期的作用，因此在列工程项目一览表时，项目划分不宜过细。通常按分期分批投产顺序和工程开展顺序列出工程项目，并突出每个交工系统中的主要工程项目。一些附属项目及一些临时设施可以合并列出。

根据批准的总承建工程项目一览表，按工程开展程序和单位工程计算主要实物工程量。此时，计算工程量的目的是为了选择施工方案和主要的施工运输机械；初步规划主要施工过程和流水施工方式；估算各项目的完成时间；计算劳动力及技术物资的需要量。这些工程量可按初步（或扩大初步）设计图纸并根据各种定额手册进行计算，只需粗略计算即可。

(2) 确定各单位工程（或单个建筑物）的施工期限。单位工程的工期可参阅工期定额（指标）予以确定。工期定额是根据我国各部门多年来的经验，经分析汇总而成。单位工程的施工期限与工程类型、结构特征、施工方法、施工技术和管理水平以及现场的施工条件等因素有关，故确定工期时应予以综合考虑。

(3) 确定单位工程的开工、竣工时间和相互搭接关系。在施工部署中已确定了总的施工程序和各系统的控制期限及搭接时间，但对每一个单位工程何时开工、何时竣工尚未确定。在解决这一问题时，主要考虑下列因素：

1) 同一时期的开工项目不宜过多，以免人力物力的分散。

2) 尽量使劳动力和技术物资消耗量在全工程上均衡。

3) 做到土建施工、设备安装和试生产之间在时间的综合安排上以及每个项目和整个建设项目的安排上比较合理。

4) 确定一些次要工程作为后备项目，用以协调主要项目的施工进度。

(4) 绘制施工总进度计划。施工总进度计划可以用横道图表达，也可以用网络图表达。用网络图表达时，应优先采用时标网络图。时标网络图具有逻辑关系表达明确，直观、易懂、一目了然，并能利用电子计算机进行编制、优化、调整、资源消耗数量统计、绘制并输出各种图表，因此应广泛推广使用。

由于施工总进度计划只是起控制各单位工程或各分部工程的开工、竣工时间的作用，因此不必做得过细，以单位工程或分部工程作为施工项目名称即可，否则会给计划的编制和调整带来不便。

施工总进度计划的绘制步骤是：首先根据施工项目的工期和相互搭接时间，编制施工总进度计划的初步方案；然后在进度计划的下面绘制投资、工作量、劳动力等主要资源消耗动态曲线图，并对施工总进度计划进行综合平衡、调整，使之趋于均衡；最后绘制成正式的施工总进度计划。表 4.4.5 和图 4.4.3 分别是的某自来水厂和某污水处理厂的施工总进度计划。

表 4.4.5　　某自来水厂施工总进度计划

序号	工程名称	结构特征	单位	工程量	进度（月）											
					1	2	3	4	5	6	7	8	9	10	11	12
	Ⅰ准备工程															
1	场地平整及排水	砂土														
2	临时建筑															
	Ⅱ主要工程															
3	取水构筑物	混凝土	m^3	34140												
4	加矾间及加氢间	砖木	m^3	38.0												
5	一级泵站	钢筋混凝土	m^3	12.0					安装调试							
6	澄清池	钢筋混凝土	m^3	2800												
7	过滤池	钢筋混凝土	m^3	256					安装							
8	操纵室及化验室	砖木	m^3	156												
9	上水管道	铸铁	100m	386												
10	下水管道	钢筋混凝土	100m	2.3												
11	清水池	钢筋混凝土	m^3	1000												
12	二级泵站	钢筋混凝土	m^3	530									安装调试			
	Ⅲ辅助工程															
13	修理工场及管材库	砖木	m^2	250												
14	储药库及液氯库	砖木	m^2	200												
15	办公、传达室等	砖木	m^2	210												
16	变电间	砖木	m^2	24												
	Ⅳ生活福利及其他															
17	工人宿舍	砖木	m^2	180												
18	厂内道路	水泥	100m	0.75												
19	饭厅	砖木	m^2	250												
20	俱乐部	砖木	m^2	250												
21	绿化工程、运动场		$100m^2$	78												
22	围墙	砖石	100m	30.2												

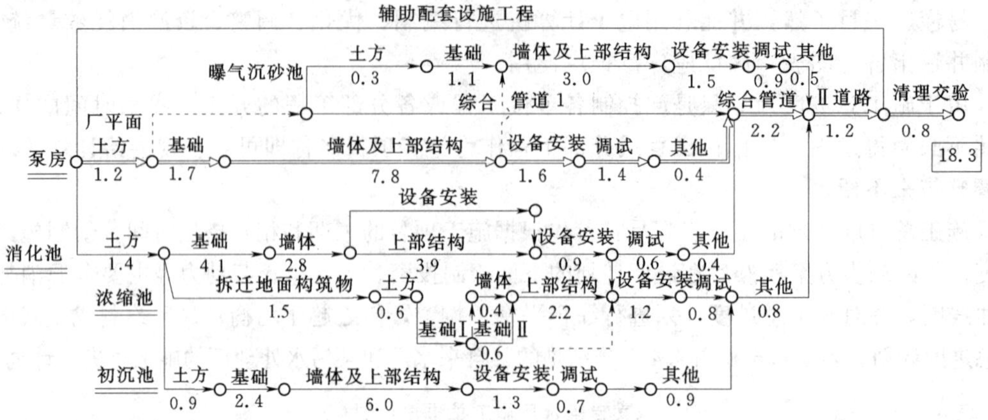

图 4.4.3 某10万 m^3/d 污水处理厂整体工程施工网络计划（单位：日历月）

7. 施工准备计划、资源需要量计划

依据施工部署、总进度计划可以编制施工中各种资源的需求计划，以确保资源的组织和供应，从而使项目施工能顺利进行。

（1）施工准备工作计划。为确保工程按期开工和施工总进度计划的按时完成，应根据建设项目的施工部署、工程施工的展开程序和主要工程项目的施工方案，及时编制好全场性的施工准备工作计划，其形式如表 4.4.6 所示。

表 4.4.6　　施工准备工作计划

序号	施工准备工作内容	负责单位	涉及单位	要求完成日期	备注

施工准备工作计划的主要内容包括：

1）建立现场测量控制网。

2）做好土地征用、居民迁移和各类障碍物的拆除或迁移工作。

3）做好场内外运输道路、水、电、气的引入方案和施工安排，制定场地平整、全场性排水、防洪设施的规划和施工安排。

4）安排好混凝土搅拌站、预制构件厂、钢筋加工厂等生产设施和各种生活福利设施的修建计划。

5）做好建筑材料、预制构件、加工品、半成品、施工机具的订购、运输、存储方式等各项计划，并做好相应的准备工作。

6）编制施工组织总设计、制定有关的施工技术措施。

7）制定新技术、新材料、新工艺、新结构的试制、试验计划和职工技术培训计划。

8）制定冬雨期施工的技术组织措施和施工准备工作计划。

（2）资源需要量计划。根据施工总进度计划，按照下表将主要实物工程量进行汇总，编制工程量进度计划。然后根据工程量汇总表（可参照表 4.4.7）套用概算定额和类似工程的资料编制劳动力需用量计划、主要材料和预制加工品需用量计划、主要施工机械和设备需用量计划以及主要物资、加工品的运输量计划等。各资源需要量计划见下列对应表格，即表 4.4.8 和表 4.4.9。

表 4.4.7　　　　　　　　　　　　**工 程 量 汇 总 表**

序号	分部（项）工程工程量名称	单位	合计	生产车间		仓库运输			管网				生活福利		大型暂设		备注
				××车间	…	仓库	铁路	公路	供电	供水	排水	供热	宿舍	文化福利			

注　生产车间栏按主要车间、辅助生产车间、动力车间次序排列。

表 4.4.8　　　　　　　　　　　　**劳动力需要量及使用计划**

序号	工种名称	劳动量/工日	全工地性工程						生活用房		暂设工程	用工时间								
												年						年		
			主厂房	辅助车间	道路	铁路	给排水管道	电气工程	永久性住宅	临时性住宅		7	8	9	10	11	12	1	2	3
钢筋工																				
模板工																				
混凝土工																				
……																				

表 4.4.9　　　　　　　　　　　　**主要施工及运输机械需要量汇总表**

序号	机械名称	简要说明(型号、生产率等)	电动机功率(kW)	数量	需要量计划								
					年						年		
					7	8	9	10	11	12	1	2	3

8. 施工总平面布置图的设计

施工总平面布置图是在拟建项目施工场地范围内，按照施工布置和施工总进度计划的要求，将拟建项目和各种临时设施进行合理部署的总体布置图，是施工组织总设计的重要内容，也是现场文明施工、节约施工用地、减少各种临时设施数量、降低工程费用的先决条件。

(1) 施工总平面布置图设计的内容。施工总平面布置图一般含有以下内容：

1) 建设项目的建筑总平面图上一切地上、地下的已有和拟建建筑物、构筑物及其他设施的位置和尺寸。

2) 一切为全工地施工服务的临时设施的布置。

全工地性的临时设施的布置内容包括：

a. 施工用地范围、施工用道路布置。

b. 加工厂及有关施工机械位置。

c. 各种材料仓库、堆场及取土弃土位置。

d. 办公、宿舍、文化福利设施等建筑的布置。

e. 水源、电源、变压器、临时给水排水管线、通信设施、供电线路及动力设施布置。

f. 机械站、车库布置。

g. 安全、消防设施的布置。

3) 永久性及半永久性坐标位置、取土弃土位置。

(2) 施工总平面布置图设计的原则。施工总平面布置图设计的原则包括：

1）平面紧凑合理，少占农田、减少施工用地，充分调配各方面的布置位置，使其合理有序。

2）方便施工流程。施工区域的划分应尽量减少各工种之间的相互干扰，充分调配人力、物力和场地，保持施工均衡、连续、有序。

3）运输方便畅通。合理组织运输，减少运输费用，保证水平运输和垂直运输畅通无阻，保证不间断施工。

4）降低临建费用。充分利用现有建筑作为办公、生活福利等用房，尽量少建临时性设施。

5）便于生产生活。尽量为生产工人提供方便的生产生活条件。

6）保护生态环境。施工现场及周围环境需要注意保护，如能保留的树木应尽量保留，对文物及有价值的物品应采取保护措施，对周围的水源不应造成污染，垃圾、废土、废料、废水不随便乱堆、乱放、乱泄等，做到文明施工。

7）保证安全可靠。安全防火、安全施工，尤其不能出现影响人身安全的事故。

（3）施工总平面布置图设计所需的资料。

1）设计资料。包括总平面图、竖向设计图、地貌地形图、区域规划图、建设项目范围内已有和拟建的各种地上、地下设施与位置图和交通道路。

2）建设地区调查资料。包括当地的自然条件和技术经济条件，当地的资源供应状况和运输条件等。

3）施工资料。是指建设项目的施工方案，施工总进度计划，暂设工程及劳动力、物资需用量计划，测量基准点，钻井和探坑，施工用地范围及施工取土、弃土位置等。以便合理规划施工场地，布置各项暂设工程。

4）各构件加工厂、仓库、临时性建筑的位置和尺寸。

（4）施工总平面布置图的设计步骤。设计全工地性施工总平面布置图应遵守的设计的步骤是：

1）场外交通的引入。设计全工地性施工总平面布置图时，首先应以大宗材料、半成品、成品等物资进入工地的运输方式入手。

在采用公路运输时，道路应与加工厂（站）、仓库和堆场的布置相结合，并需考虑道路与场外公路的连接。当采用铁路运输时，要考虑铁路的转弯半径和坡度的限制，并确定专用线的起点和进场位置，应将中心仓库和周转仓库沿专用线布置。若大宗材料由水路运输时，卸货码头不应少于两个，宽度不应小于25m。当江河距离工地较近时，可在码头附近设置中心仓库和转运仓库，布置主要加工厂（站）。

2）仓库布置。布置仓库时，应考虑如下因素：尽量利用现有建筑和提前建设为施工服务的永久性仓库；仓库和材料堆场应接近使用地点（如水泥库、砂石堆场布置在混凝土搅拌站附近，钢筋、木材靠近加工厂附近）；布置仓库和堆场应选择地面平坦、宽敞、交通方便，且有一定的装卸前线；遵守安全和防火规定（如油库、氧气库、电石库等易爆仓库必须布置在人少、偏远的安全地点；易燃材料仓库，生石灰熟化、沥青熬制地点等应设在远离拟建工程的下风向处等）。

3）加工厂（站）的布置。加工厂（站）一般应布置在地势平坦、交通便利且与工程施工互不干扰的地方。通常把生产联系较为密切的加工厂（站）集中布置在一个地区（如金属结构、锻工、机修等），既便于管理，又可统一布置动力、给排水管线和铺设道路，从而降低暂设工程费用。

混凝土搅拌站应尽量集中布置，采用运输工具供应，当运输条件差且工地较分散时，宜分散布置在使用处附近。

临时混凝土预制构件厂，应利用较空闲的地带（材料堆场、场外附近或铁路专用线转弯扇形地带）。钢筋加工厂可设置在预置构件厂或主要施工对象的附近。一般原木、锯木堆场应靠近公路、水路或铁路沿线并设在木材加工厂的附近。

4）场内临时通路、临时水电管线布置参见“9. 施工现场的暂设工程”。

5）临时房屋的布置。

施工用临时房屋包括行政管理、生活福利等建筑。大中型建设项目，通常施工工期都较长，应尽量利用拟建永久性建筑或现有建筑为施工服务，不足时再建临时房屋。

全工地性的行政管理用房，一般宜设在现场出入口处；职工居住房屋，一般在场外集中设置工人居住村，并布置商店、俱乐部；职工食堂、浴室可按工地具体条件，集中或分散布置在工地，或现场外部，或工人居住村。

全工地性施工总平面布置图的设计，需要统筹兼顾，相互结合考虑，不能截然分开。设计时须和参与工程施工生产的各有关单位进行协商，反复修改后再确定，以便工程建设顺利展开和满足文明施工要求。应设计若干种布置方案，进行方案比选。由于组织施工的阶段性和施工过程的动态性，在执行中除应加强对施工总平面布置图的管理外，还应根据实际情况及时调整和补充，以适应条件的变化。

绘制施工总平面布置图时，应按照规定和要求、采用 1：2000 或 1：1000 的比例，使用统一的标准图例进行绘制，并标出方向。

9. 施工现场的暂设工程

现场暂设工程一般包括：生产性临时设施、仓库、行政和生活建筑、临时供水、供电和交通运输等。

（1）生产性临时设施的设置。施工现场生产性临时设施的设置要点见表 4.4.10。

表 4.4.10　生产性临时设施的设置

名称	设置要点
混凝土搅拌站	根据施工水平及工程特点，一般可选用以下几种方式： 1. 混凝土用量很大，供应时间要求又紧时，就尽量利用地方的中心搅拌站，采用混凝土输送泵或输送车输送混凝土。 2. 施工现场或附近有场地，又具备运输工具时，可自设现场搅拌中心，这种方式供应方便，也较经济。 3. 混凝土用量不大。施工点分散、现场又无较大场地时，应分散设置搅拌站。这种方式比较机动灵活。 4. 条件具备时上述 3 种方式可结合应用。例如基础工程混凝土用量大，可利用当地中心搅拌站供应；施工上部结构时，则由现场搅拌站供应
混凝土预制构件加工厂	混凝土预制构件加工厂一般采取分层次、集中生产与分散生产相结合的方式。 大型或大量使用的预制构件一般都在永久性预制构件厂集中生产，施工现场的预制厂只负责生产零星构件
钢筋加工车间	1. 对于大中型工程，钢筋加工量很大时，宜在现场设里临时性钢筋加工车间，以减少运输量，降低工程成本。 2. 一般施工现场多设置小型钢筋加工设备，少量加工急需的钢筋件。 3. 车间位置应选在靠近混凝土预制构件厂和施工对象、材料运输方便的地方

续表

名称	设置要点
模板加工厂	一般地，木模板及木构件均由中心木材加工厂集中加工，施工现场主要是进行拼装、支拆模板及少量木装修等作业。因此，现场加工厂只装备简单的木工机械，并因地制宜地搭设简单工作棚。 以钢代木后，现场主要是进行钢模板的拼装、拆卸、堆放和清洗等工作
金属结构及铁活加工厂	金属结构一般都在永久性加工厂内集中加工，然后将成品运至现场，施工现场只需设置金属成品仓库或堆放场地，以及小型机修及金属加工车间
其他生产辅助设施	主要有变电站、锅护房、发电机房、水泵房、空压机房、焊工房、电工房、供炉房、白铁工房、油漆工房、氧气及电石库房等，根据生产需要及现场用地条件合理设置
机修车间及机械停放场	一般施工现场不做施工机械的大、中修工作，只进行小修，小修设施可与金属结构和金属加工车间合并考虑。机械的停放则以露天为主
试验设施	1. 大中型工程应在现场设置试验站，试验项目根据工程情况而定。 2. 小型工地可不设试验站，只设混凝土、砂浆试块养护设施，其试验可在公司中心试验室或工程处试验站进行
其他小型临时设施	如淋灰池、沥青熬制设备、班组工具库等，要根据工程需要及场地条件、因地制宜地进行设置

加工厂（站）的规模、结构类型，要根据建设地区的具体条件及建设工程对各类产品需要加工的数量和规格确定。其所需建筑面积常可参照有关资料选定（表 4.4.11）或企业现有的经验数据确定。

表 4.4.11　　临时加工厂所需面积参考指标

序号	加工厂名称	年产量		单位产量所需建筑面积	占地总面积（m^2）	备注
		单位	数量			
1	混凝土搅拌站	m^3 m^3 m^3	3200 4800 6400	$0.022m^2/m^3$ $0.021m^2/m^3$ $0.020m^2/m^3$	按砂石堆场考虑	400L 搅拌机 2 台 400L 搅拌机 3 台 400L 搅拌机 4 台
2	临时性混凝土预制厂	m^3 m^3 m^3 m^3	1000 2000 3000 5000	$0.25m^2/m^3$ $0.20m^2/m^3$ $0.15m^2/m^3$ $0.125m^2/m^3$	2000 3000 4000 小于 6000	生产中小型构件，配有蒸养设施
3	半永久性混凝土预制厂	m^3 m^3 m^3	3000 5000 10000	$0.6m^2/m^3$ $0.4m^2/m^3$ $0.3m^2/m^3$	0.9 万～1.2 万 1.2 万～1.5 万 1.5 万～2.0 万	—
4	木材加工厂	m^3 m^3 m^3	15000 24000 30000	$0.0244m^2/m^3$ $0.0199m^2/m^3$ $0.0181m^2/m^3$	1800～3600 2200～4800 3000～5500	进行原木、大方木加工
	综合木工加工厂	m^3 m^3 m^3 m^3	200 500 1000 2000	$0.30m^2/m^3$ $0.25m^2/m^3$ $0.20m^2/m^3$ $0.15m^2/m^3$	100 200 300 400	加工模板、门窗、地板、屋架等

续表

序号	加工厂名称	年产量		单位产量所需建筑面积	占地总面积 (m^2)	备注
		单位	数量			
4	粗木加工厂	m^3	5000	$0.12m^2/m^3$	1350	加工模板、屋架
		m^3	10000	$0.10m^2/m^3$	2500	
		m^3	15000	$0.09m^2/m^3$	3750	
		m^3	20000	$0.08m^2/m^3$	4800	
	细木加工厂	万 m^3	5	$0.0140m^2/m^3$	7000	加工门窗、地板
		万 m^3	10	$0.0114m^2/m^3$	10000	
		万 m^3	15	$0.0106m^2/m^3$	14300	
5	钢筋加工厂	t	200	$0.35m^2/t$	280～560	钢筋加工、成型、焊接
		t	500	$0.25m^2/t$	380～750	
		t	1000	$0.20m^2/t$	400～800	
		t	2000	$0.15m^2/t$	450～900	
	钢筋调直或拉直场	所需场地（长×宽） 70～80×3～4 (m^2)				包括材料及成品堆放 3～5t 电动卷扬机一台
	钢筋对焊 对焊场地 对焊棚	所需场地（长×宽） 30～40×4～5 (m^2) 15～24m^2				包括材料及成品堆放 寒冷地区应适当增加
	钢筋冷加工 剪断机 弯曲机 ϕ12 以下 弯曲机 ϕ40 以下	所需场地 (m^2/台) 30～50 50～60 60～70				—
6	金属结构加工（包括一般铁件）	所需场地 (m^2/t) 年产 500t 为 10 年产 1000t 为 8 年产 2000t 为 6 年产 3000t 为 5				按一批加工数量计算
7	石灰消化贮灰池 淋灰池 淋灰槽	5×3=15m^2 4×3=12m^2 3×2=6m^2				每两个贮灰池配一套淋灰池和淋灰槽，每 600kg 石灰可消化 $1m^3$ 石灰膏
8	沥青锅场地	20～24m^2				台班产量 1～1.5t/台

工地常用的几种加工厂（站），如混凝土预制厂、锯木加工厂、模板加工间、钢筋加工间等的建筑面积 F 可用下式确定：

$$F=\frac{KQ}{TS\alpha}$$

式中：Q 为加工总量（m^2、t）；K 为不平衡系数，取 1.8～1.5；T 为加工总工期（月）；S 为每平方米场地月平均产量；α 为场地或建筑面积利用系数，取 0.6～0.7。

混凝土搅拌站的建筑面积 F，由下式确定：

$$F=NA$$

式中：N 为搅拌机台数（台）；A 为每台搅拌机所需建筑面积（m^2）。

$$N=\frac{QK}{TR}$$

式中：Q 为混凝土总需要量（m^2）；K 为不均衡系数，取 1.5；T 为混凝土工程施工总工作日数；R 为混凝土搅拌机台班产量。

加工厂（站）临时建筑的结构形式，应根据使用期限及当地条件而定。

（2）工地临时仓库设置。施工现场所需仓库按其用途分为：中心仓库和现场仓库。

中心仓库，即总仓库，是贮存整个建筑工地或区域型建筑企业所需材料及需要整理配套的材料仓库；现场仓库（或堆场）为某一在建工程服务的仓库，一般均就近设置。

工地临时仓库的设置包括：确定材料的储备量；确定仓库面积；进行仓库设计及位置选择等。

1）仓库材料储备量的确定。材料储备既要保证工程连续施工的需要，但也不应储存过多，使仓库面积扩大、积压资金。一般须根据现场条件、供应方式及运输条件来确定。

全工地（建筑群）的材料储备，常按年、季组织储备，按下式计算：

$$q_1=K_1Q_1$$

式中：q_1 为总储备量（m^3、t）；K_1 为储备系数。一般情况下，对于水泥、砖瓦、管材、块石、石灰、沥青等材料，可取0.2～0.3；对于型钢、木材、砂石及用量小，不经常使用的材料，取0.3～0.4；在特殊条件下，要按具体情况确定；Q_1 为该项材料最高年、季需用量。

单位工程的材料储备量，应保证工程连续施工的需要，同时应与全场材料的储备综合考虑，做到减少仓库面积，节约资金。其储备量可按下式计算：

$$q_2=\frac{nQ_2}{T}$$

式中：q_2 为单位工程材料储备量（m^3、t）；n 为储备天数；Q_2 为计划期间内需用的材料数量；T 为需用该项材料的施工天数，其值应大于 n。

2）仓库面积的确定。当施工单位缺少资料时，可按材料储备期计算。当用于施工规划时，可采用系数进行估算。

a. 按材料储备期计算：

$$F=\frac{q}{P}$$

式中：F 为仓库面积（含通道面积）（m^2）；q 为材料储备量。用于建筑群时为 q_1，用于单位工程时为 q_1；P 为每平方米仓库面积上存放材料数量，见表4.4.12。

表 4.4.12　　仓库面积计算所需数据参考指标

序号	材料名称	单位	储备天数 T_r	每平方米储存量 P	堆置高度（m）	仓库类别
1	钢材	t	40～50	1.5	1.0	
	工槽钢	t	40～50	0.8～0.9	0.5	露天
	角钢	t	40～50	1.2～1.8	1.2	露天
	钢筋（直筋）	t	40～50	1.8～2.4	1.2	露天
	钢筋（盘筋）	t	40～50	0.8～1.2	1.0	棚或库约占20%
	钢板	t	40～50	2.4～2.7	1.0	露天
	钢管 ϕ200以上	t	40～50	0.5～0.6	1.2	露天
	钢管 ϕ200以下	t	40～50	0.7～1.0	2.0	露天
	钢轨	t	20～30	2.3	1.0	露天
	薄钢板	t	40～50	2.4	1.0	库或棚

续表

序号	材料名称	单位	储备天数 T_r	每平方米储存量 P	堆置高度 (m)	仓库类别
2	铸铁管	t	20～30	0.6～0.8	1.2	露天
3	水泥管、陶土管	t	20～30	0.5	1.5	露天
4	水暖零件	t	20～30	0.7	1.4	库或棚
5	五金	t	20～30	1.0	2.2	库
6	钢丝绳	t	40～50	0.7	1.0	库
7	电线电缆	t	40～50	0.3	2.0	库或棚
8	木材	m^3	40～50	0.8	2.0	露天
	原木	m^3	40～50	0.9	2.0	露天
	成材	m^3	30～40	0.7	3.0	露天
	枕木	m^3	20～30	1.0	2.0	露天
9	水泥	t	30～40	1.4	1.5	库
10	生石灰（块）	t	20～30	1～1.5	1.5	棚
	生石灰（袋装）	t	10～20	1～1.3	1.5	棚
	石膏	t	10～20	1.2～1.7	2.0	棚
11	砂、石子（人工堆置）	m^3	10～30	1.2	1.5	露天
	砂、石子（机械堆置）	m^3	10～30	2.4	3.0	露天
12	块石	m^3	10～20	1.0	1.2	露天
13	砖	千块	10～30	0.5	1.5	露天
14	钢筋混凝土构作	m^3				
	板	m^3	3～7	0.14～0.24	2.0	露天
	梁、柱	m	3～7	0.12～0.18	1.2	露天
15	钢筋骨架	t	3～7	0.12～0.18	—	露天
16	金属结构	t	3～7	0.16～0.24	—	露天
17	钢件	t	10～20	0.9～1.5	1.5	露天或槽
18	钢门窗	t	10～20	0.65	2	棚
19	木门窗	m^2	3～7	30	2	棚
20	模板	m^2	3～7	0.7		露天
21	大型砌块	m^3	3～7	0.9	1.5	露天
22	水、电及卫生设备	t	20～30	0.35	1	棚、库各约占1/2
23	工艺设备	t	30～40	0.6～0.8	—	露天约占1/2
24	多种劳保用品	件		250	2	库

注 储备天数根据材料来源、供应季节、运输条件等确定。一般就地供应的材料取表中之低值，外地供应采用铁路运输或水运者取高值。现场加工企业供应的成品、半成品的储备天数取低值，工程处的独立核算加工企业供应者取高值。

b. 按系数计算：

$$F=\varphi m$$

式中：F 为所需仓库面积（m^2）；φ 为系数，见表4.4.13；m 为计算基数，见表4.4.13。

当仓库总面积确定后，在设计仓库时，还须正确决定仓库的平面尺寸。仓库的长度应满足装卸货物的需要，即须有一定长度的装卸前线。装卸前线一般可按下式计算：

$$L=nl+\alpha(n+1)$$

式中：L 为装卸前线长度（m）；l 为运输工具的长度（m）；α 为相邻两个运输工具的间距，火车运输时 α 为1m；汽车运输时，端卸 α 为1.5m，侧卸 α 为2.5m；n 为同时卸货的运输工具数。

表 4.4.13　　　　按系数计算仓库面积表

序号	名称	计算基础数（m）	单位	系数 φ
1	仓库（综合）	按全员（工地）	m^2/人	0.7～0.8
2	水泥库	按当年水泥用量的40%～50%	m^2/t	0.7
3	其他仓库	按当年工作量	m^2/万元	1～1.5
4	五金杂品库	按年建筑安装工作量计算	m^2/万元	0.2～0.3
		按年在建建筑面积计算	m^2/百 m^2	0.5～1
5	土建工具库	按高峰年（季）平均人数	m^2/人	0.1～0.2
6	水暖器材库	按年在建建筑面积	m^2/百 m^2	0.2～0.4
7	电器器材库	按年在建建筑面积	m^2/百 m^2	0.3～0.5
8	化工油漆危险品库	按年建筑安装工作量	m^2/万元	0.05～0.1
9	三大工具库	按年在建建筑面积	m^2/百 m^2	1～2
	（脚手、跳板、模板）	按年建筑安装工作量	m^2/万元	0.3～0.5

最后按材料性质、种类、当地气候等条件选择适合的材料存放方式及仓库结构形式。仓库的位置，应根据施工组织设计中施工总平面布置图的设计统筹布置即可。

（3）行政、生活福利临时设施。确定行政、生活福利临时设施，应尽量利用施工现场及其附近的已有房屋，或提前修建有使用价值的永久性工程为施工生产服务，不足部分再修建临时房屋。修建临时建筑的面积主要取决于建设工程的施工人数。

按照实际使用人数确定建筑面积，可由下式计算：

$$S=NP$$

式中：S 为所需建筑面积（m^2）；N 为实际使用的人数；P 为建筑面积指标，见表4.4.14。

表 4.4.14　　　　行政、生活临时建筑面积的参考指标

建筑物名称	参考指标（m^2/人）	指标计算方法
1. 办公室	3～4	按干部人数计算
2. 宿舍	2.5～3.5	按高峰年（季）平均职工人数计算
单层通铺	2.5～3	扣除不在工地住宿的人数
单层床	3.5～4	
3. 食堂	0.5～0.8	按高峰年平均就餐人数计算
4. 开水房	10～40	按每处计算
5. 厕所	0.02～0.04	按高峰年平均职工人数计算

临时建筑的设计应遵守节约、适用和装拆方便的原则，按照当地气候条件、工程施工工期的长短确定结构形式。

（4）工地临时供水。工地临时供水设施，主要包括：确定需水量、水源的选择及临时给水系统等。

1）施工现场需水量计算。施工现场需水量应考虑施工生产用水、生活用水以及消防用水。

a. 施工生产用水量，一般按下式计算：

$$q_1 = K_1 \sum \frac{Q_1 N_1}{T_1 b} \frac{K_2}{8 \times 3600}$$

式中：q_1 为施工生产用水量（L/s）；K_1 为未预见的施工用水系数（1.05～1.15）；Q_1 为年（季）度工程量（以实物计量单位表示）；N_1 为施工用水定额，见表 4.4.15；T_1 为年（季）度有效作业日；b 为每天工作班数（班）；K_2 为用水不均匀系数，见表 4.4.16。

表 4.4.15　　施工用水参考定额

序号	用水对象	单位	耗水量 N_1
1	浇筑混凝土全部用水	L/m³	1700～2400
2	搅拌普通混凝土	L/m³	250
3	混凝土自然养护	L/m³	200～400
4	搅拌机清洗	L/台班	600
5	冲洗模板	L/m²	5
6	人工冲洗石子	L/m³	1000
7	砌砖工程全部用水	L/m³	150～250
8	砌石工程全部用水	L/m³	50～80
9	抹灰工程全部用水	L/m²	30
10	搅拌砂浆	L/m²	300
11	石灰消化	L/t	3000
12	上水管道工程	L/m	98
13	下水管道工程	L/m	1130
14	工业管道工程	L/m	35

b. 施工机械用水量，按下式计算：

$$q_2 = K_1 \cdot \sum Q_2 \cdot N_2 \cdot \frac{K_3}{8 \times 3600}$$

式中：q_2 为施工机械用水量（L/s）；K_1 为未预见的施工用水系数（1.05～1.15）；Q_2 为同一种机械台数（台）；N_2 为施工机械台班用水定额，表 4.4.17；K_3 为施工机械用水不均匀系数，表 4.4.16。

表 4.4.16　　施工用水不均匀系数

代　号	用水名称	系　数
K_2	现场施工用水 附属生产企业用水	1.50 1.25
K_3	施工机械、运输机械 动力设备	2.00 1.05～1.10
K_4	施工现场生活用水	1.30～1.50
K_5	生活区生活用水	2.00～2.50

c. 施工现场生活用水，按下式计算：

$$q_3 = \frac{P_1 N_3 K_4}{b \times 8 \times 3600}$$

式中：q_3 为施工现场生活用水量（L/s）；P_1 为施工现场高峰昼人数（人）；N_3 为施工现场生活用水定额，表 4.4.18；K_4 为用水不均匀系数，表 4.4.16；b 为每天工作班数。

d. 生活区生活用水量，可按下式计算：

$$q_2 = \frac{P_2 N_4 K_5}{24 \times 3600}$$

式中：q_4 为生活区生活用水量（L/s）；P_2为生活区居民人数；N_4为生活区用水定额，见

表 4.4.18；K_5为生活区用水不均匀系数，见表 4.4.16。

e. 消防用水量 q_5，见表 4.4.19。

表 4.4.17 **机械用水量参考定额**

序号	用水名称	单位	耗水量	备注
1	内燃挖土机	L/(台班·m^3)	200～300	以斗容量 m^3 计
2	内燃起重机	L/(台班·t)	15～18	以起重量 t 计
3	蒸汽压路机	L/(台班·t)	100～150	以压路机 t 计
4	内燃压路机	L/(台班·t)	15～18	以压路机 t 计
5	拖拉机	L/(昼夜·台)	200～300	
6	汽车	L/(昼夜·台)	400～700	
7	空气压缩机	L/台班（m^3/min）	40～80	以空压机排气量 m^3/min 计
8	内燃机动力装置	L/(台班·马力)①	120～300	直流水
9	内燃机动力装置	L/(台班·马力)	25～40	循环水
10	锅炉	L/(h·t)	1000	以小时蒸发量计
11	锅炉	L/(h·m^2)	15～30	以受热面积计

① 1马力＝735.5W。

表 4.4.18 **分项生活用水参考定额**

序号	用水对象	单位	耗水量
1	生活用水（盥洗、饮用）	L/(人·天)	20～40
2	食堂	L/(人·天)	10～20
3	浴室（淋浴）	L/(人·次)	40～60
4	淋浴带大池	L/(人·次)	50～60
5	洗衣房	L/(kg) 干衣	40～60
6	理发室	L/(人·次)	10～25

表 4.4.19 **消 防 用 水 量**

序号	用水名称	火灾同时发生次数	单位	用水量
1	居民区消防用水			
	5000 人以内	一次	L/s	10
	10000 人以内	二次	L/s	10～15
	25000 人以内	二次	L/s	15～20
2	施工现场消防用水			
	施工现场在 $25\times10^4m^2$ 内	一次	L/s	10～15
	每增加 $25\times10^4m^2$	一次	L/s	5

f. 总用水量 Q 的计算。

当$(q_1+q_2+q_3+q_4)\leqslant q_5$ 时，则总用水量

$$Q=q_5+1/2(q_1+q_2+q_3+q_4)$$

当$(q_1+q_2+q_3+q_4)>q_5$ 时，则总用水量

$$Q=q_1+q_2+q_3+q_4$$

当工地面积小于 $5\times10^4m^2$，而且$(q_1+q_2+q_3+q_4)<q_5$ 时，则总用水量

$$Q=q_5$$

2）水源选择及确定临时给水系统。

a. 水源选择。施工现场临时供水水源应尽量利用附近现有给水管网，仅当施工现场附近缺少现成的给水管线，或无法利用时，才另选地面水和地下水等天然水源。

选择水源须考虑的因素：水量充沛可靠，能满足施工现场最大需水量的要求；水质应符合生产和生活饮用水的水质要求；取水、输水、净水设施安全可靠；施工、运转、管理和维护方便。

b. 临时给水系统。临时给水系统所用水泵，一般采用离心泵，水泵扬程按下式计算。

当需将水送至水塔时，其扬程为：

$$H_p=(Z_t-Z_p)+H_t+a+\sum h'+h_s$$

式中：H_p 为水泵所需的扬程（m）；Z_t 为水塔处地面标高（m）；Z_p 为水泵轴中线的标高（m）；H_t 为水塔高度（m）；a 为水塔的水箱高度（m）；$\sum h'$为从泵站到水塔间的水头损失（m）；h_s 为水泵的吸水高度（m）。

当将水直接送至用户处时，其扬程为：

$$H_p=(Z_m-Z_p)+H_m+\sum h'+h_s$$

式中：H_p 为水泵所需的扬程（m）；Z_m 为供水对象（用户）最不利处标高（m）；H_m 为供水对象最不利处的自由水头，一般采用 8～10m；$\sum h'$为供水网路中的水头损失（m）。

当水泵不能连续昼夜工作的临时供水系统，可考虑设置贮水构筑物（水池、水箱、水塔等），构筑物的容量按每小时消防用水量确定，但最小容量一般不宜小于 10～20m³。其高度与供水范围、供水对象的位置、构筑物本身的位置有关。可按下式计算：

$$H_t=(Z_m-Z_T)+H_m+\sum h'$$

c. 管径的选择与配水管网布置。供水管径的计算，一般按下式求得：

$$D=\sqrt{\frac{4Q}{\pi v1000}}$$

式中：D 为配水管直径（m）；Q 为耗水量（L/s）；v 为管网中水流速度（m/s），见表 4.4.20。

表 4.4.20　　临时水管经济流速参考表

序　号	管　　径	流　　速 (m/s)	
		正常时间	消防时间
1	$d<1.0$m	0.5～1.2	—
2	$d=0.1$～0.3m	1.0～1.6	2.5～3.0
3	$d>0.3$m	1.5～2.5	2.5～3.0

当已知流量后，亦可使用有关手册，直接查表选出管径。

临时给水管道，根据管径尺寸和压力大小选择管材。一般干管可用铸铁管或钢管，支管为钢管。

配水管网的布置，可分环形管网、枝状管网及混合式管网。其布置原则是在保证不间断供水情况下，使管道铺设最短，同时还应考虑在施工期间各段管网具有移动的可能性。

临时管道的铺设，可用明管或暗管。在严寒地区，暗管须埋在冰冻线以下，明管应采取防冻措施。

（5）临时供电。施工现场临时供电的组织，一般包括：计算用电量；选择电源；确定变压器；布置配电线路及决定导线的断面等。

1）工地总用电量计算。工地临时供电包括动力用电和照明用电两大类。计算工地用电量时，须考虑因素有：全工地所使用的机械动力设备，其他电气工具及照明用电数量；施工总进度计划中，施工高峰阶段同时用电的机械设备最高数量；各种机械设备在工作中需用的情况。

鉴于以上种种因素，施工现场总用电量可按下式计算：

$$P=1.05\sim1.10\left(K_1\frac{\sum P_1}{\cos\varphi}+K_2\sum P_2+K_3\sum P_3+K_4\sum P_4\right)$$

式中：P 为供电设备总需要容量（kVA）；P_1 为电动机额定功率（kW）；P_2 为电焊机额定容量（kVA）；P_3 为室内照明容量（kW）；P_4 为室外照明容量（kW）；$\cos\varphi$ 为电动机的平均功率（在施工现场最高为 0.75～0.78，一般为 0.65～0.75）；K_1、K_2、K_3、K_4 为需要系数，见表 4.4.21。

表 4.4.21　　需 要 系 数

用电名称	数量	需要系数		备注
		K	数值	
电动机	3～10 台	K_1	0.7	如施工中需要电热时，应将其用电量计算进去，为使计算接近实际，式中各项动力和照明用电，应根据不同工作性质分类计算
	11～30 台		0.6	
	30 台以上		0.5	
加工厂动力设备			0.5	
电焊机	3～10 台	K_2	0.6	
	10 台以上		0.5	
室内照明		K_3	0.8	
室外照明		K_4	1.0	

各种机械设备和室内外照明用电定额，可参考施工机械用电定额参考资料和室内、外照明用电定额参考资料选定，或采用企业本身积累的资料。当每日为单班施工时，用电量计算可不考虑照明用电。

由于施工现场的照明用电量所占的比重相对于动力用电量少得多，因此在估算总用电时，可以简化：将动力用电量之外再加 10%作为照明用电即可。

2）选择电源及确定变压器。工地临时用电电源，通常有以下几种情况：

a. 全部由工地附近电力系统供给，包括在全面开工前，把永久性供电外线工程做好，设置变电站。

b. 工地附近的电力系统只能供给部分电力，工地尚需增设临时电力系统以补不足。

c. 当条件允许时，利用附近高压电力网，申请临时配电变压器。

d. 工地位于边远地区，没有电力系统时，电力全部由工地临时电站供给。

电力系统的方案选择，须根据上述几种情况，并结合建设工程具体条件进行比较后确定。

当工地由附近高压电力网输电时，须在施工现场设置降压变电所，使电能从 110kV 或 35kV 降到 10kV（或 6kV），再由工地分变电所降至 380/220V。变电所的有效供电半径为400～500m。工地变电器可按照额定容量、额定电压，从常用变电器产品说明书或参考有关手册选用。

工地变电所的网路，对于10kV（或6kV）的高压线路，可用架空裸线，其电杆距离为40～60m。室外380/220V低压线路亦可采用裸线，但对于建筑物或脚手架等不能保持必要安全距离的地方应采用绝缘导线，其电杆距离常用25～40m。分支线及引人线应由电杆处接出。不允许由两杆之间接出。

配电线路须设在道路一侧，不得妨碍交通和施工机械的运转，并应避开堆料、挖槽及修建临时工棚用地，其布置依施工总平面布置图确定。

3）配电导线断面选择。选择导线断面须满足电流、电压降及机械强度等基本要求。

a. 按机械强度选择。导线必须保证不致因一般机械损伤而折断。在不同架设方式下，导线按机械强度所允许的最小断面可参照有关手册资料选择。

b. 按允许电流选择。导线必须能承受负载电流长时间通过所引起的温升。

三相四线制线路上的电流，可按下式计算：

$$I=\frac{KP}{\sqrt{3}V\cos\varphi}$$

二相制线路上的电流，可按下式计算：

$$I=\frac{P}{V\cos\varphi}$$

式中：I为电流值（A）；K、P分别表示需要系数和功率；V为电压（V）；$\cos\varphi$为功率因数，临时网路取0.7～0.75。

各类导线在不同架设条件下的持续容许电流值，可由产品目录或有关资料查得。

c. 按容许电压降选择。配电导线的截面，可按下式计算：

$$S=\frac{\sum PL}{c\varepsilon}$$

式中：S为配电导线截面面积（mm^2）；P为负载的电功率或线路输送的电功率（kW）；L为送电线路的距离（m）；ε为容许的相对电压降（即线路电压损失）（%），电动机电压降不超过±5%，照明电路中允许电压降为2.5%～5%；c为系数，视导线材料、线路电压及配电方式而定，见表4.4.22。

表4.4.22　　按允许电压降计算时的ε值

线路额定电压（V）	线路系统及电流种类	系数ε值	
		铜线	铝线
380/220	三相四线	77	46.3
380/220	二相三线	34	20.5
220		12.8	7.75
36	单项或直流	0.34	0.21
24		0.153	0.092
12		0.038	0.023

选用的导线截面，应能同时满足以上三项要求，即应以求得的三个截面中的最大者为

准。一般在给水排水工程中，管道工程施工作业线较长，导线截面由电压降选定：在厂（站）工程施工现场配电线路较短，导线截面可按容许电流选定；在小负荷的架空线路上，通常以机械强度选定。

（6）工地运输组织与临时道路。

1）确定运输量货运量（运输量），可用下式计算：

$$q=\frac{\sum Q_i L_i}{T}K$$

式中：q 为日货运量（t・km/d）；Q_i 为各种货物年度需用量，或全部工程的货物用量；L_i 各种货物从发货地点到储存地点的距离（km）；T 为工程年度运输工作日数（对单位工程，取该工程的运输日数）；K 为运输工作不均匀系数，铁路运输取 1.5；汽车运输取 1.2；水路运输取 1.3。

2）选择运输方式。工地运输方式通常多利用公路运输。当施工现场距铁路较近，货运量较大时，可采用铁路运输；沿江河修建给水工程时，多数采用水路运输。工地内部加工厂（站）和原料之间的运输，可采用窄轨铁路。

3）运输工具需要量计算。若采用公路以汽车运输，一般可采用下式计算汽车台数需用量：

$$N=\frac{QK_1}{qTcK_2}$$

式中：N 为汽车所需台数；Q 为全年（季）度最大运输量（t）；K_1 为货物运输不均匀系数，场外运输一般为 1.2；场内运输取 1.1；q 为汽车台班产量（t/台班），可由表或相关手册查得；T 为全年（季）的工作天数；c 为日工作班数；K_2 为汽车供应系数，可采用 0.9。

4）工地临时道路。工地敷设临时道路，通常是指施工现场内部及工地附近短距离的道路修建。大量的运输道路应尽量利用现有的和拟建工程永久性道路为施工服务。

工地修建临时道路的路面种类和厚度。对道路的技术要求，须视使用条件和路基土壤不同而定。修建临时道路的有关资料，见表 4.4.23 和表 4.4.24。

表 4.4.23　　简易公路技术要求表

指标名称	单位	技术标准
设计车速	km/h	≤20
路基宽度	m	双车道 6～6.5；单车道 4.4～5；困难地段 3.5
路面宽度	m	双车道 5～5.5；单车道 3～3.5
平面曲线最小半径	m	平原、丘陵地区 20；山区 15；回头弯道 12
最大纵坡	%	平原地区 6；丘陵地区 8；山区 9
纵坡最短长度	m	平原地区 100；山区 50

10. 工程质量和安全保证措施

11. 文明施工、环境保护保证措施

12. 冬、雨季，台风及高温季节的施工保证措施

上述 10、11 和 12 详细内容参见 4.4.4 相关部分内容。

表 4.4.24　　临时道路路面种类和厚度

路面种类	特点及其使用条件	路基土	路面厚度（cm）	材料配合比
级配砾石路面	可通行较多车辆，雨天照常通车，对材料级配要求严格	砂质土	10～15	体积比：黏土：砂：石子＝1：0.7：3.5 重量比： 1. 面层：黏土 13%～15%，砂石 85%～87% 2. 底层：黏土 10%，砂石混合料 90%
		黏质土和黄土	14～18	
碎（砾）石路面	雨天照常通车，碎(砾)石含土较多，不加砂	砂质土	10～18	碎（砾）石＞65%，当地土壤含量≤35%
		砂质土或黄土	15～20	
碎砖路面	雨天可通车，通行车辆较少	砂质土	13～15	热层：砂或炉渣 4～5cm 底层：碎砖 7～10cm 面层：碎砖 2～5cm
		黏质土或黄土	15～18	
炉渣或矿渣路面	雨天可通车，通行车辆较少，工地附近地此类材料可以利用	一般土	10～15	炉渣或矿渣 75%，当地土 25%
		软松软土	15～30	
砂土路面	雨天停车，通行车辆较少，就近取材	砂质土	15～20	粗砂 50%，细砂、粉砂和黏质土 50%
		黏质土	15～30	
石灰土路面	雨天停车，通行车辆较少，就近取材	一般土壤	10～13	石灰 10%，当地土壤 90%

4.4.4 单位工程施工组织设计的编制

给排水工程的单位工程指泵房、滤池、清水池、曝气池、消化池、给水管道、排水管道等单个构筑物或管道工程。

单位工程施工组织设计的内容参见表 4.4.2 施工组织设计的内容，这里仅主要介绍部分内容。

1. 编制依据

（1）工程承包合同及附件，建设单位和上级领导机关对该单位工程的要求和意图等。

（2）施工图纸及有关技术文件和要求。包括：单位工程的全部施工图样、会审记录和相关标准图等有关设计资料。较复杂的工程还应了解设备图样和设备安装对土建施工的要求，设计单位对新结构、新技术、新材料和新工艺的要求。

（3）预算文件，预算成本和工程量等。

（4）企业的年度施工计划。对该工程开竣工时间的规定、工期要求及规定的各项施工指标以及与其他项目交叉施工的安排等。

（5）施工组织总设计对本工程的工期、质量和成本控制的目标要求。

（6）施工现场条件和具体情况。如施工现场的地形、地貌，地上与地下障碍物，水文地质，交通运输道路及测量控制网，施工现场可占用的场地面积等。

（7）工程所在地的气象资料。如施工期间的最低、最高气温及延续时间，雨季、雨量、台风等。

（8）主要施工机械、材料、设备构件、加工品等供应条件。主要包括工程所在地的主要建筑材料、构配件、半成品的供货来源，供应方式及运距和运输条件等。

（9）劳动力配备情况。主要有两个方面的资料：一方面是企业能提供的劳动力总量和各专业工种的劳动人数，另一方面是工程所在地的劳动力市场情况。

(10) 国家和地区的有关规范、规程、规定及定额等技术资料。包括标准图集、地区定额手册、国家操作规程及相关的施工与验收规范、施工手册等。同时也包括企业类似建设工程项目的经验资料、企业定额等。

(11) 建设单位提供可为施工服务或利用的有关条件。如现场“三通一平”情况，临时设施以及合同中约定的建设单位供应的材料、设备等。

2. 工程概况

(1) 工程特点。包括：占地面积，体积，结构特征，抗渗、抗冻、抗震的要求，管线铺设和设备安装的难易程度，工作量，主要工程实物量及交付使用期限等。

(2) 施工现场特征。包括：位置，地形及地貌，工程与水文地质条件，不同深度的土壤分析，地下水水位，气象，冬雨季和汛期时间，主导风向，风力，地震烈度等。

(3) 施工条件。包括：“三通一平”情况，物资来源及供应情况，施工机械，劳动力以及施工技术和管理水平等。

通过上述分析，应指出该工程的施工特点和施工中的关键问题。

3. 施工方案

(1) 确定总的施工程序及施工流向。施工程序是组织单位工程施工的分部工程、专业工程，或施工阶段间的相互连接、相互制约的关系。诸如：

1) 组织单位工程施工，必须坚持先作好施工准备工作方准开工；工程开工应遵守“先场外后场内”，“先地下、后地上”，“先主体、后附属”，“先土建、后设备安装”的原则。

2) 对于工业项目，不仅要合理安排土建工程施工进度，还应为工艺设备及管道等的安装提供施工工作面。而且须根据设备性质、安装方法、工程用途等因素，安排土建与设备安装工程之间的合理施工程序，力求缩短工期，使工程早日竣工投产。

3) 对于分成几个系列的净、配水厂、污水处理厂等，施工程序可先建一个处理系统，确保其先行投产，并有计划地向其他系列铺开。

施工流向的确定是解决单个建筑物或构筑物在空间上的合理施工顺序问题，即确定单位工程在平面或竖向施工开始的部位。确定施工流向一般应考虑建设单位对生产和使用先后的需要、生产工艺过程、适应施工组织的分区分段、单位工程各部分施工的复杂程度等因素。例如：

a. 对于单层构筑物要定出分段（“仓”）施工在平面上的施工流向，对于高大的水塔、冷却塔、沉井等构筑物，除了要定出平面流向外，还须定出分层施工的流向。

b. 组织管道工程施工时，为了保证其分期使用，排水管道应按“先下游后上游”的顺序施工，而给水管道应按“先上游后下游”的顺序进行施工，并应符合“先干管后支管，先深后浅”的原则。

通常，可先按构筑物结构部位的不同施工特点，分为土方与基础、主体结构工程、设备电气工艺管道安装、调试交验等多个阶段，再确定各阶段各部分项工程的施工顺序。

(2) 主要分部分项工程施工方法选择。就单位工程施工组织设计而言，在选择施工方法时应着重考虑对整个工程施工影响重大的主要分部（项）工程，通常称为主导工程。对于一般的分项工程，只需提出应注意的一些特殊问题，无须详细拟定。但对下列项目，应详细而具体，必要时应编制单独的分部（项）工程作业设计，诸如：

1) 工程量大的在单位工程中占重要地位的分部（项）工程。

2）施工技术复杂或采用新技术、新工艺及对工程质量起关键作用的分部（项）工程。

3）不熟悉的特殊结构工程或由专业施工单位施工的特殊专业工程等。

在施工方法的拟定中，选择施工机械是中心环节。合理地选择施工机械，应注意的问题有：

a. 首先应选择主导工程的施工机械，并根据工程特点决定其最适宜的类型。

b. 为了充分发挥主导机械的效率，必须使与之配套的各种辅助机械或运输工具在生产能力上相互协调一致，且能保证充分利用主导机械的生产率。

c. 应力求减少同一施工现场不同类型和型号的机械。当工程量不大且较分散时，尽量采用能适应不同分部（项）工程的多用途机械。

在拟定施工方法时、不仅要确定进行这一项目的工艺操作过程和方法，而且需提出质量要求以及达到这些质量要求的技术措施。同时提出必要的安全措施及节约材料措施等，并要预见实施中可能发生的问题和提出预防措施。

（3）施工方案的技术经济比较。施工方案的选择，通常会有多种可行的施工方法、施工机械和施工组织方案来完成。这些方案在技术经济上各有其优缺点，因而必须进行方案的比选。

施工方案的技术经济比较有定性分析和定量分析两种方法。定性分析，是结合实际的施工经验对方案的一般优缺点、施工条件和费用进行比较。比较时主要考虑：施工操作的难易程度和安全、质量的可靠性；对冬雨季或汛期施工带来困难的多少；施工机械和设备的使用情况；施工协作、材料、技术资源等供应条件；工期长短；为后续工程提供有利条件的可能性；施工组织管理水平等。定量分析，需要经过实地调查取得确切资料，计算各方案的工期、劳动力、材料消耗、机械类型及台班需用量、成本费用等加以比选确定。对重要施工方案，一般须以定性、定量分析方法相结合进行比选以确定最适宜的施工方案。

4. 施工进度、施工准备和各项资源需用量计划

（1）施工进度计划。编制进度计划所需基本项目见表4.4.25。

表4.4.25　　施工进度计划基本项目一览表

序号	分部分项工程名称	工程量		定额	劳动量		需要的机械		每天工作班	每天工人数	紧前工作	进度安排					
		单位	数量		工种	数量（工日）	机械名称	台班数				月			月		

施工进度计划的编制，可以采用横道图、网络图（时标或无时标）等形式。其中，网络图应用较为普遍。不少单位已推广应用电子计算机，编制了多功能适宜的系统软件，用于网络计划的编制、优化、动态控制与管理。多年来的实践证明，应用网络计划技术是取得最佳效果的有效方法。

编制施工进度计划的一般步骤包括：

1）确定施工项目及划分流水施工段。确定施工项目（工序）须根据单位工程结构特点、拟定的施工方法、施工程序与顺序、劳动组织与施工机械以及施工条件等因素确定。施工项目划分的粗细，应按照进度计划的需要及便于组织管理而定。对于主要的分部分项

工程和需要穿插配合施工又较复杂的项目要细分，不能漏项；次要的项目划分可粗些，或合并列项；零星项目可合并为“其他工程”一项。此外，施工项目的划分，尽量与预算项目对口，以便于劳动量和机械台班数的计算，也方便成本控制与核算。

对采用流水作业法组织现浇钢筋混凝土工程或管道工程施工时，应根据结构特点和部位合理划分流水作业施工段。

2）计算工程量。一般可采用施工图预算的数据，或按施工图纸和有关工程量计算规则进行计算。公逐应按照采用的施工方法取用实际数据（如土方开挖的放坡、支撑、回填等的要求）。为了便于组织施工。还需按施工流水段的划分计算分段、分层的工程量。

3）确定劳动量和机械台班数。劳动量和机械台班数的确定，要根据分项（工序）的工程量、施工方法和应用现行的相应定额手册，按下式求得：

$$P=Q/S$$

或

$$P=QH$$

$$P_1=Q/S_1$$

或

$$P_1=QH_1$$

式中：P 为某分项（工序）工程所需劳动量（工日）；P_1 为某分项（工序）工程所需机械台班（台班）；Q 为某分项（工序）工程量（m^3、m^2、t）；S 为产量定额（m^3、m^2、t/工日）；S_1 为机械产量定额（m^3、m^2、t/台班），参见表 4.4.25、表 4.4.26、表 4.4.27；H 为时间定额（工日/m^3、m^2、t）；H_1 为机械时间定额（台班/m^3、m^2、t）。

当定额中的项目过细时，可用同一性质不同类型的分项工程的产量定额和相应的工程量，计算其扩大合并后的平均产量定额，以适应编制施工进度计划的要求；对于采用新工艺、新技术和特殊施工方法的项目，其定额尚未列入定额手册时，可参考类似项目的定额与实验资料确定；对于零星工作合并列项的“其他工程”，可根据其内容和数量，结合工地实际情况，以总劳动量的一定百分比计算，一般约占总劳动量的10%～20%。

4）确定各分部（项）工程的作业时间。在确定了各分部（项）工程的劳动量和机械台班量后，根据拟定的施工方法、劳动组织、机械数量，并考虑施工工作面的大小以及施工单位计划配备在各分部（项）工程上每天出勤人数和机械数量，确定各分部（项）工程的作业时间。其计算式为：

$$T=P/(n\cdot b)$$

式中：T 为完成某分部（项）工程的作业时间；P 为某分部（项）工程所需劳动量（工日），或机械台班数量（台班）；n 为每班安排在某分部（项）工程上施工机械台数或劳动人数；b 为每天工作班数。

对于采用新工艺、新技术或特殊施工方法的分部（项）工程，当难于确定其作业时间时，可采用计划评审技术（PERT）的 3 时估计法确定，计算式为：

$$T=\frac{a+4c+b}{6}$$

式中：a 为最少时间；c 为最大可能的时间；b 为最长时间。

将以上各步骤所求得的基本数据，分别列入前述表 4.4.24 中。

5）安排进度计划，绘制施工网络图表。按照已填入表 4.4.24 中各项基本资料和数据，根据拟定的各分部（项）工程总的施工程序、流向及施工顺序，组织各分部（项）工程间的先后、平行、流水和搭接作业关系，绘制施工网络图表。

6）施工进度计划的检查与调整。施工进度计划在初步安排后、应依下列内容进行全面检查：安排的总工期是否满足规定的工期；在合理的施工顺序下，劳动力、材料、机械需用量是否存在较大的不均衡消耗；施工机械是否充分利用；平行搭接和技术间歇是否合理等。

经过检查，对存在的问题，须采取有效的技术措施和组织措施进行调整和修改。

（2）施工准备工作计划。编制施工准备工作计划，应根据施工具体需要和进度计划的要求进行。施工准备工作计划的编制内容，参见 4.1.1 施工准备工作的内容。单位工程施工准备工作计划常采用表 4.4.26 所示形式。

表 4.4.26　　单位工程施工准备工作计划

序号	准备工作名称	准备工作内容	主办单位	协办单位	完成时间	负责人

（3）各项资源需要量计划。

1）劳动量需要量计划，见表 4.4.27。

表 4.4.27　　×工程劳动量需要量计划

序号	工种名称	需用总工日数	需用人数及时间									备注
			×月			×月			…			
			上	中	下	上	中	下	上	中	下	

2）材料需要量计划，其格式见表 4.4.28。

表 4.4.28　　×工程材料需要量计划

序号	材料名称	规格	需要量		需用计划									备注
					×月			×月			…			
					上	中	下	上	中	下	上	中	下	

3）构件和加工半成品需要量计划，其格式见表 4.4.29。

表 4.4.29　　×工程×构件和加工半成品需要量计划

序号	构件和加工半成品名称	图号及型号	规格尺寸（mm）	单位	数量	要求供应起止日期	备注

4）施工机具需要量计划，其格式见表 4.4.30。

表 4.4.30　　×工程施工机具需要量计划

序号	机具名称	规格	单位	需要数量	使用起止日期	备注

5. 施工平面图设计

绘制单位工程施工平面图的比例一般为1∶200～1∶500。

(1) 单位工程施工平面图的设计内容。

1) 总平面图上的已建和拟建地上、地下建筑物、构筑物和管线的位置、尺寸。

2) 测量放线标桩、地形等高线及土方取弃场地。

3) 垂直运输井架位置，塔式起重机、泵车、混凝土搅拌运输车等行走机械开行路线，必要时应绘出预制构件布置位置。

4) 施工用临时设施布置。

5) 一切安全及防火设施的布置等。

(2) 单位工程施工平面图的设计依据（参见4.4.3）。

(3) 施工平面图的设计原则（参见4.4.3）。

(4) 施工总平面图的设计步骤：

1) 确定起重机械、垂直运输机具的数量和位置。

2) 确定搅拌站、仓库、材料、构件、堆场及加工厂（站）的位置。

按照施工进度计划和临时设施确定的各项内容、规模、面积和形式，它们的布置应尽量靠近使用地点或在起重机工作范围内。仓库堆场应能适应各个施工阶段的需要，能按使用先后供多种材料堆放。

3) 布置运输道路。运输道路应沿仓库、堆场、加工厂（站）布置，且宜采用环行线路，并结合地形沿道路两侧设置排水沟。现场主要道路应尽量利用永久性道路，或先修筑路基，待工程施工后再铺路面。

4) 布置门卫、收发、办公等行政管理及生活福利临时用房。

5) 布置水电管网。临时供水、供电线路尽量利用现有的水、电源接到使用地点，力求线路最短。其具体计算和布置，应按暂设工程设计确定。

6) 为确保施工现场安全，应有统一的消防设施；火车通过的道口应设防护落杆；悬崖陡坡应设标志，现场井、坑、孔洞等设围栏；工地变压站四周应围护；钢制井架、脚手架、桅杆在雨季应有避雷装置；沿江河修建构筑物工程时，应考虑汛期防洪防汛设施等。

7) 在多专业、多单位施工的情况下、还应综合考虑各专业工程在各施工阶段中的要求将现场平面合理划分，使各专业工程各得其所。

设计施工平面图，常可有多个方案，必须进行方案比较，再作决断。

6. 主要技术组织措施

在编制单位工程施工组织设计中，必须根据工程特点、结构特征和施工条件，具体制定以下措施：保证工程质量措施；保证施工安全措施；保证施工进度措施；降低工程成本措施；提高劳动生产率措施；节约三大材料措施；冬雨季施工措施等。

(1) 质量保证措施。保证工程质量的关键是对施工组织设计的工程对象经常发生的质量通病制定防治措施，可以按照各主要分部分项工程提出的质量要求，也可以按照各工种工程提出的质量要求。保证工程质量的措施可以从以下各方面考虑：

1）确保拟建工程定位、放线、轴线尺寸、标高测量等准确无误的措施。

2）为了确保地基土承载能力符合设计规定的要求而应采取的有关技术组织措施。

3）各种基础、地下结构、防水施工的质量措施。

4）确保主体承重结构各主要施工过程的质量要求；各种预制承重构件检查验收的措施；各种材料、半成品、砂浆、混凝土等检验及使用要求。

5）对新结构、新工艺、新材料、新技术的施工操作提出质量措施或要求。

6）冬、雨期施工的质量措施。

7）抹灰及装饰操作中，确保施工质量的技术措施。

8）解决质量通病措施。

9）执行施工质量的检查、验收制度。

10）提出各分部工程的质量评定的目标计划等。

（2）安全保证措施。

1）安全生产管理组织机构。

2）保证安全生产的技术管理措施。在单位工程施工组织设计，应结合项目的具体特点，提出相应的安全施工与保证措施，对施工中可能发生的安全问题进行预测，其主要内容有：

a. 建立安全保证体系，落实安全责任。

b. 制定完善的安全保证保护措施。

c. 预防自然灾害措施：包括防台风、防雷击、防洪水、防地震等。

d. 防火、防爆措施：包括大风天气严禁施工现场明火作业，明火作业要有安全保护，氧气瓶防震、防晒和乙炔罐严禁回火等措施。

e. 劳动保护措施：包括安全用电、高空作业、交叉施工、防暑降温、防冻防寒和防滑防坠落，以及防有害气体等措施。

f. 特殊工程安全措施：如采用新结构、新材料或新工艺的单项工程，要编制详细的安全施工措施。

g. 建立安全的奖罚制度。

h. 制定安全事故应急救援措施。

（3）工期保证措施。

1）进行项目法管理，组织精干的、管理方法科学的承包班子，明确项目经理的责、权、利，充分调动项目施工人员的生产积极性，合理组合交叉施工，以确保工期按时完成。

2）配备先进的机械设备，降低工人的劳动强度，不仅可加快工程的进度，而且可提高工程质量。

3）采用“四新”技术，以先进的施工技术提高工程质量，加快施工速度。

（4）降低成本措施。降低成本措施的制定应以施工预算为尺度，以企业（或基层施工单位）年度、季度降低成本计划和技术组织措施计划为依据进行编制。降低成本措施应包括节约劳动力、材料费、机械设备费用、工具费、间接费及临时设施费等措施。一定要正确处理降低成本、提高质量和缩短工期三者的关系，对措施要计算经济效益。要针对工程施工中降低成本潜力大的（工程量大、有采取措施的可能性及有条件的）项目，充分开动脑筋，把措施提出来，并计算出经济效益和指标，加以评价、决策。这些措施必须是不影响质量且能保证安全的，它应考虑以下方面：

1）生产力水平是先进的。

2）有精心施工的领导班子来合理组织施工生产活动。

3）有合理的劳动组织，以保证劳动生产率的提高，减少总的用工数。

4）物资管理的计划性，从采购、运输、现场管理及竣工材料回收等方面，最大限度地降低原材料、成品和半成品的成本。

5）采用“四新”技术，以提高工效，降低材料耗用量，节约施工总费用。

6）保证工程质量，减少返工损失。

7）保证安全生产，减少事故频率，避免意外工伤事故带来的损失。

8）提高机械利用率，减少机械费用的开支。

9）增收节支，减少施工管理费的支出。

10）工程建设提前完工，以节省各项费用开支。

（5）冬期施工措施。

1）合理安排好季节性施工项目。

2）冬期施工前，明确各分部、分项工程技术负责人员和岗位职责。

3）根据实际情况编制冬期施工方案，对其施工程序、防冻、测温及质量安全等方面作周密部署，同时做好冬期施工技术交底。

4）冬期施工期间，对外加剂添加、原材料加热、混凝土养护和测温、试块制作养护、加热设施管理等各项冬施措施都要设专人负责，切实保证工程质量。

5）指定专人做好各项冬期施工记录。

6）冬期施工期间，应指定专人收听收看天气预报信息，做好记录并及时传达有关人员。

7）现场要做好保温材料等冬季施工物资的准备工作，做好现场排水工作。

（6）雨期施工措施。

1）工程施工前，在基坑边设集水井和排水沟，及时排除雨水和地下水，把地下水的水位降至施工作业面以下。

2）做好施工现场排水工作，将地面水及时排出场外，确保主要运输道路畅通，必要时路面要加铺防滑材料。

3）现场的机电设备应做好防雨、防漏电措施。

4）混凝土连续浇筑，若遇雨天，用棚布将已浇筑但尚未初凝的混凝土和继续浇筑的混凝土部位加以覆盖，以保证混凝土的质量。

7. 文明施工与环境保护

文明施工与环境保护是施工现场管理的重要内容，文明施工与环境保护是现代化施工的一个重要标志，是施工企业一项基础性的管理工作。坚持文明施工与环境保护具有重要的意义。安全生产与文明施工、环境保护是相辅相成的，安全施工不但要保证职工的生命财产安全，同时要加强现场文明施工与环境保护管理，保证施工井然有序，改变过去现场脏、乱、差的面貌，对提高效益保证工程质量都有重要的意义，因而在单位工程施工组织设计中应制定具体的文明施工与环境保护的措施。

其主要内容有：

（1）现场场地应平整无障碍物，有良好的排水系统，保证现场整洁。

（2）现场应进行封闭管理，防止“扰民”和“民扰”问题，同时要保护环境，美化市容，对工地围挡（墙）、大门等的设置应符合当地市政环卫部门的要求。

（3）要求现场各种材料或周转材料用具等应分类整齐堆放。

（4）防止施工环境污染，提出防止废水、废气、生产、生活垃圾及防止施工噪声，施工照明污染的措施。

（5）宣传措施，如围墙上的宣传标语应体现企业的质量安全理念，“五牌一图与两栏一报”一应俱全。

（6）对工人应进行文明施工与环境保护的教育，要求他们不能乱扔、乱吐、乱说、乱骂等，应言行文明，衣冠整齐。同时应制定相应的处罚措施。

（7）对施工现场的树木和绿地采取有效的保护措施等。

8. 技术经济指标及结束语

评价单位工程施工组织设计或施工方案的技术经济指标很多，其主要指标见表4.4.30，使用时要结合本单位当前各项指标的执行情况而定，不要全部生搬硬套。

最后，应简明扼要地说明本设计贯彻实施及修改执行的负责单位和负责人等。另外，尚应概括说明本设计仍存在的问题及有关建议。

表 4.4.31　　主要技术经济指标

	指标名称	定义或表达式
1	施工工期	从工程正式开工到竣工所需要的时间
2	劳动生产率	（1）产值指标： $工人劳动生产系=\frac{自行完成施工产值}{建筑安装工人（包括徒工、民工）平均人数}$（元/人） （2）实物量指标： 1）$工人劳动生产率=\frac{完成某工种工程量}{某工种平均人数}$（工程量单位/人） 2）$单位工程量用工=\frac{完成劳动工日数}{完成工程量}$（工日/单位工程量）
3	劳动力不平衡系数 K	$K=\frac{施工期高峰人数}{施工期平均人数}$
4	降低成本额和 降低成本率	降低成本额＝预算成本－计划成本 $降低成本率=\frac{降低成本额}{预算成本}\times100\%$
5	工程质量与安全指标	（1）$机械利用率=\frac{某种机械平均每台班实际产量}{某种机械台班定额产量}\times100\%$ （2）$临时工程投资比=\frac{全部临时工程投资}{建筑安装工程总值}\times100\%$ （3）$机械化施工程度=\frac{机械化施工完成工作量（实物量）}{总工作量（实物量）}\times100\%$
6	其他指标	

学 习 小 结

本项目主要介绍了施工项目准备工作的重要性与要求；施工项目准备工作的内容，施工准备工作计划的编制与实施；流水施工的概念、特点、组织方式；流水施工参数，横道计划；网络计划技术的概念和应用，网络计划的优化以及施工组织设计的编制要点和方法。

能力训练题

一、简答题

1. 施工准备工作的内容和意义是什么？
2. 流水施工的特点、组织条件有哪些？
3. 流水施工组织方式有哪些，分别具有什么特点？
4. 什么是网络计划？其基本原理是什么？
5. 网络图与横道图比较各自有什么特点？
6. 双代号网络图的绘制规则有哪些？
7. 什么是虚箭线？有什么作用？
8. 如何进行虚箭线的判定？
9. 施工组织设计的类别有哪些？
10. 施工进度计划如何编制？

二、选择题

1. 单代号网络图中节点代表（　　）。

A. 上道工序的结束　　B. 下道工序的开始

C. 一项工作　　D. 以上都不对

2. 某工程双代号网络计划如题图 4.1 所示，其关键线路有（　　）条。

A. 4　　B. 6

C. 8　　D. 7

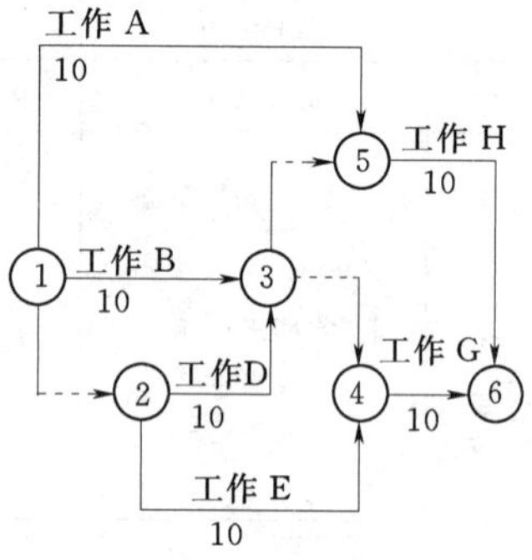

题图 4.1

3. 网络优化的目标中没有（　　）。

A. 工期　　B. 费用

C. 资源　　D. 工程量

4. 若用斜线图表示非节奏流水施工进度计划，则其图形是（　　）。

A. 一组平行直线　　B. 一组不平行直线

C. 一组折线　　D. 都不是

5. 双代号网络计划中，某节点 j 的最早时间为 6 天，以其为终点节点的工作 $i-j$ 的总时差 $TF_{i-j}=5$ 天、自由时差 $FF_{i-j}=3$ 天，则该节点的最迟时间为（　　）。

A. 8 天　　B. 9 天

C. 11 天　　D. 14 天

6. 某工程时标网络图如题图 4.2 所示，则工作 D 的最早和最迟开始时间为（　　）。

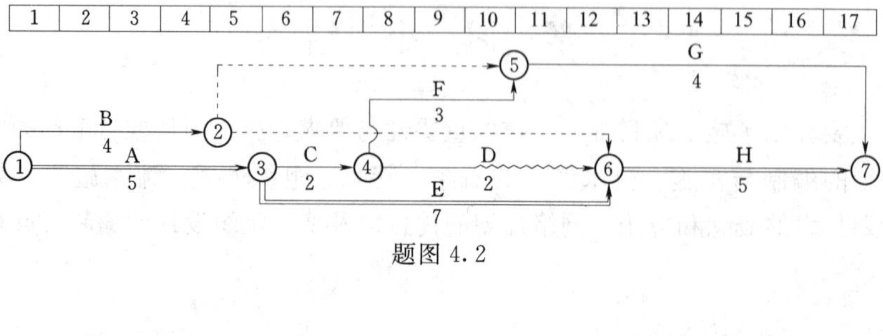

题图 4.2

A. 7 和 9　　B. 8 和 10　　C. 7 和 10　　D. 8 和 11

7. 不是时标网络计划的基本符号是（　　）。

A. 箭线　　B. 波形线

C. 虚箭线　　D. 点划线

8. 双代号网络图中的实工作（　　）。

A. 不占用时间，也不消耗资源　　B. 不占用时间，但消耗资源

C. 占用时间，而且消耗资源　　D. 占用时间，但未必消耗资源

9. 下列（　　）不属施工现场准备。

A. 三通一平　　B. 测量放线

C. 临时设施的搭设　　D. 编制施工组织设计

三、计算题

1. 某分部工程有 A、B、C 三个施工过程，若分为三个施工段施工，每段节拍值分别为 3 天、1 天、2 天。请绘出双代号非时标网络图，用标号法找出关键线路并确定计算工期。

2. 某建筑工程经设计确定的施工过程为 A、B、C、D，施工段数为 4，每段节拍分别为 4 天、1 天、2 天和 1 天，试分别绘出流水施工和搭接施工进度计划表。

3. 根据下表所示内容，试计算流水步距并绘制施工进度计划表。

施工段	施工过程			
	A	B	C	D
①	3	3	4	3
②	3	4	3	3
③	4	3	3	2
④	4	4	3	2

4. 已知网络计划如题图 4.3 所示，图中箭线下方括号外数字为工作的正常持续时间（单位：天），括号内数字为最短持续时间；箭线上方括号外数字为工作按正常持续时间完成时所需直接费（单位：万元），括号内数字为按最短持续时间完成时所需直接费。该工程的间接费率为 0.6 万元/天。试对该网络计划进行费用优化。

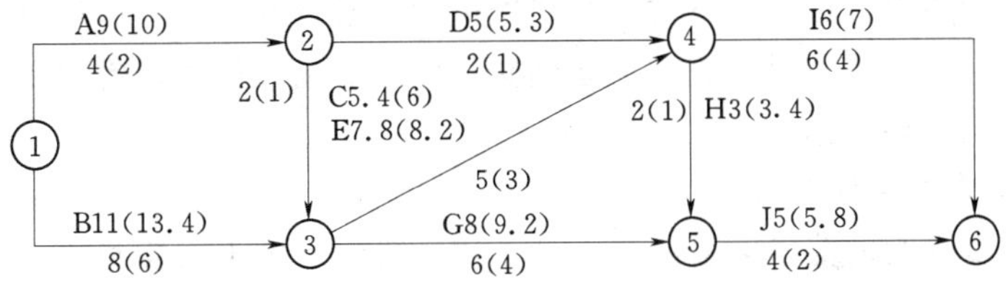

题图 4.3

5. 已知各工作的逻辑关系如题表 4.1 所示，试绘制双代号网络图，并计算出工期和表明关键线路。

题表 4.1

本工作	A	B	C	D	E	G	H	I	J
紧后工作	E	H，A	J，G	H，I，A	___	H，A	___	___	E
持续时间	3	2	2	4	2	3	3	4	5

项目5　施工项目目标控制

学习目标：通过本项目的学习，能够制定进度控制目标、制定项目控制性进度计划和作业性进度计划；掌握进度计划的检查、分析方法，能够编制进度计划检查结果报告；掌握进度计划的调整方法；懂得施工项目成本预测的依据和程序；懂得施工项目成本控制的过程和内容及手段；会进行施工项目成本预测与计划的编制及方法选择、施工项目成本管理考核；能完成施工项目成本计划的编制，完成施工项目成本的控制任务；能够组织进行项目质量计划的制订，掌握质量控制的程序；能够运用动态控制原理进行质量控制；能够组织建立有关纠防措施；能够总结项目质量管理工作，并能够提出进一步的改进要求；能够制定安全生产技术措施计划，组织安全技术措施计划的实施；掌握职业健康安全隐患和处理安全事故应遵循的程序。

5.1　施工项目的质量控制

5.1.1　施工项目质量控制概述

1. 施工项目质量控制的基本概念

质量控制是指在明确的质量目标条件下通过行动方案和资源配置的计划、实施、检查和监督来实现预期目标的过程。

施工项目质量控制是指在施工项目质量目标的指导下，通过对项目各阶段的资源、过程和成果所进行的计划、实施、检查和监督，来判定它们是否符合有关的质量标准，并找出方法消除造成项目成果不令人满意的原因。

质量控制不同于质量管理。质量控制是质量管理的一部分，致力于满足质量要求，如适用性、可靠性、安全性等。质量控制属于为了达到质量要求所采取的作业技术和管理活动，是在有明确的质量目标条件下进行的控制过程。质量管理是工程项目各项管理工作的重要组成部分，它是工程项目从施工准备到交付使用的全过程中，为保证和提高工程质量所进行的各项组织管理工作。

2. 施工项目质量控制的范围

施工项目质量控制的范围涵盖勘察设计、招标投标、施工安装和竣工验收四个阶段的质量控制。在不同的阶段，质量控制的对象和重点不完全相同，需要在实施过程中加以选择和确定。

3. 施工项目质量控制与产品质量控制的区别

相对于产品质量控制来说，由于施工项目质量控制是一个复杂的、非周期性过程，各种不同类型的项目，其区域环境、施工方法、技术要求和工艺过程不可能完全相同，因此施工项目的质量控制更加困难。施工项目质量控制与产品质量控制的主要区别有：

（1）影响因素多样性。工程项目的实施是一个动态过程，因此影响项目质量的因素也是动态变化的。项目在不同阶段、不同施工过程，其影响因素也不完全相同，这就造成工程项目质量控制的因素众多、复杂，使工程项目的质量控制比产品的质量控制要困难得多。

（2）项目质量变异性。工程项目施工与工业产品生产不同，工业产品生产有固定的生产线以及相应的自动控制系统、规范化的生产工艺和完善的检测技术，有成套的生产设备和稳定的生产环境，有相同系列规格和相同功能的产品。而由于影响工程项目质量的偶然性因素和系统性因素都较多，因此，工程项目很容易产生质量变异。

（3）质量判断难易性。工程项目在施工中，由于工序交接多、中间产品和隐蔽工程多，造成质量检测数据的采集、处理和判断的难度加大，由此容易导致对项目的质量状况作出错误判断。而产品生产具有相对固定的生产线和较为准确、可靠的检测控制手段，因此相对来说，更容易对产品质量作出正确的判断。

（4）项目构造分解性。项目建成后，构成一项建筑（或土木）工程产品的整体，一般不能解体和拆分，其中有的隐蔽工程内部质量的检测，在项目完成后，很难再进行检查。对已加工完成的工业产品，一般都能一定程度上予以分解、拆卸，进而可再对各零部件的质量进行检查，达到产品质量控制的目的。

（5）项目质量的制约性。工程项目的质量受费用、工期影响的制约较大，三者之间的协调关系不能简单地偏顾一方，要正确处理质量、费用、进度三方关系，在保证适当、可行的项目质量基础上，使工程项目整体最优。而产品的质量标准是国家或行业规定的，只需完全按照有关质量规范要求进行控制，不受生产时间、费用的限制。

5.1.2 施工项目质量控制的影响因素

影响施工项目质量控制的因素很多，其中以下面几个为主要影响因素。

1. 人的因素

人是工程项目质量活动的主体，泛指与工程有关的单位、组织和个人，包括建设单位、勘察设计单位、施工承包单位、监理及咨询服务单位、政府主管及工程质量监督监测单位以及策划者、设计者、作业者和管理者等。人既是工程项目的监督者又是实施者，因此，人的质量意识和控制质量的能力是最重要的一项因素。这一因素集中反映在人的素质上，包括人的思想意识、文化教育、技术水平、工作经验以及身体状况等，都直接或间接地影响工程项目的质量。从质量控制的角度，则主要考虑以下几个方面：

（1）资质条件。建筑业实行执业资格注册制度、持证上岗制度以及质量责任制度等，严禁无证设计、无证施工。领导者和主要管理人员（如总工程师、总会计师、项目经理、各部门经理等）的资质条件对工程项目的质量控制起着重要影响，应在组织设计中对其岗位、职位的要求加以说明，如最低的学历要求或相关工作经历要求等；从事技术管理的人员还应有相应的专业知识要求；对主要的技术人员，应对其具有的文化素质（学历或学位证书）、专业知识（职称资格证书）和实践能力（职业资格证书）等提出参考要求，并要进行相关的职业培训；对技术工人要求具有从事本专业工作的资质证书或上岗培训证书，具有较丰富的专业知识和操作技能，熟悉相关的项目操作规程和质量标准等。

（2）生理条件。人的生理条件主要指是否有缺陷性疾病，如精神失常、智商过低、影响工作质量的严重疾病等。针对具体的工作内容，还要对特定的工种限制患有特定疾病的人，如患有高血压、心脏病和恐高症的人，不应从事高空作业和水下作业；视力、听力较差的人，不适合从事测量工作和以灯光、音响、旗语进行指挥的作业；反应迟钝、应变能力差的人，不宜操作快速运转的仪器设备等。

(3) 心理因素与行为。人的心理失常会使人的注意力不集中、厌倦、烦躁不安，引起工作质量下降；其他由于主观因素引起的打闹嬉笑、粗心大意、玩忽职守等行为，也会引起质量问题或事故，需要严格加以控制。

2. 工程项目材料

项目材料方面的因素包括原材料、半成品、成品、构配件、仪器仪表和生产设备等，属于工程项目实体的组成部分。这些因素的质量控制主要有以下方面：

(1) 采购质量控制。承包单位在采购订货前应充分调查市场信息，优选供货厂家，并向监理方申报所购材料的数量、品种、规格型号、技术标准和质量要求、计量方法、交货期限与方式、价格及供货方应提供的质量保证文件等。

(2) 制造质量控制。对于一些重要设备、器材或外包件可以采取对生产厂家制造实行监造方式，进行重点或全过程的质量控制。

(3) 材料、设备进场的质量控制。对运到施工现场的原材料、半成品或构配件，必须具有合格证、技术说明书和产品检验报告等质量证明文件。对某些质量状况波动大的材料还要进行平行检验和抽样检验，使所有进场材料的质量处于可控状态。

(4) 材料、设备存放的质量控制。材料、设备进场后的存放，要满足各种材料、设备对存放条件的要求，要有定期的检查或抽样，以保证材料质量的稳定，并得到有效控制。

3. 施工设备和机具

施工设备和机具是实现工程项目施工的物质基础和手段，特别是现代化施工必不可少的设备。施工设备和机具的选择是否合理、适用与先进，直接影响工程项目的施工质量和进度。因此要对施工设备和机具的使用培训、保养制度、操作规程等加以严格管理和完善，以保证和控制施工设备与机具达到高效率和高质量的使用水平。

4. 项目的施工方案

工程项目的施工方案指施工技术方案和施工组织方案。其中，施工技术方案包括施工的技术、工艺、方法和相应的施工机械、设备和工具等资源的配置。而施工工艺、组织设计、施工技术措施、检测方法、处理措施等内容都直接影响工程项目的质量形成，其正确与否，水平高低不仅影响到施工质量，还对施工的进度和费用产生重大影响。因此，对工程项目施工方案应从技术、组织、管理、经济等方面进行全面分析与论证，确保施工方案既能保证工程项目质量，又能加快施工进度、降低成本。

5. 施工环境

影响工程项目施工环境的因素主要包括三个方面：工程技术环境、工程管理环境和劳动环境。

(1) 工程技术环境。影响质量控制的工程技术环境因素有工程地质、地形地貌、水文地质、工程水文和气象等。这些因素不同程度地影响工程项目施工的质量控制和管理。

(2) 工程管理环境。工程管理环境的主要影响因素有质量管理体系、质量管理制度、工作制度、质量保证活动、协调管理及能力等。如由总承包单位的工程承发包合同结构所派生的多单位多专业共同施工的管理关系，组织协调方式及现场施工质量控制系统等构成的管理环境，对工程质量的形成将产生相当的影响。

(3) 劳动环境。劳动环境因素主要包括施工现场的气候、通风、照明和安全卫生防护设施等。在工程项目的质量控制与管理中，环境因素是在不断变化的。如工程技术环境和劳动环境，随着工程项目的进展，地质条件、气象、施工工作面等都可能在不断变化，同时也将引起工程管理环境的变化，应根据工程项目特点和具体条件，采取有效措施对影响质量的环境因素进行管理。如建设工程项目，则要建立文明施工和文明生产的环境，保持材料、工件堆放有序，道路通畅，工作场所清洁整齐等，为确保工程质量创造良好条件。

5.1.3　施工项目质量控制的基本原理

1. PDCA 循环原理

工程项目的质量控制是一个持续过程，首先在提出项目质量目标的基础上，制定质量控制计划，包括实现该计划需采取的措施；然后将计划加以实施，特别要在组织上加以落实，真正将工程项目质量控制的计划措施落实到实处；在实施过程中，还要经常检查、监测，以评价检查结果与计划是否一致；最后对出现的工程质量问题进行处理，对暂时无法处理的质量问题重新进行分析，进一步采取措施加以解决。这一过程的原理是 PDCA 循环。

PDCA 循环又叫戴明环，是美国质量管理专家戴明博士首先提出的。PDCA 循环是工程项目质量管理应遵循的科学程序。其质量管理活动的全部过程，就是质量计划的制定和组织实现的过程，这个过程按照 PDCA 循环周而复始地运转着。

PDCA 由英语单词 Plan（策划、计划）、Do（实施、执行）、Check（检查）和 Action（处置、处理）的首字母组成，PDCA 循环就是按照这样的顺序进行质量管理，并且循环不止地进行下去的科学程序。工程项目质量管理活动的运转，离不开管理循环的转动，这就是说，改进与解决质量问题，赶超先进水平的各项工作，都要运用 PDCA 循环的科学程序。不论是提高工程施工质量，还是减少不合格率，都要先提出目标，即质量提高到什么程度，不合格率降低多少，即要有个策划，这个策划不仅包括目标，而且也包括实现这个目标需要采取的措施。策划制定好之后，就要按照计划进行实施及检查，看看是否实现了预期效果，有没有达到预期的目标。通过检查找出问题和原因，最后就是要进行处置活动，将经验和教训制定成标准、形成制度。

PDCA 循环作为工程项目质量管理体系运转的基本方法，其实施需要监测、记录大量工程施工数据资料，并综合运用各种管理技术和方法。一个 PDCA 循环一般都要经历以下四个阶段，如图 5.1.1 所示。

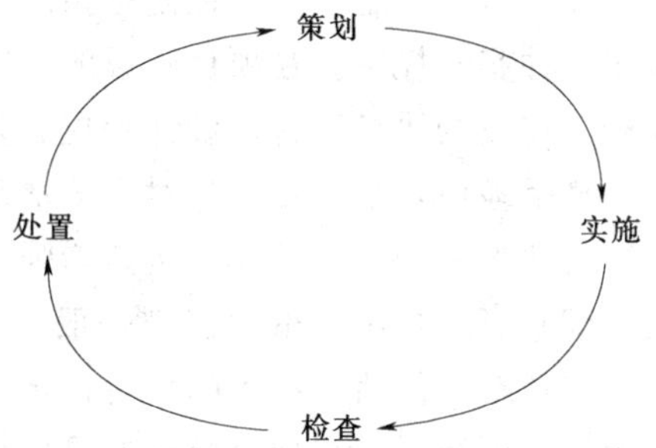

图 5.1.1　施工质量控制循环方法

在实施以上所述的 PDCA 循环时，工程项目的质量控制要重点做好施工准备、施工、验收、服务全过程的质量监督，抓好全过程的质量控制，确保工程质量目标达到预定的要求，具体措施如下：

（1）分解质量目标。将质量目标逐层分解到分部工程、分项工程，并落实到部门、班组和个人。以指标控制为目的，以要素控制为手段，以体系活动为基础，以保证在组织上加以全面落实。

(2) 实行质量责任制。项目经理是工程施工质量的第一责任人，各工程队长是本队施工质量的第一责任人，质量保证工程师和责任工程师是各专业质量责任人，各部门负责人要按照职责分工认真履行质量责任。

(3) 每周组织一次质量大检查，一切用数据说话，实施质量奖惩，激励施工人员，保证施工质量的自觉性和责任心。

(4) 每周召开一次质量分析会，通过各部门、各单位反馈输入各种不合格信息，采取纠正和预防措施，排除质量隐患。

(5) 加大质量权威，质检部门及质检人员根据公司质量管理制度可以行使质量否决权。

(6) 施工全过程执行业主和有关工程质量管理及质量监督的各种制度和规定，对各部门检查发现的任何质量问题应及时制定整改措施，进行整改，达到合格为止。

2. 工程项目质量控制三阶段原理

工程项目的质量控制，是一个持续的管理过程。从项目的立项到竣工验收属于项目建设阶段的质量控制，项目投产后到项目生命周期结束属于项目生产（或经营）阶段的质量控制。两者在质量控制内容上有较大的不同，但不管是建设阶段的质量控制，还是经营阶段的质量控制，从控制工作的开展与控制对象实施的时间关系来看，均可分为事前控制、事中控制和事后控制三种。

(1) 事前控制。事前控制强调质量目标的计划预控，并按照质量计划进行质量活动前的准备工作状态的控制。在工程施工过程中，事前控制的重点在于施工准备工作，且施工准备工作贯穿于施工的全过程：首先，要熟悉和审查工程项目的施工图纸，做好项目建设地点的自然条件、技术经济条件的调查分析，完成项目施工图预算、施工预算和项目的组织设计等技术准备工作；其次，做好器材、施工机具、生产设备的物质准备工作；还要组建项目组织机构以及核查进场人员的技术资质和施工单位的质量管理体系；编制好季节性施工技术组织措施，制定施工现场管理制度，组织施工现场准备方案等。

可以看出，事前控制的内涵包括两个方面，一是注重质量目标的计划预控，二是按质量计划进行质量活动前的准备工作状态的控制。

(2) 事中控制。事中控制是指对质量活动的行为进行约束、对质量进行监控，实际上属于一种实时控制。在项目建设的施工过程中，事中控制的重点在工序质量监控上。其他如施工作业的质量监督、设计变更、隐蔽工程的验收和材料检验等都属于事中控制。

概括地说，事中控制是对质量活动主体、质量活动过程和结果所进行的自我约束和监督检查两方面的控制。其关键是增强质量意识，发挥行为主体的自我约束控制能力。

(3) 事后控制。事后控制一般是指在输出阶段的质量控制。事后控制也称为合格控制，包括对质量活动结果的评价认定和对质量偏差的纠正。如工程项目竣工验收进行的质量控制，即属于工程项目质量的事后控制。项目生产阶段的产品质量检验也属于产品质量的事后控制。

3. 工程项目质量的三全控制原理

三全控制原理来自于全面质量管理（Total Quality Control，TQC）的思想，同时包容在 ISO9000—2000 版质量管理体系标准中，是指企业组织的质量管理应该做到全面、全过程和全员参与。在工程项目质量管理中应用这一原理，对工程项目的质量控制同样具有重要的理论和实践的指导意义。

(1) 全面质量控制。工程项目质量的全面控制可以从纵横两个方面来理解。从纵向的组织管理角度来看，质量总目标的实现依赖于项目组织的上层、中层、基层乃至一线员工的通力协作，其中高层管理能否全力支持与参与，起着决定性的作用。从项目各部门职能间的横向配合来看，要保证和提高工程项目质量必须使项目组织的所有质量控制活动构成为一个有效的整体。广义地说，横向的协调配合包括业主、勘察设计、施工及分包、材料设备供应、监理等相关方。“全面质量控制”就是要求项目各相关方都有明确的质量控制活动内容。当然，从纵向看，各层次活动的侧重点不同：上层管理侧重于质量决策，制定出项目整体的质量方针、质量目标、质量政策和质量计划，并统一组织、协调各部门、各环节、各类人员的质量控制活动；中层管理则要贯彻落实领导层的质量决策，运用一定的方法找到各部门的关键、薄弱环节或必须解决的重要事项，确定出本部门的目标和对策，更好地执行各自的质量控制职能；基层管理则要求每个员工都要严格地按标准、规范进行施工和生产，相互间进行分工合作，互相协助配合，开展群众合理化建议和质量管理小组活动，建立和健全项目的全面质量控制体系。

(2) 全过程质量控制。任何产品或服务的质量，都有一个产生、形成和实现的过程。从全过程的角度来看，质量产生、形成和实现的整个过程是由多个相互联系、相互影响的环节组成的，每个环节都或轻或重地影响着最终的质量状况。为了保证和提高质量就必须把影响质量的所有环节和因素都控制起来。工程项目的全过程质量控制主要有项目策划与决策过程、勘察设计过程、施工采购过程、施工组织与准备过程、检测设备控制与计量过程、施工生产的检验试验过程、工程质量的评定过程、工程竣工验收与交付过程以及工程回访维修过程等。全过程质量控制强调必须体现如下两个思想：

1) 预防为主、不断改进的思想。《建设工程项目管理规范》(GB/T 50326—2006) 中同样强调质量控制应坚持“预防为主”的原则。根据这一基本原理，全面质量控制要求把管理工作的重点，从“事后把关”转移到“事前预防”上来，强调预防为主、不断改进的思想。

2) 为顾客服务的思想。顾客有内部和外部之分：外部的顾客可以是项目的使用者，也可以是项目的开发商；内部的顾客是项目组织的部门和人员。实行全过程的质量控制要求项目所有各相关利益者都必须树立为顾客服务的思想。内部顾客满意是外部顾客满意的基础。因此，在项目组织内部要树立“下道工序是顾客”，“努力为下道工序服务”的思想。使全过程的质量控制一环扣一环，贯穿于项目的整个过程。

(3) 全员参与控制。全员参与工程项目的质量控制是工程项目各方面、各部门、各环节工作质量的综合反映。其中任何一个环节，任何一个人的工作质量都会不同程度地直接或间接地影响着工程项目的形成质量或服务质量。因此，全员参与质量控制，才能实现工程项目的质量控制目标，形成顾客满意的产品。主要的工作包括：

1) 必须抓好全员的质量教育和培训。

2) 要制定各部门、各级各类人员的质量责任制，明确任务和职权，各司其职，密切配合，以形成一个高效、协调、严密的质量管理工作的系统。

3) 要开展多种形式的群众性质量管理活动，充分发挥广大职工的聪明才智和当家作主的进取精神，采取多种形式激发全员参与的积极性。

5.1.4 质量管理体系简介

1. 质量管理原则

ISO9000标准是ISO（国际标准化组织）制定的国际质量管理标准和指南，作为组织建立质量体系的基本要求在世界范围内被广泛采用，是迄今为止应用最广泛的ISO标准。在总结优秀质量管理实践经验的基础上，ISO9000标准提出了八项质量管理原则，明确了一个组织在实施质量管理中必须遵循的原则。这八项质量管理原则如下：

（1）以顾客为关注焦点。“组织依存于顾客。因此，组织应当理解顾客当前的和未来的需求，满足顾客要求并争取超越顾客期望”。组织在贯彻这一原则时应采取的措施包括通过市场调查研究或访问顾客等方式，准确详细了解顾客当前或未来的需要和期望，并将其作为设计开发和质量改进的依据；将顾客和其他利益相关方的需要和愿望的信息按照规定的渠道和方法，在组织内部完整而准确的传递和沟通；组织在设计开发和生产经营过程中，按规定的方法测量顾客的满意程度，以便针对顾客的不满意因素采取相应的措施。

（2）领导作用。“领导者确立组织统一的宗旨及方向。他们应当创造并保持使员工能充分参与实现组织目标的内部环境”。领导的作用是指最高管理者具有决策和领导一个组织的关键作用，为全体员工实现组织的目标创造良好的工作环境，最高管理者应建立质量方针和质量目标，以体现组织总的质量宗旨和方向，以及在质量方面所追求的目的。应时刻关注组织经营的国内外环境，制定组织的发展战略，规划组织的蓝图。质量方针应随着环境的变化而变化，并与组织的宗旨相一致。最高管理者应将质量方针、目标传达落实到组织的各职能部门和相关层次，让全体员工理解和执行。

（3）全员参与。“各级人员是组织之本，只有他们的充分参与，才能使他们的才干为组织带来收益”。全体员工是每个组织的基础，人是生产力中最活跃的因素。组织的成功不仅取决于正确的领导，还有赖于全体人员的积极参与，所以应赋予各部门、各岗位人员应有的职责和权限，为全体员工制造一个良好的工作环境，激励他们的积极性和创造性，通过教育和培训增长他们的才干和能力，发挥员工的革新和创新精神，共享知识和经验，积极寻求增长知识和经验的机遇，为员工的成长和发展创造良好的条件，这样才能给组织带来最大的收益。

（4）过程方法。“将活动和相关的资源作为过程进行管理，可以更高效地得到期望的结果”。工程项目的实施可以作为一个过程来实施管理，过程是指将输入转化为输出所使用资源的各项活动的系统。过程的目的是提高价值，因此在开展质量管理各项活动中应采用过程的方法实施控制，确保每个过程的质量，并按确定的工作步骤和活动顺序建立工作流程，人员培训，所需的设备、材料、测量和控制实施过程的方法，以及所需的信息和其他资源等。

（5）管理的系统方法。“将相互关联的过程作为系统加以识别、理解和管理，有助于组织提高实现目标的有效性和效率”。管理的系统方法包括了从确定顾客的需求和期望、建立组织的质量方针和目标、确定过程及过程的相互关系和作用、并明确职责和资源需求、建立过程有效性的测量方法并用以测量现行过程的有效性、防止不合格、寻找改进机会、确立改进方向、实施改进、监控改进效果、评价结果、评审改进措施和确定后续措施。这种建立和实施质量管理体系的方法，既可建立新体系，也可用于改进现行的体系。这种方法不仅可提高过程能力及项目质量，还可为持续改进打好基础，最终导致顾客满意和使组织获得成功。

（6）持续改进。“持续改进整体业绩应当是组织的一个永恒目标”。持续改进是一个组织积极寻找改进的机会，努力提高有效性和效率的重要手段，确保不断增强组织的竞争力，使顾客满意。

（7）基于事实的决策方法。“有效决策是建立在数据和信息分析的基础上”。决策是通过调查和分析，确定项目质量目标并提出实现目标的方案，对可供选择的若干方案进行优选后作出抉择的过程，项目组织在工程实施的各项管理活动过程中都需要作出决策。能否对各个过程作出正确的决策，将会影响到组织的有效性和效率，甚至关系到项目的成败。所以，有效的决策必须以充分的数据和真实的信息为基础。

（8）与供方互利的关系。“组织与供方是相互依存的，互利的关系可增强双方创造价值的能力”。供方提供的材料、设备和半成品等对于项目组织能否向顾客提供满意的最终产品可以产生重要的影响。因此，把供方、协作方和合作方等都看作是项目组织同盟中的利益相关者，形成共同的竞争优势，可以优化成本和资源，有利于项目主体和供方共同双赢。

上述八项质量管理原则构成 ISO 9000：2000 质量管理体系标准的理论基础，又是企业的最高管理者进行质量管理的基本准则。八项质量管理原则用精练的语言表达的最基本、最通用的质量管理的一般规律，可以成为企业文化的一个重要组成部分，从而指导企业在一个较长时期内，通过关注顾客及其他相关方的需求和期望，达到改进总体业绩的目的。

2. 质量管理体系的建立

（1）质量管理体系建立的基本程序。项目组织建立质量管理体系一般是与项目部所在企业一起，建立建筑企业的质量管理体系，其基本程序如下：

1）领导决策。建立质量管理体系首先要领导作出决策，为此，领导应充分了解 GB/T 19000—ISO 9000：2000 标准，认识到建立质量管理体系的必要性和重要性，能一如既往的领导和支持企业为建立质量管理体系而开展的各项工作。管理团队要统一思想、提高认识，在此基础上作出贯标的决策。

2）组织落实。成立贯标领导小组，由企业总经理担任领导小组组长，主管企业质量工作的副总经理任副组长，具体负责贯标的实施工作。领导小组成员由各职能管理部门、计量监督部门、各项目部经理以及部分员工代表组成。一般在质量管理体系涉及到的每个部门和不同专业施工的班组应有代表参加。

3）制订工作计划。制定贯标工作计划是建立质量管理体系的保证。工作计划一般分为五个阶段，每个阶段持续时间的长短视企业规模而定。五个阶段是建立质量管理体系的准备工作，如组织准备、动员宣传、骨干培训等；质量管理体系总体设计，包括质量方针和目标的制定、确定实施过程、确定质量管理体系要素、组织结构、资源及配备方案等；质量管理体系文件编制，主要有质量手册、程序文件、质量记录以及内部与外部制度等；质量管理体系的运行和质量管理体系的认证。在质量管理体系建立后，经过试运行，要首先进行内部审核和评审，提出改进措施，验证合格后可提出认证申请，请第三方进行质量管理体系认证。

4）组织宣传和培训。首先由企业总经理宣讲质量管理体系标准的重要意义，宣读贯标领导小组名单，以表明组织领导者的高度重视。培训工作在三个层次展开，一是建立质量管理体系之前，企业要选派部分骨干进行内审员资格培训；二是中层以上干部和领导小组成员学习质量管理标准文件 GB/T 19000—ISO 9000：2000（即 ISO 9000 标准在我国的等同转化，两种写法的含义完全相同）、技术规范、法规及其他非正式发布的标准；三是在全体员工中学习各种管理文件、项目质量计划、质量目标以及有关的质量标准，一般聘请专业咨询师进行讲解，使全体员工能统一、正确的加以理解。

5）质量管理体系设计。质量管理体系设计的内容较多，应结合企业自身的特点，在现有的质量管理工作基础上，按照 GB/T 19000—ISO 9000：2000 标准中对建立质量管理体系要求，进行企业的质量管理体系设计。主要内容包括确定企业生产活动过程、制定质量方针目标、确定企业质量管理体系要素、确定组织机构与相应职责、资源配置、质量管理体系的内审和第三方审核等。

（2）形成质量管理体系文件。

1）质量管理体系文件结构。企业编制质量管理体系文件包括三个层次（图 5.1.2）：层次 A 为质量手册，称为第一级文件，主要描述企业组织结构、质量方针和目标、质量管理体系要素和过程描述等质量管理体系的整体描述；层次 B 为质量管理体系程序，称为第二级文件，主要是描述实施质量管理体系要素所涉及的各个过程以及各职能部门文件；层次 C 为质量文件，称为第三级文件，主要是部门工作手册，作为各部门运行质量管理体系的常用实施细则，包括管理标准（各种管理制度等）、工作标准（岗位责任制和任职要求等）、技术标准（国家标准、行业标准、企业标准及作业指导书、检验规范等）和部门质量记录文件等。

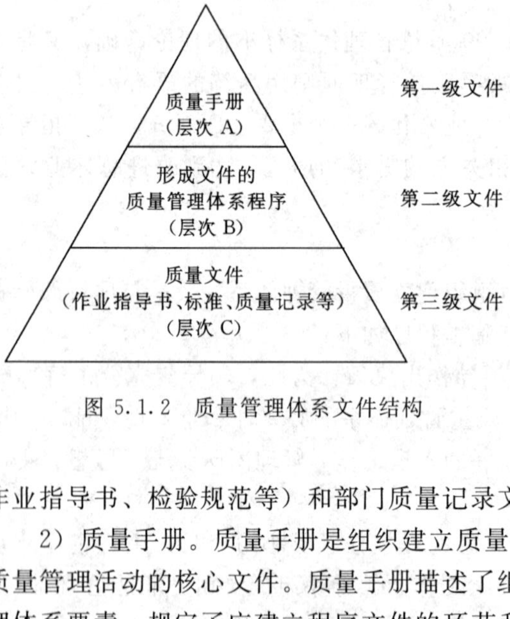

图 5.1.2　质量管理体系文件结构

2）质量手册。质量手册是组织建立质量管理体系的纲领性文件，也是指导企业进行质量管理活动的核心文件。质量手册描述了组织的结构、质量方针、确定了组织的质量管理体系要素，规定了应建立程序文件的环节和过程。此外，还对质量手册的控制、修改、发放和评审等管理方式作出了规定。

3）程序文件。质量管理体系程序是对实施质量管理体系要素所涉及的各职能部门的各项活动所采取方法的具体描述，应具有可操作性和可检查性，程序文件通常包括活动的目的和范围以及具体实施的步骤。通常按 5W1H 原则来描述，即 Why（为什么做）、What（做什么）、Who（谁来做和评审）、Where（在哪里做）、When（什么时候做）、How（怎么做、依据什么和用什么方法）。

按照 GB/T 19001—ISO 9001：2000 标准，企业实施质量管理体系至少应包括六个程序，即文件控制程序、质量记录控制程序、内部质量审核程序、不合格控制程序、纠正措施程序和预防措施程序。

4）质量计划。质量计划是针对某项产品、工程项目或合同规定的专门质量措施、资源配备和活动顺序的文件，一般按照质量手册的有关内容和要求来编制。对工程项目而言，质量计划主要是针对特定的工程项目编制质量目标、规定专门的质量措施、各过程的实施步骤、职责和职权的分配、达到质量目标所采取的质量保证措施、作业指导书和程序文件等。质量计划对外可作为特定工程项目的质量保证，对内作为针对工程项目质量管理的依据。

5）质量记录。质量记录是指阐明所取得的结果或提供所完成活动的证据的文件。质量记录的作用是证实和追溯，表明质量管理体系要素和程序已满足质量要求，是证明质量管理体系有效性的文件。

GB/T 19001—ISO 9001：2000 标准规定了为证明产品符合要求，质量管理体系有效运行所必需的记录，主要有管理评审记录、培训记录、产品要求的评审记录、设计和开发评审记录、供方评审记录、产品标示记录、产品测量和监控记录以及校准结果记录等。

3. 质量管理体系的运行

质量管理体系的运行一般可分为三个阶段：准备阶段、试运行阶段和正式运行阶段。

（1）准备阶段。在完成质量管理体系的有关组织结构、骨干培训、文件编制等工作之后，企业组织可进入质量管理体系运行的准备阶段。这阶段包括的工作有：

1）选择试点项目，制定项目试运行计划。

2）全员培训。对全体员工按照制定的质量管理体系标准进行系统培训，特别注重实践操作的培训。内审员及咨询师应给予积极的指导和帮助，使企业组织的全体人员从思想和行动上进入质量管理体系的运行状态。

3）各种资料发放，文件、标示发放到位。

4）有一定的专项经费支持。

（2）试运行阶段。

1）对质量管理体系中的重点要素进行监控，观察程序执行情况，并与标准对比，找出偏差。

2）针对找出的偏差，分析、验证产生偏差的原因。

3）针对原因制定纠正措施。

4）下达纠正措施的文件通知单，并在规定的期限内进行现场验证。

5）通过征求企业组织各职能部门、各层次人员对质量管理体系运行的意见，仔细分析存在的问题，确定改进措施，并同时对质量管理体系文件按照文件修改程序进行及时修改。

（3）正式运行阶段。经过试运行阶段，并修改、完善质量管理体系之后，可进入质量管理体系的正式运行阶段，这一阶段的重点活动主要有：

1）对过程、产品（或服务）进行测量和监督。在质量管理体系的运行中，需要对产品、项目实现中的各个过程进行控制和监督，根据质量管理体系程序的规定，对监控的信息进行对比分析，确定每一个过程是否达到质量管理体系程序的标准。经过对过程质量进行评价并制定出相应的纠正措施。

2）质量管理体系的协调。质量管理体系的运行是整个组织及全体员工共同参与的，因此存在组织协调问题，以保证质量管理体系的运行效率和有效。组织协调包括内部协调和外部协调两个方面。内部协调主要是依靠执行各项规章制度，提高人员基本素质，培养员工的整体观念和协作精神，各部门、人员的责任边界通过合理的制度来划清等；外部协调主要依靠严格遵纪守法，树立战略眼光和争取双赢的观念，同时要严格执行有关的法律、法规及合同。

3）内部审核和外部审核。质量管理体系审核的目的是确定质量管理体系要素是否符合规定要求，能否实现组织的质量目标以及是否符合 GB/T 19001—ISO 9001：2000 的各项标准，并根据审核结果为质量管理体系的改进和完善提供修正意见。内部审核时，参加内部审核的内审员与被审核部门应无利益、利害关系，以保证审核工作及结果的公正性；外部审核包括第二方和第三方审核两种，多数情况下都是第三方审核。一般要求第三方为独立的质量管理认证机构，审核的内容基本相同。

4）质量管理体系的持续改进。组织的质量管理体系在运行中，环境是在不断变化得到，顾客的要求也在不断变化，为了适应这种变化，企业组织需要对其质量管理体系进行持续的改进，持续改进的活动包括建立一个激励改进的组织环境；通过对顾客满意程度和产品质量特性参数的验证数据来分析评价现有的质量管理体系的适宜性，并具此确定改进的目标；定期或不定期进行管理评审，不断发现质量管理体系的薄弱环节并加以完善、采取积极的纠正和预防措施，避免不合格品的重复发生和潜在不合格品的发生。

4. 质量管理体系的认证与监督

质量认证是指由第三方对供方的产品和质量管理体系进行评定和给予书面证明的一种活动，分为产品质量认证和质量管理体系认证两种。产品质量认证是由国家质量监督检验检疫总局产品认证机构国家认可委员会认可的产品认证机构对供方的产品进行认证的活动，分为产品合格认证和产品安全认证；质量管理体系认证是根据相关的 GB/T 19001—ISO 9001：2000 标准，由第三方（质量管理体系认证机构或具有相应资质的其他机构）对供方的质量管理体系进行评定和注册、监督审核的一种活动。前者是对企业产品的质量有效性提供的一种保证，后者是对提供产品的企业组织所具有的质量管理体系有效性提供的一种保证。

（1）质量管理体系认证的意义。

1）提高供方企业的质量信誉。获得质量管理体系认证通过的企业，证明建立了有效的质量保障机制，因此可以获得市场的广泛认可，即可以提升企业组织的质量信誉。实际上，质量管理体系对企业的信誉和产品的质量水平都起着重要的保障作用。

2）促进企业完善质量管理体系。质量管理体系实行认证制度，既能帮助企业建立有效、适用的质量管理体系，又能促使企业不断改进、完善自己的质量管理制度，以获得认证的通过。

3）增强国际市场竞争能力。质量管理体系认证属于国际质量认证的统一标准，在经济全球化的今天，我国企业要参与国际竞争，就应采取国际标准规范自己，与国际惯例接轨。只有这样，才能增强自身的国际市场竞争力。

4）减少社会重复检验和检查费用。从政府角度，引导组织加强内部质量管理，通过质量管理体系认证，可以避免因重复检查与评定而给社会造成浪费。

5）有利于保护消费者利益。质量管理体系认证能帮助用户和消费者鉴别组织的质量保证能力，确保消费者买到优质、满意的产品，达到保护消费者利益的目的。

6）有利于法规的实施。

（2）质量管理体系认证程序。

1）申请和受理。企业组织在确定需要实施质量管理体系之后，可以向其自愿选择的认证机构提出申请，并按要求提交申请文件，除有关申请表格外，还包括质量手册、程序文件等。体系认证机构根据组织提交的申请文件，决定是否受理申请，并通知企业。一般来说，认证机构不能无故拒绝认证申请。

通常企业组织在正式提出认证申请之前，会聘请专业咨询机构或认证咨询师对组织建立质量管理体系进行辅导，并指导企业质量管理体系的试运行、完成管理评审、纠正措施等过程，经咨询机构或咨询师推荐，向认证机构正式递交申请。

2）认证审核。体系认证机构根据组织提交的申请，对质量管理体系文件进行书面审核，并将审定意见及时通知企业，企业按认证机构提出的意见对质量管理体系文件进行修改和完善。书面审核完成后，企业经与认证机构商定，进行现场审核。现场审核的内容包括：举行初次会议，宣布评审规则及程序；听取企业负责人、管理者代表等人对建立质量管理体系的认识及工作汇报；按（全部或抽查）企业组织的部门或按活动过程对质量管理工作进行评审，需考核各部门的质量管理负责人以及质量管理涉及的原始质量记录；深入现场考核各工序过程的质量管理体系执行情况，检查企业的质量管理体系是否符合文件要求；召开评定小组会议，提出问题，书面提出不符合体系文件的地方，要求在规定的期限纠正；企业完成纠正措施后，认证机构进行复审，提交企业通过质量管理体系认证的审核报告。

3）审批与注册发证。体系认证机构根据审核报告，经审查决定是否批准认证。对批准认证的组织颁发质量管理体系认证证书，并将企业组织的有关情况注册公示，准予组织以一定方式使用质量管理体系认证标志。证书有效期一般为三年。

（3）质量管理体系的维持与监督管理。在证书有效期内，企业组织应经常开展内部审核，以维持质量管理体系的持续改进和有效性，还需接受体系认证机构的监督管理，一般每年对企业组织进行至少一次的监督审核，查证组织有关质量管理体系的保持情况。维持与监督管理的主要内容有：

1）企业通报。认证获得通过的企业，在其质量管理体系运行过程中出现重大变化时，应向认证机构通报，认证机构接到通报后，根据具体情况采取必要的监督检查措施。

2）监督检查。指认证机构对认证合格企业质量管理体系维持情况进行的监督性审核，包括定期和不定期两种，定期一般每年一次，不定期根据需要临时安排。

3）认证注销。注销是企业组织的自愿行为。当企业组织发生变化，认为不再需要质量认证，在有效期满不提出重新申请，或在有效期内提出注销的，认证机构予以注销，收回体系认证证书。

4）认证暂停。认证暂停是指认证机构对获证企业质量管理体系发生不符合认证要求情况时采取的警告性措施。

认证暂停期间，企业不得用质量体系证书作宣传。企业在规定期间通过纠正措施满足认证要求后，认证机构撤销认证暂停；若仍不能满足认证要求，认证机构将撤销认证注册，收回质量体系证书。

5）认证撤销。当获证企业质量体系发生严重不符合认证标准、或在认证暂停的规定期限内未予整改的以及发生其他构成撤销质量体系认证资格情况时，认证机构可作出撤销其认证证书资格的决定。企业如有异议可提出申诉。撤销认证的企业一年后可重新提出认证申请。

5.1.5 施工阶段的质量控制

1. 项目施工质量控制概述

工程项目施工阶段是根据项目设计文件和施工图纸的要求，进入工程实体的形成阶段，所制定的施工质量计划及相应的质量控制措施，都是在这一阶段形成实体的质量或实现质量控制的结果。因此，施工阶段的质量控制是项目质量控制的最后形成阶段，因而对保证工程项目的最终质量具有重大意义。

（1）项目施工质量控制内容划分。工程项目施工阶段的质量控制从不同的角度来描述，可以有不同的划分，企业可根据自己的侧重点不同采用适合自己的划分方法。主要有以下四种：

1）按工程项目施工质量管理主体划分为建设方的质量控制、施工方的质量控制和监理方的质量控制。

2）按工程项目施工阶段划分为施工准备阶段质量控制、施工阶段质量控制和竣工验收阶段质量控制。

3）按工程项目施工分部工程划分为地基与基础工程的质量控制、主体结构工程的质量控制、屋面工程的质量控制、安装（含给水排水采暖、电气、智能建筑、通风与空调、电梯等）工程的质量控制和装饰装修工程的质量控制。

4）按工程项目施工要素划分为材料因素的质量控制、人员因素的质量控制、设备因素的质量控制、方案因素的质量控制和环境因素的质量控制。

（2）项目施工质量控制的目标。项目施工阶段质量控制的目标可分为施工质量控制总目标、建设单位的质量控制目标、设计单位的质量控制目标、施工单位的质量控制目标、监理单位的质量控制目标。

1）施工质量控制总目标。施工质量控制总目标就是对工程项目施工阶段的总体质量要求，也是建设项目各参与方一致的责任和目标，即要使工程项目满足有关质量法规和标准、正确配置施工生产要素、采用科学管理的方法，实现工程项目预期的使用功能和质量标准。

2）建设单位施工质量控制目标。建设单位的施工质量控制目标是通过对施工阶段全过程的全面质量监督管理、协调和决策，保证竣工验收项目达到投资决策时所确定的质量标准。

3）设计单位施工质量控制目标。设计单位施工阶段的质量控制目标是通过对施工质量的验收签证、设计变更控制及纠正施工中所发现的设计问题，采纳变更设计的合理化建议等，保证验收竣工项目的各项施工结果与最终设计文件所规定的标准一致。

4）施工单位质量控制目标。施工单位的质量控制目标是通过施工全过程的全面质量自控，保证交付满足施工合同及设计文件所规定的质量标准，包括工程质量创优要求的工程项目产品。

5）监理单位施工质量控制。监理单位在施工阶段的质量控制目标，是通过审核施工质量文件、报告报表及现场旁站检查、平行检测、施工指令和结算支付控制等手段，监控施工承包单位的质量活动行为，协调施工关系，正确履行工程质量的监督责任，以保证工程质量达到施工合同和设计文件所规定的质量标准。

(3) 施工质量控制的依据。施工质量控制的依据主要指适用于工程项目施工阶段与质量控制有关的、具有指导意义和必须遵守（强制性）的基本文件。包括国家法律法规、行业技术标准与规范、企业标准、设计文件及合同等。主要的建筑工程施工质量控制文件列示如下：

《中华人民共和国建筑法》

《中华人民共和国合同法》

《建设工程项目管理规范》

《质量管理体系项目质量管理指南》

《建筑工程施工质量验收统一标准》

《建筑地基基础工程施工质量验收规范》

《砌体工程施工质量验收规范》

《混凝土结构工程施工质量验收规范》

《钢结构工程施工质量验收规范》

《木结构工程施工质量验收规范》

《屋面工程施工质量验收规范》

《地下防水工程施工质量验收规范》

《建筑地面工程施工质量验收规范》

《建筑装饰装修工程施工质量验收规范》

《建筑给水排水及采暖工程施工质量验收规范》

《通风与空调工程施工质量验收规范》

《建筑电气工程施工质量验收规范》

《电梯工程施工质量验收规范》

《建筑给水硬聚氯乙烯管道设计与施工验收规程》

《建筑排水硬聚氯乙烯管道工程技术规程》

《给水排水管道工程施工及验收规范》

《给水排水构筑物工程施工及验收规范》

《建设工程监理规范》

(4) 施工质量持续改进理念。持续改进的概念来自于《ISO 9000：2000 质量管理体系基础和术语》，是指“增强满足要求的能力的循环活动”。阐明组织为了改进其整体业绩，应不断改进产品质量，提高质量管理体系及过程的有效性和效率。对工程项目来说，由于属于一次性活动，面临的经济、环境条件在不断的变化，技术水平也是日新月异，因此工程项目的质量要求也需要持续提高，而持续改进是永无止境的。

在工程项目施工阶段，质量控制的持续改进必须是主动、有计划和系统地进行质量改进的活动，要做到积极、主动，首先需要树立施工质量持续改进的理念，才能在行动中变成自觉行为；其次要有永恒的决心，坚持不懈；最后关注改进的结果，持续改进要保证是更有效、更完善的结果，改进的结果还能在工程项目的下一个工程质量循环活动中加以应用。概括地说，施工质量持续改进理念包括了渐进过程、主动过程、系统过程和有效过程四个过程。

2. 施工质量计划的编制

(1) 施工质量计划概述。施工质量计划是指施工企业根据有关质量管理标准，针对特定的工程项目编制的工程质量控制方法、手段、组织以及相关实施程序。对已实施ISO 9000：2000质量管理体系标准的企业，质量计划是质量管理体系文件的组成内容。施工质量计划一般由项目经理（或项目负责人）主持，负责质量、技术、工艺和采购的相关人员参与制定。在总承包的情况下，分包企业的施工质量计划是总包施工质量计划的组成部分，总包企业有责任对分包施工质量计划的编制进行指导和审核，并要承担施工质量的连带责任。施工质量计划编制完毕，应经企业技术领导审核批准，并按施工承包合同的约定提交工程监理或建设单位批准确认后执行。

根据工程施工的特点，目前我国建设工程项目施工的质量计划常以施工组织设计或施工项目管理规划的文件形式进行编制。

(2) 编制施工质量计划的目的和作用。施工质量计划编制的目的是为了加强施工过程中的质量管理和程序管理。规范员工行为，使其严格操作、规范施工，达到提高工程质量、实现项目目标。

施工质量计划的作用是为质量控制提供依据，使工程的特殊质量要求能通过有效的措施加以满足；在合同环境下，质量计划是企业向顾客表明质量管理方针、目标及其具体实现的方法、手段和措施，体现企业对质量责任的承诺和实施的具体步骤。

(3) 施工质量计划的内容。

1) 工程特点及施工条件分析。熟悉建设项目所属的行业特点和特殊质量要求，详细领会工程合同文件提出的全部质量条款，了解相关的法律法规对本工程项目质量的具体影响和要求，还要详细分析施工现场的作业条件，以便能制定出合理、可行的施工质量计划。

2) 工程质量目标。工程质量目标包括工程质量总目标及分解目标。制定的目标要具体，具有可操作性，对于定性指标，需同时确定衡量的标准和方法。如要确定工程项目预期达到的质量等级（如合格、优良或省、市、部优质工程等），则要求在施工项目交付使用时，质量要达到合同范围内的全部工程的所有使用功能符合设计（或更改）图纸要求，检验批、分项、分部和单位工程质量达到施工质量验收统一标准，合格率达到100%等。

3) 组织与人员。在施工组织设计中，确定质量管理组织机构、人员及资源配置计划，明确各组织、部门人员在工程施工不同阶段的质量管理职责和职权，即确定质量责任人和相应的质量控制权限。

4) 施工方案。根据质量控制总目标的要求，制定具体的施工技术方案和施工程序，包括实施步骤、施工方法、作业文件和技术措施等。

5) 采购质量控制。包括材料、设备的质量管理及控制措施，涉及对供应方质量控制的要求，可以制定具体的采购质量控制采购质量标准或指标、参数和控制方法等。

6) 监督检测。要制定工程检测的项目计划与方法，包括检测、检验、验证和试验程序文件等以及相关的质量要求和标准。

(4) 施工质量计划的实施与验证。

1) 实施要求。施工质量计划的实施范围主要是在项目施工阶段全过程，重点对工序、分项工程、分部工程到单位工程全过程的质量控制，各级质量管理人员按质量计划确定的质量责任分工、对各环节进行严格的控制，并按施工质量计划要求保存好质量记录、质量审核、质量处理单、相关表格等原始记录。

2）验证要求。项目质量责任人应定期组织具有相应资格或经验的质量检查人员、内部质量审核员等对施工质量计划的实施效果进行验证，对项目质量控制中存在的问题或隐患，特别是质量计划本身、管理制度、监督机制等环节的问题，要及时提出解决措施，加以纠正。质量问题严重时要追究责任，给予处罚。

3. 生产要素的质量控制

影响工程项目质量控制的因素主要有劳动主体/人员（Man）、劳动对象/材料（Material）、劳动手段/机械设备（Machine）、劳动方法/施工方法（Method）和施工环境（Environment）五大生产要素，即4M1E。在施工过程中，应事前对这五个方面严加控制。

（1）劳动主体/人员（Man）。人是指施工活动的组织者、领导者及直接参与施工作业活动的具体操作人员。人员因素的控制就是对上述人员的各种行为进行控制。

人员因素的控制方法如下：

1）充分调动人员积极性，发挥人的主导作用。人作为控制的对象，要避免人在工作中的失误；人作为控制的动力，要充分调动人的积极性，发挥人的主导地位。

2）提高人的工作质量。人的工作质量是工程项目质量的一个重要组成部分，只有首先提高工作质量，才能确保工程质量。提高工作质量的关键在于控制人的素质。人的素质包括：思想觉悟、技术水平、文化修养、心理行为、质量意识、身体条件等方面。要提高人的素质就要加强思想政治教育、劳动纪律教育、职业道德教育、专业技术培训。

3）建立相应的机制。在施工过程中，尽量改善劳动作业条件，建立健全岗位责任制、技术交底、隐蔽工程检查验收、工序交接检查等的规章制度，运用公平合理、按劳取酬的人力管理机制激励人的劳动热忱。

4）根据工程实际特点合理用人，严格执行持证上岗制度。结合工程具体特点，从确保工程质量需要出发，从人的技术水平、人的生理缺陷、人的心理行为、人的错误行为等方面来控制人的合理使用。例如，对技术复杂、难度大、精度高的工序或操作，应要求由技术熟练、经验丰富的施工人员来完成；而反应迟钝、应变能力较差的人，则不宜安排其操作快速运动、动作复杂的机械设备；对某些要求必须做到万无一失的工序或操作，则一定要分析人的心理行为，控制人的思想活动，稳定人的情绪；对于具有危险的现场作业，应控制人的错误行为。

此外，在工程质量管理过程中对施工操作者的控制应严格执行持证上岗制度。无技术资格证书的人不允许进入施工现场从事施工活动；对不懂装懂、图省事、碰运气、有意违章的行为必须及时进行制止。

（2）劳动对象/材料（Material）。材料是指在工程项目建设中所使用的原材料、成品、半成品、构配件等，是工程施工的物质保证条件。

1）材料质量控制规定。

a. 项目经理部应在质量计划确定的合格材料供应人名录中按计划招标采购原材料、成品、半成品和构配件。

b. 材料的搬运和储存应按搬运储存规定进行，并应建立台账。

c. 项目经理部应对材料、半成品和构配件进行标识。

d. 未经检验和已经检验为不合格的材料、半成品和构配件等，不得投入使用。

e. 对发包人提供的材料、半成品、构配件等，必须按规定进行检验和验收。

f. 监理工程师应对承包人自行采购的材料进行验证。

2）材料质量控制方法。材料质量是形成工程实体质量的基础，如使用材料不合格工程质量也一定不能达标。加强材料的质量控制是保证和提高工程质量的重要保障，是控制工程质量影响因素的有效措施。材料质量控制包括材料采购、运输，材料检验，材料储存及使用。

A. 认真组织材料采购材料采购应根据工程特点、施工合同、材料的适用范围、材料的性能要求和价格因素等进行综合考虑。材料采购应根据施工进度计划要求适当提前安排，施工承包企业应根据市场材料信息及材料样品对厂家进行实地考查，同时施工承包企业在进行材料采购时应特别注意将质量条款明确写入材料采购合同。

B. 严格材料质量检验材料质量检验的目的是通过一系列的检测手段，将所取得的材料数据与材料质量标准进行对比，以便在事先判断材料质量的可靠性，再据此决定能否将其用于工程实体。材料质量检验的内容包括：

a. 材料质量标准。材料的质量标准是用以衡量材料质量的尺度，也是作为验收、检验材料质量的依据。不同材料都有自己的质量标准和检验方法。

b. 材料检验的项目。材料检验的项目分为：一般试验项目（通常进行的试验项目），如钢筋要进行拉伸试验、弯曲试验，混凝土要进行表观密度、坍落度、抗压强度试验；其他试验项目（根据需要进行的试验项目），如钢丝的冲击、硬度、焊接件（焊缝金属、焊接接头）的力学性能，混凝土的抗折、抗弯强度、抗冻、抗渗、干缩等试验。材料具体检验项目要根据材料使用条件决定，一般在标准中有明确规定。

c. 材料的取样方法。材料质量检验的取样必须具有代表性，即所采取样品的质量应能代表该批材料的质量。因此，材料取样必须严格按规范规定的部位、数量和操作要求进行。

d. 材料的试验方法。材料质量检查方法分为书面检查、外观检查、理化检查、无损检查。

e. 材料的检验程度。根据材料信息和保证资料的具体情况，质量检验程度分为免检、抽检、全检三种。

免检：对有足够质量保证的一般材料，以及实践证明质量长期稳定、且质量保证资料齐全的材料，可免去质量检验过程。

抽检：对材料的性能不清楚或对质量保证资料有怀疑，或对成批产品的构配件，均应按一定比例随机抽样进行检查。

全检：凡进口材料、设备和重要工程部位的材料以及贵重的材料应进行全面的检查。

对材料质量控制的要求：所有材料、制品和构配件必须有出厂合格证和材质化验单；钢筋水泥等重要材料要进行复试；现场配置的材料必须进行试配试验。

C. 合理安排材料的仓储保管与使用在材料检验合格后和使用前，必须做好仓储保管和使用保管，以免因材料变质或误用严重影响工程质量或造成质量事故。如因保管不当而造成水泥受潮、钢筋锈蚀，使用不当造成不同直径钢筋混用等。

因此，做好材料保管和使用管理应从以下两个方面进行：一方面施工承包企业应合理调度，做到现场材料不大量积压；另一方面应切实搞好材料使用管理工作，做到不同规格品种材料分类堆放、实行挂牌标志。必要时设专人监督检查，以避免材料混用或把不合格材料用于工程实体中。

(3) 劳动手段/机械设备（Machine）。机械设备包括施工机械设备和生产工艺设备。

1) 机械设备质量控制规定。

a. 应按设备进场计划进行施工设备的准备。

b. 现场的施工机械应满足施工需要。

c. 应对机械设备操作人员的资格进行确认，无证或资格不符合者，严禁上岗。

2) 施工机械设备的质量控制。施工机械设备是实现施工机械化的重要物质基础，是现代化施工中必不可少的设备，对施工项目的质量、进度和投资均有直接影响。机械设备质量控制的根本目标就是实现设备类型、性能参数、使用效果与现场条件、施工工艺、组织管理等因素相匹配，并始终使机械保持良好的使用状态。因此，施工机械设备的选用必须结合施工现场条件、施工方法工艺、施工组织和管理等各种因素综合考虑。

施工机械控制包括：

a. 施工机械设备的选型。施工机械设备型号的选择应本着因地制宜、因工程制宜、满足需要的原则，既考虑到施工的适用性、技术的先进性、操作的方便性、使用的安全性，又要考虑到保证施工质量的可靠性和经济性。如在选择挖土机时，应根据土的种类及挖土机的适用范围进行选择。

b. 施工机械设备的主要性能参数。施工机械设备的主要机械性能参数是选择机械设备的基本依据。在施工机械选择时应根据性能参数结合工程项目的特点、施工条件和已确定的型号具体进行。如起重机械的选择，其性能参数（起重量、起重高度和起重半径等）必须满足工程的要求，才能保证施工的正常进行。

c. 施工机械设备使用操作要求合理使用机械设备，正确操作是确保工程质量的重要环节。在使用机械设备时应贯彻“三定”和“五好”原则，即“定机、定人、定岗位责任”和“完成任务好、技术状况好、使用好、保养好、安全好”。

3) 生产机械设备的质量控制。生产机械设备主要控制设备的检查验收、设备的安装质量和设备的试车运转。即要求按设计选择设备；设备进厂后，要按设备名称、型号、规格、数量和清单对照，逐一检查验收；设备安装要符合技术要求和质量标准；试车运转正常能投入使用。因此，对于生产机械设备的检查主要包括以下几个方面：

a. 对整体装运的新购机械设备应进行运输质量及供货情况的检查。对有包装的设备，应检查包装是否受损；对无包装的设备，应进行外观的检查及附件、备品的清点；对进口设备，必须进行开箱全面检查，若发现问题应详细记录或照相，及时处理。

b. 对解体装运的自组装设备，在对总部件及随机附件、备品进行外观检查后，应尽快进行现场组装、检测试验。

c. 在工地交货的生产机械设备，一般都有设备厂家在工地进行组装、调试和生产性试验，自检合格后才提请订货单位复检，待复检合格后，才能签署验收证明。

d. 对调拨旧设备的测试验收，应基本达到完好设备的标准。

e. 对于永久性和长期性的设备改造项目，应按原批准方案的性能要求，经一定的生产实践考验，并经鉴定合格后才予验收。

f. 对于自制设备，在经过6个月生产考验后，按试验大纲的性能指标测试验收，决不允许擅自降低标准。

(4) 劳动方法/施工方法 (Method)。广义的施工方法控制是指对施工承包企业为完成项目施工过程而采取的施工方案、施工工艺、施工组织设计、施工技术措施、质量检测手段和施工程序安排等所进行的控制。狭义的施工方法控制是指对施工方案的控制。施工方案正确与否直接影响施工项目的质量、进度和投资。因此，施工方案的选择必须结合工程实际，从技术、组织、经济、管理等方面出发，做到能解决工程难题，技术可行，经济合理，加快进度，降低成本，提高工程质量。它具体包括确定施工起点流向、确定施工程序、确定施工顺序、确定施工工艺和施工环境。

(5) 施工环境 (Environment)。影响施工质量的环境因素较多，主要有：

1) 自然环境。气温、雨、雪、雷、电、风等。

2) 工程技术环境。工程地质、水文、地形、地震、地下水位、地面水等。

3) 工程管理环境。质量保证体系和质量管理工作制度。

4) 劳动作业环境。劳动组合、作业场所、作业面等，以及前道工序为后道工序提供的操作环境。

5) 经济环境。地质资源条件、交通运输条件、供水供电条件等。

环境因素对施工质量的影响有复杂性、多变性的特点，必须具体问题具体分析。如气象条件变化无穷，温度、湿度、酷暑、严寒等都直接影响工程质量；又如前一道工序是后一道工序的环境，前一分项工程、分部工程就是后一分项工程、分部工程的环境。因此，对工程施工环境应结合工程特点和具体条件严加控制。尤其是施工现场，应建立文明施工和文明生产的环境，保持材料堆放整齐、道路畅通，工作环境清洁，施工顺序井井有条，为确保质量、安全创造一个良好的施工环境。

4. 施工全过程的质量控制

建设工程施工项目是由一系列相互关联、相互制约的作业过程（工序）所构成，控制工程项目施工过程的质量，除施工准备阶段、竣工阶段的质量控制外，重点是必须控制全部作业过程，即各道工序的施工质量。

(1) 施工准备阶段的质量控制。施工准备阶段的质量控制是指在正式施工前进行的质量控制活动，其重点是做好施工准备工作的同时，做好施工质量预控和对策方案。施工质量预控是指在施工阶段，预先分析施工中可能发生的质量问题和隐患及其产生的原因，采取相应的对策措施进行预先控制，以防止在施工中发生质量问题。这一阶段的控制措施包括：

1) 文件资料的质量控制。施工项目所在地的自然条件和技术经济条件调查资料应保证客观、真实，详尽、周密，以保证能为施工质量控制提供可靠的依据；施工组织设计文件的质量控制，应要求提出的施工顺序、施工方法和技术措施等能保证质量，同时应进行技术经济分析，尽量做到技术可行、经济合理和质量符合要求；通过设计交底，图纸会审等环节，发现、纠正和减少设计差错，从施工图纸上消除质量隐患，保证工程质量。

2) 采购和分包的质量控制。材料设备采购的质量控制包括严格按有关产品提供的程序要求操作；对供方人员资格、供方质量管理体系的要求；建立合格材料、成品和设备供应商的档案库，定期进行考核，从中选择质量、信誉最好的供应商；采购品必须具有厂家批号、出厂合格证和材质化验单，验收入库后还要根据规定进行抽样检验，对进口材料设备和重大工程、关键施工部位所用材料应全部进行检验。

要在资质合格的基础上择优选择分包商；分包商合同需从生产、技术、质量、安全、物质和文明施工等方面最大限度地对分包商提出要求，条款必须清楚、内容详尽；还应对分包队伍进行技术培训和质量教育，帮助分包商提高质量管理水平；从主观和客观两方面把分包商纳入总包的系统质量管理与质量控制体系中，接受总包的组织和协调。

3）现场准备的质量控制。建立现场项目组织机构，集结施工队伍并进行入场教育；对现场控制网、水准点、标桩的测量；拟定有关试验、试制和技术进步的项目计划；制定施工现场管理制度等。

（2）施工过程的质量控制。工程项目的施工过程是由若干道工序组成的，因此，施工过程的控制，重点就是施工工序的控制，主要包括四方面的内容：施工工序控制的要求、施工工序控制的程序、施工工序质量控制点的设置和施工工序控制的检验。

1）施工工序控制的要求。工序质量是施工质量的基础，工序质量也是施工顺利进行的关键。为满足对工序质量控制的要求，在工序管理方面应做到：

a. 贯彻预防为主的基本要求，设置工序质量检查点，对材料质量状况、工具设备状况、施工程序、关键操作、安全条件、新材料新工艺的应用、常见质量通病、甚至包括操作者的行为等影响因素列为控制点作为重点检查项目进行预控。

b. 落实工序操作质量巡查、抽查及重要部位跟踪检查等方法，及时掌握施工质量总体状况。

c. 对工序产品、分项工程的检查应按标准要求进行目测、实测及抽样试验的程序，做好原始记录，经数据分析后，及时作出合格或不合格的判断。

d. 对合格工序产品应及时提交监理进行隐蔽工程验收。

e. 完善管理过程的各项检查记录、检测资料及验收资料，作为工程验收的依据，并为工程质量分析提供可追溯的依据。

2）施工工序控制的程序。

a. 进行作业技术交底，包括作业技术要领、质量标准、施工依据、与前后工序的关系等。

b. 检查施工工序、程序的合理性、科学性，防止工程流程错误，导致工序质量失控。检查内容包括：施工总体流程和具体施工作业的先后顺序，在正常的情况下，要坚持先准备后施工、先深后浅、先土建后安装、先验收后交工等。

c. 检查工序施工条件，即每道工序投入的材料，使用的工具、设备及操作工艺及环境条件是否符合施工组织设计的要求。

d. 检查工序施工中人员操作程序、操作质量是否符合质量规程要求。

e. 检查工序施工中间产品的质量，即工序质量和分项工程质量。

f. 对工序质量符合要求的中间产品（分项工程）及时进行工序验收或隐蔽工程验收。

g. 质量合格的工序验收后方可进入下道工序施工。未经验收合格的工序，不得进入下道工序施工。

3）施工工序质量控制点的设置。在施工过程中，为了对施工质量进行有效控制，需要找出对工序的关键或重要质量特性起支配作用的全部活动，对这些支配性要素，要加以重点控制。工序质量控制点就是根据支配性要素进行重点控制的要求而选择的质量控制重点部位、重点工序和重点因素。一般来讲，质量控制点是随不同的工程项目类型和特点而不完全相同的，基本原则是选择施工过程中的关键工序、隐蔽工程、薄弱环节、对后续工序有重大影响、施工条件困难、技术难度大等的环节。

4）施工工序控制的检验。施工过程中对施工工序的质量控制效果如何，应在施工单位自检的基础上，在现场对工序施工质量进行检验，以判断工序活动的质量效果是否符合质量标准的要求。

a. 抽样。对工序抽取规定数量的样品，或者确定规定数量符合的检测点。

b. 实测。采用必要的检测设备和手段，对抽取的样品或确定的检测点进行检测，测定其质量性能指标或质量性能状况。

c. 分析。对检验所得数据，用统计方法进行分析、整理，发现其遵循的变化规律。

d. 判断。根据对数据分析的结果，经与质量标准或规定对比，判断该工序施工的质量是否达到规定的质量标准要求。

e. 处理。根据对抽样检测的结论，如果符合规定的质量标准的要求，则可对该工序的质量予以确认；如果通过判断，发现该工序的质量不符合规定的质量标准的要求，则应进一步分析产生偏差的原因，并采取相应的措施进行纠正。

（3）施工竣工阶段的质量控制。竣工验收阶段的质量控制包括最终质量检验和试验、技术资料的整理、施工质量缺陷的处理、工程竣工验收文件的编制和移交准备、产品防护和撤场计划等。这个阶段主要的质量控制有以下要求：

1）最终质量检验。施工项目最终检验和试验是指对单位工程质量进行的验证，是对建筑工程产品质量的最后把关，是全面考核产品质量是否满足质量控制计划预期要求的重要手段。最终检验和试验提供的结果是证明产品符合性的证据。如各种质量合格证书、材料试验检验单、隐蔽工程记录、施工记录和验收记录等。

2）缺陷纠正与处理。施工阶段出现的所有质量缺陷，应及时予以纠正，并在纠正后要再次验证，以证明其纠正的有效性。处理方案包括修补处理、返工处理、限制使用和不做处理。

3）资料移交。组织有关专业人员按合同要求，编制工程竣工文件，整理竣工资料及档案，并做好工程移交准备。

4）产品防护。在最终检验和试验合格后，对产品采取防护措施，防止部件丢失和损坏。

5）撤场计划。工程验收通过后，项目部应编制符合文明施工和环境保护要求的撤场计划。及时拆除、运走多余物资，按照项目规划要求恢复或平整场地，做到符合质量要求的项目整体移交。

5. 施工成品的质量维护

在施工阶段，由于工序和工程进度的不同，有些分项、分部工程可能已经完成，而其他工程尚在施工，或者有些部位已经完工，其他部位还在施工，因此这一阶段需特别重视对施工成品的质量维护问题。

（1）树立施工成品质量维护的观念。施工阶段的成品保护问题，应该看成也是施工质量控制的范围，因此需要全员树立施工成品的质量维护观念，尊重他人和自己的劳动成果，施工操作中珍惜已完成和部分完成的成品，把这种维护变成施工过程中的一种自觉行为。

(2) 施工成品质量维护的措施。根据需要维护的施工成品的特点和要求，首先在施工顺序上给予充分合理的安排，按正确的施工流程组织施工，在此基础上，可采取以下维护措施：

1) 防护。防护是指针对具体的施工成品，采取各种保护的措施，以防止成品可能发生的损伤和质量侵害。如对出入口的台阶可采取垫砖或方木搭设防护踏板以供临时通行；对于门口易碰的部位钉上防护条或者槽型盖铁保护等；用塑料布、纸等把铝合金门窗、暖气片、管道、电器开关、插座等设施包上，以防污染。

2) 包裹。包裹是指对欲保护的施工成品采取临时外包装进行保护的办法。如对镶面的饰材可用立板包裹或保留好原包装；铝合金门窗采用塑料布包裹等。

3) 覆盖。覆盖是指采用其他材料覆盖在需要保护的成品表面，起到防堵塞、防损伤的目的。如预制水磨石、大理石楼梯应用木板、加气板等覆盖，以防操作人员踩踏和物体磕碰；水泥地面、现浇水磨石地面，应铺干锯末保护；落水口、排水管应加以覆盖以防堵塞；对其他一些需防晒、防冻、保温养护的成品也要加以覆盖，做好保护工作。

4) 封闭。封闭是指对施工成品采取局部临时性隔离保护的办法。如房间水泥地面或木地板油漆完成后，应将该房间暂时封闭；屋面防水完成后，需封闭进入该屋面的楼梯口或出入口等。

5.1.6 施工项目质量验收

建设工程质量验收是对已完工的工程实体的外观质量及内在质量按规定程序检查后，确认其是否符合设计及各项验收标准的要求，可交付使用的一个重要环节，正确地进行工程项目质量的检查评定和验收，是保证工程质量的重要手段。

鉴于建设工程施工规模较大，专业分工较多，技术安全要求高等特点，国家相关行政管理部门对各类工程项目的质量验收标准制订了相应的规范，以保证工程验收的质量，工程验收应严格执行规范的要求和标准。

1. 施工质量验收的概念

工程项目质量的评定验收，是对工程项目整体而言，工程项目质量的等级，分为“合格”和“优良”，凡不合格的项目不予验收；凡验收通过的项目，必有等级的评定。因此，对工程项目整体的质量验收，可称之为工程项目质量的评定验收，或简称工程质量验收。

工程质量验收可分为过程验收和竣工验收。过程验收按项目阶段分，有勘察设计质量验收、施工质量验收；按项目构成分，有单位工程、分部工程、分项工程和检验批四种层次的验收。其中检验批是指施工过程中条件相同并含有一定数量材料、构配件或安装项目的施工内容。由于其质量基本均匀一致，所以可作为检验的基础单位，并按批验收。

与检验批有关的另一个概念是主控项目和一般检验项目。主控项目是指对检验批的基本质量起决定性影响的检验项目；一般项目检验是除主控项目以外的其他检验项目。

施工质量验收是指对已完工的工程实体的外观质量及内在质量按规定程序检查后，确认其是否符合设计及各项验收标准要求的质量控制过程，也是确认是否可交付使用的一个重要环节。正确地进行工程施工质量的检查评定和验收，是保证工程项目质量的重要手段。

施工质量验收属于过程验收。其程序包括：

（1）施工过程中隐蔽工程在隐蔽前通知建设单位（或工程监理）进行验收，并形成验收文件。

（2）分部分项施工完成后应在施工单位自行验收合格后，通知建设单位（或工程监理）验收，重要的分部分项应请设计单位参加验收。

（3）单位工程完工后，施工单位应自行组织检查、评定，符合验收标准后，向建设单位提交验收申请。

（4）建设单位收到验收申请后，应组织施工、勘察、设计、监理单位等方面人员进行单位工程验收，明确验收结果，并形成验收报告。

（5）按国家现行管理制度，房屋建筑工程及市政基础设施工程验收合格后，尚需在规定时间内，将验收文件报政府管理部门备案。

2. 施工过程质量验收的内容

施工过程的质量验收包括以下验收环节，通过验收后留下完整的质量验收记录和资料，为工程项目竣工质量验收提供依据。

（1）检验批质量验收。所谓检验批是指“按同一的生产条件或按规定的方式汇总起来供检验用的，由一定数量样本组成的检验体”，“检验批可根据施工及质量控制和专业验收需要按楼层、施工段、变形缝等进行划分”。

检验批质量验收的一般规定：

1）检验批应由监理工程师（建设单位项目技术负责人）组织施工．单位项目专业质量（技术）负责人等进行验收。

2）检验批合格质量应符合下列规定：

a. 主控项目和一般项目的质量经抽样检验合格。

b. 具有完整的施工操作依据、质量检查记录。主控项目是指对安全、卫生、环境保护和公众利益起决定性作用的检验项目。因此，主控项目的验收必须从严要求，不允许有不符合要求的检验结果，主控项目的检查具有否决权。除主控项目以外的检验项目称为一般项目。

（2）分项工程质量验收。分项工程应按主要工种、材料、施工工艺、设备类别等进行划分。分项工程可由一个或若干检验批组成。

1）分项工程应由监理工程师（建设单位项目技术负责人）组织施工单位项目专业质量（技术）负责人进行验收。

2）分项工程质量验收合格应符合下列规定：

a. 分项工程所含的检验批均应符合合格质量的规定。

b. 分项工程所含的检验批的质量验收记录应完整。

（3）分部工程质量验收。当分部工程较大或较复杂时，可按材料种类、施工特点、施工程序、专业系统及类别等分为若干子分部工程。

1）分部工程应由总监理工程师（建设单位项目负责人）组织施工单位项目负责人和技术、质量负责人等进行验收；地基与基础、主体结构分部工程的勘察、设计单位工程项目负责人和施工单位技术、质量部门负责人也应参加相关分部工程验收。

2）分部（子分部）工程质量验收合格应符合下列规定：

a. 所含分项工程的质量均应验收合格。

b. 质量控制资料应完整。

c. 地基与基础、主体结构和设备安装等分部工程有关安全及功能的检验和抽样检测结果应符合有关规定。

d. 观感质量验收应符合要求。

必须注意的是，由于分部工程所含的各分项工程性质不同，因此它并不是在所含分项验收基础上的简单相加，即所含分项验收合格且质量控制资料完整，只是分部工程质量验收的基本条件，还必须在此基础上对涉及安全和使用功能的地基基础、主体结构、有关安全及重要使用功能的安装分部工程进行见证取样试验或抽样检测。而且需要对其观感质量进行验收，并综合给出质量评价，观感差的检查点应通过返修处理等补救。

3. 工程项目竣工质量验收

(1) 竣工工程质量验收的要求。单位工程是工程项目竣工质量验收的基本对象，也是工程项目投入使用前的最后一次验收，其重要性不言而喻。应按下列要求进行施工质量验收：

1) 工程施工质量应符合各类工程质量统一验收标准和相关专业验收规范的规定。

2) 工程施工应符合工程勘察、设计文件的要求。

3) 参加工程施工质量验收的各方人员应具备规定的资格。

4) 工程质量的验收均应在施工单位自行检查评定的基础上进行。

5) 隐蔽工程在隐蔽前应由施工单位通知有关单位进行验收，并应形成验收文件。

6) 涉及结构安全的试块、试件以及有关材料，应按规定进行见证取样检测。

7) 检验批的质量应按主控项目、一般项目验收。

8) 对涉及结构安全和功能的重要分部工程应进行抽样检测。

9) 承担见证取样检测及有关结构安全检测的单位应具有相应资质。

10) 工程的观感质量应由验收人员通过现场检查共同确认。

(2) 竣工工程质量验收的程序。承发包人之间所进行的建设工程项目竣工验收，通常分为验收准备、初步验收和正式验收三个环节进行。整个验收过程涉及建设单位、设计单位、监理单位及施工总分包各方的工作，必须按照工程项目质量控制系统的职能分工，以监理工程师为核心进行竣工验收的组织协调。

1) 竣工验收准备。施工单位按照合同规定的施工范围和质量标准完成施工任务后，经质量自检并合格后，向现场监理机构（或建设单位）提交工程竣工申请报告，要求组织工程竣工验收。施工单位的竣工验收准备，包括工程实体的验收准备和相关工程档案资料的验收准备，使之达到竣工验收的要求，其中设备及管道安装工程等，应经过试压、试车和系统联动试运行检查记录。

2) 初步验收。监理机构收到施工单位的工程竣工申请报告后，应就验收的准备情况和验收条件进行检查。对工程实体质量及档案资料存在的缺陷，及时提出整改意见，并与施工单位协商整改清单，确定整改要求和完成时间。建设工程竣工验收应具备下列条件：

a. 完成建设工程设计和合同约定的各项内容。

b. 有完整的技术档案和施工管理资料。

c. 有工程使用的主要建筑材料、构配件和设备的进场试验报告。

d. 有工程勘察、设计、施工、工程监理等单位分别签署的质量合格文件。

e. 有施工单位签署的工程保修书。

3）正式验收。当初步验收检查结果符合竣工验收要求时，监理工程师应将施工单位的竣工申请报告报送建设单位，着手组织勘察、设计、施工、监理等单位和其他方面的专家组成竣工验收小组并制定验收方案。

建设单位应在工程竣工验收前7个工作日将验收时间、地点、验收组名单通知该工程的工程质量监督机构。建设单位组织竣工验收会议。正式验收过程的主要工作有：

a. 建设、勘察、设计、施工、监理单位分别汇报工程合同履约情况及工程施工各环节施工满足设计要求，质量符合法律、法规和强制性标准的情况。

b. 检查审核设计、勘察、施工、监理单位的工程档案资料及质量验收资料。

c. 实地检查工程外观质量，对工程的使用功能进行抽查。

d. 对工程施工质量管理各环节工作、对工程实体质量及质保资料情况进行全面评价，形成经验收组人员共同确认签署的工程竣工验收意见。

e. 竣工验收合格，建设单位应及时提出工程竣工验收报告。验收报告还应附有工程施工许可证、设计文件审查意见、质量检测功能性试验资料、工程质量保修书等法规所规定的其他文件。

f. 工程质量监督机构应对工程竣工验收工作进行监督。

4. 工程竣工验收备案

我国实行建设工程竣工验收备案制度。新建、扩建和改建的各类房屋建筑工程和市政基础设施工程的竣工验收，均应按《建设工程质量管理条例》规定进行备案。

(1) 建设单位应当自建设工程竣工验收合格之日起15日内，将建设工程竣工验收报告和规划、公安消防、环保等部门出具的认可文件或准许使用文件，报建设行政主管部门或者其他相关部门备案。

(2) 备案部门在收到备案文件资料后的15日内，对文件资料进行审查，符合要求的工程，在验收备案表上加盖“竣工验收备案专用章”，并将一份退建设单位存档。如审查中发现建设单位在竣工验收过程中，有违反国家有关建设工程质量管理规定行为的，责令停止使用，重新组织竣工验收。

(3) 建设单位有下列行为之一的，责令改正，处以工程合同价款百分之二以上百分之四以下的罚款；造成损失的依法承担赔偿责任。

1）未组织竣工验收，擅自交付使用的。

2）验收不合格，擅自交付使用的。

3）对不合格的建设工程按照合格工程验收的。

5.1.7 质量控制的方法

在进行质量控制时，坚持“一切以数据说话”。数据是进行质量管理的基础，用数理统计的方法通过收集、整理质量数据，可以帮助我们分析、发现质量问题，以便及时采取措施进行处理。数理统计方法有：分层法、直方图法、排列图法、因果分析图法、控制图法、相关图法、调查分析表法等七种。现简单介绍质量控制中常用的几种方法。

1. 分层法

分层法也叫分类法或分组法，是把收集到的数据按统计分析的目的和要求进行分类，通过对数据的整理把质量问题系统化、条理化，以便从中找出规律，发现影响质量因素的一种方法。

（1）分层的原则。

1）按不同施工工艺和操作方法分类。

2）按操作人员或班组分类。

3）按分部分项工程分类。

4）按不同时间分类。

5）按设备型号、生产组织分类。

6）按材料成分、规格、供料单位及时间等分类。

7）按其他因素分类，如工程性质、检查项目等。

（2）例题。

1）某钢筋焊接质量调查数据如下：调查点50个，其中不合格的有18个，不合格率为36%。试分析如何提高钢筋焊接质量。

为了查清不合格原因，需要进行分层收集数据。现查明，该批钢筋焊接操作者为三人，焊条由两个厂家提供，因此分别按操作者（表5.1.1）、焊条供应厂家（表5.1.2）及两者综合分层（表5.1.3）进行分类。

表5.1.1　按操作者分类

操作者	不合格（点）	合格（点）	不合格率（%）
A	5	13	28
B	3	9	25
C	10	10	50
合计	18	32	36

表5.1.2　按供应焊条工厂分类

工厂	不合格（条）	合格（条）	不合格率（%）
甲	7	13	35
乙	11	19	37
合计	18	32	36

表5.1.3　综合分层分析焊条质量

操作者		甲厂	乙厂	合计
A	不合格	3	2	5
	合格	2	11	13
B	不合格	0	3	3
	合格	4	5	9
C	不合格	4	6	10
	合格	7	3	10
合计	不合格	7	11	18
	合格	13	19	32

从表5.1.3中可以看出，用甲厂的焊条，采取工人B的操作方法可使钢筋焊接质量提高。

2）对混凝土工程质量问题进行分析。根据影响因素及各项影响因素所造成的经济损失进行分层，如表5.1.4所示。

表 5.1.4 **混凝土质量损失分层表**

序 号	质量问题类型	损失金额（元）	所占比率（%）
1	混凝土强度不够	1300	54.2
2	麻面、蜂窝	700	29.2
3	露筋、保护层厚度不够	250	10.4
4	预埋件偏移	150	6.2
5	合计	2400	100

从表 5.1.5 中可以分析得出，混凝土质量损失的主要原因是混凝土强度不够。

2. 排列图法

排列图法是把影响产品质量的因素由大到小用矩形表示出来，又叫巴特列图法或巴氏图法，也叫主次因素分析法。

（1）排列图的组成。排列图的组成如图 5.1.3 所示。

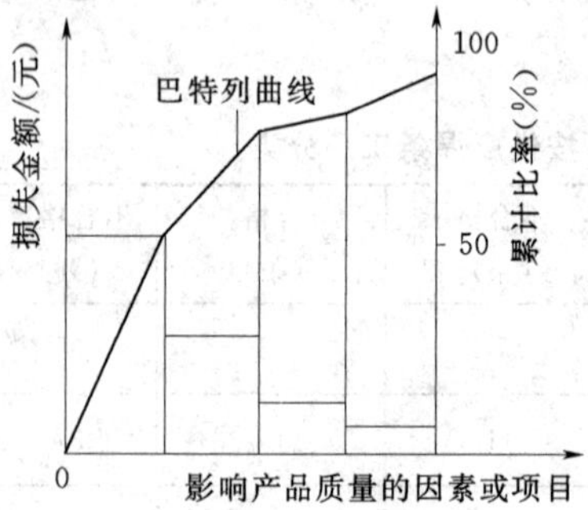

图 5.1.3 排列图

1）两个纵坐标：左纵坐标表示产品频数（不合格产品件数或造成金额损失数）；右纵坐标表示频率（不合格品件数或损失金额的累计百分率）。

2）横坐标：影响产品质量的各因素或项目。按影响质量程度大小，由大到小从左到右排列，底宽相同。每个直方形的高度表示该因素的影响大小。

3）巴特列曲线：表示各影响因素的累计百分数。根据巴特列曲线把影响因素分为三级：

A 类因素累积频率 0～80%，是影响产品质量的主要因素。

B 类因素累积频率 80%～90%，是影响产品质量的次要因素。

C 类因素累积频率 90%～100%，是影响产品质量的一般因素。

（2）作图步骤。

1）收集数据。

2）整理数据，混凝土质量损失分层见表 5.1.5。

表 5.1.5 **混凝土质量损失分层**

序号	质量问题类型	损失金额（元）	所占比率（%）	累计比率（%）
1	混凝土强度不够	1300	54.2	54.2
2	麻面、蜂窝	700	29.2	83.4
3	露筋、保护层厚度不够	250	10.4	93.8
4	预埋件偏移	150	6.2	100
5	合计	2400	100	

3）画坐标图和巴特列曲线，如图 5.1.4 所示。

4）图形分析。主要因素 A：混凝土强度不够，蜂窝麻面 0～80%；次要因素 B：露筋、保护层厚度不够 80%～90%；一般因素 C：预埋件偏移 90%～100%。

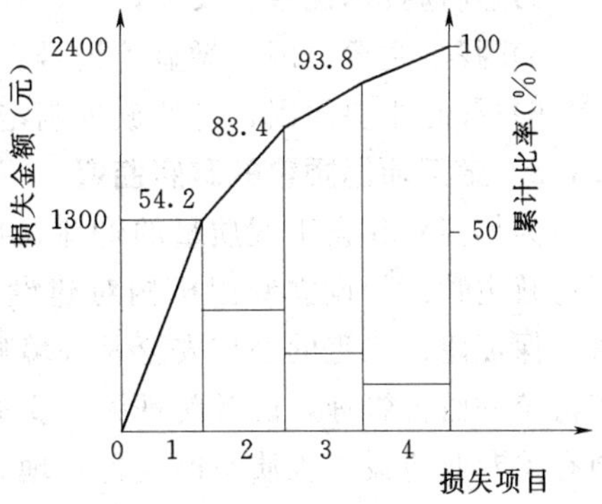

图 5.1.4　巴特列曲线

3. 因果分析图法

因果分析图又叫特性要因图、鱼刺图、树枝图，是一种逐步深入研究和讨论影响质量问题原因的图示方法。在工程实践中，质量问题产生是多种原因造成的，这些原因有大有小、有主有次。通过因果分析图，从影响产品质量主要因素出发，分析原因，逐步深入直到找出具体根源。

因果分析图法最终目的是查出并确定主要原因，以便制定对策，解决工程质量问题，从而达到控制质量的目的。

下面以对混凝土质量不合格的主要影响因素“强度不够、蜂窝麻面”的分析为例，如图 5.1.5 所示，说明因果分析图法的作图步骤和方法。

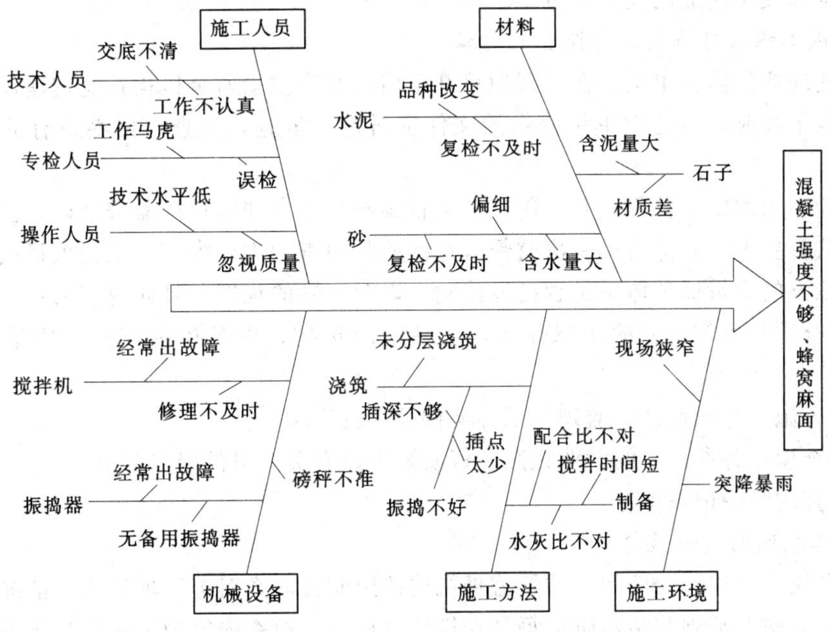

图 5.1.5　混凝土强度不够、蜂窝麻面因果分析图

1）明确要分析的对象，即要解决的质量特征“混凝土强度不够、蜂窝麻面”，放在主干箭头的前面。

2）对原因进行分类，确定影响质量因素的大原因。

影响工程质量的因素主要有人员、材料、机械、施工方法、施工环境五大方面。

3）确定产生质量问题的大原因背后的中原因，中原因背后的小原因，小原因背后的更小原因。

4）发扬技术民主、反复讨论，补充遗漏的因素。

5）找出主要原因，做显著记号。

6）针对主要原因，有的放矢制定对策，并落实到人，限期改正做出对策计划表。

5.1.8 施工项目质量的政府监督

为加强对建设工程质量的管理，我国《建筑法》及《建设工程质量管理条例》明确政府行政主管部门设立专门机构对建设工程质量行使监督职能，其目的是保证建设工程质量、保证建设工程的使用安全及环境质量。国务院建设行政主管部门对全国建设工程质量实行统一监督管理，国务院铁路、交通、水利等有关部门按照规定的职责分工，负责对全国有关专业建设工程质量的监督管理。

1. 建设工程项目质量政府监督的职能

各级政府质量监督机构对建设工程质量监督的依据是国家、地方和各专业建设管理部门颁发的法律、法规及各类规范和强制性标准。其监督的职能包括两大方面：

（1）监督工程建设的各方主体（包括建设单位、施工单位、材料设备供应单位、设计勘察单位和监理单位等）的质量行为是否符合国家法律法规及各项制度的规定；查处违法违规行为和质量事故。

（2）监督检查工程实体的施工质量，尤其是地基基础、主体结构、专业设备安装等涉及结构安全和使用功能的施工质量。

2. 建设工程项目质量政府监督的内容

（1）受理质量监督申报。在工程项目开工前，政府质量监督机构在受理建设工程质量监督的申报手续时，对建设单位提供的文件资料进行审查，审查合格签发有关质量监督文件。

（2）开工前的质量监督。开工前召开项目参与各方参加的首次监督会议，公布监督方案，提出监督要求，并进行第一次监督检查。监督检查的主要内容为工程项目质量控制系统及各施工方的质量保证体系是否已经建立，以及完善的程度。具体内容为：

1）检查项目各施工方的质保体系，包括组织机构、质量控制方案及质量责任制等制度。

2）审查施工组织设计、监理规划等文件及审批手续。

3）检查项目各参与方的营业执照、资质证书及有关人员的资格证书。

4）检查的结果记录保存。

3. 施工期间的质量监督

（1）在建设工程施工期间，质量监督机构按照监督方案对工程项目施工情况进行不定期的检查。其中在基础和结构阶段每月安排监督检查。检查内容为工程参与各方的质量行为及质量责任制的履行情况、工程实体质量和质保资料的状况。

（2）对建设工程项目结构主要部位（如桩基、基础、主体结构）除了常规检查外，还要在分部工程验收时，要求建设单位将施工、设计、监理、建设方分别签字的质量验收证明在验收后3天内报监督机构备案。

（3）对施工过程中发生的质量问题、质量事故进行查处；根据质量检查状况，对查实的问题签发“质量问题整改通知单”或“局部暂停施工指令单”，对问题严重的单位也可根据问题情况发出“临时收缴资质证书通知书”等处理意见。

4. 竣工阶段的质量监督

政府建设工程质量监督机构按规定对工程竣工验收备案工作实施监督。

(1) 做好竣工验收前的质量复查。对质量监督检查中提出质量问题的整改情况进行复查，了解其整改情况。

(2) 参与竣工验收会议。对竣工工程的质量验收程序、验收组织与方法、验收过程等进行监督。

(3) 编制单位工程质量监督报告。工程质量监督报告作为竣工验收资料的组成部分提交竣工验收备案部门。

(4) 建立建设工程质量监督档案。建设工程质量监督档案按单位工程建立；要求归档及时，资料记录等各类文件齐全，经监督机构负责人签字后归档，按规定年限保存。

5.2　施工项目的成本控制

5.2.1　施工项目成本的构成

1. 按造价构成划分

施工项目的成本按造价构成分为直接成本和间接成本。

(1) 直接成本。直接成本是指直接耗用于并能直接计入工程对象的费用，包括：

1) 人工费。

2) 材料费。

3) 机械使用费。

4) 其他直接费。

(2) 间接成本。间接成本是指非直接用于也无法计入工程对象，但为进行工程施工所必须发生的费用，通常是按照直接成本的比例来计算。包括：

1) 工作人员薪金。

2) 劳动保护费。

3) 职工福利费。

4) 办公费。

5) 差旅、交通费。

6) 固定资产使用费。

7) 工具用具使用费。

8) 保险费。

9) 工程保修费。

10) 工程排污费。

11) 其他费用。

12) 工会经费。

13) 教育经费。

14) 业务活动经费。

15) 税金。

16) 劳保统筹费。

17）利息支出。

18）其他财务费用。

2. 按成本性质划分

按成本性质工程成本划分为固定成本和变动成本。

（1）固定成本。固定成本是指在一定期间和一定的工程范围内，其发生的成本额不受工程量增减变动的影响而相对固定的成本。如折旧费、大修理费、管理人员工资、办公费、照明负荷费等。这一成本是为了企业一定的生产经营承条件而发生的。一般来说，对于企业的固定成本每年基本相同，但是，当工程量超过一定范围则需要增加机械设备和管理人员，此时固定成本将会发生变动。此外，所谓固定，就其总额而言，关于分配到每个项目单位工程的固定费用则是变动的。

（2）变动成本。变动成本是指发生总额随着工程量的增减变动而成正比例变动的费用，如直接用于工程上的材料费、实行计划工资的人工费等。所谓变动，也是就其总额而言，对于单位分项工程上的变动费用往往是不变。

将施工过程中发生的全部费用划分为固定成本和变动成本，对于成本管理和成本决策具有重要作用。它是成本控制的前提条件。由于成本是维持生产能力所必需的费用，只有通过提高劳动率，增加企业总工程量数额并降低固定成本的绝对值入手，降低变动成本只能从降低单位分项工程的消耗定额入手。

3. 按计算范围的大小划分

按计算范围的大小可划分为全部工程成本、单项工程成本、单位工程成本以及分部工程成本。

（1）全部工程成本。全部工程成本，亦称总成本，指建设项目进行各种建筑安装工程施工所发生的全部施工费用。

（2）单项工程成本。单项工程，亦称工程项目，它是建设项目的组成部分。单项工程成本，是指具有独立的设计文件，在建成后可以独立发挥生产能力或效益的各项工程所发生的施工费用，如纺纱车间工程成本、织布车间工程成本，一栋职工宿舍工程成本等。

（3）单位工程成本。单位工程，是单位工程的组成部分，是指单项工程内具有独立的施工图和独立施工条件的工程。如某车间是一个单项工程，而车间的厂房建筑工程，设备安装工程都是单位工程；民用建筑一般以一栋房屋作业一个单位工程。单位工程成本，是指单位工程进行施工所发生的施工费用。

（4）分部工程成本。分部工程，是单位工程的组成部分，如一般房屋土建工程，按其结构可分为基础、墙体、楼楹、门窗、屋面等分部工程。单位工程成本，是指分部工程进行施工所发生的施工费用，如织布车间的基础工程成本、屋面工程成本等。

以上各项工程成本的关系是：单位工程成本，由各有关部门工程成本组成；单位工程成本，由各有关单位工程成本组成；全部工程成本，由各单项工程成本组成。

建设项目成本分类还有许多方法，可根据用途与需要不同而划分。

5.2.2 做好施工项目成本控制的基础工作

加强建设项目成本控制，心须把基础工作搞好，它是搞好建设项目成本控制的前提。

1. 必须加强工程项目成本观念

要搞好工程项目成本控制，心须首先对企业的项目经理部人员加强成本管理教育并采取措施，只有在工程项目中培养强烈的成本意识，让参与项目管理与实施的每个人员都意识到加强项目成本控制对建设项目的经济效益及个人收入所产生的重大影响，各项成本管理工作才能在建设项目管理中得到贯彻和实施。

2. 加强定额和预算管理

为了进行工程项目成本管理，必须具有完善的定额资料，搞好施工预算和施工图预算。除了国家统一的建筑、安装工程基础定额以及市场的劳务、材料价格信息外，企业还应有施工定额，施工定额既是一编制单位工程预算及成本计划的依据，又是衡量人工、材料、机械消耗的标准。要对建设项目成本进行控制，分析成本节约或超支的原因，不能离开施工定额。按照国家统一的定额和取费标准编制的施工图预算也是成本计划和控制的基础资料，可以能过“两算对比”确定成本降低水平。实践证明，加强定额和预算管理，不断完善企业内部定额资料，对节约材料消耗、提高劳动生产率、降低建设项目成本，都有着十分重要的意义。

3. 建立和健全原始记录与统计工作

原始记录是生产经营活动的第一次直接记载，是反映生产经营活动的原始资料，是编制成本计划、制定各项定额的主要依据，也是统计的成本管理的基础。施工企业在施工中对人工、材料、机械台班消耗、费用开支等，都必须做好及时的、完整的、准确的原始记录。原始记录应符合成本管理要求，记录格式内容和计算方法要统一，填写、签署、报送、传送、保管和存档等制度要健全并有专人负责管理要求，对项目经理部有关人员要进行训练，以掌握原始记录的填制、统计、分析和计算方法，做到及时准备地反映施工活动情况。原始记录还应有利于开展组织经济核算，力求简便易行讲求实效，并根据实际使用情况，随时补充和修改，以充分发挥原始凭证的作用。

4. 建立和健全各项责任制度

对工程项目成本进行全过程的成本管理，不仅需要有周密的成本计划和目标，更重要的是为实现这种计划和目标的控制方法和项目施工中有关的各项责任制度。有关建设项目成本管理的各项责任制度包括有：计量验收制度、考勤、考核制度，原始记录和统计制度，成本核算部分以及完善的成本目标责任制体系。

5.2.3 工程项目成本控制的程序和过程

1. 工程项目成本控制的程序

工程项目成本控制的程序是从成本估算开始，经编制成本计划，采取降低成本的措施，进行成本控制，直到成本核算与分析为止的一系列管理工作步骤，如图 5.2.1 所示。

2. 工程项目成本控制的过程

施工项目成本控制的过程包括施工项目成本预测与决策、成本计划的编制和实施、成本核算和成本分析等主要环节，其中成本计划的实施为关键环节。因此，进行施工项目成本控制，必须具体研究每个环节的有效工作方式和关键控制措施，从而取得施工项目整体的成本控制效果。

（1）成本预测。施工项目成本预测是其成本控制的首要环节之一，也是成本控制的关键。成本预测的目的是预见成本的发展趋势，为成本管理决策和编制成本计划提供依据。

（2）施工项目成本的决策。施工项目成本决策是根据成本预测情况，经过认真分析作出决定，确定成本管理目标。成本决策是先提出几个成本目标方案，然后再从中选项择理

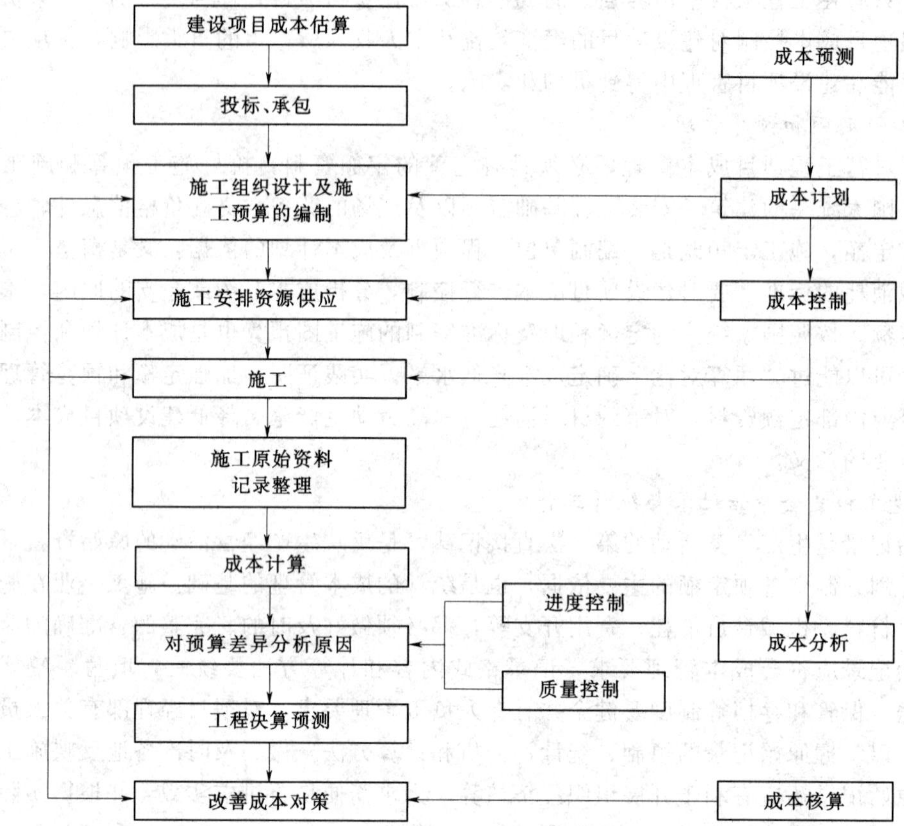

图 5.2.1　建设项目成本管理的一般程序

想的成本目标作出决定。

(3) 施工项目成本计划的编制。成本计划是实现成本目标的具体安排，是成本管理工作的行动纲领，是根据成本预测、决策结果，并考虑企业经营需要和经营水平编制的，它也是事先成本控制的环节之一。成本控制必须以成本计划作标准。

(4) 成本计划的实施。成本计划的实施是根据成本计划所作的具体安排，对施工项目的各项费用实施有效制，不断收集实施信息，并与计划比较，发现偏差，分析原因，采取措施纠正偏差，从而实现成本目标。

(5) 成本的核算。施工项目成本核算是对施工中各项费用支出和成本和形成进行核算，项目经理部应作为企业的成本中心，大力加强施工项目成本核算，为成本控制各项环节提供必要的资料。成本核算应贯穿于成本控制的全过程。

(6) 施工项目的成本检查。成本检查是根据核算资料及成本计划实施情况，检查成本计划完成情况，以评价成本控制水平，并为企业调整与修正成本计划提供依据。

(7) 成本分析与考核。施工项目成本分析分为中间成本分析和竣工成本分析，是为了对成本计划的执行情况和成本状况进行的分析，也是总结经验教训的重要方法和信息积累的关键步骤。成本考核的目的在于通过考察责任成本的完成情况，调动责任者成本控制的积极性。

以上 7 个环节构成成本控制的 PDCA 循环，每个施工项目在施工成本控制中，不断地进行着大大小小（工程组成部分）的成本控制循环，促使成本管理水平不断提高。

3. 施工项目成本控制的手段

（1）计划控制。计划控制是用计划的手段对施工项目成本进行控制。施工项目的成本上升预测和决策为成本计划的编制提供依据，编制成本计划首先要设计降低成本技术组织措施，然后编制降低成本计划，将承包成本额降低而形成成本计划。

（2）预算控制。预算控制成本可分为两种类型：一是包干预算，即一次包死预算总额，不论中间有何变化，成本总额不予调整；二是弹性预算，即先确定包干总额，但可根据工程的变化进行协商，进行相应的变动。我国目前大部分是弹性预算控制。

（3）会计控制。会计控制是以会计方法为手段，以记录实际发生的经济业务发生的合法凭证为依据，对成本支出进行核算与监督，从而发挥成本控制作用。会计控制方法系统性强、严格、具体、计算准确、政策性强，是理想的和必须的成本控制方法。

（4）制度控制。制度是对例行性活动应遵循的方法、程序、要求及标准所作的规定。成本的制度控制就是通过制度成本管理制度，对成本控制作出具体规定，作为行动准则，约束管理人员和工人，达到控制成本的目的，如成本管理责任制度、技术组织措施制度、成本管理制度、劳动工资管理制度、固定资产管理制度等，都与成本控制关系非常密切。

在施工项目管理中，上述手段是同时综合使用，不应该孤立地使用某一种成本控制手段。

5.2.4 施工项目成本的预测

施工项目的预测是施工项目成本的事前控制，是施工项目成本形成之前的控制，它的任务是通过成本预测估计出施工项目的成本目标，并通过成本计划的编制作出成本控制的安排。因此施工项目成本的事前控制的目的是提出一个可行的成本控制实施纲领和作业设计。

1. 施工项目成本控制目标的依据

（1）施工企业的利润目标。施工企业的利润目标对企业降低工程成本的要求是施工项目成本目标预测的首要依据。企业要依据经营决策提出利润目标后，便对企业降低成本提出总目标。每个施工项目的降低成本率水平应等于或高于企业的总降低放本率水平，以保证降低成本总目标的实现，在此基础上才能确定施工项目的降低成本目标和成本目标。

（2）施工项目的合同价格。施工项目的合同价格是其销售价格，是所能取得的收入总额。施工项目的成本目标就是合同价格与利润目标是企业分配到该项目的降低成本要求。根据目标成本降低额，求出目标成本降低率，再与企业的目标成本降低率进行比较，如果前者等于或大于后者，则目标成本降低额可行，否则，应予调整。

（3）施工项目成本估算。（概算或预算）是根据市场价格或定额价格（计划价格）对成本发生的社会水平进行估计，它即是合同价格的基础，又是成本决策的依据，是量入为出的标准，是最主要的依据。

（4）施工企业同类施工项目的降低水平。这个水平代表了企业的成本控制水平，是该施工项目可能达到的成本水平，可与成本控制目标进行比较，从而作出成本目标决策。

2. 施工项目成本预测的程序

第一步，进行施工项目成本估算，确定可以得到补偿的社会平均水平的成本。目前，主要是要根据概算定额或预算定额进行计算，市场经济则要求企业根据实物估计法进行科学地计算。

第二步，根据合同承包价格计算施工项目和承包成本，并与估算成本进行比较。一般承包成本应低于估算成本。如高于估算成本，应对工程索赔和降低成本作出可行性分析。

第三步，根据企业利润目标提出的施工项目降低成本要求，企业同类工程的降低成本水平以及合同承包成本，作出降低成本决策，计算出降低成本率，对降低成本率水平进行评估，在评估的基础上作出决策。

第四步，根据企业降低成本率决策计算出降低成本额和决策施工项目成本额，在此基础上定出项目经理部责任成本额。

3. 成本预测方法

成本预测方法可分为两大类：定性预测方法和定量预测方法。

（1）成本的定性预测。成本的定性预测是指成本管理人员根据专业知识实践经验，通过调查研究，利用已有材料，对成本的发展趋势及可能达到的水平所作的分析和推断。

由于定性预测主要依靠管理人员的素质和判断力，而这种方法必须建立在对项目成本耗费的历史资料、现状及影响因素深刻了解的基础之上。这种方法简便易行，在资料不多、难以进行定量预测时最为适用。

定性预测方法有许多种，最常用的是调查研究判断法，即依靠专家预测未来成本的方法，所以也称为专家预测法。其具体方式有：座谈会法和函询调查法。

1）座谈会法。座谈会法是指以会诊形式集中各方面专家面对面的进行讨论，各自提出自己的看法和意见，最后综合分析，得出预测结论。这种方法的优点是能经过充分讨论，所测数值比较准确；缺点是有时可能出现会议准备不周、走过场，或者屈从于领导的意见。

2）函询调查法。函询调查法也称为德尔菲法，是采用函询调查的方式，向有关专家提出所要预测的问题，请他们在互不商量的情况下，背对背的各自做出书面答复，然后将收集的意见进行综合、整理和归类，并匿名反馈给各个专家，再次征求意见，如此经过多交反复之后，就能对所需预测的问题取得较为一致的意见，从而得出预测结果。为了能体现各种预测结果的权威程度，可以针对不同专家预测的结果，分别给予重要性权数，再将他们对各种情况的评估作加权平均计算，从而得到期望平均值，做出较为可靠的判断。这种方法的优点是能最大限度地利用各个专家的能力，相互不受影响，意见易于集中，且真实；缺乏是受专家的业务水平、工作经验和成本信息的限制，有一定的局限性。这是一种广泛应用的专家预测方法。

（2）成本的定量预测。定量预测是利用历史成本统计资料以及成本与影响因素之间的数量关系，通过数学模型来推测、计算未来成本的可能结果。在成本预测中，常用的定量预测方法有高低点法、加权平均法、回归分析法、量本利分析法。这里仅就回归分析法进行介绍。回归分析法根据变量之间的相互依存关系来预测成本的变化趋势。这种方法计算的数值准确，但计算过程相对繁琐些。

回归分析有一元线回归，多元线性回归和非线性回归等。在这里，我们简单介绍一元线性回归在成本预测中的应用。

根据成本和产量之间的依存关系，以产量为自变量，以 X 表示；以成本为因变量，以 Y 表示，则有：

$$Y=a+bX$$

式中：a 为固定成本；b 为单位变动成本。

在此公式的应用中，a、b 的计算是关键，通常是应用最小二乘法原理进行计算，a、b 的计算公式如下：

$$b=\frac{n\sum xy-\sum x\cdot\sum y}{n\sum x^2-(\sum x)^2}=\frac{\sum xy-nx\,\overline{y}}{\sum x^2-n\,\overline{x}^2}$$

$$a=\frac{\sum y-b\sum x}{n}=\overline{y}-b\,\overline{x}$$

利用一元线性回归这一数学模型，可以对建设项目进行成本预测。预测常利用预算成本和实际成本的相互依存关系，建立的线性模型 $Y=a+bX$（X 代表实际预算成本，Y 代表实际成本）中，根据此公式进行预测计算。

5.2.5 施工项目成本计划的编制

成本计划是在多种成本预测的基础上，经过分析、比较、论证、判断之后，以货币形式预先规定计划期内生产的耗费和成本所要达到的水平，并且确定各个项目比上期预计要达到的降低额和降低率，提出保证成本费用计划事实所需要的主要措施方案。它是进行成本控制的主要依据。

施工项目成本计划应当由项目经理部进行编制，从而规划出实现项目经理成本承包目标的实施方案。施工项目成本计划的关键内容是降低成本措施的合理设计。

1. 施工项目成本计划的编制步骤

第一步，项目经理部按项目经理的成本承包目标确定施工项目的成本控制目标和降低成本控制目标，后两者之和应低于前者。

第二步，按分部分项工程对施工项目的成本控制目标和降低成本目标进行分解，确定各分部分项工程的成本目标。

第三步，按分部分项工程的目标成本实行施工项目内部成本承包，确定各承包队的成本承包责任。

第四步，由项目经理部组织各承包队确定降低成本技术组织措施并计算其降低在本效果，编制降低成本计划，与项目经理降低成本目标进行对比，经过反复对降低成本措施进行修改而最终确定降低计划。

第五步，编制降低成本技术组织措施计划表，降低计划表和施工项目成本计划表。

2. 施工项目成本计划的编制方法

项目成本计划的编制，是建立在成本预测和一定资料的基础上，具体编制需采用一定的方法。

（1）在成本计划降低指标试算平衡的基础上编制。成本计划的试算平衡，是编制成本计划的一项重要步骤。试算平衡是指在正式编制成本之前，根据已有的资料，测算影响成本的各项因素。寻求切实可行的节约措施，提出符合成本降低目标的成本计划指标，以保证降低成本。

（2）弹性预算。这里所说的预算，就是通过有关数据集中而系统地反映出来的企业经营预测、决策所确定的具体目标。预算的种类很多，按静动区分，可分为固定预算和可变预算。固定预算又称静态预算，是根据预算期间内计划预定的一种活动水平（如施工产量水平）确定相应数据的预算水平。

如果按照预算期内可预见的多种生产经营活动水平，分别确定相应的数据，使编制的预算随着生产经营活动水平的变动而变动，这种预算就是可变预算，即弹性预算。因此，弹性预算是为一定活动范围而不是为了单一水平编制的。它比固定预算更便于落实任务、区分责任，并使预算执行情况的评价和考核建立在更加客观可比的基础上。

弹性预算主要适用于成本预算及一些间接费用、期间费用等的预算。

(3) 零基预算。编制预算的传统方法，是以原有的费用水平为基础进行关量分析。其基本程序是：以本期费用预算的执行情况为基础，按预算期内有关业务量预期的增减变化，对现有费用水平作适当调整，以确定预算期的预算数。在指导思想上，是以承认现实的基本合理性作为出发点。而零基预算则不同，是一种全新的预算控制法。它的全称叫作“以零为基础的编制计划和预算方法”。零基预算的基本原理是：对于任何一个预算期，任何一种费用项目的开支数，不是从原有的基础出发，即根本不考虑基期的费用开支水平，而是像企业新创立时那样，一切从“零”为起点，从根本上来考虑各个费用项目的必要性及其规模。

零基预算的优点是：不受条条框框限制，不受现行财务预算情况的约束，能够充分发挥各级管理人员的积极和创造性，促进各级财务划部门精打细算，量力而行，合理使用资金，提高经济效益，但零基预算的工作量较大。

(4) 滚动预算。通常的财务预算，都是以固定的一个时期（如一年）为预算期的。由于实际经济情况是不断变化的，预算人员难以准确地未来较远时期进行推测，所以这种预算往往不能适应实际中的各种变化。另外，在预算执行了一个阶段以后，往往会使管理人员只考虑剩下的一段时间，而缺乏长远打算。为了弥补这些缺陷，一些国家推广使用了滚动预算法编制预算。

滚动预算，也叫连续预算或永续预算。它是根据每一段预算执行情况相应调整下一阶段预算值，并同时将预算期向后移动一个时间阶段。这样使预算不断向前滚动，延伸，于是经常保持一定的预算期。

这种方法的优点是，在预算中可使管理者能够对未来一定时期生产经营活动经常保持一个稳定的视野，便于对不同时期的预算做出分析和比较，也使工作主动，不至于在原预算将全部执行结束时，再组织编制新的预算，以免“临渴掘井”。

3. 降低施工项目成本的技术组织措施设计

(1) 从技术方面和组织方面考虑。降低成本的措施要从技术方面和组织方面进行全面设计，技术措施要从施工作业所涉及的生产要素方面进行设计，以降低生产消耗为宗旨。组织措施要从经营管理方面，尤其是从施工管理方面进行筹划，以降低固定成本、消灭非生产性损失、提高生产效率和组织管理效果为宗旨。

(2) 从费用构成的要素方面考虑。首先应降低材料费用，材料费用占工程成本的大部分，降低成本的潜力最大，而降低材料费用首先应抓住关键性的材料，因为它们的品种少，而所占费用比重大，所以容易抓住重点，而且易见成效。降低材料费用最有效的措施是改善设计或采用代用材料，它比改进施工工艺更有效，潜力更大。而在降低材料成本措施的设计中，ABC 分类法和价值分析法是有效和科学手段。

(3) 设计提高机械利用率和发挥机械生产能力的措施。降低机械使用费的主要途径是设计提高机械利用率和机械效率、以充分发挥机械生产能力的措施。因此，科学的机械使用计划和完好的机械状态是必须重视的。随着施工机械化程度的不断提高，降低机械使用费的潜力越来越大，必须做好施工机械使用的技术经济分析。

（4）提高劳动生产率。降低人工费用的根本途径是提高劳动生产率。提高劳动生产率必须通过提高生产工人的劳动积极性实现。提高工人劳动积极性则与适当的分配制度、激励办法、责任制及思想工作有关，要正确应用行为科学和理论，进行有效的“激励”。

（5）降低成本计划的编制必须以施工组织设计为基础。在施工组织设计的施工方案中，必须有降低成本的措施。施工进度计划所设计的工期，必须与成本优化相结合。施工总平面图无论对施工准备费用支出和施工的经济性都有重大影响。因此，施工项目管理规划既要作出技术和组织设计，也要作出成本设计。只有在施工项目管理规划基础上编制的成本计划，才是有可靠基础的、可操作的成本计划，也是考虑缜密的成本计划。

5.2.6 施工项目成本计划的实施

1. 注意主要环节

（1）加强施工任务单和限额领料单的管理，落实执行降低成本的各项措施，作好施工任务单的验收和限额领料单的结算。

（2）将施工任务单和限额料单的结算资料进行对比，计算分部分项工程的成本差异，分析差异原因，并采取有效的纠偏措施。

（3）做好月度成本原始资料的收集和整理，正确计算月度成本，分析月度计划成本和实际差异，充分注意不利差异，认真分析有利差异的原因，特别重视盈亏比例异常现象的原因分析，并采取措施尽快消除异常现象。

（4）在月度成本核算的基础上实行责任成本核算。即利用原始的会计核算的资料，重新按责任部门或责任者归集成本费用，每月结算一次，并与责任成本进行对比，由责任者自行分析成本差异和产生的原因，自行采取纠正措施，为全面实现责任成本创造条件。

（5）经常检查承包合同履行情况，防止发生经济损失。

（6）加强施工项目成本计划执行情况的检查与协调。

（7）在竣工验收阶段搞好扫尾工作，缩短扫尾时间。认真清理费用，为结算创造条件，搞好结算。在保修期间搞好费用控制和核算。

2. 质量成本控制

质量成本是指为达到和保证规定的质量水平所消耗费用的那些费用。其中包括预防和鉴定成本（或投资）、损失成本（或故障成本）。

预防成本是致力于预防故障的费用；鉴定成本是为了确定保持规定质量所进行的试验、检验和验证所支出的费用，内部故障成本是由于交货前因产品或服务没有满足质量要求而造成的费用；外部故障成本是交货后因产品或服务没有满足质量要求而造成的费用。

质量成本控制应抓成本核算，计算各科目的实际发生额，然后进行分析（表 5.2.1），根据分析找出的关键因素采取有效措施以控制。

3. 施工项目成本计划执行情况检查与协调

项目经理部应定期检查成本计划的执行情况，并要检查后及时分析，采取措施，控制成本支出，保证成本计划实现。

表 5.2.1　　**质量成本分析表**

质量成本项目		金额（元）	质量本率（%）		对比分析
			占本项	占总额	
预防成本	质量管理工作费	1380	10.43	0.95	预算成本 4417500 元
	质量情报费	854	6.41	0.58	实际成本 3896765 元
	质量培训费	1875	14.08	1.28	降低成本 520.735 元
	质量技术宣传费	—	—	—	成本降低率 6.50%
	质量管理活动费	9198	69.08	6.28	$\frac{质量成本}{实际成本}=\frac{146482}{3896765}=3.76\%$
	小计	13316	100.00	9.08	
鉴定成本	材料检验费	1154	12.81	0.79	$\frac{质量成本}{预算成本}=\frac{146482}{4147500}=3.53\%$
	工序质量检查费	7851	87.19	5.36	
	小计	9005	100.00	6.15	$\frac{预防成本}{预算成本}=\frac{13315}{4147500}=0.32\%$
内部故障成本	返工损失	53823	49.80	36.74	
	返修损失	27999	25.91	19.1	$\frac{鉴别成本}{预算成本}=\frac{9005}{4147500}=0.22\%$
	事故分析处理费	1956	1.81	1.34	
	停工损失	2488	2.30	1.70	$\frac{内部故障成本}{预算成本}=\frac{108079}{4147500}=2.61\%$
	质量过剩支出	21813	20.18	14.89	
	技术超前支出费	—	—	—	$\frac{外部故障成本}{预算成本}=\frac{16082}{4147500}=0.39\%$
	小计	108079	10.00	73.76	
外部故障成本	回访修理费	4431	27.57	3.03	
	劣质材料额外支出	11648	72.43	7.95	
	小计	16082	100.00	10.98	
质量成本支出额		146482	100.00	100.00	

（1）项目经理部应根据承包成本和计划成本，绘制月度成本折线图。在成本计划实施过程中，按月在同一图上打点，形成实际成本折线，如图 5.2.2 所示，该图不但可以看出成本发展动态，还可以分析成本偏差。成本偏差有三种：

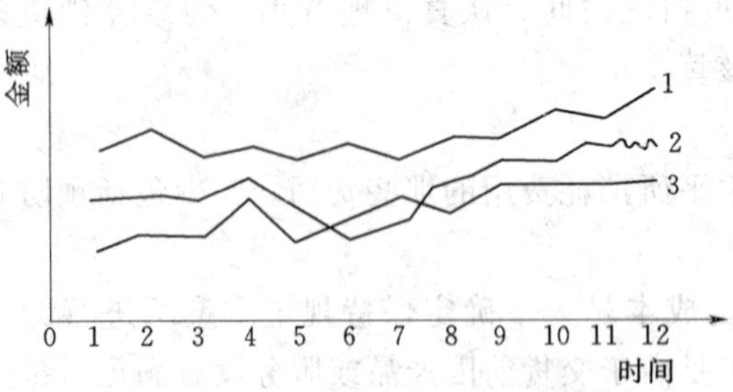

图 5.2.2　成本控制折线图

1—承包成本；2—计划成本；3—实际成本

实际偏差=实际成本−承包成本

计划偏差=承包成本−计划成本

目标偏差=实际成本−计划成本

应尽量减少目标偏差，目标偏差越小，说明控制效果越好，目标偏差为计划偏差与实际偏差之和。

（2）根据成本偏差，用因果分析图分析产生的原因，然后设计纠偏措施，制定对策，协调成本计划，对策要列成对策表，落实执行责任。最后应对责任的执行情况进行考核。

5.2.7　施工项目成本控制

成本控制，则指在生产经营过程中，按照规定的成本费用标准，对影响产品寿命周期成本费用的各种因素进行严格的监督的调节，及时揭示偏差，并采取措施加以纠正，使实际成本费用控制在计划范围内，保证实现成本目标。

1. 明确成本控制程序

(1) 制定成本控制标准。成本控制标准是对各费用开支和各种资源消耗所规定的数量界限。成本控制标准有多种形式，主要有目标成本、成本计划指标、费用预算、消耗定额等。

(2) 实施成本控制。实施成本控制是指依据成本控制标准对成本的形成过程进行具体监督，并通过成本的信息反馈系统及时揭示成本差异，实行成本过程控制。

(3) 确定差异。通过对实际成本和成本标准比较，计算成本差异数额，分析成本脱离标准的程度和性质，确定造成成本差异的原因和责任归属。

(4) 消除差异。组织群众挖掘潜力，提出降低成本的新措施或修订成本建议，并对成本差异的责任部门进行相应的考核和奖惩，采取措施改进工作，达到降低成本的目的。

2. 标准成本控制

标准成本控制是指预先确定标准成本，在实际成本发生后，以实际成本与标准成本相比，用来揭示成本差异，并对成本差异进行因素分析，据以加强成本控制的方法。其中标准成本是经过仔细调查、分析和技术测定而制定的在正常生产经营条件下用以衡量和控制实际成本的一种预计成本。通常按零件、部件、生产阶段，分别对直接材料、直接人工、制造费用等进行测定。

(1) 标准成本的制定。制定标准成本的基本形式均是以“价格”标准乘以“数量”标准，即：

$$标准成本=价格标准\times数量标准$$

1) 直接材料的标准成本。价格标准是指事先确定的购买材料应支付的标准价格，数量标准是指在现有生产技术条件下生产单位产品需用的材料数量，公式为：

$$直接材料标准成本=直接材料标准价格\times单位产品用量标准$$

2) 直接人工的标准成本。价格标准是工资率标准，在计件工资下，是单位产品支付直接人工工资；在计时工资制下，是单位工作时间标准应分配的工资。其计算公式为：

$$计时工资标准=\frac{预计支付直接人工工资总额}{标准总工时}$$

数量标准是指在现有生产技术条件下生产单位产品需用的工作时间。

$$直接人工标准=成本工资率标准\times单位产品工时标准$$

3) 制造费用的标准成本。价格标准是指制造费用分配标准，制造费用分配率是根据制造费用预算确定的固定费用和变动费用分别除以生产量标准的结果。其计算公式为：

$$每工时标准变动费用分配率=\frac{固定费用预算合计}{标准总工时}$$

$$每工时标准固定费用分配率=\frac{固定费用预算合计}{标准总工时}$$

数量标准是指生产单位产品需用直接人工小时（或机器小时）。

$$变动费用标准=成本变动费用分配率\times工时定额$$

固定费用标准＝成本固定费用分配率×工时定额

根据上述计算的各个标准成本项目加以汇总，构成产品的标准成本。

（2）成本差异的计算分析。成本差异就是实际成本与标准成本的差额。实际成本大于标准成本为逆差；实际成本小于标准成本为顺差。通过对成本差异的计算分析，可以揭示每种差异对生产成本影响程度的具体原因及其责任归属。

1）直接材料成本差异的计算分析。其计算公式为：

直接材料成本差异＝实际价格×实际数量－标准价格×标准数量

其中　　标准数量＝实际产量×单位产品的用量标准

直接材料成本差异包括直接材料价格差异和直接材料数量差异两部分。计算公式为：

材料价格差异＝（实际价格－标准价格）×实际耗用数量

材料数量差异＝标准价格×（实际耗用数量－标准耗用数量）

在计算材料成本差异的基础上，进行成本差异的分析。以材料成本顺差或逆差为线索，按照产生的价差和量差，找出其具体原因，明确其责任归属。一般情况下，材料价格差异应由采购部门负责，有时则应由其他部门负责，比如由于生产上的临时需要进行紧急采购时，运输方式改变引起的价格差异，就应由生产部门负责。另外，材料数量差异一般应由生产部门负责，但也有例外。比如，由于采购部门购入劣质材料引起超量用料，就应由采购部门负责。

2）直接人工成本差异的计算分析。其计算公式如下：

直接人工成本差异＝实际工资价格×实际工时－标准工资价格×标准工时

其中　标准工时＝实际产量×单位产品工时耗用标准

直接人工成本差异包括直接人工工资价格差异和直接人工效率差异两部分。计算公式为：

人工工资价格差异＝（实际工资价格－标准工资价格）×实际工时

工时人工效率差异＝标准工资价格×（实际工时－标准工时）

对直接人工成本差异进行分析，工资价格差异是由于生产人员安排是否合理而形成的，故其责任应由劳动人事部门或生产部门负责。人工效率差异，或者是由于生产部门人员安排恰当与否引起的，由生产部门负责，或者是由于生产工艺流程的变化情况引起的，由技术部门负责。

3）变动制造费用差异的计算分析。其计算公式如下：

变动制造费用差异＝实际分配率×实际工时－标准分配率×标准工时

标准工时计算同前。

变动制造费用差异包括变动制造费用开支差异和效率差异两部分。计算公式为：

变动制造费用开支差异＝（实际分配率－标准分配率）×实际工时

变动制造费用效率差异＝标准分配率×（实际工时－标准工时）

4）固定制造费用差异的计算分析。其计算公式如下：

固定制造费用差异＝实际分配率×实际工时－标准分配率×标准工时

＝实际固定制造费用－标准固定制造费用

标准工时的计算同前。

固定制造费用差异包括固定制造费用开支差异和能量差异两部分。计算公式为：

固定制造费用开支差异＝实际分配率×实际工时－标准分配率×预算工时

＝实际固定制造费用－标准固定制造费用

固定制造费用能量差异＝标准分配率×（预算工时－标准工时）

＝预算固定费用－标准固定费用

预算工时＝计划产量×单位产品标准工时

3. 成本归口分级管理

为了有效地进行成本控制，项目要建立成本控制体系，实行成本归口分级管理。

成本归口管理是指各职能部门对成本的管理，按照各职能部门在成本管理方面的职责，把成本指标和降低成本目标分解下达给有关职能部门进行控制，负责完成，实行责权利相结合的一种管理形式。在公司总部统一领导、统一计划下，由财务部门负责把成本指标和降低成本目标按主管的职能部门进行分解下达。如原材料成本指标（或物资实物量指标）由物资供应部门归口控制；工资成本指标由劳动部门归口控制；改进产品设计和生产工艺的降低成本任务由技术部门负责实现；管理费用指标由行政部门归口控制等等。

成本分级管理，是按照各施工生产单位成本管理的职责，把成本指标和降低成本目标分解下达给工程队、班组进行控制，负责完成，实行责权利相结合的一种管理形式。在我国，一般实行公司总部、工程处（工区）、施工队、班组四级成本管理。它一般采用逐级分解成本和降低成本目标的办法。公司总部的成本管理在公司总经理或总会计师领导下，由会计部门负责进行，并下达各工程外（工区）成本指标，计算实际成本，检查和分析指标情况。工程处（工区）根据总部下达的成本指标，分解下达给各施工队，各施工队再下达给班组，组织班组进行成本管理。班组是成本管理的最基层单位，直接费用的发生大多数是在班组中发生的，所以这一级成本的节约和浪费，直接影响成本高低，所以要加强班组成本控制。

5.2.8 施工项目成本核算

工程项目成本核算是指项目建设过程中所发生的各种费用和形成建设项目成本的核算。它包括两个基本环节：一是按照规定的成本开支范围对建设费用进行归集，计算出建设费用的实际发生额；二是根据成本核算对象，采取适应的方法，计算出该建设项目的总成本和单位成本。建设项目成本核算所提供的各种信息，是成本预算、成本计划、成本控制、成本分析和成本考核等各个环节的依据。因此，加强建设项目成本核算工作，对降低建设项目成本，提高企业的经济效益有积极的作用。

成本核算，是审核、汇总、核算一定时期内生产费用发生额和计算产品成本工作的总称。正确进行成本核算，是加强成本管理的前提，核算得不准确、不及时，就无从实现成本的合理补偿，无从及时分析成本升降的原因，不利于及时采取措施，降低成本，提高经济效益。

1. 成本核算对象的划分

成本核算对象必须根据具体情况和施工管理的要求进行划分。具体的划分为：

1）工业和民用建筑一般应以单位工程作为成本核算对象。

2）一个单位工程，如果有两个或两个以上施工单位共同施工时，各个施工单位都以同一单位工程为成本核算对象，各自核算自行完成的部分。

3）对于工程规模、工期长，或者采用新材料、新工艺的工程，可以根据需要，按工程部位划分成本核算对象。

4）在同一个工程项目中，如果若干个单位工程结构类型、施工地点相同，开竣工时间接近，可以合并成一个成本核算对象；建筑群中如有创全优的工程，则应以全优工程为成本核算对象，并严格划清工料费用。

5）改建或扩建的零星工程，可以将开竣工时间接近的一批单位工程合并为一个成本核算对象。

2. 施工项目的“成本项目”

根据建设部“建筑安装费用项目组成”和新财务制度的规定，将施工项目的“成本项目”列成表5.2.2所示。

表5.2.2　　施工项目费用构成

工程费用组成	施工企业财务制度	异　同
侧重造价构成 一、直接工程费 1. 直接费 （1）人工费 （2）材料费 （3）机械使用费 2. 其他直接费 3. 现场经费 （1）临时设施费 （2）现场管理费 二、间接费 1. 企业管理费 2. 财务费用 3. 其他费用（代收代付） （1）定额编制管理费 （2）定额测定费 （3）上级管理费 三、计划利润（差别利润率） 四、税金（营业税、城市维护建设税、教育费附加）按税法规定	侧重成本、费用支出和营业收入 一、直接成本 1. 人工费 2. 材料费 3. 机械使用费 4. 其他直接费（含临时设施） 二、间接成本 施工间接费 项目成本（即制造成本） 三、期间费用 1. 管理费用 2. 财务费用 四、计划利润（属营业收入组成部分） 五、税金及附加 六、投资收益 七、营业收入 八、营业外支出	1. 工程项目成本包括直接成本和间接成本，有关管理费用、财务费用子目 2. 临时设施“制度”划入其他直接费，“组成”划入现场经费，总之都构成项目成本 3. 有些费用名称叫法不一，如企业管理费和管理费用 4. 间接费和间接成本系两个不同概念
计费基数		
1. 土建工程费用计算基数 （1）其他直接费、现场经费以直接费为基数计算 （2）间接费以直接工程费为基数计算	其中单独承包装饰工程其他直接费、现场经费、间接费均以人工费为基数计算	安装工程：其他直接费、现场经费、间接费均以人工费为基数计算
2. 计划利润计算基数 以直接工程费与间接费之和为基数计算	以人工费为基数	以人工费为基数

3. 施工项目成本核算要求

（1）执行国家有关成本开支范围和费用开支标准，控制费用开支，节约使用人力、物力和财力。

(2) 正确及时记录施工项目的各项开支和实际成本。

(3) 划清成本、费用支出和非成本、费用的界限。

(4) 正确划分各种成本、费用的界限。

(5) 加强在本核算的基础工作，包括：建立各种财产、物资的收发、领退、转移、报废、清点、盘点、索赔制度，健全原始记录和工程量统计制度，建立各种内部消耗定额及内部指导和工程量统计制度，建立各种内部消耗定额及内部指导价格，完善计量、检测、检验设施等。

(6) 有账有据。资料要真实、可靠、准确、完整、及时、审核无误、手续齐全、建立台账。

(7) 要求具备成本核算内部条件（两层分开、内部市场等）和外部条件（定价方式、承包方式、价格状况、经济法规等）。

5.2.9 施工项目成本分析与考核

1. 工程项目成本分析的内容

工程项目成本分析，是对工程项目成本的形成过程和影响成本升降的因素进行分析，以寻求进一步降低成本的途径。通过成本分析可增强项目成本的透明度和可控性，为加强成本控制实现项目成本目标创造条件。工程项目成本进行分析的内容包括以下三个方面：

(1) 随着项目施工的进展而进行的成本分析。

1) 部分项目工程的成本分析。

2) 月（季）度成本分析。

3) 年度成本分析。

4) 竣工成本分析。

(2) 按成本项目进行的成本分析。

1) 人工费分析。

2) 材料费分析。

3) 机械费分析。

4) 其他直接费用分析。

5) 间接成本分析。

(3) 针对特定问题和与成本有关事项的分析。

1) 成本赢利异常分析。

2) 工期成本分析。

3) 资金成本分析。

4) 技术组织措施节约效果分析。

5) 其他有利因素和不利因素对成本影响的分析。

建设项目成本分析，应该随着项目施工的进展，动态地多形式开展，而且要与生产诸多要素的经营管理相结合。这是因为成本分析必须为生产经营服务。即通过成本分析，及时发现矛盾，及时解决矛盾，从而改善生产经营，同时又可降低成本。

2. 选择项目成本分析方法

成本分析的方法很多，随着科学技术经济的发展，在工程成本分析中，将出现越来越多的新的分析方法。由于建设项目成本涉及的范围很广，需要分析的内容也很多，应该在不同的情况下采取不同的分析方法。为了便于联系实际参考应用，我们按成本分析的基本方法、综合成本的分析方法、成本项目的分析方法和与成本有关事项的基本分析方法叙述如下：

（1）比较分析法。又称“指标对比分析法”，简称比轻法。就是通过技术经济指标的对比，检查计划的完成情况，分析产生差异的原因，进而挖掘内部潜力的方法，这种方法，具有通俗易懂、简单易行，便于掌握的特点，因而得到了广泛的应用。在实际工作中，比较分析法通常有下列形式：

1）实际成本与计划成本比较。将实际成本与计划成本比较，以检查计划的完成情况，分析完成计划的积极因素和影响计划完成的原因，以便及时采取措施，保证成本目标的实现，比较时，计算出实际成本与计划成本的差异，如果是正数差异，说明成本计划完成；反之，负差说明成本超支，成本比例没有完成。

2）本期实际成本与上期实际成本的比较。通过这种对比，可以看出各项技术经济指标的动态情况，反映建设项目管理工作水平的提高程度。在一般情况下，一个技术经济指标只能代表建设项目管理的一个侧面，只有成本指标才能是管理水平的综合反映。因此，成本指标的对比分析尤为重要，一是要真实可靠，二是要有深度。

3）与本行业平均水平，先进水平对比。通过这种对比，可以反映本项目的技术管理和经济管理与其他项目的平均水平和先进水平的差距，进而采取措施赶超先进水平。

（2）因素分析法。因素分析法又称连环替代法，它是用来确定影响成本计划完成情况的因素及其影响程度的分析方法。影响成本计划完成的因素是各种各样的，成本计划的完成与否，往往是受多种因素综合影响的结果。为了分析各个因素对成本的影响程度，就需要应用因素分析法来测定每一个因素的影响数值，测定时，要把其中一个因素当作可变因素，其他因素暂时看作不变。必须注意，各个因素应根据其相互内在联系和所起的作用的主次关系，确定其排列顺序。各因素的排列顺序一旦确定，不能任意改变，否则将会得出不同的计算结果，影响分析、评价的质量。

因素分析法的计算程序是：

1）确定分析对象，即将分析的各项成本指标，计算出实际数与计划数的差异，作为分析对象。

2）确定该成本指标，是由哪几个因素组成的，并按照各个因素之间相互联系，排列顺序。

3）以计划（预算）数为基础，将全部因素的计划（预算）数相乘，作替代的基础。

4）将各因素的实际数逐个替换其计划（预算）数，替换后的实际数应保留下来；每次替换后，都要计算出新的结果。

5）将每次替换所得的结果与前一次计算的结果比较，二者差额，就是某一因素对计划完成情况的影响程度。

现以材料成本分析的方法为例来说明。影响材料成本的升降因素，主要有：

1）工程量的变动，即工程量比计划增加，材料消耗总值也会相应的增加；反之，工程式量比计划减少，材料消耗总值也会随之减少。

2）单位材料消耗定额的变动，即单位产品的实际用料低于定额用料，材料成本可以降低；反之，实际用料高于定额用料，材料成本就会发生超支。

3）材料单价的变动，即材料实际单价小于计划单价，材料成本可以降低；反之，实际单价大于计划单价，材料成本就会发生超支。

现将上述三个因素按工程式量、单位材料消耗量、材料单价的排列顺序，列式如下：

1）计划数：计划工程量×单位材料消耗定额×计划单价

2）第一次替代：实际工程量×单位材料消耗定额×计划单价

3）第二次替代：实际工程量×单位实际用料量×计划单价

4）第三次替代：实际工程量×单位实际用料量×实际单价

2）式与1）式计算结果的差额，是由于工程量变动的结果。

3）式与2）式计算结果的差额，是由于材料消耗定额变动的结果。

4）式与3）式计算结果的差额，是由于材料单价变动的结果。

例如某工程材料成本资料见表5.2.3所示。用因素分析法分析各种因素的影响，可见表5.2.4。分析的顺序是：先绝对量指标，后相对量指标；先实物量指标，后货币量指标。

表5.2.3　　材料成本情况表

项目	单位	计划	实际	差异	差异率（%）
工程量	m^3	100	110	+10	+10.0
单位砖料耗量	kg	320	310	−10	−3.1
材料单价	元/kg	40	42	+2.0	+5.0
材料成本	元	1280000	1432200	+152200	+12.0

表5.2.4　　材料成本影响因素分析法

计算顺序	替换因素	影响成本的变动因素			成本（元）	与前一次之差（元）	差异原因
		工程量（m^3）	单位材料耗量	单价（元）			
①替换基数		100	320	40.0	1280000		
②一次替换	工程量	110	320	40.0	1408000	128000	工程量增加
③二次替换	单耗量	110	310	40.0	1364000	−44000	单位耗量节约
④三次替换	单价	110	310	42.0	1432200	68200	单价提高
合计						152200	

（3）差额分析法。差额分析法是因素分析法的简化形式。运用差额分析法的原则与运用因素分析法的原则基本相同，但其计算方式有所不同。差额分析法是利用指标的各个因素的实际数与计划数的差额，按照一定的顺序。直接计算出各个因素变动时对计划指标完成的影响程度的一种方法。

这是因素分析法的一种简化形式，仍按上例计算：

由于工程量增加使成本增加：

$$(110-100)\times 320\times 40=128000\text{ 元}$$

由于单位耗量节约使成本降低

$$(310-320)\times 110\times 40=-44000\text{ 元}$$

由于单价提高使成本增加：

$$(42-40)\times110\times310=68200\text{ 元}$$

（4）比率分析法。比率分析法，是指用两个以上的指标的比例进分析的方法。它的基本特点是：先把对比分析的数值变成相对数，再观察其相互之间的关系，常用的比率法有以下几种：

1）相关比率。由于项目经济活动的各个方面是互相联系，互相依存，又互相影响的，因而将两个性质不同而又相同的指标加以对比，求出比率，并以此来考查经营成果的好坏。例如：产值和工资是两个不同的概念，但它们的关系又是投入与生产的关系。在一般情况下，都希望以最少的人工费支出完成最大的产值。因此，用产值工资率指标考核人工费的支出水平，就很能说明问题。

2）构成比率。又称比重分析法或结构对比分析法。通过构成比率，可以考察成本总量的构成情况已有各成本项目占成本总量的比重，同时也看出量、本、利的比例关系（即预算成本、实际成本和降低成本的比例关系），从而为寻求低成本的途径指明方向。

3）动态比率。动态比率法，就是将同类指标不同时期的数值进行比较，求出比率，以分析该项目指标的发展方向和发展速度。动态比率的计算，通常采用基期指数（或稳定比指数）和环比指数两种方法。

3. 综合成本的分析方法

所谓综合成本，是指涉及多种生产要素，并受多种因素影响的成本费用，如分部分项工程成本、月（季）成本、年度成本等。由于这些成本都随着项目施工的进展逐步形成的，与生产经营有着密切的关系。因此，做好上述成本的分析工作，无疑将促进项目的生产经营管理，提高项目的经营效益。

（1）分部分项工程成本分析。分部分项工程成本分析是建设项目成本分析的基础。分部分项工程成本分析的对象为已完成部分项工程。分析的方法是：进行预算成本、计划成本和实际成本的“三算”对比，分别计算实际偏差，分析偏差产生的原因，为今后的分部分项工程成本寻求节约的途径。

分部分项工程成本分析的资料来源是：预算成本来自施工图预算，计划成本来自施工预算，实际成本来自在施工任务单的实际工作量、实耗人工和限额领料单的实耗材料。

由于施工项目包括很多部分项工程，不可能也没有必要对每一个分部分项工程都进行成本分析。特别是一些工程量小、成本费用微不足道的零星工程。但是，对于那些主要分部分项工程则必须进行成本分析，而且要做到从开工到竣工进行系统的成本分析。这是一项很有意义的工作，因为通过主要分部分项工程成本的系统分析，可以基本上了解项目成本形成的全过程，为竣工成本分析和今后项目成本管理提供一份宝贵参考资料。

（2）月（季）度成本分析。月（季）度的成本分析，是建设项目定期的、经常性的中间成本分析。对于有一次性特点的建设项目来说，有着特别重要的意义。因为，通过月（季）度成本分析，可以及时发现问题，以便按照成本目标指示的方向进行监督和控制，保证项目成本目标的实现。

月（季）度的成本分析的依据是当月（季）的成本报表。分析方法，通常有以下几个方面：

1）通过实际成本与预算成本的对比，分析当月（季）的成本降低水平；通过累计实际成本与累计预算成本的对比，分析累计的成本降低水平；预测实现项目成本目标的前景。

2）通过实际成本与计划成本的对比，分析计划成本的落实情况，以及目标管理中的问题和不足，进而采取措施，加强成本管理，保证成本计划的落实。

3）通过对各成本项目的成本分析，可以了解成本总量的构成比例和成本管理的薄弱环节。例如：在成本分析中，发现人工费、机械费和间接费等大幅度超支，就应该对这些费用的收支配比关系认真研究，并采取对应的增收节支措施，防止今后再超支。如果是属于预算定额规定的“政策性”亏损，则应从控制支出着手，把超支额压缩到最低限度。

4）通过主要技术经济指标的实际与计划的对比，分析产量、工期、质量、“三材”节约率、机械利用率等对成本的影响。

5）通过对技术组织措施执行效果的分析，寻求更加有效的节约途径。

6）分析其他有利条件和不利条件对成本的影响。

（3）年度成本分析。企业成本要求一年结算一次，不得将本年成本转入下一年度。而项目成本则以项目的寿命周期为结算期，要求从开工到竣工到保修期结束连续计算，最后结算出成本总量及其盈亏。由于项目的施工周期一般都比较长，除了要进行月（季）度成本的核算和分析外，还要进行年度成本的核算和分析。这不仅是为了满足企业成本管理的成绩和不足，为今后的成本管理提供经验和教训，从而可对项目成本分析更有效的管理。

年度成本分析的依据是年度成本报表，年度成本分析的内容，除了月（季）度成本分析的6个方面以外，重点是针对下一年度的施工进展情况规划切实可行的成本管理措施，以保证施工项目成本目标的实现。

（4）竣工成本的综合分析。凡是有几个单位工程而且是单独进行成本核算（即成本核算对象）的项目，其竣工成本分析应以各单位工程竣工成本分析资料为基础，再加上项目管理部的经营效益进行综合分析。如果施工项目只有一个成本核算对象（单位工程），就以该成本核算对象的竣工成本资料作为成本分析的依据。

单位工程竣工成本分析，应包括以下三方面的内容：

1）竣工成本分析。

2）主要资源节超对比分析。

3）主要技术节约措施及经济效果分析。

通过以上分析，可以全面了解单位工程的成本构成和降低成本的来源，对今后同类工程的成本管理很有参考价值。

（5）特定问题和与成本有关事项的分析。针对特定问题和与成本有关事项的分析，包括成本盈亏异常分析、工期成本分析、资金成本分析等内容。

1）成本盈亏异常分析。成本出现盈亏异常情况，对建设项目来说，必须引起高度重视，必须彻底查明原因，必须立即加以纠正。检查成本盈亏异常的原因，应从经济核算的“三同步”入手。因为，项目经济核算的基本规律是：在完成多少产值、消耗多少资源、发生多少成本之间有着必然的同步关系。如果违背这个规律，就会发生成本的盈亏异常。

“三同步”检查是提高项目经济核算的有效手段，不仅适用于成本盈亏异常的检查，也可用于月度成本的检查。“三同步”检查可以通过以下五方面的对比分析来实现。主要有：产值与施工任务单的实际工程量和形象进度是否同步？资源消耗与施工任务单的实耗人工、限额领料单的实耗材料、当期租用的周转材料和施工机械是否同步？其他费用（如材料价差、超高费、井点抽水的打拔费和台班费等）的产值统计与实际支付是否同步？预算成本与产值统计是否同步？实际成本与资源消耗是否同步？

实践证明，把以上五方面的同步情况查明以后，成本盈亏的原因自然一目了然。

2）工期成本分析。工期的工长短与成本的高低有着密切的关系。在一般情况下，工期超长费用支出越多，工期越短费用支出越少。特别是固定成本的支出，基本上是与实际工期成本的比增减的，是进行工期成本的分析的重点。

工期成本分析，就是计划工期成本与实际工期成本的比较分析。所谓计划工期成本，是指在假定完成预期利润的前提下计划工期内所耗用的计划成本；而实际成本，则是在实际工期中耗用的实际成本。

工期成本分析的方法一般采用比较法，即将计划工期成本与实际工期成本进行比较，然后用“因素分析法”分析各种因素的变动对工期成本差异的影响程度。

进行工期成本分析的前提条件是，根据施工图预算和施工组织设计进行量本利分析，计算施工项目的产量、成本和利润的比例关系，然后用固定成本除以合同工期，求出每月支用的固定成本。

3）资金成本分析。资金与成本的关系，就是工程收入与成本支出的关系。根据工程成本核算的特点，工程收入与成本支出有很强的配比性。在一般情况下，都希望工程收入越多越好，成本支出越少越好。

施工项目的资金来源，主要是工程款收入；而施工耗用的人、财、物的货币表现，则是工程成本支出。因此，减少人、财、物的消耗，既能降低成本，又能节约资金。

进行资金成本分析，通常应用“成本支出率”指标，即成本支出占工程款收入的比例。计算公式如下：

$$成本支出率=\frac{计算期实际成本支出}{计算期实际工程款收入}\times 100\%$$

通过对“成本支出率”的分析，可以看出资金收入中用于成本支出的比重有多大；也可以通过加强资金管理来控制成本支出；还可联系储备金和结存资金的比重，分析资金使用的合理性。

4）技术组织措施执行效果分析。技术组织措施是施工项目降低工程成本、提高经济效益的有效途径。因此，在开工以前都要根据工程特点编制技术组织措施计划，列入施工组织设计。在施工过程中，为了落实施工组织设计所列的技术组织措施计划，可以结合月度施工作业计划的内容编制月度组织措施计划；同时，还要对月度技术组织措施计划的执行情况进行检查和考核。

在实际工作中，往往有些措施已按计划实施，有些措施并未实施，还有一些措施则是计划以外的。因此在检查考核措施计划成本执行情况的时候，必须分析脱计划和超计划的具体原因，做出正确的评价，以免挫伤有关人员的积极性。

对执行效果的分析也要实事求是，既要按理论计算，也要联系实际，对节约的实物进行验收，然后根据实际节约效果论功行赏，以激励有关人员执行技术组织措施的积极性。

技术组织措施必须与施项目的工程特点相结合。也就是，不同特点的施工项目，需要采取不同的技术组织措施，有很强的针对性和适应性（当然也有各施工项目通用的技术组织措施）。在这种情况下，计算节约效果的方法也会有所不同。但总的来说，不外乎：

措施节约效果＝措施前的成本－措施后的成本

对节约效果的分析，需要联系措施的内容和措施的执行经过来进行。有些措施难度比较大，但节约效果并不高；而有些措施难度并不大，但节约效果却很高。因此，在技术组织措施执行效果进行考核的时候，也要根据不同情况区别对待。

对于在项目施工管理中影响比较大、节约效果比较好的技术组织措施，应该以专题分析的形式进行深入详细的分析，以便推广应用。

5）其他有利因素和不利因素对成本影响的分析。在项目施工过程中，必然会有很多有利因素，同时也会碰到不少不利因素。不管是有利因素还是不利因素，都将以项目成本造成影响。

对待这些有利因素和不利因素，首先有预见，有抵御风险的能力；同时还要把握机遇充分利用有利因素，积极争取转换不利因素。这样，就会更有利于项目施工，也更有利于成本上升的降低。

这些有利因素和不利因素，包括工程结构的复杂性和施工技术上的难度，施工现场的自然地理环境（如水文、地质、气候等），以及物资供应渠道和技术装备水平等。它们对项目成本的影响，需要具体问题具体分析。这里只能作为一项成本分析的内容提出来，有待今后根据施工中接触到的实际进行分析。

4. 施工项目成本管理考核

施工项目的成本考核分两个层次：一是对项目经理成本管理的考核，二是对施工项目经理所属职能部门和班组的成本管理考核。

对施工项目经理成本管理考核的内容有：项目成本目标和阶段成本目标的完成情况；建立以项目经理为核心的成本管理责任制的情况；成本计划的编制和落实情况；对各部门、各作业队和班组责任成本的检查和考核情况；在成本管理贯彻责权利相结合原则的执行情况。

对各部门成本管理考核的内容包括：本部门、本岗位责任成本的完成情况；本部门、本岗位成本管理责任的执行情况。

对作业队（承包队）成本管理考核的内容包括：对劳务合同的承包范围和承包内容的执行情况；劳务合同以外的补充收费情况；对班组施工任务单的管理情况；对班组完成施工任务后的考核情况。

对班组的成本管理考核是考核其责任成本（分部分项工程成本）的完成情况。

5.3 施工项目的进度控制

进度计划毕竟是人们的主观设想，在其实施过程中，必然会因为新情况的产生、各种干扰因素和风险因素的作用而发生变化，使人们难以执行原定的计划。为此，进度控制人员必须掌握动态控制原理，在计划执行过程中不断地对进度计划进行检查和记录，并将实际情况与计划安排进行比较，找出偏离计划的信息；然后在分析偏差及其产生原因的基础上，通过采取措施，使之能正常实施。如果采取措施后，不能维持原计划，则需要对原进度计划进行调整或修改，再按新的进度计划实施。这样在进度计划的执行过程中不断进行检查和调整，以保证建设工程进度计划得到有效的实施和控制。

5.3.1 施工进度计划监测与调整的系统过程

为保证施工进度计划得到有效的实施和控制，必须对其进行系统的监测与调整。

1. 进度监测的系统过程

在建设工程实施过程中，应经常地、定期地对进度计划的执行情况跟踪检查，发现问题后，及时采取措施加以解决。进度监测系统过程如图 5.3.1 所示。

(1) 进度计划的实施。根据进度计划的要求，制定各种措施，按预定的计划进度安排建设工程各项工作。

(2) 实际进度数据的收集及加工处理。对进度计划的执行情况进行跟踪检查是计划执行信息的主要来源，是进度分析和调整的依据，也是进度控制的关键步骤。跟踪检查的主要工作是定期收集反映工程实际进度的有关数据，收集的数据应当全面、真实、可靠，不完整或不正确的进度数据将导致判断不准确或决策失误。为了进行实际进度与计划进度的比较，必须对收集到的实际进度数据进行加工处理，形成与计划进度具有可比性的数据。例如，对检查时段实际完成工作量的进度数据进行整理、统计和分析，确定本期累计完成的工作量及占计划工作量的百分比等。

(3) 实际进度与计划进度的比较。将实际进度数据与计划进度数据进行比较，可以确定建设工程实际执行状况与计划目标之间的差距。为了直观反映实际进度偏差，通常采用表格或图形进行实际进度与计划进度的对比分析，从而得出实际进度比计划进度超前、滞后还是一致的结论。

(4) 若实际的进度与计划进度不一致，则应对计划进行调整或对实际工作进行调整，使实际进度与计划进度尽可能一致。

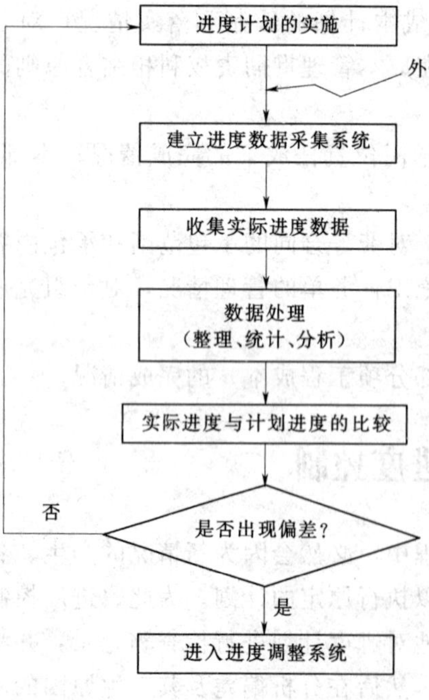

图 5.3.1 建设工程进度监测系统过程

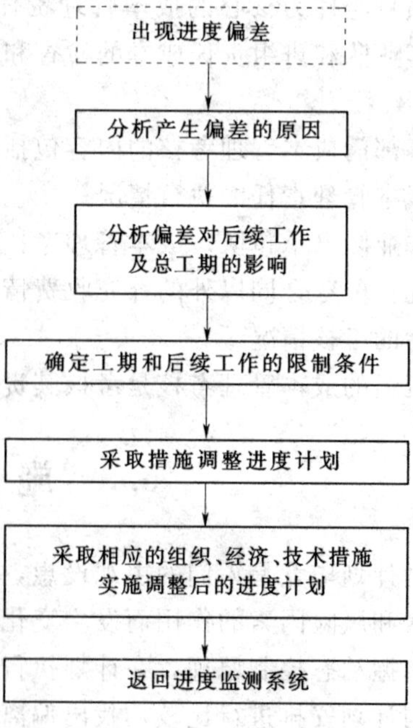

图 5.3.2 建设工程进度调整系统过程

2. 进度调整的系统过程

在建设工程实施进度监测过程中，一旦发现实际进度偏离计划进度，即出现进度偏差时，必须认真分析产生偏差的原因及其对后续工作和总工期的影响，必要时采取合理、有效的进度计划调整措施，确保进度总目标的实现。进度调整的系统过程如图 5.3.2 所示。

(1) 分析进度偏差产生原因。通过实际进度与计划进度的比较，发现进度偏差时，为了采取有效措施调整进度计划，必须深入现场进行调查，分析产生进度偏差的原因。

(2) 分析进度偏差对后续工作和总工期的影响。当查明进度偏差产生的原因之后，要分析进度偏差对后续工作和总工期的影响程度，以确定是否应采取措施调整进度计划。

(3) 确定后续工作和总工期的限制条件。当出现的进度偏差影响到后续工作或总工期而需要采取进度调整措施时，应当首先确定可调整进度的范围，主要指关键节点、后续工作的限制条件以及总工期允许变化的范围。

这些限制条件往往与合同条件自然因素和社会因素有关，需要认真分析后确定。

(4) 采取措施调整进度计划。采取进度调整措施，应以后续工作和总工期的限制条件为依据，确保要求的进度目标得到实现。

(5) 实施调整后的进度计划。计划调整后，应采取相应的措施予以继续执行，并不断监测其执行情况。

5.3.2 实际进度与计划进度的比较方法

实际进度与计划进度的比较是建设工程进度监测的主要环节，常用的进度比较方法有横道图比较法、S 曲线比较法和前锋线比较法。

1. 横道图比较法

横道图比较法是指将项目实施过程中检查实际进度收集到的数据，经加工整理后直接用横道线平行绘于原计划的横道线处，进行实际进度与计划进度的比较方法。采用横道图比较法，可以形象、直观地反映实际进度与计划进度的比较情况。

(1) 匀速进展横道图比较法。匀速进展是指在工程项目中，每项工作在单位时间内完成的任务量都是相等的，即工作的进展速度是均匀的。此时，每项工作累计完成的任务量与时间呈线性关系。

采用匀速进展横道图比较法时，其步骤如下：

1) 编制横道图进度计划。

2) 在进度计划上标出检查日期。

3) 将检查收集到的实际进度数据经加工整理后按比例用涂黑的粗线标于计划进度的下方，如图 5.3.3 所示。

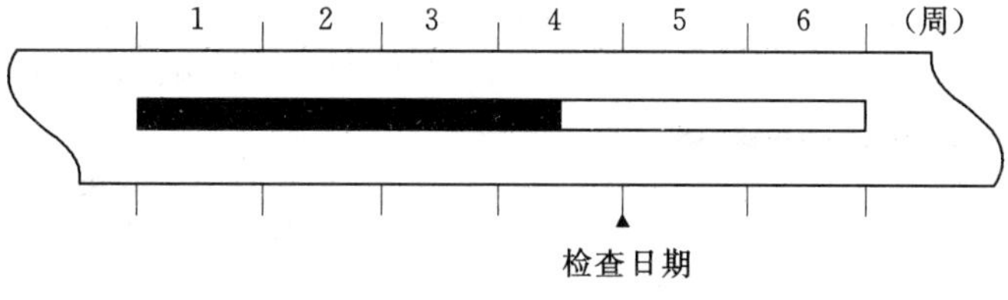

图 5.3.3 匀速进展横道图比较

4) 对比分析实际进度与计划进度。

a. 如果涂黑的粗线右端落在检查日期左侧，表明实际进度拖后；

b. 如果涂黑的粗线右端落在检查日期右侧，表明实际进度超前；

c. 如果涂黑的粗线右端与检查日期重合，表明实际进度与计划进度一致。

应该强调，该方法仅适用于工作从开始到结束的整个过程中，其进展速度均为固定不变的情况。如果工作的进展速度是变化的，则不能采用这种方法进行实际进度与计划进度的比较，否则，会得出错误的结论。

(2) 非匀速进展横道图比较法。当工作在不同单位时间里的进展速度不相等时，累计完成的任务量与时间的关系就不可能是线性关系。此时，应采用非匀速进展横道图比较法进行工作实际进度与计划进度的比较。

非匀速进展横道图比较法在用涂黑粗线表示工作实际进度的同时，还要标出其对应时刻完成任务量的累计百分比，并将该百分比与其同时刻计划完成任务量的累计百分比相比较，判断工作实际进度与计划进度之间的关系。

采用非匀速进展横道图比较法时，其步骤如下：

1) 绘制横道图进度计划。

2) 在横道线上方标出各主要时间工作的计划完成任务量累计百分比。

3) 在横道线下方标出相应时间工作的实际完成任务量累计百分比。

4) 用涂黑粗线标出工作的实际进度，从开始之日标起，同时反映出该工作在实施工程中的连续与间断情况。

5) 比较同一时刻实际完成任务量累计百分比和计划完成任务量累计百分比，判断工作实际进度与计划进度之间的关系：

a. 如果同一时刻横道线上方累计百分比大于横道线下方累计百分比，表明实际进度拖后，拖欠的任务量为二者之差。

b. 如果同一时刻横道线上方累计百分比小于横道线下方累计百分比，表明实际进度超前，超前的任务量为二者之差。

c. 如果同一时刻横道线上下方两个累计百分比相等，表明实际进度与计划进度一致。

由于工作进展速度是变化的，因此，在图中的横道线，无论是计划的还是实际的，只能表示工作的开始时间、完成时间和持续时间，并不表示计划完成的任务量和实际完成的任务量。此外，采用非匀速进展图比较法，不仅可以进行某一时刻（如检查日期）实际进度与计划进度的比较，而且还能进行某一时间段实际进度与计划进度的比较。当然，这需要实施部门按规定的时间记录当时的任务完成情况。

例如，某单位编制的非匀速进展横道图比较图如图 5.3.4 所示。

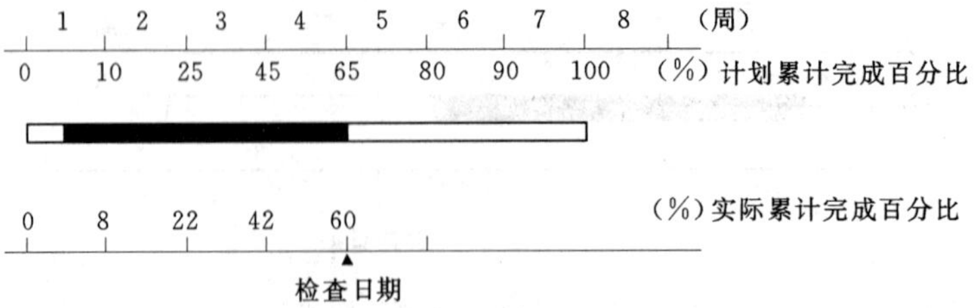

图 5.3.4 非匀速进展横道图比较

图 5.3.4 所反映的信息如下：横道线上方标出的土方开挖工作每周计划完成任务量的百分比分别为：10%、15%、20%、20%、15%、10%、10%；计划累计完成任务量的百

分比为：10%、25%、45%、65%、80%、90%、100%；横道线下方标出第1周至检查日期第4周每周实际完成任务量百分比分别为：8%、14%、20%、18%；实际累计完成任务量的百分比分别为：8%、22%、42%、60%；每周实际进度百分比分别为：拖后2%，拖后1%，正常，拖后2%；各周累计拖后分别为：2%、3%、3%、5%。

横道图比较法比较简单、形象直观、易于掌握、使用方便，但由于其以横道计划为基础，因而带有不可克服的局限性。在横道计划中，各项工作之间的逻辑关系表达不明确，关键工作和关键线路无法确定。一旦某些工作实际进度出现偏差时，难以预测其对后续工作和工程总工期的影响，也就难以确定相应的进度计划调整方法。因此，横道图比较法主要用于工程项目中某些工作实际进度与计划进度的局部比较。

2. S曲线比较法

S曲线比较法是以横坐标表示时间，纵坐标表示累计完成任务量，绘制一条按计划时间累计完成任务量的S曲线。然后将工程项目实施过程中各检查时间实际累计完成任务量的S曲线也绘制在同一坐标系中，进行实际进度与计划进度比较的一种方法。

从整个工程项目实际进展全过程看，单位时间投入的资源量一般是开始和结束时较少，中间阶段较多。与其相对应，单位时间完成的任务量也呈同样的变化规律，如图5.3.5所示。

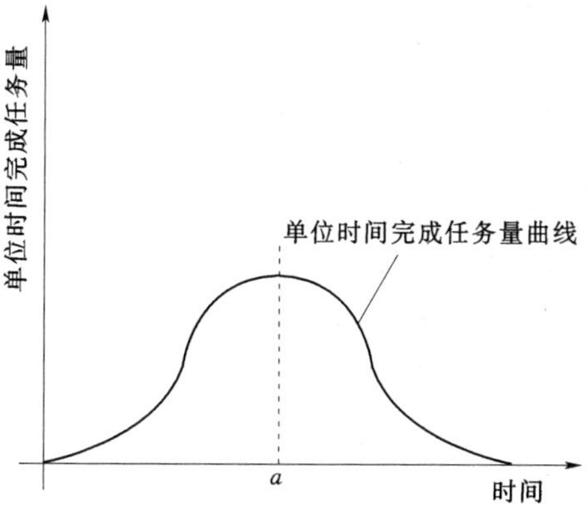

图 5.3.5 单位时间完成任务量曲线

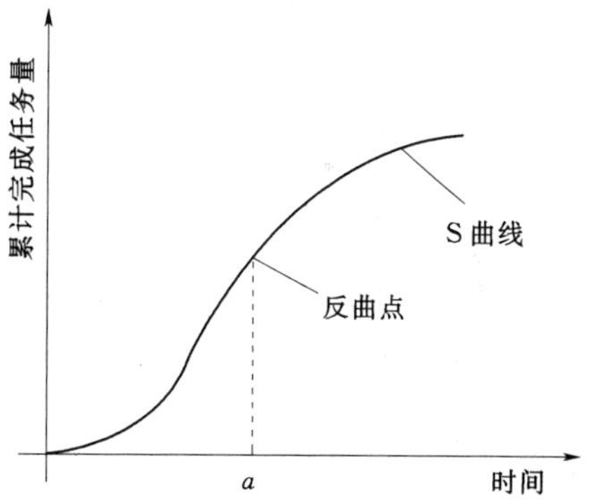

图 5.3.6 时间与累计完成任务量关系曲线

随工程进展累计完成的任务量则应呈S形变化，如图5.3.6所示。由于其形似英文字母“S”，S曲线因此而得名，S曲线可以反映整个工程项目进度的快慢信息。

同横道图比较法一样，S曲线比较法也是在图上进行工程项目实际进度与计划进度的直观比较。在工程项目实施过程中，按照规定时间将检查收集到的实际累计完成任务量绘制在原计划S曲线图上，即可得到实际进度S曲线，如图5.3.7所示。通过比较实际进度S曲线和计划进度S曲线，可以获得如下信息：

(1) 工程项目的实际进展状况。如果工程实际进展点落在计划S曲线左侧，表明此时实际进度比计划进度超前，如图5.3.7中的a点；如果工程实际进展点落在计划S曲线右侧，表明此时实际进度拖后，如图5.3.7中的b点；如果工程实际进展点正好落在计划S曲线上，则表示此时实际进度与计划进度一致。

(2) 工程项目实际进度超前或拖后的时间。在S曲线比较图中可以直接读出实际进度

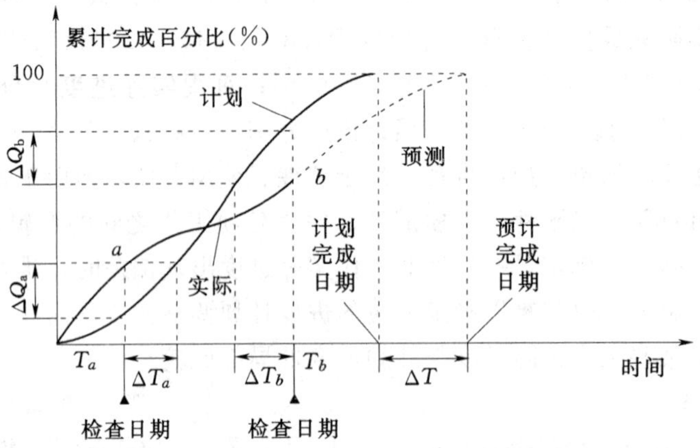

图 5.3.7 S曲线比较图

比计划进度超前或拖后的时间。如图 5.3.7 所示，ΔT_a 表示 T_a 时刻实际进度超前的时间；ΔT_b 表示 T_b 时刻实际进度拖后的时间。

3. 工程项目实际超额或拖欠的任务量

在S曲线比较图中也可直接读出实际进度比计划进度超额或拖欠的任务量。如图 5.3.7 所示，ΔQ_a 表示 T_a 时刻超额完成的任务量，ΔQ_b 表示 T_b时刻拖欠的任务量。

4. 后期工程进度预测

如果后期工程按原计划速度进行，则可做出后期工程计划S曲线，如图 5.3.7 中虚线所示，从而可以确定工期拖延预测值 ΔT。

5. 前锋线比较法

前锋线比较法是通过绘制某检查时刻工程项目实际进度前锋线，进行工程实际进度与计划进度比较的方法，它主要适用于时标网络计划。所谓前锋线，是指在原时标网络计划上，从检查时刻的时标点出发，用点划线依次将各项工作实际进展位置点连接而成的折线。

前锋线比较法就是通过实际进度前锋线与原进度计划中各工作箭线交点的位置来判断工作实际进度与计划进度的偏差，进而判定该偏差对后续工作及总工期影响程度的一种方法。

(1) 前锋线比较法的步骤。采用前锋线比较法进行实际进度与计划进度的比较，其步骤如下：

1) 绘制时标网络计划图。工程项目实际进度前锋线在时标网络计划图上标示。为清楚起见，可在时标网络计划图的上方和下方各设一时间坐标。

2) 绘制实际进度前锋线。一般从时标网络计划图上方时间坐标的检查日期开始绘制，依次连接相邻工作的实际进展位置点，最后与时标网络计划图下方坐标的检查日期相连接。

工作实际进展位置点的标定方法有两种：

a. 按该工作已完任务量比例进行标定：假设工程项目中各项工作均为匀速进展，根据实际进度检查时刻该工作已完成任务量占其计划完成总任务量的比例，在工作箭线上从左至右按相同的比例标定其实际进展位置点。

b. 按尚需作业时间进行标定：当某些工作的持续时间难以按实物工程量来计算而只能凭经验估算时，可以先估算出检查时刻到该工作全部完成尚需作业的时间，然后在该工作箭线上从右向左逆向标定其实际进展位置点。

3）进行实际进度与计划进度的比较。前锋线可以直观地反映出检查日期有关工作实际进度与计划进度之间的关系。对某项工作来说，其实际进度与计划进度之间的关系可能存在以下三种情况：

a. 工作实际进展位置点落在检查日期的左侧，表明该工作实际进度拖后，拖后的时间为二者之差。

b. 工作实际进展位置点与检查日期重合，表明该工作实际进度与计划进度一致。

c. 工作实际进展位置点落在检查日期的右侧，表明该工作实际进度超前，超前的时间为二者之差。

4）预测进度偏差对后续工作及总工期的影响。通过实际进度与计划进度的比较确定进度偏差后，还可根据工作的自由时差和总时差预测该进度偏差对后续工作及项目总工期的影响。由此可见，前锋线比较法既适用于工作实际进度与计划进度之间的局部比较，又可用来分析和预测工程项目整体进度状况。值得注意的是，以上比较是针对匀速进展的工作。

（2）示例。

【例 1】 某工程项目时标网络计划如图 5.3.8 所示。该计划执行到第 6 周末检查实际进度时，发现工作 A 和 B 已经全部完成，工作 D、E 分别完成计划任务量的 20%和 50%，工作 C 尚需 3 周完成，试用前锋线法进行实际进度与计划的比较。

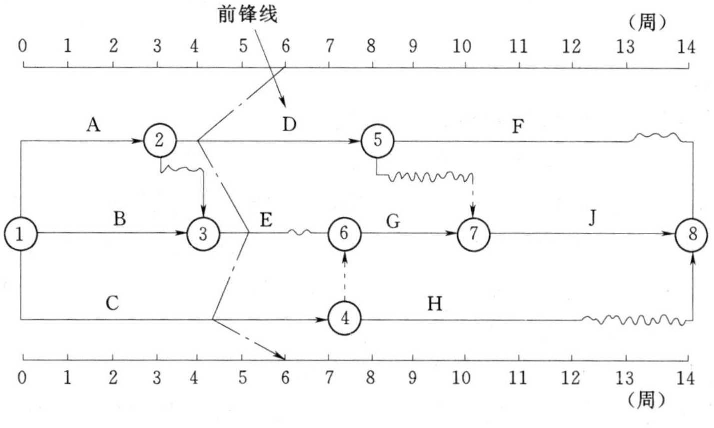

图 5.3.8 某工程前锋线比较

解 根据第 6 周末实际进度的检查结果绘制前锋线，如图 5.3.8 中点划线所示。通过比较可以看出：

a. 工作 D 实际进度拖后 2 周，将使其后续工作 F 的最早开始时间推迟 2 周，并使总工期延长 1 周。

b. 工作 E 实际进度拖后 1 周，既不影响总工期，也不影响其后续工作的正常进行。

c. 工作 C 实际进度拖后 2 周，使总工期延长 2 周，并将使其后续工作 G、H、J 的最早开始时间推迟 2 周。

由于工作G、J开始时间的推迟，从而使总工期延长2周。综上所述，如果不采取措施加快进度，该工程项目的总工期将延长2周。

5.3.3 施工进度计划的控制措施

施工进度计划的控制措施包括组织措施、经济措施、技术措施和管理措施，其中最重要的措施是组织措施，最有效的措施是经济措施。

1. 组织措施

施工进度计划控制的组织措施包括以下内容：

（1）系统的目标决定了系统的组织，组织是目标能否实现的决定性因素，因此首先建立项目的进度控制目标体系。

（2）充分重视健全项目管理的组织体系，在项目组织结构中应有专门的工作部门和符合进度控制岗位资格的专人负责进度控制工作。进度控制的主要工作环节包括进度目标的分析和论证、编制进度计划、定期跟踪进度计划的执行情况、采取纠偏措施，以及调整进度计划，这些工作任务和相应的管理职能应在项目管理组织设计的任务分工表和管理职能分工表中标示并落实。

（3）建立进度报告、进度信息沟通网络、进度计划审核、进度计划实施中的检查分析、图纸审查、工程变更和设计变更管理等制度。

（4）应编制项目进度控制的工作流程，如确定项目进度计划系统的组成，确定各类进度计划的编制程序、审批程序和计划调整程序等。

（5）进度控制工作包含了大量的组织和协调工作，而会议是组织和协调的重要手段，建立进度协调会议制度，应进行有关进度控制会议的组织设计，以明确会议的类型，各类会议的主持人及参加单位和人员，各类会议的召开时间、地点，各类会议文件的整理、分发和确认等。

2. 经济措施

施工进度计划控制的经济措施包括以下内容：

（1）为确保进度目标的实现，应编制与进度计划相适应的资源需求计划（资源进度计划），包括资金需求计划和其他资源（人力和物力资源）需求计划，以反映工程实施的各时段所需要的资源。通过资源需求的分析，可发现所编制的进度计划实现的可能性，若资源条件不具备，则应调整进度计划；同时考虑可能的资金总供应量、资金来源（自有资金和外来资金）以及资金供应的时间。

（2）及时办理工程预付款及工程进度款支付手续。

（3）在工程预算中应考虑加快工程进度所需要的资金，其中包括为实现进度目标将要采取的经济激励措施所需要的费用，如对应急赶工给予优厚的赶工费用及对工期提前给予奖励等。

（4）对工程延误收取误期损失赔偿金。

3. 技术措施

施工进度计划控制的技术措施包括：

（1）不同的设计理念、设计技术路线、设计方案会对工程进度产生不同的影响。在设计工作的前期，特别是在设计方案评审和选用时，应对设计技术与工程进度的关系作分析比较。

(2) 采用技术先进和经济合理的施工方案，改进施工工艺和施工技术、施工方法，选用更先进的施工机械。

4. 管理措施

建设工程项目进度控制的管理措施涉及管理的思想、管理的方法、管理的手段、承发包模式、合同管理和风险管理等。在理顺组织的前提下，科学和严谨的管理显得十分重要。

施工进度计划采取相应的管理措施时必须注意以下问题：

(1) 建设工程项目进度控制在管理观念方面存在的主要问题是：缺乏进度计划系统的观念，分别编制各种独立而互不联系的计划，形成不了计划系统；缺乏动态控制的观念，只重视计划的编制，而不重视及时地进行计划的动态调整；缺乏进度计划多方案比较和选优的观念。合理的进度计划应体现资源的合理使用、工作面的合理安排、有利于提高建设质量、有利于文明施工和有利于合理地缩短建设周期。因此对于建设工程项目进度控制必须有科学的管理思想。

(2) 用工程网络计划的方法编制进度计划必须很严谨地分析和考虑工作之间的逻辑关系，通过工程网络的计算可发现关键工作和关键路线，也可知道非关键工作可利用的时差，工程网络计划的方法有利于实现进度控制的科学化，是一种科学的管理方法。

(3) 重视信息技术（包括相应的软件、局域网、互联网以及数据处理设备）在进度控制中的应用。虽然信息技术对进度控制而言只是一种管理手段，但它的应用有利于提高进度信息处理的效率、有利于提高进度信息的透明度、有利于促进进度信息的交流和项目各参与方的协同工作。

(4) 承发包模式的选择直接关系到工程实施的组织和协调。为了实现进度目标，应选择合理的合同结构，以避免过多的合同交界面而影响工程的进展。

(5) 加强合同管理和索赔管理，协调合同工期与进度计划的关系，保证合同中进度目标的实现；同时严格控制合同变更，尽量减少由于合同变更引起的工程拖延。

(6) 为实现进度目标，不但应进行进度控制，还应注意分析影响工程进度的风险，并在分析的基础上采取风险管理措施，以减少进度失控的风险量。常见的影响工程进度的风险有组织风险、管理风险、合同风险、资源（人力、物力和财力）风险及技术风险等。

5.3.4 施工进度计划的调整方法

在工程项目实施过程中，当通过实际进度与计划进度的比较，发现有进度偏差时，应根据偏差对后续工作及总工期的影响，采取相应的调整方法措施对原进度计划进行调整，以确保工期目标的顺利实现。

1. 分析进度偏差对后续工作及总工期的影响

进度偏差的大小及其所处的位置不同，对后续工作和总工期的影响程度是不同的，分析时需要利用网络计划中工作总时差和自由时差的概念进行判断。分析步骤如下：

(1) 分析出现进度偏差的是否为关键工作。如果出现进度偏差的工作位于关键线路上，即该工作为关键工作，则无论其偏差有多大，都将对后续工作和总工期产生影响，必须采取相应的调整措施；如果出现偏差的工作是非关键工作，则需要根据进度偏差值与总时差和自由时差的关系作进一步分析。

(2) 分析进度偏差是否超过总时差。如果工作的进度偏差大于该工作的总时差，则此进度偏差必将影响其后续工作和总工期，必须采取相应的调整措施；如果工作的进度偏差未超过该工作的总时差，则此进度偏差不影响总工期。至于对后续工作的影响程度，还需要根据偏差值与其自由时差的关系作进一步分析。

（3）分析进度偏差是否超过自由时差。如果工作的进度偏差大于该工作的自由时差，则此进度偏差将对其后续工作的最早开始时间产生影响，此时应根据后续工作的限制条件确定调整方法；如果工作的进度偏差未超过该工作的自由时差，则此进度偏差不影响后续工作，因此，原进度计划可以不作调整。

2. 进度计划的调整方法

（1）缩短某些工作的持续时间。通过检查分析，如果发现原有进度计划已不能适应实际情况时，为了确保进度控制目标的实现或需要确定新的计划目标，就必须对原进度计划进行调整，以形成新的进度计划，作为进度控制的新依据。

这种方法的特点是不改变工作之间的先后顺序，通过缩短网络计划中关键线路上工作的持续时间来缩短工期，并考虑经济影响，实质是一种工期费用优化，通常优化过程需要采取一定的措施来达到目的，具体措施包括：

1）组织措施，如增加工作面，组织更多的施工队伍；增加每天的施工时间（如采用三班制等）；增加劳动力和施工机械的数量等。

2）技术措施，如改进施工工艺和施工技术，缩短工艺技术间歇时间；采用更先进的施工方法，以减少施工过程的数量（如将现浇框方案改为预制装配方案）；采用更先进的施工机械，加快作业速度等。

3）经济措施，如实行包干奖励；提高奖金数额；对所采取的技术措施给予相应的经济补偿等。

4）其他配套措施，如改善外部配合条件；改善劳动条件；实施强有力的调度等。

一般来说，不管采取哪种措施，都会增加费用。因此，在调整施工进度计划时，应利用费用优化的原理选择费用增加量最小的关键工作作为压缩对象。

（2）改变某些工作间的逻辑关系。当工程项目实施中产生的进度偏差影响到总工期，且有关工作的逻辑关系允许改变时，不改变工作的持续时间，可以改变关键线路和超过计划工期的非关键线路上的有关工作之间的逻辑关系，达到缩短工期的目的。例如，将顺序进行的工作改为平行作业，对于大型建设工程，由于其单位工程较多且相互间的制约比较小，可调整的幅度比较大，所以容易采用平行作业的方法调整施工进度计划。而对于单位工程项目，由于受工作之间工艺关系的限制，可调整的幅度比较小，所以通常采用搭接作业以及分段组织流水作业等方法来调整施工进度计划，有效地缩短工期。但不管是平行作业还是搭接作业，建设工程单位时间内的资源需求量将会增加。

（3）其他方法。除了分别采用上述两种方法来缩短工期外，有时由于工期拖延得太多，当采用某种方法进行调整，其可调整的幅度又受到限制时，还可以同时利用缩短工作持续时间和改变工作之间的逻辑关系等两种方法对同一施工进度计划进行调整，以满足工期目标的要求。

5.3.5 施工进度计划的应用

在建设工程施工过程中，施工进度计划主要用来控制施工进度，同时也常应用于工期索赔和费用索赔。

1. 工期索赔

在建设工程施工过程中，工期的延长分为工程延误和工程延期两种。虽然它们都是使工程拖期，但由于性质不同，因而业主与承包单位所承担的责任也就不同。如果工期的延长是由于承包商的原因或承担责任的拖延，则是属于工程延误，则由此造成的一切损失由承包单位承担，承包单位需承担赶工的全部额外费用。同时，业主还有权对承包单位施行误期违约罚款。而如果是工期的延长是非承包商应承担的责任，则应属于工程延期，这样承包单位不仅有权要求延长工期，而且可能还有权向业主提出赔偿费用的要求，以弥补由此造成的额外损失，即可以进行工期索赔。因此，监理工程师是否将施工过程中工期的延长批准为工程延期，是否给予工期索赔或工期与费用同时索赔对业主和承包单位都十分重要。

(1) 工程延期的可能因素。

1) 不可抗力：指合同当事人不能遇见、不能避免并且不能克服的客观情况，如异常恶劣的气候、地震、洪水、爆炸、空中飞行物坠落等。

2) 监理工程师发出工程变更指令导致工程量增加。

3) 业主的要求、业主应承担的工作如场地、资料等提供延期以及业主提供的材料、设备有问题。

4) 不利的自然条件如地质条件的变化。

5) 文物及地下障碍物。

6) 合同所涉及的任何可能造成工程延期的原因，如延期交图、设计变更、工程暂停、对合格工程的破坏检查等。

(2) 工程延期索赔成立的条件。

1) 合同条件。工程延期成立必须符合合同条件。导致工程拖延的原因确实属于非承包商责任，否则不能认为是工程延期，这是工程延期成立的一条根本原则。

2) 影响工期。发生工程延期的事件，还要考虑是否造成实际损失，是否影响工期。

当这些工程延期事件处在施工进度计划的关键线路上，必将影响工期。当这些工程延期事件发生在非关键线路上，且延长的时间并未超过其总时差时，即使符合合同条件，也不能批准工程延期成立；若延长的时间超过总时差，则必将影响工期，应批准工程延期成立，工程延期的时间根据某项拖延时间与其总时差的差值考虑。

3) 及时性原则。发生工程延期事件后，承包商应对延期事件发生后的各类有关细节进行记录，并按合同约定及时向监理工程师提交工程延期申请及相关资料，以便为合理确定工程延期时间提供可靠依据。

(3) 工期索赔案例。

【例 2】 某施工网络计划如图 5.3.9 所示，在施工过程中发生以下的事件：

A 工作因业主原因晚开工 2 天；

B 工作承包商只用 18 天便完成；

H 工作由于不可抗力影响晚开工 3 天；

G 工作由于工程师指令晚开工 5 天。

试问，承包商可索赔的工期为多少天？

解

1) 求合同状态下的工期 T_c

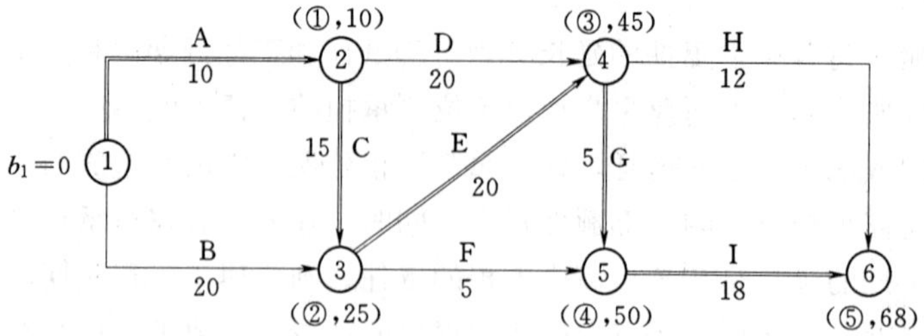

图 5.3.9 某工程施工计划

利用标号法可求得 $T_c=68$，如图 5.3.9 所示。

2）求可能状态下的工期 T_k，即求非承包商应承担责任干扰事件影响下的工期，如图 5.3.10 所示。

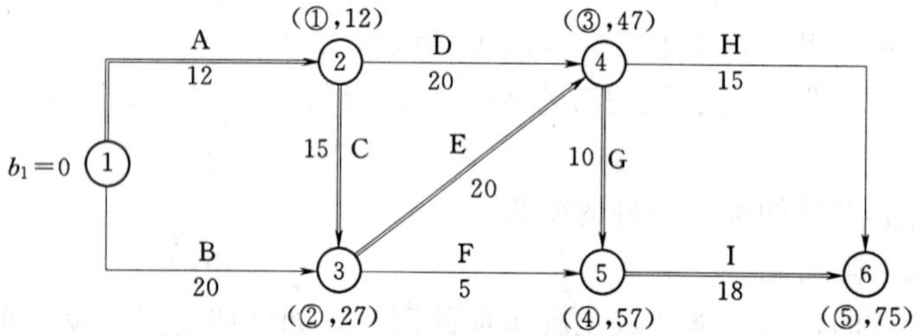

图 5.3.10 可能状态工期计算

由图上计算知，$T_k=75$ 天

3）求 ΔT。即承包商可索赔的工期为 7 天。

2. 工期费用综合索赔

在施工管理过程中，承包商不仅可以利用进度计划进行工期索赔，而且可以利用进度计划进行费用索赔及要求业主给予提前竣工奖等的补偿。利用进度计划进行工期费用综合索赔的具体方法及步骤可以参考以下的示例。

例 3 某施工单位与业主签订了施工承包工程合同，施工进度计划得到监理工程师的批准如图 5.3.11 所示（单位：天）。

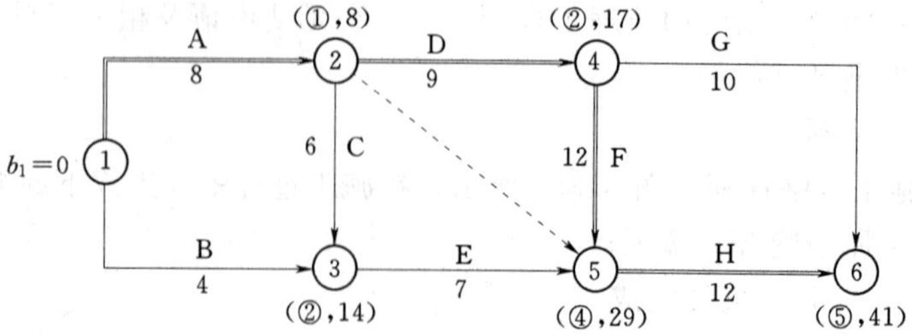

图 5.3.11 某进度计划

施工中，A、E 使用同一种机械，其台班费为 500 元/台班，折旧（租赁）费为 300 元/台班，假设人工工资 40 元/工日，窝工费为 20 元/工日。合同规定提前竣工奖为 1000 元/天，延误工期罚款 1500 元/天（各工作均按最早时间开工）。

施工中发生了以下的情况：

(1) A工作由于业主原因晚开工2天，致使11人在现场停工待命，其中1人是机械司机。

(2) C工作原工程量为100个单位，相应合同价为2000元，后设计变更工程量增加了100个单位。

(3) D工作承包商只用了7天时间。

(4) G工作由于承包商原因晚开工1天。

(5) H工作由于不可抗力增了4天作业时间，场地清理用了20工日。

问在此计划执行中，承包商可索赔的工期和费用各为多少？

解 1. 工期顺延计算

(1) 合同工期。

计算如图5.3.11所示 $T_c=41$ 天。

(2) 可能状态下的工期。

A工作持续时间：8+2=10天；

C工作持续时间：6+6=12天；

H工作持续时间：12+4=16天；

计算如图5.3.12所示，可能状态下工期为：$T_k=47$ 天。

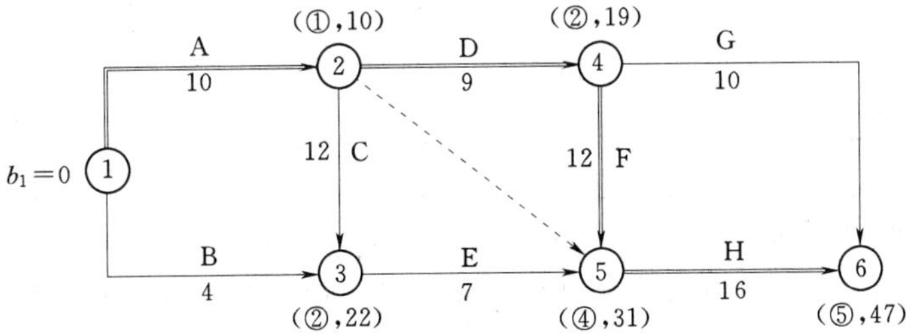

图5.3.12 可能状态下的工期计算

(3) 可索赔工期为：47−41=6天。

2. 费用索赔（或补偿）的计算

(1) A工作：(11−1) ×20×2+2×300=1000元。

(2) C工作。

(3) 清场费：20×40=800元。

(4) 机械闲置的增加：按原合同计划，闲置时间：14−8=6天考虑了非承包商的原因闲置时间：22−10=12天增加闲置时间：12−6=6天费用补偿：6×300×2=3600元。

(5) 奖励或罚款。

3. 实际状态的工期计算如图5.3.13所示。

实际状态工期为 $T=45$ 天。

$\Delta T=T-T_k=45-47=-2<0$，说明工期提前。提前奖：2×1000=2000元。所以，可索赔及奖励的费用补偿为：1000+2000+800+3600+2000=9400元。

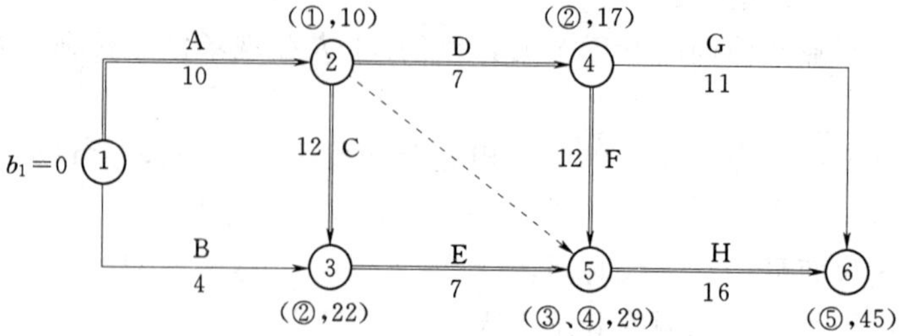

图 5.3.13　实际状态的工期计算

5.4　施工项目的安全控制

5.4.1　安全控制概述

1．工程项目施工安全控制

（1）安全生产、安全控制的概念。安全管理的中心问题，是保护生产活动中，人的安全与健康，保证生产顺利进行。安全生产是指使生产过程处于避免人身伤害、设备损坏及其他不可接受的损害风险（危险）的状态。不可接受的损害风险（危险）通常是指超出了法律、法规和规章的要求；超出了方针、目标和企业规定的其他要求；超出了人们普遍能接受（通常是隐含的）要求。因此，安全与否要对照风险接受程度来判定，是一个相对性的概念。

安全控制是通过对生产过程中涉及的计划、组织、监控、调节和改进等一系列致力于满足生产安全所进行的管理活动。施工项目安全管理，就是施工项目在施工过程中，组织安全生产的全部管理活动。通过对生产因素具体的状态控制，使生产因素不安全的行为和状态减少或消除，不引发为事故，尤其是不引发使人受到伤害的事故，使施工项目效益目标的实现，得到充分保证。

（2）安全控制的方针。安全控制的目的是为了安全生产，因此安全控制的方针也应符合安全生产的方针，即“安全第一，预防为主”。“安全第一”是把人身的安全放在首位，安全为了生产，生产必须保证人身安全，充分体现了“以人为本”的理念。“预防为主”是实现“安全第一”的最重要手段，采取正确的措施和方法进行安全控制，从而减少甚至消除事故隐患，尽量把事故消灭在萌芽状态，这是安全控制最重要的思想。

（3）施工安全控制的目标。施工项目要实现以经济效益为中心的工期、成本、质量、安全等的综合目标管理。为此，则需对与实现效益相关的生产因素进行有效的控制。安全生产是施工项目重要的控制目标之一，也是衡量施工项目管理水平的重要标志。因此，施工项目必须把实现安全生产，当作组织施工活动时的重要任务。安全控制的目标是减少和消除生产过程中的事故，保证人员健康安全和财产免受损失。具体可包括：

1）减少或消除人的不安全行为的目标。

2）减少或消除设备、材料的不安全状态的目标。

3）改善生产环境和保护自然环境的目标。

4）安全管理的目标。

(4) 施工安全控制的特点。

1) 控制面广。由于建设工程规模较大，生产工艺复杂、工序多，在建造过程中流动作业多，高处作业多，作业位置多变，遇到的不确定因素多，安全控制工作涉及范围大，控制面广。

2) 控制的动态性。由于建设工程项目的单件性，使得每项工程所处的条件不同，所面临的危险因素和防范措施也会有所改变，员工在转移工地后，熟悉一个新的工作环境需要一定的时间，有些工作制度和安全技术措施也会有所调整，员工同样需要熟悉的过程。又因为现场施工是分散于施工现场的各个部位，尽管有各种规章制度和安全技术交底的环节，但是面对具体的生产环境时，仍然需要自己的判断和处理，有经验的人员还必须适应不断变化的情况。

3) 控制系统交叉性。建设工程项目是开放系统，受自然环境和社会环境影响很大，安全控制需要把工程系统和环境系统及社会系统结合。

4) 控制的严谨性。安全状态具有触发性，其控制措施必须严谨，一旦失控，就会造成损失和伤害。

(5) 施工安全控制的程序。

1) 确定项目的安全目标。按"目标管理"方法在以项目经理为首的项目管理系统内进行分解，从而确定每个岗位的安全目标，实现全员安全控制。

2) 编制项目安全技术措施计划。对生产过程中的不安全因素，用技术手段加以消除和控制，并用文件化的方式表示，这是落实"预防为主"方针的具体体现，是进行工程项目安全控制的指导性文件。

3) 安全技术措施计划的落实和实施。包括建立健全安全生产责任制、设置安全生产设施、进行安全教育和培训、沟通和交流信息、通过安全控制使生产作业的安全状况处于受控状态。

4) 安全技术措施计划的验证。包括安全检查、纠正不符合情况，并做好检查记录工作。根据实际情况补充和修改安全技术措施。

5) 持续改进，直至完成建设工程项目的所有工作。

(6) 施工安全控制的基本要求。

1) 必须取得安全行政主管部门颁发的《安全施工许可证》后才可开工。

2) 总承包单位和每一个分包单位都应持有《施工企业安全资格审查认可证》。

3) 各类人员必须具备相应的执业资格才能上岗。

4) 所有新员工必须经过三级安全教育，即进厂、进车间和进班组的安全教育。

5) 特殊工种作业人员必须持有特种作业操作证，并严格按规定定期进行复查。

6) 对查出的安全隐患要做到"五定"，即定整改责任人、定整改措施、定整改完成时间、定整改完成人、定整改验收人。

7) 必须把好安全生产"六关"，即措施关、交底关、教育关、防护关、检查关、改进关。

8) 施工现场安全设施齐全，并符合国家及地方有关规定。

9) 施工机械（特别是现场安设的起重设备等）必须经安全检查合格后方可使用。

(7) 施工现场的安全管理。施工现场是施工生产因素的集中点，其动态特点是多工种立体作业，生产设施的临时性，作业环境多变性，人机的流动性。施工现场中直接从事生产作业的人密集，机、料集中，存在着多种危险因素。因此，施工现场属于事故多发的作业现场。控制人的不安全行为和物的不安全状态，是施工现场安全管理的重点。也是预防与避免伤害事故，保证生产处于最佳安全状态的根本环节。直接从事施工操作的人，随时随地活动于危险因素的包围之中，随时受到自身行为失误和危险状态的威胁或伤害。因此，对施工现场的人机环境系统的可靠性，必须进行经常性的检查、分析、判断、调整、强化动态中的安全管理活动。

2. 安全保证计划制定

项目经理部应建立安全管理体系和安全生产责任制。安全员应持证上岗，保证项目安全目标的实现。项目经理是项目安全生产的总负责人。项目经理部应根据项目特点，制定安全施工组织设计或安全技术措施。项目经理部应根据施工中人的不安全行为，物的不安全状态，作业环境的不安全因素和管理缺陷进行相应的安全控制。实行分包的项目，安全控制应由承包人全面负责，分包人向承包人负责，并服从承包人对施工现场的安全管理。

项目经理部必须建立施工安全生产教育制度，未经施工安全生产教育的人员不得上岗作业。项目经理部必须为从事危险作业的人员办理人身意外伤害保险。施工作业过程中对危及生命安全和人身健康的行为，作业人员有权抵制、检举和控告。

项目经理部应根据项目施工安全目标的要求配置必要的资源，确保施工安全，保证目标实现。专业性较强的施工项目，应编制专项安全施工组织设计并采取安全技术措施。

项目安全保证计划应在项目开工前编制，经项目经理批准后实施。项目安全保证计划的内容包括工程概况、控制程序、控制目标、组织结构、职责权限、规章制度、资源配置、安全措施、检查评价和奖惩制度。项目经理部应根据工程特点、施工方法、施工程序、安全法规和标准的要求，采取可靠的技术措施，消除安全隐患，保证施工安全。对结构复杂、施工难度大、专业性强的项目，除制定项目安全技术总体安全保证计划外，还必须制定单位工程或分部、分项工程的安全施工措施。对高空作业、井下作业、水上作业、水下作业、深基础开挖、爆破作业、脚手架上作业、有害有毒作业和特种机械作业等专业性强的施工作业，以及从事电气、压力容器、起重机、金属焊接、井下瓦斯检验、机动车和船舶驾驶等特殊工种的作业，应制定单项安全技术方案和措施，并应对管理人员和操作人员的安全作业资格和身体状况进行合格审查。安全技术措施应包括防火、防毒、防爆、防洪、防尘、防雷击、防触电、防坍塌、防物体打击、防机械伤害、防溜车、防高空坠落、防交通事故、防寒、防暑、防疫和防环境污染等方面的措施。

3. 安全保证计划的实施

项目经理部应根据安全生产责任制的要求，把安全责任目标分解到岗，落实到人。安全生产责任制必须经项目经理批准后实施。

（1）项目经理安全职责应包括认真贯彻安全生产方针、政策、法规和各项规章制度，制定和执行安全生产管理办法，严格执行安全考核指标和安全生产奖惩办法，严格执行安全技术措施审批和施工安全技术措施交底制度；定期组织安全生产检查和分析，针对可能产生的安全隐患制定相应的预防措施；当施工过程中发生安全事故时，项目经理必须按安全事故处理的有关规定和程序及时上报和处置，并制定防止同类事故再次发生的措施。

（2）安全员安全职责应包括落实安全设施的设置；对施工全过程的安全进行监督，纠正违章作业，配合有关部门排除安全隐患，组织安全教育和全员安全活动，监督劳保用品质量和正确使用。

(3) 作业队长安全职责应包括向作业人员进行安全技术措施交底，组织实施安全技术措施；对施工现场安全防护装置和设施进行验收；对作业人员进行安全操作规程培训，提高作业人员的安全意识，避免产生安全隐患；当发生重大或恶性工伤事故时，应保护现场，立即上报并参与事故调查处理。

(4) 班组长安全职责应包括安排施工生产任务时，向本工种作业人员进行安全措施交底；严格执行本工种安全技术操作规程，拒绝违章指挥；作业前应对本次作业所使用的机具、设备、防护用具及作业环境进行安全检查，消除安全隐患，检查安全标牌是否按规定设置，标识方法和内容是否正确完整；组织班组开展安全活动，召开上岗前安全生产会；每周应进行安全讲评。

(5) 操作工人安全职责应包括认真学习并严格执行安全技术操作规程，不违规作业；自觉遵守安全生产规章制度，执行安全技术交底和有关安全生产的规定；服从安全监督人员的指导，积极参加安全活动；爱护安全设施；正确使用防护用具；对不安全作业提出意见，拒绝违章指挥。

(6) 承包人对分包人的安全生产责任应包括审查分包人的安全施工资格和安全生产保证体系，不应将工程分包给不具备安全生产条件的分包人；在分包合同中应明确分包人安全生产责任和义务；对分包人提出安全要求，并认真监督、检查；对违反安全规定冒险蛮干的分包人，应令其停工整改；承包人应统计分包人的伤亡事故，按规定上报，并按分包合同约定协助处理分包人的伤亡事故。

(7) 分包人安全生产责任应包括分包人对本施工现场的安全工作负责，认真履行分包合同规定的安全生产责任；遵守承包人的有关安全生产制度，服从承包人的安全生产管理，及时向承包人报告伤亡事故并参与调查，处理善后事宜。

(8) 施工中发生安全事故时，项目经理必须按国务院安全行政主管部门的规定及时报告并协助有关人员进行处理。

4. *施工安全技术措施计划及其实施*

(1) 建设工程施工安全技术措施计划。

1) 建设工程施工安全技术措施计划的主要内容包括工程概况、控制目标、控制程序、组织机构、职责权限、规章制度、资源配置、安全措施、检查评价和奖惩制度等。

2) 编制施工安全技术措施计划时，对于某些特殊情况应考虑。

a. 对结构复杂、施工难度大、专业性较强的工程项目，除制定项目总体安全保证计划外，还必须制定单位工程或分部分项工程的安全技术措施。

b. 对高处作业、井下作业等专业性强的作业，电器、压力容器等特殊工种作业，应制定单项安全技术规程，并应对管理人员和操作人员的安全作业资格和身体状况进行合格检查。

3) 制定和完善施工安全操作规程，编制各施工工种，特别是危险性较大工种的安全施工操作要求，作为规范和检查考核员工安全生产行为的依据。

4) 施工安全技术措施。施工安全技术措施包括安全防护设施的设置和安全预防措施，主要有十七个方面的内容，如防火、防毒、防爆、防洪、防尘、防雷击、防触电、防坍塌、防物体打击、防机械伤害、防起重设备滑落、防高空坠落、防交通事故、防寒、防暑、防疫和防环境污染方面措施。

(2) 施工安全技术措施计划的实施建立安全生产责任制是施工安全技术措施计划实施的重要保证。安全生产责任制是指企业对项目经理部各级领导、各个部门、各类人员所规定的在他们各自职责范围内对安全生产应负责任的制度。

5. 实施安全教育

(1) 广泛开展安全生产的宣传教育，使全体员工真正认识到安全生产的重要性和必要性，懂得安全生产和文明施工的科学知识，牢固树立“安全第一”的思想，自觉地遵守各项安全生产法律法规和规章制度。

(2) 建立经常性的安全教育考核制度，考核成绩要记入员工档案。

(3) 项目经理部的安全教育内容应包括学习安全知识、安全技能、设备性能、操作规程、安全生产法律、法规、制度和安全纪律，讲解安全事故案例。

(4) 作业队安全教育内容应包括了解所承担施工任务的特点，学习施工安全基本知识、安全生产制度及相关工种的安全技术操作规程；学习机械设备和电器使用、高处作业等安全基本知识；学习防火、防毒、防爆、防洪、防尘、防雷击、防触电、防高空坠落、防物体打击、防坍塌和防机械伤害等知识及紧急安全救护知识；了解安全防护用品发放标准，防护用具、用品使用基本知识。

(5) 班组安全教育内容应包括了解本班组作业特点，学习安全操作规程、安全生产制度及纪律；学习正确使用安全防护装置（设施）及个人劳动防护用品知识；了解本班组作业中的不安全因素及防范对策、作业环境及所使用的机具安全要求。

(6) 电工、电焊工、架子工、司炉工、爆破工、机操工，起重工、机械司机和机动车辆司机等特殊工种工人，除一般安全教育外，还要经过专业安全技能培训，经考试合格持证后，方可独立操作。

(7) 采用新技术、新工艺、新设备施工和调换工作岗位时，也要进行安全教育，未经安全教育培训的人员不得上岗操作。

6. 安全技术交底

(1) 安全技术交底的基本要求。

1) 项目经理部必须实行逐级安全技术交底制度，纵向延伸到班组全体作业人员。

2) 技术交底必须具体、明确，针对性强。

3) 技术交底的内容应针对分部分项工程施工中给作业人员带来的潜在危害和存在问题。

4) 应优先采用新的安全技术措施。

5) 应将工程概况、施工方法、施工程序和安全技术措施等向工长、班组长进行详细交底。

6) 定期向由两个以上作业队和多工种进行交叉施工的作业队伍进行书面交底。

7) 保持书面安全技术交底签字记录。

(2) 安全技术交底的主要内容。

1) 本工程项目的施工作业特点和危险点。

2) 针对危险点的具体预防措施。

3）应注意的安全事项。

4）相应的安全操作规程和标准。

5）发生事故后应及时采取的避难和急救措施。

（3）安全交底的相关注意事项。

1）单位工程开工前，项目经理部的技术负责人必须将工程概况、施工方法、施工工艺、施工程序、安全技术措施，向承担施工的作业队负责人、工长、班组长和相关人员进行交底。

2）结构复杂的分部分项工程施工前，项目经理部的技术负责人应有针对性地进行全面、详细的安全技术交底。

3）项目经理部应保存双方签字确认的安全技术交底记录。

7. 项目安全检查

工程项目安全检查的目的是为了消除隐患、防止事故、改善劳动条件及提高员工安全生产意识的重要手段，是安全控制工作的一项重要内容。通过安全检查可以发现工程中的危险因素，以便有计划地采取措施，保证安全生产。施工项目的安全检查应由项目经理组织，定期进行。

（1）安全检查的类型。安全检查可分为日常性检查、专业性检查、季节性检查、节假日前后的检查和不定期检查。

1）日常性检查，日常性检查即经常的、普遍的检查。企业一般每年进行1～4次；工程项目组、车间、科室每月至少进行一次；班组每周、每班次都应进行检查。专职安全技术人员的日常检查应该有计划，针对重点部位周期性地进行。

2）专业性检查，专业性检查是针对特种作业、特种设备、特殊场所进行的检查，如电焊、气焊、起重设备、运输车辆、锅炉压力容器、易燃易爆场所等。

3）季节性检查，季节性检查是指根据季节特点，为保障安全生产的特殊要求所进行的检查。如春季风大，要着重防火、防爆；夏季高温多雨雷电，要着重防暑、降温、防汛、防雷击、防触电；冬季着重防寒、防冻等。

4）节假日前后的检查，节假日前后的检查是针对节假日期间容易产生麻痹思想的特点而进行的安全检查，包括节日前进行安全生产综合检查，节日后要进行遵章守纪的检查等。

5）不定期检查，不定期检查是指在工程或设备开工和停工前，检修中，工程或设备竣工及试运转时进行的安全检查。

（2）安全检查的注意事项。

1）安全检查要深入基层、紧紧依靠职工，坚持领导与群众相结合的原则，组织好检查工作。

2）建立检查的组织领导机构，配备适当的检查力量，挑选具有较高技术业务水平的专业人员参加。

3）做好检查的各项准备工作，包括思想、业务知识、法规政策和检查设备、奖金的准备。

4）明确检查的目的和要求。既要严格要求，又要防止一刀切，要从实际出发，分清主、次矛盾，力求实效。

5）把自查与互查有机结合起来，基层以自检为主，企业内相应部门间互相检查，取长补短，相互学习和借鉴。

6）坚持查改结合。检查不是目的，只是一种手段，整改才是最终目的。发现问题，要及时采取切实有效的防范措施。

7）建立检查档案。结合安全检查表的实施，逐步建立健全检查档案，收集基本的数据，掌握基本安全状况，为及时消除隐患提供数据，同时也为以后的职业健康安全检查奠定基础。在制定安全检查表时，应根据用途和目的具体确定安全检查表的种类。安全检查表的主要种类有：设计用安全检查表；厂级安全检查表；车间安全检查表；班组及岗位安全检查表；专业安全检查表等。制定安全检查表要在安全技术部门的指导下，充分依靠职工来进行。初步制定出来的检查表，要经过群众的讨论，反复试行，再加以修订，最后由安全技术部门审定后方可正式实行。

（3）安全检查的主要内容包括查思想、查管理、查隐患、查整改和查事故处理。安全检查的重点是违章指挥和违章作业。安全检查后应编制安全检查报告，说明已达标项目，未达标项目，存在问题，原因分析，纠正和预防措施。

（4）项目经理部安全检查的主要规定。

1）项目经理应组织项目经理部定期对安全控制计划的执行情况进行检查考核和评价。对施工中存在的不安全行为和隐患，对作业中存在的不安全行为和隐患，签发安全整改通知，项目经理部应分析原因并制定落实相应整改防范措施，实施整改后应予复查。

2）项目经理部应根据施工过程的特点和安全目标的要求，确定安全检查内容。

3）项目经理部安全检查应配备必要的设备或器具，确定检查负责人和检查人员，并明确检查内容及要求。

4）项目经理部安全检查应采取随机抽样、现场观察、实地检测相结合的方法，并记录检测结果。对现场管理人员的违章指挥和操作人员的违章作业行为应进行纠正。

5）安全检查人员应对检查结果进行分析，找出安全隐患部位，确定危险程度。

6）项目经理部应编写安全检查报告并上报。

5.4.2　安全控制的理论与方法

1. 危险源的概念

（1）危险源的定义。危险源是可能导致人身伤害或疾病、财产损失、工作环境破坏或这些情况组合的危险因素和有害因素。危险因素强调突发性和瞬间作用的因素，有害因素强调在一定时期内的慢性损害和累积作用。危险源是安全控制的主要对象，所以，有人把安全控制也称为危险控制或安全风险控制。

（2）两类危险源。在实际生活和生产过程中的危险源是以多种多样的形式存在，危险源导致事故可归结为能量的意外释放或有害物质的泄漏。根据危险源在事故发生发展中的作用把危险源分为两大类。即第一类危险源和第二类危险源。

1）第一类危险源。可能发生意外释放的能量的载体或危险物质称作第一类危险源（如“炸药”是能够产生能量的物质；“压力容器”是拥有能量的载体）。能量或危险物质的意外释放是事故发生的物理本质。通常把产生能量的能量源或拥有能量的能量载体作为第一类危险源来处理。

2）第二类危险源。造成约束、限制能量措施失效或破坏的各种不安全因素称作第二类危险源（如“电缆绝缘层”、“脚手架”、“起重机钢绳”等）。在生产、生活中，为了利用能源，人们制造了各种机器设备，让能量按照人们的意图在系统中流动、转换和做功为人类服务，而这些设备设施又可看成是限制约束能量的工具。正常情况下，生产过程的能量或危险物质受到约束或限制，不会发生意外释放，即不会发生事故。但是，一旦这些约束或限制能量或危险物质的措施受到破坏或失效（故障），则将发生事故。第二类危险源包括人的不安全行为、物的不安全状态和不良环境条件三个方面。

（3）危险源与事故。事故的发生是两类危险源共同作用的结果，第一类危险源是事故发生的前提，第二类危险源的出现是第一类危险源导致事故的必要条件。在事故的发生和发展过程中，两类危险源相互依存，相辅相成。第一类危险源是事故的主体，决定事故的严重程度，第二类危险源出现的难易，决定事故发生的可能性大小。

2. 危险源控制的方法

（1）危险源辨识与风险评价。

1）危险源辨识的方法。

A. 专家调查法。是通过向有经验的专家咨询、调查，辨识、分析和评价危险源的一类方法，其优点是简便、易行，其缺点是受专家的知识、经验和占有资料的限制，可能出现遗漏。常用的有头脑风暴法（Brainstorming）和德尔菲（Delphi）法。

a. 头脑风暴法是通过专家创造性的思考，从而产生大量的观点、问题和议题的方法。其特点是多人讨论，集思广益，可以弥补个人判断的不足，常采取专家会议的方式来相互启发、交换意见，使危险、危害因素的辨识更加细致和具体。常用于目标比较单纯的议题，如果涉及面较广，包含因素多，可以分解目标，再对单一目标或简单目标使用本方法。

b. 德尔菲法是采用背对背的方式对专家进行调查，其特点是避免了集体讨论中的从众性倾向，更代表专家的真实意见。要求对调查的各种意见进行汇总统计处理，再反馈给专家反复征求意见。

B. 安全检查表（Safety Check List）法。实际上就是实施安全检查和诊断项目的明细表。运用已编制好的安全检查表，进行系统的安全检查，辨识工程项目存在的危险源。检查表的内容一般包括分类项目、检查内容及要求、检查以后处理意见等。可以用“是”、“否”作回答或“√”、“×”符号作标记，同时注明检查日期，并由检查人员和被检单位同时签字。

安全检查表法的优点是：简单易懂、容易掌握，可以事先组织专家编制检查项目，使安全检查做到系统化、完整化。缺点是一般只能做出定性评价。

2）风险评价方法。风险评价是评估危险源所带来的风险大小及确定风险是否可容许的全过程。根据评价结果对风险进行分级，按不同级别的风险有针对性地采取风险控制措施。以下介绍两种常用的风险评价方法。

a. 方法1。将安全风险的大小用事故发生的可能性（p）与发生事故后果的严重程度（f）的乘积来衡量，即：

$$R=pf$$

式中：R 为风险大小；p 为事故发生的概率（频率）；f 为事故后果的严重程度。

根据上述的估算结果，可按表5.4.1对风险的大小进行分级。

表 5.4.1 风险分级表

后果（f） 风险级别（大小） 可能性（p）	轻度损失 （轻微伤害）	中度损失 （伤害）	重大损失 （严重伤害）
很大	Ⅲ	Ⅳ	Ⅴ
中等	Ⅱ	Ⅲ	Ⅳ
极小	Ⅰ	Ⅱ	Ⅲ

注 Ⅰ为可忽略风险；Ⅱ为可容许风险；Ⅲ为中度风险；Ⅳ为重大风险；Ⅴ为不容许风险。

b. 方法2。将可能造成安全风险的大小用事故发生的可能性（L）、人员暴露于危险环境中的频繁程度（E）和事故后果（C）二个自变量的乘积衡量，即：

$$S=L\cdot E\cdot C$$

式中：S为风险大小；L为事故发生的可能性，按表5.4.2所给的定义取值；E为人员暴露于危险环境中的频繁程度，按表5.4.3所给的定义取值；C为事故后果的严重程度，按表5.4.4所给的定义取值。

表 5.4.2 事故发生的可能性（L）

分数值	事故发生的可能性	分数值	事故发生的可能性
10	必然发生的	0.5	很不可能，可以设想
6	相当可能	0.2	极不可能
3	可能，但不经常	0.1	实际不可能
1	可能性极小，完全意外		

表 5.4.3 暴露于危险环境中的频繁程度（E）

分数值	人员暴露于危险环境中的频繁程度	分数值	人员暴露于危险环境中的频繁程度
10	连续暴露	2	每月一次暴露
6	每天工作时间暴露	1	每年几次暴露
3	每周一次暴露	0.5	非常罕见的暴露

表 5.4.4 发生事故产生的后果（C）

分数值	事故发生造成的后果	分数值	事故发生造成的后果
100	大灾难，许多人死亡	7	严重，重伤
40	灾难，多人死亡	3	较严重，受伤较重
15	日常严重，一人死亡	1	引人关注，轻伤

表 5.4.5 危险性等级划分表

危险性量值（S）	危险程度	危险性量值（S）	危险程度
≥320	不容许风险，不能继续作业	20～70	可容许风险，需要注意
160～320	重大风险，需要立即整改	≤20	可忽略风险，可以接受
70～160	中度风险，需要整改		

此方法因为引用了 L、E、C 三个自变量，故也称为 LEC 方法。

根据经验，危险性量值在 20 分以下为可忽略风险；危险性量值在 20～70 之间为可容许风险；危险性量值在 70～160 之间为中度风险；危险性量值在 160～320 之间为重大风险：危险性量值大于 320 的为不容许风险。

（2）危险源的控制方法。

1）第一类危险源的控制方法。

a. 防止事故发生的方法：消除危险源、限制能量或危险物质、隔离。

b. 避免或减少事故损失的方法：隔离、个体防护、设置薄弱环节、使能量或危险物质按人们的意图释放、避难与援救措施。

2）第二类危险源的控制方法。

a. 减少故障：增加安全系数、提高可靠性、设置安全监控系统。

b. 故障—安全设计：包括故障—消极方案（即故障发生后，设备、系统处于最低能量状态，直到采取校正措施之前不能运转）；故障—积极方案（即故障发生后，在没有采取校正措施之前使系统、设备处于安全的能量状态之下）；故障—正常方案（即保证在采取校正行动之前，设备、系统正常发挥功能）。

（3）危险源控制的策划原则。

1）尽可能完全消除有不可接受风险的危险源，如用安全品取代危险品。

2）如果是不可能消除有重大风险的危险源，应努力采取降低风险的措施，如使用低压电器等。

3）在条件允许时，应使工作适合于人，如考虑降低人的精神压力和体能消耗。

4）应尽可能利用技术进步来改善安全控制措施。

5）应考虑保护每个工作人员的措施。

6）将技术管理与程序控制结合起来。

7）应考虑引入诸如机械安全防护装置的维护计划的要求。

8）在各种措施还不能绝对保证安全的情况下，作为最终手段，还应考虑使用个人防护用品。

9）应有可行、有效的应急方案。

10）预防性测定指标是否符合监视控制措施计划的要求。

不同的组织可根据不同的风险量选择适合的控制策略。表 5.4.6 为简单的风险控制策划表。

3. 安全管理基本原则

安全管理是企业生产管理的重要组成部分，是一门综合性的系统科学。安全管理的对象是生产中一切人、物、环境的状态管理与控制，安全管理是一种动态管理。施工现场的安全管理，主要是组织实施企业安全管理规划、指导、检查和决策，同时，又是保证生产处于最佳安全状态的根本环节。施工现场安全管理的内容，大体可归纳为安全组织管理，场地与设施管理，行为控制和安全技术管理四个方面，分别对生产中的人、物、环境的行为与状态，进行具体的管理与控制。为有效地将生产因素的状态控制好，实施安全管理过程中，必须正确处理五种关系，坚持六项基本管理原则。

表 5.4.6　　风险控制策划表

风险	措　施
可忽略的	不采取措施且不必保留文件纪录
可容许的	不需要另外的控制措施，应考虑投资效果更佳的解决方案或不增加额外成本的改进措施，需要监视来确保控制措施得以维持
中度的	应努力降低风险，但应仔细测定并限定预防成本，并在规定的时间期限内实现降低风险的措施。在中度风险与严重伤害后果相关的场合，必须进一步地评价，以更准确地确定伤害的可能性，以确定是否需要改进控制措施
重大的	直至风险降低后才能开始工作，为降低风险有时必须配给大量的资源。当风险涉及正在进行中的工作时，就应采取应急措施
不容许的	只有当风险已经降低时，才能开始或继续工作，如果无限的资源投入也不能降低风险，就必须禁止工作

（1）正确处理五种关系。

1）安全与危险并存。安全与危险在同一事物的运动中是相互对立的，相互依赖而存在的。因为有危险，才要进行安全管理，以防止危险。安全与危险并非是等量并存、平静相处。随着事物的运动变化，安全与危险每时每刻都在变化着，进行着此消彼长的斗争。事物的状态将向斗争的胜方倾斜。可见，在事物的运动中，都不会存在绝对的安全或危险。保持生产的安全状态，必须采取多种措施，以预防为主，危险因素是完全可以控制的。危险因素是客观的存在于事物运动之中的，自然是可知的，也是可控的。

2）安全与生产的统一。生产是人类社会存在和发展的基础。如果生产中人、物、环境都处于危险状态，则生产无法顺利进行。因此，安全是生产的客观要求，自然，当生产完全停止，安全也就失去意义。就生产的目的性来说，组织好安全生产就是对国家、人民和社会最大的负责。生产有了安全保障，才能持续、稳定发展。生产活动中事故层出不穷，生产势必陷于混乱、甚至瘫痪状态。当生产与安全发生矛盾、危及职工生命或国家财产时，生产活动停下来整治、消除危险因素以后，生产形势会变得更好。“安全第一”的提法，是把安全摆到生产之上，忽视安全自然是一种错误。

3）安全与质量的包涵。从广义上看，质量包涵安全工作质量，安全概念也内涵着质量，交互作用，互为因果。安全第一，质量第一，两个第一并不矛盾。安全第一是从保护生产因素的角度提出的，而质量第一则是从关心产品成果的角度而强调的。安全为质量服务，质量需要安全保证。生产过程丢掉任何一个，都要陷于失控状态。

4）安全与速度互保。生产的蛮干、乱干，在侥幸中求快，缺乏真实与可靠，一旦酿成事故，非但无速度可言，反而会延误时间。速度应以安全做保障，安全就是速度。我们应追求安全加速度，竭力避免安全减速度。安全与速度成正比例关系。一味强调速度，置安全于不顾的做法是极其有害的。当速度与安全发生矛盾时，暂时减缓速度，保证安全才是正确的做法。

5）安全与效益的兼顾。安全技术措施的实施，一定会改善劳动条件，调动职工的积极性，激发劳动热情，带来经济效益，足以使原来的投入得以补偿。从这个意义上说，安全与效益完全是一致的，安全促进了效益的增长。在安全管理中，投入要适度、适当，精打细算，统筹安排。既要保证安全生产，又要经济合理，还要考虑力所能及。单纯为了省钱而忽视安全生产，或单纯追求不惜资金的盲目高标准，都不可取。

（2）坚持安全管理六项基本原则。

1）管生产同时管安全。安全寓于生产之中，并对生产发挥促进与保证作用。因此，安全与生产表现出高度的一致和完全的统一。管生产同时管安全，不仅是对各级领导人员明确安全管理责任，同时，也向一切与生产有关的机构、人员，明确了业务范围内的安全管理责任。由此可见，一切与生产有关的机构、人员，都必须参与安全管理并在管理中承担责任。

2）坚持安全管理的目的性。没有明确目的的安全管理是一种盲目行为。在一定意义上，盲目的安全管理，只能纵容威胁人的安全与健康的状态向更为严重的方向发展或转化。

3）必须贯彻预防为主的方针。安全生产的方针是“安全第一、预防为主”。进行安全管理不是处理事故，而是在生产活动中，针对生产的特点，对生产因素采取管理措施，有效的控制不安全因素的发展与扩大，把可能发生的事故，消灭在萌芽状态，以保证生产活动中，人的安全与健康。

4）坚持“四全”动态管理。安全管理不是少数人和安全机构的事，而是一切与生产有关的人共同的事。生产组织者在安全管理中的作用固然重要，全员性参与管理也十分重要。因此，生产活动中必须坚持全员、全过程、全方位和全天候的动态安全管理。

5）安全管理重在控制。进行安全管理的目的是预防、消灭事故，防止或消除事故伤害，保护劳动者的安全与健康。在安全管理的四项主要内容中，虽然都是为了达到安全管理的目的，但是对生产因素状态的控制，与安全管理目的关系更直接，显得更为突出。因此，对生产中人的不安全行为和物的不安全状态的控制，必须看作是动态的安全管理的重点。事故的发生，是由于人的不安全行为运动轨迹与物的不安全状态运动轨迹的交叉。从事故发生的原理，也说明了对生产因素状态的控制，应该当作安全管理重点。

6）在管理中发展、提高。

4. 人的不安全行为与物的不安全状态

安全与不安全是相对的概念。从事施工生产活动，随时随地都会遇到、接触、克服多方面的危险因素。一旦对危险因素失控，必将导致事故。探求事故成因，人、物和环境因素的作用，是事故的根本原因。从对人和管理两方面去探讨事故，人的不安全行为和物的不安全状态，都是酿成事故的直接原因。

（1）人的不安全行为与人失误。不安全行为是人表现出来的，与人的心理特征相违背的，非正常行为。人在生产活动中，曾引起或可能引起事故的行为，必然是不安全行为。人的自身因素是人的行为根据、内因。环境因素是人的行为外因，是影响人的行为的条件，甚至产生重大影响。人失误指人的行为结果，偏离了规定的目标或超出可接受的界限，并产生了不良影响的行为。在生产作业中，往往人失误是不可避免的副产物。

1）人失误具有与人能力的可比性。工作环境可诱发人失误，由于人失误是不可避免的，因此，在生产中凭直觉、靠侥幸，是不能长期成功的维持安全生产的。当编制操作程序和操作方法时，侧重地考虑了生产和产品条件，忽视人的能力与水平，有促使发生人失误的可能。

2）人失误的类型。

a. 随机失误。由人的行为、动作的随机性质引起的人失误，属于随机失误。与人的心理、生理原因有关。随机失误往往是不可预测，也不重复出现的。

b. 系统失误。由系统设计不足或人的不正常状态引发的人失误属于系统失误。系统失误与工作条件有关，类似的条件可能引发失误再出现或重复发生。改善工作条件，加强职业训练可以克服系统失误。

3）人失误的表现。一般是出现失误结果以后，是很难预测的。比如遗漏或遗忘现象，把事弄颠倒，没按要求或规定的时间操作，无意识动作，调整错误，进行规定外的动作等。

4）人的信息处理过程失误。可以认为，人失误现象是人对外界信息刺激反应的失误，与人自身的信息处理过程与质量有关，与人的心理紧张度有关。人在进行信息处理时，必然要出现失误，是客观的倾向。信息处理失误倾向，都可能导致人失误。在工艺、操作、设备等进行设计时，采取一些预防失误倾向的措施，对克服失误倾向是极为有利的。

5）心理紧张与人失误的关联。人大脑意识水平降低，直接引起信息处理能力的降低，影响人对事物注意力的集中，降低警觉程度。意识水平的降低是发生人失误的内在原因。经常进行教育、训练，合理安排工作，消除心理紧张因素，有效控制心理紧张的外部原因，使人保持最优的心理紧张度，对消除人失误现象是十分重要的。

6）人失误的原因。造成人失误的原因是多方面，有人的自身因素对过负荷的不适应原因，如超体能、精神状态、熟练程度、疲劳、疾病时的超荷操作，以及环境过负荷，心理过负荷，人际立场负荷等都能使人发生操作失误。也有与外界刺激要求不一致时，出现要求与行为的偏差的原因，在这种情况时，可能出现信息处理故障和决策错误。此外，还由于对正确的方法不清，有意采取不恰当的行为等，出现完全错误的行为。人的能力是感觉、注意、记忆、思维和行为能力等的综合信息处理能力。人的能力直接影响活动效率，具有使活动顺利完成的个性心理特征。人的能力随其自身的硬件、心理、软件的状态变化而改变。

7）不安全行为的心理原因。个体人经常、稳定表现的能力、性格、气质等心理特点的总和，称为个性心理特征。这是在人的先天条件基础上，受到社会条件影响和具体实践活动；接受教育与影响而逐渐形成、发展的。一切人的个性心理特征，不会完全相同。人的性格是个性心理的核心，因此，性格能决定人对某种情况的态度和行为。鲁莽、草率、懒惰等性格，往往成为产生不安全行为的原因。非理智行为在引发为事故的不安全行为中，所占比例相当大，在生产中出现的违章、违纪现象，都是非理智行为的表现，冒险蛮干则表现的尤为突出。非理智行为的产生，多由于侥幸、省能、逆反和凑兴等心理所支配。在安全管理过程中，控制非理智行为的任务是相当重的，也是非常严肃、非常细致的一项工作。

（2）物的不安全状态和安全技术措施。人机系统把生产过程中发挥一定作用的机械、物料、生产对象以及其他生产要素统称为物。物都具有不同形式、性质的能量，有出现能量意外释放，引发事故的可能性。由于物的能量可能释放引起事故的状态，称为物的不安全状态。这是从能量与人的伤害间的联系所给予的定义。如果从发生事故的角度，也可把物的不安全状态看作为曾引起或可能引起事故的物的状态。在生产过程中，物的不安全状态极易出现。所有的物的不安全状态，都与人的不安全行为或人的操作、管理失误有关。

往往在物的不安全状态背后，隐藏着人的不安全行为或人的失误。物的不安全状态既反映了物的自身特性，又反映了人的素质和人的决策水平。物的不安全状态的运动轨迹，一旦与人的不安全行为的运动轨迹交叉，就是发生事故的时间与空间。所以，物的不安全状态是发生事故的直接原因。因此，正确判断物的具体不安全状态，控制其发展，对预防、消除事故有直接的现实意义。针对生产中物的不安全状态的形成与发展，在进行施工设计、工艺安排、施工组织与具体操作时，采取有效的控制措施，把物的不安全状态消除在生产活动进行之前，或引发为事故之前，是安全管理的重要任务之一。消除生产活动中物的不安全状态，是生产活动所必需的，又是预防为主方针落实的需要，同时，也体现了生产组织者的素质状况和工作才能。

1）能量意外释放与控制方法。生产活动中从未间断过能量的利用，在利用中，人们给以能量种种约束与限制，使之按人的意志进行流动与转换，正常发挥能量用以做功。一旦能量失去人的控制，便会立即超越约束与限制，自行开辟新的流动渠道，出现能量的突然释放，于是，发生事故的可能性就随着突然释放而变得完全可能。突然释放的能量，如果达到人体又超过人体的承受能力，就会酿成伤害事故。从这个观点去看，事故是不正常或不希望的能量意外释放的最终结果。一切机械能、电能、热能、化学能、声能、光能、生物能和辐射能等，都能引发伤害事故。能量超过人的机体组织的抵抗能力，造成人体的各种伤害。人与环境的正常能量交换受到干扰，造成窒息或淹溺。能量媒介或载体与人体接触，将会把能量传递给人体造成伤害。人丧失了对能量的有效约束与控制，是能量意外释放的直接原因和根本原因。出现能量的意外释放，反映了人对能量控制认识、意识、知识和技术的严重不足。同时，又反映了安全管理认识、方法、原则等方面的差距。

2）屏蔽。约束、限制能量意外释放，防止能量与人体接触的措施，统称为屏蔽。常采用的屏蔽形式大致有：安全能源代替不安全能源、限制能量、防止能量蓄积、缓释能量、物理屏蔽、时空隔离、信息屏蔽等。

3）能量意外释放伤害及预防措施。人意外的进入能量正常流动与转换渠道而致伤害。有效的预防方法是采取物理屏蔽和信息屏蔽，阻止人进入流动渠道。能量意外逸出，在开辟新流动渠道时危及人体而导致伤害。发生此类事故有突然性，事故发生瞬间，人往往来不及采取措施即已受到伤害。预防的方法比较复杂，除加大流动渠道的安全性，从根本上防止能量外逸。同时在能量正常流动与转换时，采取物理屏蔽、信息屏蔽、时空屏蔽等综合措施，能够减轻伤害的机会和严重程度。出现这类事故时，人的行为是否正确，往往决定人的伤害或生存。在有毒有害物质渠道出现泄漏时，人的行为对人的伤害与生存关系，尤其明显。能量意外释放，人进入能量新渠道而受到伤害。预防此类事故，完善能量控制系统最为重要，如自动报警、自动控制，既需要在出现能量释放时立即报警，又能进行自动释放或封闭。同时在能量正常流动与转换时，应考虑非正常时的处理，及早采取时空与物理屏蔽措施。

4）安全技术措施的标准。安全技术是改善生产工艺，改进生产设备，控制生产因素不安全状态，预防与消除危险因素对人产生的伤害的科学武器和有力的手段。安全技术包括为实现安全生产的一切技术方法与措施，以及避免损失扩大的技术手段。安全技术措施重点解决具体的生产活动中的危险因素的控制，预防与消除事故危害。发生事故后，安全技术措施应迅速将重点转移到防止事故扩大，尽量减少事故损失；避免引发其他事故方面。这就是安全技术措施在安全生产中，应该发挥的预防事故和减少损失两方面的作用。安全技术措施必须针对具体的危险因素或不安全状态，以控制危险因素的生成与发展为重点，以控制效果作为评价安全技术措施的唯一标准。其具体标准有如下几个方面：

a. 防止人失误的能力。

b. 控制人失误后果的能力。

c. 防止故障或失误的传递能力。

d. 故障、失误后导致事故的难易程度。

e. 承受能量释放的能力。

f. 防止能量蓄积的能力。

5）安全技术措施的优选顺序。预防是消除事故最佳的途径。针对生产过程中已知的或已出现的危险因素，采取的一切消除或控制的技术性措施，统称为安全技术措施。在采取安全技术措施时，应遵循预防性措施优先选择，根治性措施优先选择，紧急性措施优先选择的原则，依次排列。以保证采取措施与落实的速度，也就是要分出轻、重、缓、急。安全技术措施的优选顺序为：根除危险因素——限制或减少危险因素——隔离、屏蔽、联锁故障——安全设计——减少故障或失误——校正行动。

a. 根除危险因素。根除、限制危险因素包括选择合理的设计方案、工艺、选用理想的原材料、安全设备，并控制与强化长期使用中的状态，从根本上解决对人的伤害作用。

b. 隔离、屏蔽。以空间分离或物理屏蔽，把人与危险因素进行隔离，防止伤害事故或导致其他事故。

c. 故障—安全设计。发生故障、失误时；在一定时间内，系统仍能保证安全运行。系统中优先保证人的安全，依次是保护环境，保护设备和防止机械能力降低。故障—安全设计方案的选定，由系统故障后的状态决定。

d. 减少故障和失误。安全监控系统、安全系数、提高可靠性是经常采用的减少故障和失误的措施。

e. 警告。生产区域内的一切人员，需要经常的意识或注意：生产因素变化、警惕危险因素的存在。采用视、听、味、触警告，以校正危险的行动。警告是提醒人们“注意”的主要方法，是校正人们危险行动的措施。

6）生产作业环境的人机系统要求。工业生产是一套人、机、环境系统。系统因素合理匹配并实现“机宜人、人适机、人机匹配”，可使机、环因素更适应人的生理、心理特征，人的操作行为就可能在轻松中准确进行，减少失误，提高效率，消除事故。生产作业环境中，温度、湿度、照明、振动、噪声、粉尘和有毒有害物质等，不但会影响人在作业中的工作情绪，不适度的、超过人的不能接受的环境条件，还会导致人的职业性伤害。对作业环境条件的要求如下：

a. 照明必须满足作业的要求。

b. 噪声、振动的强度必须低于人生理、心理的承受能力。

c. 有毒、有害物质的浓度必须降到允许标准以下。

5.4.3 安全事故的分类和处理

1. 建设工程安全事故的分类

(1) 按照事故发生的原因分类。

按照我国《企业伤亡事故分类》（GB6441—1986）标准规定，职业伤害事故分为20类，包括物体打击、车辆伤害、机械伤害、起重伤害、触电、淹溺、灼烫、火灾、高处坠落、坍塌、冒顶片帮、透水、放炮、火药爆炸、瓦斯爆炸、锅炉爆炸、容器爆炸、其他爆炸、中毒和窒息、其他伤害等。

（2）按事故后果严重程度分类。

轻伤事故：造成职工肢体或某些器官功能性或器质性轻度损伤，表现为劳动能力轻度或暂时丧失的伤害，一般每个受伤人员休息：1个工作日以上，105个工作日以下。

重伤事故：一般指受伤人员肢体残缺或视觉、听觉等器官受到严重损伤，能引起人体长期存在功能障碍或劳动能力有重大损失的伤害，或者造成每个受伤人损失105个工作日以上的失能伤害。

死亡事故：一次事故中死亡1～2人的事故。

重大伤亡事故：一次事故中死亡3人以上（含3人）的事故。

特大伤亡事故：一次事故中死亡10人以上（含10人）的事故。

急性中毒事故：指生产性毒物一次或短期内通过人的呼吸道、皮肤或消化道大量进入体内，使人体在短时间内发生病变，导致职工立即中断工作，并须进行急救或死亡的事故；急性中毒的特点是发病快，一般不超过一个工作日，有的毒物因毒性有一定的潜伏期，可在下班后数小时发病。

2. 安全隐患和安全事故处理

（1）安全隐患处理应符合下列规定。

1）项目经理部应区别“通病”、“顽症”、首次出现、不可抗力等类型，修订和完善安全整改措施。

2）项目经理部应对检查出的隐患立即发出安全隐患整改通知单。受检单位应对安全隐患原因进行分析，制定纠正和预防措施。纠正和预防措施应经检查单位负责人批准后实施。

3）安全检查人员对检查出的违章指挥和违章作业行为向责任人当场指出，限期纠正。

4）安全员对纠正和预防措施的实施过程和实施效果应进行跟踪检查，保存验证记录。

（2）项目经理部进行安全事故处理应符合下列规定：

1）安全事故处理必须坚持“事故原因不清楚不放过，事故责任者和员工没有受到教育不放过，事故责任者没有处理不放过，没有制定防范措施不放过”的原则。

2）安全事故应按以下程序进行处理：

a. 报告安全事故。安全事故发生后，受伤者或最先发现事故的人员应立即用最快的传递手段，将发生事故的时间、地点、伤亡人数、事故原因等情况，上报至企业安全主管部门。企业安全主管部门视事故造成的伤亡人数或直接经济损失情况，按规定向政府主管部门报告。

b. 事故处理。抢救伤员、排除险情、防止事故蔓延扩大，做好标识，保护好现场。

c. 事故调查。项目经理应指定技术、安全、质量等部门的人员，会同企业工会代表组成调查组，开展调查。

d. 调查报告。调查组应把事故发生的经过、原因、性质、损失责任、处理意见、纠正和预防措施撰写成调查报告，并经调查组全体人员签字确认后报企业安全主管部门。

5.4.4 施工项目伤亡事故的预防与处理

1. 施工伤亡事故的预防

施工项目是一个露天加工场，场内进行立体多工种交叉作业，拥有大量的临时设施，作业面经常变化，人、机、物都在不停地流动，若不重视安全，极易引发伤亡事故。下面就施工项目伤亡事故的预防和处理予以阐述。

(1) 工伤事故的概念。工伤事故即因工伤亡事故，是因生产与工作发生的伤亡事故。国务院《工人职员伤亡事故报告规程》中指出，企业对于工人职员在生产区域中所发生的和生产有关的伤亡事故（包括急性中毒事故），必须按规定进行调查、登记统计和报告。其中给了两个条件：一是生产区域，二是和生产有关。当前伤亡事故统计中除职工以外还应包括民工、临时工，及参加生产劳动的学生、教师、干部。上述人员虽不在生产和工作岗位上，但是由于企业设备或劳动条件不良而造成的伤亡事故，如塔吊、架子、大模板倒塌而造成的事故也应在统计之列。

(2) 伤亡事故分类。根据劳动部颁发的文件，按伤害程度和严重程度可划为以下七类。

1) 轻伤事故：凡职工受伤不属于重伤，而歇工1天或1天以上的事故，均作为轻伤事故处理。

2) 重伤事故：凡有下列情况之一者，均作为重伤事故处理。

a. 经医师诊断成为残废或可能成为残废的。

b. 伤势严重，需要进行较大的手术才能挽救的。

c. 人体要害部位严重灼伤、烫伤或虽非要害部位，但灼伤、烫伤占全身面积三分之一以上的。

d. 严重骨折（胸骨、肋骨、脊椎骨、锁骨、肩胛骨、腿骨和脚骨等因受伤引起骨折），严重脑震荡等。

e. 眼部受伤较剧，有失明可能的。

f. 手部伤害：大拇指轧断一节的；食指、中指、无名指任何一只轧断两节或任何两只各轧断一节的；局部肌腱受伤甚剧，引起机能障碍，有不能自由伸屈的残废可能的。

g. 脚部伤害：一脚轧断三趾以上的；局部肌腱受伤甚剧，引起机能障碍，有不能行走自如的残废可能的。

h. 内部伤害：内脏损伤、内出血或伤及腹膜等。

i. 其他部位伤害严重的，不在上述各点以内，经医师诊查后，认为受伤较重，可根据实际情况参照上述各点，由企业行政部门会同基层工会个别研究，提出意见，由当地劳动部门审查确定。

3) 多人事故：凡一次事故造成3人或3人以上负伤的事故，均为多人事故。

4) 急性中毒。

5) 重大伤亡事故：一次事故死亡1～2人的事故。

6) 多人重大伤亡事故：一次事故死亡3人或3人以上而不足10人的事故。

7) 特大伤亡事故：一次事故死亡十人或十人以上的事故。

(3) 伤亡事故原因。系指直接使劳动者受到伤害的原因，主要有：

1) 物体打击。

2）车辆伤害。

3）机器工具伤害。

4）起重伤害。

5）触电。

6）淹溺。

7）灼烫。

8）火灾。

9）刺割。

10）高处坠落。

11）坍塌。

12）冒顶片帮。

13）透水。

14）放炮。

15）火药爆炸。

16）瓦斯爆炸。

17）锅炉和受压容器爆炸。

18）其他爆炸。

19）中毒和窒息。

20）其他伤害。

总结分析我国建筑企业近年来发生的因工伤亡事故，不难得出，建筑工地发生伤亡事故的基本原因有两条：一是人的不安全行为；二是物质的不安全状态。据统计 80%以上的伤亡事故是由于人的不安全行为所造成的。

（4）预防事故的措施。为了便于掌握和切实达到预防事故和减少事故损失，应采取以下安全技术措施。

1）改进生产工艺，实现机械化、自动化。随着科学技术的发展，建筑企业不断改进生产工艺，加快了实现机械化、自动化的过程，促进了生产的发展，提高了安全技术水平，大大减轻了工人的劳动强度，保证了职工的安全和健康。如采取机械化的喷涂抹灰，提高了工效 2～4 倍，不但保证了工程质量，还减轻了工人的劳动强度，保护了施工人员的安全。又如，构件厂制作圆孔板的拉丝机，采用了自动化设备，减少了工人操作时接触机械的机会，杜绝了夹手断指事故。因此，在编制施工组织设计时，应尽量优先考虑采用新工艺、机械化、自动化的生产手段，为安全生产、预防事故创造条件。

2）设置安全装置。

a. 防护装置：就是用屏护方法与手段把人体与生产活动中出现的危险部位隔离开来的设施和设备。施工活动中的危险部位主要有“四口”、“五临边”、机具、车辆、暂设电器、高温、高压容器及原始环境中遗留下来的不安全因素等。

防护装置的种类繁多，按理讲企业购入的设备应该有严密的安全防护装置，但由于建筑业流动性大、人员繁杂及生产厂家的问题，均可能造成无防护或缺少、遗失的现象。因此，应随时检查增补，做到防护严密。在“四口”、“五临边”处理上要按部颁标准设置水平及立体防护，使劳动者有安全感；在机械设备上做到轮有罩、轴有套，使其转动部分与人体绝对隔离开来；在施工用电中，要做到“四级”保险；遗留在施工现场的危险因素，要有隔离措施，如高压线路的隔离防护设施等。项目经理和管理人员应经常检查并教育施工人员正确使用安全防护装置并严加保护，不得随意破坏，拆卸和废弃。

b. 保险装置。是指机械设备在非正常操作和运行中能够自动控制和消除危险的设施设备。也可以说它是保障设施设备和人身安全的装置。如锅炉、压力容器的安全阀，供电设施的触电保安器，各种提升设备的断绳保险器等。近年来北京地区建筑工人发明的提升架吊盘“门控杠式防坠落保险装置”，“桥架断绳保险器”等均属此类设备。

c. 信号装置：是利用人的视、听觉反应原理制造的装置。它是应用信号指示或警告工人该做什么、该躲避什么。信号装置的本身没有排除危险的功能。它仅是提示工人注意，遇到不安全状况立即采取有效措施脱离危险区或采取预防措施。因此，它的效果取决于工人的注意力和识别信号的能力。

信号装置可分为三种。即颜色信号：如指挥起重工的红、绿手旗，场内道路上的红、绿、黄灯；音响信号：如塔吊上的电铃，指挥吹的口哨等；指示仪表信号：如压力表、水位表、温度计等。

d. 危险警示标志：是警示工人进入施工现场应注意或必须做到的统一措施。通常它以简短的文字或明确的图形符号予以显示。如禁止烟火、危险！有电等。各类图形通常配以红、蓝、黄和绿颜色。红色表示危险禁止；蓝色表示指令；黄色表示警告；绿色表示安全。国家发布的安全标志对保持安全生产起到了促进作用，必须按标准予以实施。

3）预防性的机械强度试验和电气绝缘检验。

a. 预防性的机械强度试验。施工现场的机械设备，特别是自行设计组装的临时设施和各种材料、构件、部件均应进行机械强度试验。必须在满足设计和使用功能时方可投入正常使用。有些还须定期或不定期地进行试验，如施工用的钢丝绳、钢材、钢筋、机件及自行设计的吊篮架、外挂架子等，在使用前必须做承载试验。这种试验，是确保施工安全的有效措施。

b. 电气绝缘检验。电气设备的绝缘是否可靠，不仅是电业人员的安全问题，也关系到整个施工现场财产、人员的安危。由于施工现场多工种联合作业，使用电器设备的工种不断增多，更应重视电气绝缘问题。因此，要保证良好的作业环境，使机电设施、设备正常运转，不断更新老化及被损坏的电气设备和线路是必须采取的预防措施。为及时发现隐患，消除危险源，则要求在施工前、施工中、施工后均应对电气绝缘进行检验。

4）机械设备的维修保养和有计划的检修。随着施工机械化的发展，各种先进的大、中、小型机械设备进入工地，但由于建筑施工要经常变化施工地点和条件，机械设备不得不经常拆卸、安装。就机械设备本身而言，各零部件也会产生自然和人为的磨损，如果不及时的发现和处理，就会导致事故发生，轻者影响生产，重者将会机毁人亡，给企业乃至社会造成无法弥补的损失。因此，要保持设备的良好状态，提高它的使用期限和效率，有效地预防事故就必须进行经常性的维修保养。

a. 机械设备的维修和保养：各种机械设备是根据不同的使用功能设计生产出来的。除了一般的要求外，也具有特殊的要求。即要严格坚持机械设备的维护保养规则，要按照其操作过程进行保护，使用后需及时加油清洗。使其减少磨损，确保正常运转，尽量延长寿命，提高完好率和使用率。

b. 计划检修：为了确保机械设备正常运转，对每类机械设备均应建立档案（租赁的设备由设备产权单位建档），以便及时地按每台机械设备的具体情况，进行定期的大中小修。

在检修中应严格遵守规章制度，遵守安全技术规定，遵守先检查后使用的原则。绝不允许为了赶进度，违章指挥、违章作业，让机械设备“带病”工作。

5）文明施工。当前开展文明安全施工活动，已纳入各级政府及主管部门对企业考核的重要指标之一。一个工地是否科学组织生产，规范化、标准化管理现场，已成为评价一个企业综合管理素质的一个主要因素。

实践证明，一个施工现场如果做到整体规划有序、平面布置合理、临时设施整洁划一，原材料、构配件堆码整齐，各种防护齐全有效，各种标志醒目、施工生产管理人员遵章守纪，那这个施工企业一定会获得较大的经济效益、社会效益和环境效益。反之，将会造成不良的影响。因此，文明施工也是预防安全事故，提高企业素质的综合手段。

6）合理使用劳动保护用品。适时地供应劳动保护用品，是在施工生产过程中预防事故、保护工人安全和健康的一种辅助手段。它虽不是主要手段，但在一定的地点、时间条件下确能起到不可估量的作用。不少企业和施工现场曾多次出现有惊无险的事例；也出现了不少不适时发放，不正确使用劳保用品而丧生的例子。因此统一采购（定点），妥善保管，正确使用防护用品也是预防事故、减轻伤害程度的不可缺少的措施之一。

7）强化民主管理，认真执行操作规程，普及安全技术知识教育随着改革开放，大量农村富余劳动力，以各种形式进入了施工现场，从事他们不熟悉的工作，他们十分缺乏建筑施工安全知识，因此，绝大多数事故发生在他们身上。据有关部门统计，一般因公伤亡事故的农民工占80%以上，有的企业100%出现在他们身上。如果能从招工审查、技术培训、施工管理、行政生活上严格加强民主管理，将事故减少50%以上，则许多生命将被挽救。因此这是当前以及将来预防事故的一个重要方面。

随着国家法制建设的不断加强，建筑企业施工的法律、规程、标准已大量出台。只要认真地贯彻安全技术操作规程，并不断补充完善其实施细则，建筑业落实“安全第一，预防为主”的方针就会实现。大量的伤亡事故就会减少和杜绝。

以上所述是预防安全事故的几条最基本的措施，每个施工项目还应根据工程的特点，拟定切合实际的预防安全事故的具体措施。总的目标是：综合推进从减少“四大伤害”和土方坍塌伤亡事故入手，从“经验管理型”的模式解放出来，逐步走上“预测控制型”的管理方式，最后达到减少和杜绝一切因公伤亡事故的目的。

2. 建设工程安全事故的处理

（1）安全事故处理的原则（四不放过的原则）。

1）事故原因不清楚不放过。

2）事故责任者和员工没有受到教育不放过。

3）事故责任者没有处理不放过。

4）没有制定防范措施不放过。

（2）安全事故处理程序。

1）报告安全事故。

2）处理安全事故，抢救伤员，排除险情，防止事故蔓延扩大，做好标识，保护好现场等。

3）安全事故调查。

4）对事故责任者进行处理。

5）编写调查报告并上报。

（3）安全事故统计规定。

1）企业职工伤亡事故统计实行地区考核为主的制度。各级隶属关系的企业和企业主管单位要按当地安全生产行政主管部门规定的时间报送报表。

2）安全生产行政主管部门对各部门的企业职工伤亡事故情况实行分级考核。企业报送主管部门的数字要与报送当地安全生产行政主管部门的数字一致，各级主管部门应如实向同级安全生产行政主管部门报送。

3）省级安全生产行政主管部门和国务院各有关部门及计划单列的企业集团的职工伤亡事故统计月报表、年报表应按时上报到国家安全生产行政主管部门。

（4）伤亡事故处理规定。

1）事故调查组提出的事故处理意见和防范措施建议，由发生事故的企业及其主管部门负责处理。

2）因忽视安全生产、违章指挥、违章作业、玩忽职守或者发现事故隐患、危害情况而不采取有效措施以致造成伤亡事故的，由企业主管部门或者企业按照国家有关规定，对企业负责人和直接责任人员给予行政处分；构成犯罪的，由司法机关依法追究刑事责任。

3）在伤亡事故发生后隐瞒不报、谎报、故意迟延不报、故意破坏事故现场，或者以不正当理由，拒绝接受调查以及拒绝提供有关情况和资料的，由有关部门按照国家有关规定，对有关单位负责人和直接责任人员给予行政处分；构成犯罪的，由司法机关依法追究刑事责任。

4）伤亡事故处理工作应当在90日内结案，特殊情况不得超180日。伤亡事故处理结案后，应当公开宣布处理结果。

（5）工伤认定。

1）职工有下列情形之一的，应当认定为工伤。

a. 在工作时间和工作场所内，因工作原因受到事故伤害的。

b. 工作时间前后在工作场所内，从事与工作有关的预备性或者收尾性工作受到事故伤害的。

c. 在工作时间和工作场所内，因履行工作职责受到暴力等意外伤害的。

d. 患职业病的。

e. 因工外出期间，由于工作原因受到伤害或者发生事故下落不明的。

f. 在上下班途中，受到机动车事故伤害的。

g. 法律、行政法规规定应当认定为工伤的其他情形。

2）职工有下列情形之一的，视同工伤。

a. 在工作时间和工作岗位，突发疾病死亡或者在48小时之内经抢救无效死亡的。

b. 在抢险救灾等维护国家利益、公共利益活动中受到伤害的。

c. 职工原在军队服役，因战、因公负伤致残，已取得革命伤残军人证，到用人单位后旧伤复发的。

3）职工有下列情形之一的，不得认定为工伤或者视同工伤。

a. 因犯罪或者违反治安管理条例伤亡的。

b. 醉酒导致伤亡的。

c. 自残或者自杀的。

(6) 施工伤亡事故处理程序。施工生产场所，发生伤亡事故后，负伤人员或最先发现事故的人应立即报告项目领导。项目安技人员根据事故的严重程度及现场情况立即上报上级业务系统，并及时填写伤亡事故表上报企业。

企业发生重伤和重大伤亡事故，必须立即将事故概况（含伤亡人数，发生事故时间、地点、原因等），用最快的办法分别报告至企业主管部门、行业安全管理部门和当地劳动部门公安部门、检察院及工会。发生重大伤亡事故，各有关部门接到报告后应立即转报各自的上级管理部门。其处理程序如下：

1) 迅速抢救伤员、保护事故现场。

2) 组织调查组。

3) 现场勘察：①作出笔录；②实物拍照；③现场绘图。

4) 分析事故原因、确定事故性质。

5) 写出事故调查报告。

6) 事故的审理和结案。

(7) 工伤亡事故的处理。

1) 确定事故性质与责任。

直接责任者，指在事故发生中有直接因果关系的人。如安装电器线路，电工把零线与火线接反，造成他人触电身亡，则电工便是直接责任者。

主要责任者，是在事故发生中属于主要地位和起主要作用的人。如某工地一工人违章从外脚手架爬下时，立体封闭的安全网系绳脱扣，将其摔下致伤，因此绑扎此处安全网的架子工便自然成了主要责任者。

重要责任者，是在事故责任者中，负一定责任，起一定作用，但不起主要作用的人。

领导责任者，是指忽视安全生产，管理混乱，规章制度不健全，违章指挥，冒险蛮干、对工人不认真进行安全教育，不认真消除事故隐患；或者出现事故以后仍不采取有力措施，致使同类事故重复发生的单位领导。

2) 严肃处理事故责任者。对造成事故的责任者，要进行教育，使其认识凡违反规章制度，不服管理或强令工人违章冒险作业，因而发生重大伤亡事故者，就是犯法行为，就构成了触犯“劳动法”、“刑法”，要受到法律制裁，情节较轻的也要受到党纪和行政处罚。

3) 稳定队伍情绪、妥善处理善后工作。

4) 认真落实防范措施。

学 习 小 结

本项目主要介绍了质量控制概述，施工项目各阶段的质量控制，项目质量控制的方法，质量计划的编制；项目成本控制概述，成本计划的制订，项目成本控制与核算，项目成本分析与考核；项目进度计划的实施，进度计划的检查方法，进度计划的分析、调整，施工进度计划的应用；安全控制的原则、程序，安全保证计划、安全生产制度，安全检查，安全事故处理。

能力训练题

一、单选题

1. 项目实施过程中必须随着情况的变化进行项目目标的（　　），这是项目管理最基本的方法论。

A. 动态控制　　B. 主动控制

C. 反馈控制　　D. 系统控制

2. 在项目目标动态控制中，属于项目目标控制准备工作的是（　　）。

A. 收集项目目标的实际值　　B. 确定目标控制的计划值

C. 将实际值与计划值比较　　D. 进行项目实施偏差分析

3. 在项目实施过程中，项目目标动态控制的工作流程正确的是（　　）。

A. 收集项目目标的实际值，将实际值与计划值比较，找出偏差，采取纠偏措施

B. 收集项目目标的实际值，将实际值与计划值比较，找出偏差，进行目标调整

C. 收集项目目标的实际值，将实际值与计划值比较，采取控制措施，进行目标调整

D. 将实际值与计划值比较，找出偏差，采取控制措施，收集项目目标的实际值

4. 项目目标动态控制的准备工作是将项目目标进行分解，以确定用于目标控制的（　　）。

A. 偏差值　　B. 调整值

C. 计划值　　D. 实际值

5. 确定项目里程碑事件进度目标的是（　　）。

A. 总进度计划　　B. 总进度规划

C. 详细进度规划　　D. 作业进度计划

6. 属于进度纠偏的技术措施的是（　　）。

A. 调整进度管理方法　　B. 调整工作流程组织

C. 改变施工方法　　D. 强化合同管理

7. 属于进度纠偏的组织措施的是（　　）。

A. 改变施工管理　　B. 调整工作流程组织

C. 改变施工方法　　D. 强化合同管理

8. 属于进度纠偏的管理措施的是（　　）。

A. 调整进度管理方法　　B. 调整项目组织结构

C. 改变施工方法　　D. 及时解决工程款支付

二、多选题

1. 在项目实施过程中，项目目标的动态控制包括（　　）。

A. 项目目标的策划　　B. 目标的分析和论证

C. 收集项目目标实际值　　D. 将实际值与计划值比较

E. 找出实际值与计划值的偏差，采取措施进行纠偏

2. 以下属于控制项目目标的主要措施的是（　　）。

A. 组织措施　　B. 经济措施

C. 管理措施　　　　　　　　D. 技术措施
E. 法律措施

3. 属于工程进度纠偏的组织措施的是（　　）。
A. 调整进度管理方法　　　　B. 调整工作流程组织
C. 改变施工方法　　　　　　D. 强化合同管理
E. 调整任务分工

4. 属于工程进度纠偏的管理措施的是（　　）。
A. 调整进度管理方法和手段　B. 调整工作流程组织
C. 改变施工方法　　　　　　D. 强化合同管理
E. 调整项目管理班子人员

5. 属于工程投资控制纠偏的技术措施的是（　　）。
A. 调整投资控制方法　　　　B. 调整工作流程组织
C. 优化施工方法　　　　　　D. 采用限额设计
E. 调整或修改设计

6. 属于工程投资控制纠偏的管理措施的是（　　）。
A. 调整投资控制方法　　　　B. 调整工作流程组织
C. 改变施工方法　　　　　　D. 采用限额设计
E. 调整项目组织结构

7. 安全控制的目标包括（　　）。
A. 减少或消除人的不安全行为　B. 减少或消除设备、材料的不安全状态
C. 改善生产环境和保护自然环境　D. 安全管理
E. 进行安全意识培训

8. 施工安全控制的特点包括（　　）。
A. 控制面广　　　　　　　　B. 控制的动态性
C. 控制系统交叉性　　　　　D. 控制的严谨性
E. 控制的主观性

9. 施工安全控制的程序有（　　）。
A. 确定项目的安全目标　　　B. 编制项目安全生产手册
C. 安全技术措施计划的落实和实施　D. 安全技术措施计划的验证
E. 持续改进

10. 下列属于施工安全生产“六关”的是（　　）。
A. 责任关　B. 交底关　C. 教育关　D. 防护关　E. 检查关

11. 危险源识别的方法有（　　）。
A. 专家调查法　　　　　　　B. 头脑风暴法
C. 德尔菲法　　　　　　　　D. 安全检查法
E. 逻辑推理法

12. 下列危险源的控制方法中，属于第一类的是（　　）。
A. 消除危险源　　　　　　　B. 限制能量或危险物质
C. 隔离　　　　　　　　　　D. 增加安全系数

E. 故障—消极方案

13. 下列危险源的控制方法中，属于第二类的是（　　）。

A. 消除危险源　　B. 限制能量或危险物质

C. 故障—积极方案　　D. 增加安全系数

E. 故障—消极方案

14. 建设工程施工安全技术措施计划的主要内容包括（　　）。

A. 工程概况　　B. 控制目标

C. 控制程序　　D. 福利制度

E. 奖惩制度

15. 下列属于施工安全技术措施的有（　　）。

A. 防火　　B. 防毒　　C. 防爆　　D. 防暑

E. 防欺诈

16. 安全技术交底的主要内容包括（　　）。

A. 作业的特点和危险点　　B. 针对危险点的具体预防措施

C. 款项支付　　D. 相对应的安全操作规范和标准

E. 事故发生后的补救措施

17. 安全检查的类型有（　　）。

A. 日常性检查　　B. 专业性检查

C. 季节性检查　　D. 定期检查

E. 不定期检查

18. 下列属于专业性检查内容的是（　　）。

A. 特种设备　　B. 易燃易爆场所

C. 防火　　D. 防暑

E. 防雷击

三、简答题

1. 简述项目质量控制的方法。
2. 简述施工项目各阶段的质量控制。
3. 简述施工成本计划的编制依据和编制方法。
4. 简述施工成本控制的依据、步骤和方法。
5. 简述进度控制的方法、技术措施。
6. 安全控制的原则、程序。
7. 安全事故应如何处理？

项目6　施工项目合同管理

学习目标：通过本项目的学习，能够掌握合同法及其相关法律的基本理论；能够进行合同分析，会从执行的角度分析、补充、解释合同，并能用以指导具体工作；能够以合同管理组织保证合同所约定的各项义务的全面完成及各项权利的实现；能够对工程变更进行识别、处理，并能分析各类变更对工程的影响；掌握索赔工作的基本程序、能够在索赔工作中提取索赔的依据与证据；熟悉合同履行过程中常见的各种争议及其解决办法。

6.1　施工合同的签订

工程施工合同签订的法律依据主要包括：《中华人民共和国经济合同法》、《建设安装工程承包合同条例》、《建设工程施工合同》示范文本、《建设工程施工合同管理办法》等。

1. 施工合同的签订条件

签订工程施工合同必须遵守国家法律，符合国家基本建设的方针和政策，同时应具备以下条件：

（1）承包工程的初步设计和总概算已经批准，施工图能满足施工进度的要求。

（2）承包工程所需的投资和统配物资已列入国家基本建设计划。

（3）签订合同的当事人双方均具有法人资格和均有履行合同的能力。

（4）施工用地已征购，施工队伍可随时进入施工现场。

2. 施工合同的主要内容

在工程施工合同的法律关系中，合同的主体是业主和承包商，合同的客体是建筑安装工程项目，合同的内容是经过双方协商确定的权利和义务，在签订工程施工合同时，均应以《建设工程施工合同 GF－91－0201》为示范文本。

《建设工程施工合同 GF－91－0201》由《建设工程施工合同条件》和《建设工程施工合同条款》两部分组成。《建设工程施工合同条件》共41条，属于共性条款，合同当事人必须充分研究，以防止出现遗漏或表达含糊等合同缺陷。

《建设工程施工合同协议条款》，是为签订合同当事人补充协议而提供的参考提纲或模式，它包括的主要内容为：工程概况、合同语言文字标准、合同验收标准、合同适用法律标准、合同标的、合同双方的权利和义务、合同其他必要条款、合同保险和违约责任等条款。

建设安装承包合同应采用书面形式，对其内容必须明确规定，文字含义要清楚，对有关工程的主要条款必须作详细规定。一般情况下，建设安装工程承包合同包括以下主要条款内容：

（1）工程名称和地点。

（2）工程范围和内容。

(3) 开工、竣工日期及中间交工工程的交工、竣工日期。

(4) 工程质量保修期及保修条件。

(5) 工程造价。

(6) 工程价款的支付、结算及交工验收办法。

(7) 设计文件及概预算和技术资料的提供日期。

(8) 材料和设备的供应、进场期限。

(9) 双方相互协作事项。

(10) 签订单位、时间、地点及当事人。

(11) 违约责任与赔偿、纠纷的调解与仲裁。

必须指出，在工程承包合同的履行过程中，双方协商同意的有关修改承包合同的设计变更文件、洽淡协商记录、会议纪要以及资料、图表等，也是工程承包合同的组成内容之一。

3. 建筑施工合同的签订程序与审查

(1) 施工合同签订的程序。建设项目施工合同作为合同的一种，其签订也要经过要约和承诺两个阶段。一般情况下，工程建设的施工都应通过招标投标的方式选择和确定施工企业。中标通知书发出30天内，中标单位与建设单位签订书面合同。签订合同的必须是中标的施工企业，投标书中已确定的合同条款在签订时不得更改，合同价应与中标价相一致。如果是中标人拒绝与发包人签订合同，发包人有权不再返还其投标保证，中标人还应当依法承担法律责任。

(2) 签订施工合同应遵循的原则。

1) 遵守国家的法律、法规和国家计划的原则。

2) 平等、自愿、公平的原则。

3) 诚实信用的原则。

(3) 签订施工合同必须具备的条件。

1) 初步设计已经批准。

2) 工程项目已经列入年度建设计划。

3) 有能够满足施工需要的建筑材料设备来源已经落实。

4) 建设资金和主要建筑材料设备来源已经落实。

5) 招投标工作的中标通知书已经下达。

(4) 签订施工合同应重点考虑的问题。

1) 合同签订应该遵守的基本原则，如工期、质量标准、价格水平的可接受条件。

2) 合同签订的程序。

3) 合同的文件组成及其主要内容。

4) 合同签订的形式，主要指合同形式的选择，如总价合同、单价合同、成本加酬金合同等。

4. 施工合同的审查

发包方需在施工合同正式签订前，将双方协商一致的合同草案，送建设行政主管部门或其授权机构审查。审查的主要内容有：

1) 是否有违反法律和违反合同签订原则的条款。

2）双方是否具备相应资质和履行合同的能力。

3）有无损害国家、社会和第三者利益的条款。

4）是否具备签订合同的必要条件。

5）合同条款是否完备、内容是否详尽准确。

6）双方驻工地代表是否具备规定的资质条件。

7）工期、质量和合同价款等条款是否符合有关规定。

5. 合同双方的责任和义务

（1）发包方的责任和义务。

1）发包人应及时向承包人提供所需的指令、批件、图纸，并履行其他约定的义务。

2）办理土地征用，青苗树木赔偿，房屋拆迁，清除地面、架空和地下障碍等工作，将施工所需水、电、通讯线路从施工场地外部接至协议条款约定地点，开通施工场地与城乡公共道路的通道，使施工场地具备施工条件。

3）向乙方提供施工场地的工程地质和地下管网线路资料，保证数据真实准确。

4）办理施工所需各种证件、批件和临时用地、占地及铁路专用线路的申报批准手续（证明乙方自身资质的证件除外）。

5）将水准点与坐标控制点以书面形式交给乙方，并进行现场交验。

6）协调处理施工现场周围地下管线和邻近建筑物、构筑物的保护，并承担有关费用。

7）组织乙方和设计单位进行图纸会审，向乙方进行设计交底。

8）按工程进度支付款项，并有权要求承包人的施工质量达到合同所规定的质量标准。

甲方不按合同约定完成以上工作造成延误，承担由此造成的经济支出，赔偿乙方有关损失，工期相应延迟。

（2）承包方的责任的义务。

1）在其资格证书允许的范围内，按发包人的要求完成施工组织设计、施工图设计和其他配套设计，并经发包人代表或监理工程师批准后使用。

2）向发包人代表或监理工程师提供年、季、月工程进度计划和相应的进度统计报表及工程事故报告。

3）按工程需要提供并维护施工使用的照明、围栏等设施，并做好值班看守和警卫工作。

4）按协议条款约定的数量和要求，向发包人代表或监理工程师提供施工现场办公或生活设施，发生费用由发包人承担。

5）遵守地方政府和有关部门对施工现场交通、噪声等的管理规定。

6）按协议条款约定负责对已经完成的工程和成品保护工作，如发生损坏要负责维修。

7）保证施工现场的清洁符合有关的规定，交工前清理现场达到合同文件的要求。

8）按协议条款约定和工程进度获得工程价款，与发包人签订提前竣工协议。有权获得提前竣工奖励或其他收益。

9）已发生的不可预见事件而引起的合同中断或延期履行，承包人有权提出解除施工合同或索赔要求。

6.2 施工合同的实施控制

6.2.1 发包人和监理单位对施工合同管理的实施

发包人和监理单位（由监理工程师代表）对施工合同的管理工作主要是合同的签订管理、履行管理和档案管理。

1. 施工合同的签订管理

在具备了与承包人签订施工合同条件的前提下，发包人或者监理工程师可以对承包人的资格、资信和履约能力进行预审，招标工程可以通过招标预审进行，非招标工程可以通过社会调查进行。

除了对承包人的预审外，发包人或监理工程师还应做好施工合同的谈判和签订的管理工作。根据《建设工程施工合同示范文本》及合同条件，逐条与承包人进行谈判。在双方对施工合同的内容和条款的意见一致的情况下，即可签订施工合同文件。

2. 施工合同的履行管理

（1）发包人在施工合同履行时的职责和义务。发包人和监理工程师在施工合同履行时，要严格按合同规定的条款履行应尽的职责和义务。一般来讲，发包人除了做好项目开工前期的准备工作外，在施工合同履行阶段，还有如下几个方面的职责：

1）选定业主代表、任命监理工程师（必要时可撤换），并以书面形式通知承包商，如是国际贷款项目还应该通知贷款方。

2）根据合同要求负责解决工程用地征用手续以及移民等施工前期准备工作问题。

3）批准承包商转让部分工程权益的申请，批准履约保证和承保人，批准承包商提交的保险单。

4）在承包商有关手续齐备后，及时向承包商拨付有关款项。

5）负责为承包商证明，以便承包商为工厂的进口材料、设备以及承包商的施工装备等办理海关、税收等有关手续问题。

6）主持解决合同中的纠纷、合同条款必要的变动和修改（需经双方讨论同意）。

7）及时签发工程变更命令（包括工程量变更和增加新项目等），并确定这些变更的单价与总价。

8）批准监理工程师同意上报的工程延期报告。

9）对承包商的信函及时给予答复。

10）负责编制并向上级及外资单位送报财务年度用款计划，财务结算及各种统计报表等。

11）协助承包商（特别是外国承包商）解决生活物质供应、运输等问题。

12）负责组成验收委员会进行整个工程或局部工程的初步验收和最终竣工验收，并签署有关证书。

13）如果承包商违约，业主有权终止合同并授权其他人去完成合同。

（2）发包人和监理工程师对施工合同履行的管理。在合同履行阶段，发包人要行使自己的权利对承包人的施工活动进行监督和检查。发包人对施工合同履行的管理是通过发包人代表或监理工程师进行的，最关键的是进度，质量和投资的管理和控制。

1）进度管理。按合同规定，要求承包人在开工前提出包括分月、分阶段施工的进度计划，并进行审核。根据经审核的分月、分阶段进度计划进行实际施工进度的检查。若实际进度落后于计划进度，要对影响进度的因素进行分析，采取补救的措施或进行计划的调整。对属于发包人的影响工程进度的原因，要及时、主动解决；对属于承包人的影响工程进度的原因，应监督其迅速解决。对承包人提出的进度计划调整和修改建议，要进行审核；对工程的延期，要进行审核和确认。

2）质量管理。检查工程使用的材料、设备质量；检验工程使用的半成品的构件质量；按合同的规定，监督、检查施工质量；按合同规定的程序，验收隐藏工程和需要进行中间验收的工程质量；验收新单项工程的质量；参与验收全部竣工工程质量等。

3）投资管理。严格进行合同约定的价款管理；当出现合同约定的调价情况时，对合同价款进行调整；对预汇的工程款进行管理工作；对工程量进行核实和确认，并以此为依据进行工程款的结算和支付；对变更价款进行确定；对施工中涉及的其他费用进行管理；办理竣工结算；对工程的保修资金进行管理等。

3. 施工合同的档案管理

发包人和监理工程师应做好施工合同的档案管理工作。工程全部竣工后，应将全部合同文件和各种资料加以系统整理并建档保管。在某些方面合同履行过程中，对合同文件、有关的签证、记录、协议、补充合同、备忘录、函件、电报、电传等都应做好系统分类，认真管理。

6.2.2 承包商对施工合同管理的实施

在工程施工合同签订后，承包商必须就合同履行作出具体安排，制定合同实施计划。承包商的工程施工项目的目标就是为了完成一份工程施工合同。所以从总体上说，承包商的工程项目实施规划就包括了合同实施计划。合同实施计划重点突出如下内容：合同实施的总体策略；合同实施总体安排；工程分包策划；合同实施保证体系。

1. 合同实施的总体策略

合同实施策略是承包商按企业和工程具体情况确定的执行合同的基本方针。它对合同的实施有总体指导作用。

（1）承包商必须考虑该工程在企业同期许多工程中的地位、重要性，确定优先等级。

对有重大影响的工程，如对企业信誉有重大影响的创牌子工程，大型、特大型工程，对企业准备发展业务的地区的工程，必须全力保证，在人力、物力、财力上优先考虑，在合同实施中，以与业主的关系为重，以工程顺利实施为重。

（2）确定合同的实施策略。实施策略包括：项目范围内的工作哪些由企业内部完成，哪些准备委托（分包）出去；对材料和设备所采用的供应方式，如由自己采购，或由分包商采购；与分包工程相关的风险的分配；如何有效地控制分包商和供应商。

（3）承包商必须以积极合作的态度和热情圆满地履行合同。在工程中，特别在遇到重大问题时积极与业主合作，以赢得业主的信赖，赢得信誉。例如在中东，有些合同在签订后，或在执行中遇到不可抗力（如战争、动乱），按规定可以中止合同，但有些承包商理解业主的困难，暂停施工，同时采取有效措施，保护现场，降低业主损失。待干扰事件结束后，继续履行合同。这样不仅保住了合同，取得了利润，而且赢得了信誉，扩大市场。

（4）对明显导致亏损的工程，特别是企业难以承受的亏损，或业主资信不好，难以继续合作，有时不惜以撕毁合同来解决问题。有时承包商主动地中止合同比继续执行合同的损失要小，特别当承包商已跌入“陷阱”中，合同不利，而且风险已经发生时。

(5) 在工程施工中，由于非承包商责任引起承包商费用增加和工期拖延，承包商提出合理的索赔要求，但业主不予解决。承包商在合同执行中可以通过控制进度，通过直接或间接地表达履约热情和积极性，向业主施加压力和影响以求得合理的解决。

如果通过合同诊断，承包商已经发现业主有恶意，不支付工程款或自己已经坠入合同陷阱中，或已经发现合同亏损，而且估计亏损会越来越大，则要及早确定合同执行战略，采取措施，例如及早撕毁合同，降低损失；或争取道义索赔，取得部分补偿；或采用以守为攻的办法，拖延工程进度，消极怠工等。在这种情况下，常常承包商投入资金越多，工程完成得越多，承包商就越被动，损失会越大。待到工程结束，交付给业主，则承包商的主动权就没有了。

2. 分包策划

承包商必须对工程项目范围内的工程、供应或工作的承担者作出安排。通常分为由承包商企业内单位承担和企业外单位承担。承包商必须进行分包策划。

(1) 分包在工程中最为常见。分包常常出于如下原因：

1) 技术上需要。总承包商不可能，也不必具备总承包合同工程范围内的所有专业工程的施工能力。通过分包的形式可以弥补总承包商技术、人力、设备、资金等方面的不足。同时总承包商又可通过这种形式扩大经营范围，承接自己不能独立承担的工程。

2) 经济上的目的。对有些分项工程，如果总承包商自己完成会亏损，而将它分包出去，让报价低同时又有能力的分包商承担，则不仅可以避免损失，而且可以取得一定的经济效益。

3) 转嫁或减少风险。通过分包，可以将总包合同中与分包工程相关的部分风险转嫁给分包商。这样，大家共同承担总承包合同风险，提高经济效益。

4) 业主的要求。业主指令总承包商将一些分项工程分包出去。例如对于某些特殊专业或需要特殊技能的分项工程，业主仅对某专业承包商信任和放心，可要求或建议总承包商将这些工程分包给该专业承包商，即业主指定分包商。

(2) 业主对分包商有较高的要求，也要对分包商作资格审查。

没有工程师（业主代表）的同意，承包商不得随便分包工程。由于承包商向业主承担全部工程责任，分包商出现任何问题都由总包负责，所以分包商的选择要十分慎重。一般在总承包合同报价前就要项目合同实施计划确定分包商的报价，商谈分包合同的主要条件，甚至签订分包意向书。国际上许多大承包商都有一些分包商作为自己长期的合作伙伴，形成自己外围力量，以增强自己的经营实力。

(3) 过多的分包，如专业分包过细、多级分包，会造成管理层次增加和协调的困难，业主会怀疑承包商自己的承包能力，这对合同双方来说都是极为不利的。

(4) 承包商要加强对分包商和供应商的选择和控制工作，防止由于他们的能力不足，或对本工程没有足够的重视而造成工程和供应的拖延，进而影响整个合同的实施。

(5) 分包合同策划包括如下工作内容：

1) 分包合同范围的划定。在项目范围内准备分解几个分包（和供应）合同，各个分包合同的工作范围和界限，通过具体的分类、打包和发包，形成一个个独立的，同时又是互相影响的分包合同。

2）进行与具体分包合同相关的策划。包括每一份分包合同种类的选择，合同风险分配策划，项目相关各个合同之间的协调等。

3）各个分包的招标文件和合同文件的起草。

3. 建立合同实施保证体系

(1) 将各种合同实施工作责任分解落实到各工程小组或分包商，使他们对合同实施工作表（任务单，分包合同），施工图纸，设备安装图纸，详细的施工说明等，有十分详细的了解。并对工程实施的技术的和法律的问题进行解释和说明，如工程的质量、技术要求和实施中的注意点、工期要求、消耗标准、相关事件之间的搭接关系、各工程小组（分包商）责任界限的划分、完不成责任的影响和法律后果等。

(2) 在合同实施前与其他相关的各方面，如业主、监理工程师、承包商沟通，召开协调会议，落实各种安排。在现代工程中，合同双方有互相合作的责任，主要包括：

1）互相提供服务、设备和材料；

2）及时提交各种表格，报告，通知；

3）提交质量管理体系文件；

4）提交进度报告；

5）避免对实施过程和对对方的干扰；

6）现场保安，保护环境等；

7）对对方明显的错误提出预先警告，对其他方（如水电气部门）的干扰及时报告。但这些在更大程度上是承包商的责任。因为承包商是工程合同的具体实施者，是有经验的。合同规定，承包商对设计单位、业主的其他承包商，指定分包承担协调责任，对业主的工作（如提供指令、图纸、场地等），承包商负有预先告知，及时的配合，对可能出现的问题提出意见、建议和警告的责任。

(3) 合同责任的完成必须通过其他经济手段来保证。对分包商，主要通过分包合同确定双方的责权利关系，保证分包商能及时地按质按量地完成合同责任。如果出现分包商违约行为，可对其进行合同处罚和索赔。

对承包商的工程小组（或相应的组织）可通过内部的经济责任制来保证。在落实工期、质量、消耗等目标后，应将它们与工程小组经济利益挂钩，建立一整套经济奖罚制度，以保证目标的实现。

(4) 建立合同管理工作程序。在工程实施过程中，合同管理的日常事务性工作很多。为了协调好各方面的工作，使合同管理工作程序化、规范化，应订立如下几个方面的工作程序：

1）定期和不定期的协商会办制度。在工程过程中，业主、工程师和各承包商之间，承包商和分包商之间以及承包商的项目管理职能人员和各工程小组负责人之间都应有定期的协商会办。

2）建立合同实施工作程序。对于一些经常性工作应订立工作程序，使大家有章可循，合同管理人员也不必进行经常性的解释和指导，如图纸批准程序，工程变更程序，承（分）包商的索赔程序，承（分）包商的账单审查程序，材料、设备、隐蔽工程、已完工程的检查验收程序，工程进度付款账单的审查批准程序，工程问题的请示报告程序等。

这些程序在合同中一般都有总体规定，在这里必须细化、具体化。在程序上更为详细，并落实到具体人员。

3）建立合同文档系统。

a. 在合同实施过程中，业主、承包商、工程师、业主的其他承包商之间有大量的信息交往。承包商的项目经理部内部的各个职能部门（或人员）之间也有大量的信息交往。

作为合同责任，承包商必须及时向业主（工程师）提交各种信息、报告、请示。这些是承包商证明其工程实施状况（完成的范围、质量、进度、成本等），并作为继续进行工程实施、请求付款、获得赔偿、工程竣工的条件。

b. 在招标投标和合同实施过程中，承包商做好现场记录，并保存记录是十分重要的。

许多承包商忽视这项工作，不喜欢文档工作，最终削弱自己的合同地位，损害自己的合同权益，特别妨碍索赔和争执的有利解决。最常见的问题有：附加工作未得到书面确认，变更指令不符合规定，错误的工作量测量结果、现场记录、会谈纪要未及时反对，重要的资料未能保存，业主违约未能用文字或信函确认等。在这种情况下，承包商在索赔及争执解决中取胜的可能性是极小的。

c. 合同管理人员负责各种合同资料和工程资料的收集，整理和保存工作。这项工作非常繁琐和复杂，要花费大量的时间和精力。

（5）工程过程中严格的检查验收制度。承包商有自我管理工程质量的责任。承包商应根据合同中的规范、设计图纸和有关标准采购材料和设备，并提供产品合格证明，对材料和设备质量负责，达到工程所在国家法定的质量标准（规范要求）基本要求。如果合同文件对材料的质量要求没有明确的规定，则材料应具有良好的质量，合理地满足用途和工程目的。

合同管理人员应主动地抓好工程和工作质量，做好全面质量管理工作，建立一整套质量检查和验收制度，例如：

1）每道工序结束应有严格的检查和验收。

2）工序之间、工程小组之间应有交接制度。

3）材料进场和使用应有一定的检验措施。

4）隐蔽工程的检查制度等。

防止由于承包商自己的工程质量问题造成被工程师检查验收不合格，使生产失败而承担违约责任。在工程中，由此引起的返工、窝工损失，工期的拖延应由承包商自己负责，得不到赔偿。

（6）建立报告和行文制度。承包商和业主、工程师、分包商之间的沟通都应以书面形式进行，或以书面形式作为最终依据。这是合同的要求，也是法律的要求，也是工程管理的需要。在实际工作中这项工作特别容易被忽略。报告和行文制度包括如下几方面内容：

1）定期的工程实施情况报告，如日报、周报、旬报、月报等。应规定报告内容、格式、报告方式、时间以及负责人。

2）工程过程中发生的特殊情况及其处理的书面文件，如特殊的气候条件，工程环境的变化等，应有书面记录，并由工程师签署。对在工程中合同双方的任何协商、意见、请示、指示等都应落实在纸上，尽管天天见面，也应养成书面文字交往的习惯，相信“一字千金”，切不可相信“一诺千金”。

在工程中，业主、承包商和工程师之间要保持经常联系，出现问题应经常向工程师请示，汇报。

3）工程中所有涉及双方的工程活动，如材料、设备、各种工程的检查验收，场地、图纸的交接，各种文件（如会议纪要，索赔和反索赔报告，账单）的交接，都应有相应的手续，应有签收证据。

6.2.3 合同实施控制

1. 合同交底工作

在合同实施前，必须对项目管理人员和各工程小组负责人进行“合同交底”，把合同责任具体地落实到各责任人和合同实施的具体工作上。

“合同交底”，就是组织大家学习合同和合同总体分析结果，对合同的主要内容作出解释和说明，使大家熟悉合同中的主要内容、各种规定、管理程序，了解承包商的合同责任和工程范围，各种行为的法律后果等，使大家都树立全局观念，工作协调一致，避免在执行中的违约行为。

（1）现代市场经济中必须转变到“按合同施工”上来。特别在工程使用非标准的合同文本或项目经理部不熟悉的合同文本时，这个“合同交底”工作就显得更为重要。

（2）合同交底又是向项目经理部介绍合同签订的过程和其中的各种情况的过程，是合同签订的资料和信息的移交过程。

（3）合同交底又是对人员的培训过程和各职能部门的沟通过程。

（4）通过合同交底，使项目经理部对本工程的项目管理规则、运行机制有清楚的了解。同时加强项目经理部与企业的各个部门的联系，加强承包商与分包商，与业主、设计单位、咨询单位（项目管理公司和监理单位）、供应商的联系。

2. 合同交底的内容。

（1）合同的主要内容主要包括承包商的主要合同责任、工程范围和权力；业主的主要责任和权力；合同价格、计价方法、补偿条件；工期要求和补偿条件；工程中的一些问题的处理方法和过程，如工程变更、付款程序、工程的验收方法、工程的质量控制程序等；争执的解决；双方的违约责任等。

（2）在投标和合同签订过程中的情况。

（3）合同履行时应注意的问题、可能的风险和建议等。

（4）合同要求与相关方期望、法律规定、社会责任等的相关注意事项。

3. 合同实施监督

承包商合同实施监督的目的是保证按照合同完成自己的合同责任。主要工作有：

（1）合同管理人员与项目的其他职能人员一齐落实合同实施计划，为各工程小组、分包商的工作提供必要的保证。如施工现场的安排，人工、材料、机械等计划的落实，工序间的搭接关系的安排和其他一些必要的准备工作。

（2）在合同范围内协调业主、工程师、项目管理各职能人员、所属的各工程小组和分包商之间的工作关系，解决合同实施中出现的问题。

（3）对各工程小组和分包商进行工作指导，作经常性的合同解释，使各工程小组都有全局观念。对工程中发现的问题提出意见、建议或警告。

（4）会同项目管理的有关职能人员检查、监督各工程小组和分包商的合同实施情况，保证自己全面履行合同责任。在工程施工过程中，承包商有责任自我监督，发现问题，及时自我改正缺陷，而不一定是工程师指出的。

1）审查、监督安全按照合同所确定的工程范围施工，不漏项，也不多余。无论对单价合同，还是总价合同，没有工程师的指令，漏项和超过合同范围完成工作，都得不到相应的付款。

2）承包商及时开工，并以应有的进度施工，保证工程进度符合合同和工程师批准的详细的进度计划的要求。通常，承包商不仅对竣工时间承担责任，而且应该及时开工，以正常的进度开展工作。

3）按合同要求，采购材料和设备。承包商的工程如果超过合同规定的质量要求是白费的，只能得到合同所规定的付款。承包商对工程质量的义务，不仅要按照合同要求使用材料、设备和工艺，而且要保证它们适合业主所要求的工程使用目的。

应会同业主及工程师等对工程所用材料和设备开箱检查或作验收，看是否符合图纸和技术规范等的质量要求。

进行隐蔽工程和已完工程的检查验收，负责验收文件的起草和验收的组织工作。

审查和监督施工工艺。承包商有责任采用可靠的、技术性良好、符合专业要求、安全稳定的方法完成工程施工。

4）在按照合同规定由工程师检查前，应首先自我检查核对，对未完成的工程，或有缺陷的工程指令限期采取补救措施。

（5）承包商对业主提供的设计文件、材料、设备、指令进行监督和检查。

1）承包商对业主提供的设计文件（图纸、规范）的准确性和充分性不承担责任。但业主提供的规范和图纸中明显的错误，或是不可用的，承包商有告知的义务，应作出事前警告。只有当这些错误是专业性的，不易发现的，或时间太紧，承包商没有机会提出警告，或者曾经提出过警告，业主没有理睬，承包商才能免责。

2）对业主的变更指令，作出的调整工程实施的措施可能引起工程成本、进度、使用功能等方面的问题和缺陷，承包商同样有预警责任。

3）应监督业主按照合同规定的时间、数量、质量要求及时提供材料和设备。如果业主不按时提供，承包商有责任事先提出需求通知。如果业主提供的材料和设备质量、数量存在问题，应及时向业主提出申诉。

（6）会同造价工程师对向业主提出的工程款账单和分包商提交来的收款账单进行审查和确认。

（7）合同管理工作一经进入施工现场后，合同的任何变更，都应由合同管理人员负责提出；对向分包商的任何指令，向业主的任何文字答复、请示，都须经合同管理人员审查，并记录在案。承包商与业主、与总（分）包商的任何争议的协商和解决都必须有合同管理人员的参与，并对解决结果进行合同和法律方面的审查、分析和评价。这样不仅保证工程施工一直处于严格的合同控制中，而且使承包商的各项工作更有预见性，更能及早地预计行为的法律后果。

由于在工程实施中的许多文件，例如业主和工程师的指令、会谈纪要、备忘录、修正案、附加协议等也是合同的一部分，所以它们也应完备，没有缺陷、错误、矛盾和二义性。它们也应接受合同审查。在实际工程中这方面问题也特别多。

（8）承包商对环境的监控责任。对施工现场遇到的异常情况必须作出记录，如在施工中发现影响施工的地下障碍物，发现古墓、古建筑遗址、钱币等文物及化石或其他有考古、地质研究等价值的物品时，承包商应立即保护好现场及时以书面形式通知工程师。

承包商对后期可能出现的影响工程施工，造成合同价格上升，工期延长的环境情况进行预警，并及时通知业主。业主应及时对此进行评估，并将决定反馈承包商。

6.2.4 合同跟踪

1. 合同跟踪的依据

（1）合同和合同分析的结果，如各种计划、方案、合同变更文件等，它们是比较的基础，是合同实施的目标和依据。

（2）各种实际的工程文件，如原始记录，各种工程报表、报告、验收结果等。

（3）工程管理人员每天对现场情况的直观了解，如通过施工现场的巡视、与各种人谈话、召集小组会议、检查工程质量、量方等。这是最直观的感性知识。通常可以比通过报表、报告更快地发现问题，更能透彻地了解问题，有助于迅速采取措施减少损失。

这就要求合同管理人员在工程过程中一直立足于现场。对合同可能的风险应及时予以监控。

2. 合同跟踪的对象

合同跟踪的对象，通常有如下几个层次：

（1）具体的合同实施工作。对照合同实施工作表的具体内容，分析该工作的实际完成情况。如：

1）工作质量是否符合合同要求，如工作的精度、材料质量是否符合合同要求，工作过程中有无其他问题。

2）工程范围是否符合要求，有无合同规定以外的工作。

3）是否在预定期限内完成工作，工期有无延长，延长的原因是什么。

4）成本有无增加或减少。

经过上面的分析可以得到偏差的原因和责任，从这里可以发现索赔机会。

（2）对工程小组或分包商的工程和工作进行跟踪。一个工程小组或分包商可能承担许多专业相同、工艺相近的分项工程或许多合同实施工作，所以必须对实施的总情况进行检查分析。在实际工程中常常因为某一工程小组或分包商的工作质量不高或进度拖延而影响整个工程施工，合同管理人员在这方面应给予帮助，例如协调他们之间的工作；对工程缺陷提出意见、建议或警告；责成他们在一定时间内提高质量、加快工程进度等。

作为分包合同的发包商，总承包商必须对分包合同的实施进行有效的控制，这是总承包商合同管理的重要任务之一。

（3）对业主和工程师的工作进行跟踪。业主和工程师是承包商的主要合同伙伴，对他们的工作进行监督和跟踪是十分重要的。

（4）对工程总体进行跟踪。对工程总的实施状况的跟踪可以通过如下几方面进行：

1）工程整体施工秩序状况。如果出现以下情况，合同实施必然有问题：现场混乱、拥挤不堪；承包商与业主的其他承包商，供应商之间协调困难；合同事件之间和工程小组之间协调困难；出现事先未考虑到的情况和局面；发生较严重的工程事故等。

2）已完工程没能通过验收，出现大的工程质量问题，工程试生产不成功，或达不到预定的生产能力等。

3）施工进度未能达到预定计划、主要的工程活动出现拖期、在工程周报和月报上计划和实际进度出现大的偏差。

4）计划和实际的成本曲线出现大的偏离。

6.2.5　合同实施诊断

在合同跟踪的基础上可以进行合同诊断。合同诊断是对合同执行情况的评价、判断和趋向分析、预测。它包括如下内容：

1. 合同实施差异的原因分析。

通过对不同监督和跟踪对象的计划和实际的对比分析，不仅可以得到差异，而且可以研究引起这个差异的原因。原因分析可以采用鱼刺图，因果关系分析图（表），成本量差、价差分析等方法定性地，或定量地进行。

例如，引起计划和实际成本偏离的原因可能有：①整个工程加速或延缓；②工程施工次序被打乱；③工程费用支出增加，如材料费、人工费上升；④增加新的附加工程，以及工程量增加；⑤工作效率低下，资源消耗增加等。

进一步分析，还可以发现更具体的原因，如引起工作效率低下的原因可能有：

内部干扰：施工组织不周全，夜间加班或人员调遣频繁；机械效率低，操作人员不熟悉新技术，违反操作规程，缺少培训，经济责任不落实，工人劳动积极性不高等。

外部干扰：图纸出错，设计修改频繁，气候条件差，场地狭窄，现场混乱，施工条件，如水、电、道路等受到影响。

2. 合同差异责任分析。

即这些原因由谁引起，该由谁承担责任，这常常是索赔的理由。一般只要原因分析详细，有根有据，则责任分析自然清楚。责任分析必须以合同为依据，按合同规定落实双方的责任。

3. 合同实施趋向预测。

分别考虑不采取调控措施和采取调控措施，以及采取不同的调控措施情况下，合同的最终执行结果。承包商有义务对工程可能的风险、问题和缺陷提出预警：

（1）最终的工程状况，包括总工期的延误，总成本的超支，质量标准，所能达到的生产能力（或功能要求）等。

（2）承包商将承担什么样的后果，如被罚款，被清算，甚至被起诉，对承包商资信、企业形象、经营战略的影响等。

（3）最终工程经济效益（利润）水平。

综合上述各方面，即可以对合同执行情况作出综合评价和判断。

6.2.6　调整措施选择

（1）广义地说，对合同实施过程中出现的问题的处理有如下四类措施：

1）技术措施。例如变更技术方案，采用新的更高效率的施工方案。

2）组织和管理措施。如增加人员投入、重新进行计划或调整计划、派遣得力的管理人员、暂时停工、按照合同指令加速。在施工中经常修订进度计划对承包商来说是有利的。

3）经济措施。如改变投资计划，增加投入、对工作人员进行经济激励、动用暂定金额等。

4）合同措施。例如按照合同进行惩罚、进行合同变更、签订新的附加协议、备忘录、通过索赔解决费用超支问题等。

（2）这四类措施，又可以归纳为两种：

1）对实施过程的调整，例如变更实施方案，重新进行组织。

2）对工程项目目标的调整，如增加投资、延长工期、修改工程范围，甚至调整项目产品的方向等。

从合同的角度，从双方合同关系和责任的角度，它们都属于合同的变更，或都通过合同变更完成的。

（3）对合同实施过程中出现的差异和问题，业主和承包商有不同的出发点和策略。

1）业主和工程师遇到工程问题和风险通常首先着眼于解决问题，排除干扰，使工程顺利实施，然后才考虑到责任和赔偿问题。这是由于业主和工程师考虑问题是从工程整体利益角度出发的。

工程师可以在他的权力范围内对承包商发出指令调整工程施工过程，如加速施工，调整实施计划，要求承包商在规定时间内将不符合合同要求的材料、设备，运出施工现场，重新采购符合要求的产品。对不符合要求的工程，按时修复，或拆除并重新施工。如果这些问题是由于承包商责任引起，则承包商承担由此发生的费用，工期不予顺延。

2）在施工中出现任何工程问题和风险，承包商也首先考虑采用技术、组织和管理措施。承包商在施工过程中出现工程暂时的不合格，或工作有缺陷的情况是难免的。但承包商应该及时纠正缺陷，及时自我完善。对工程师发出的不合格工程和工作修改指令，承包商应及时、有效地执行。同时还要考虑：如何保护和充分行使自己的合同权力，例如通过索赔降低自己的损失；如何利用合同使对方的要求（权利）降到最低，即如何充分限制对方的合同权力，找出业主的责任。

6.2.7 合同变更管理

1. 合同变更范围

合同变更是合同实施调整措施的综合体现。合同变更的范围很广，一般在合同签订后所有工程范围，进度，工程质量要求，合同条款内容，合同双方责权利关系的变化等都可以被看作为合同变更。

（1）涉及合同条款的变更，合同条件和合同协议书所定义的双方责权利关系，或一些重大问题的变更。这是狭义的合同变更，以前人们定义合同变更即为这一类。

（2）工程变更。指在工程施工过程中，工程师或业主代表在合同约定范围内对工程范围、质量、数量、性质、施工次序和实施方案等作出变更，这是最常见和最多的合同变更。

（3）合同主体的变更。如由于特殊原因造成合同责任和权益的转让，或合同主体的变化。

2. 合同变更的处理要求

（1）变更尽可能快地作出。在实际工作中，变更决策时间过长和变更程序太慢会造成很大的损失，例如：

1）施工停止，承包商等待变更指令或变更会谈决议。等待变更为业主责任，通常可提出索赔。

2）变更指令不能迅速作出，而现场继续施工，造成更大的返工损失。

这不仅要求提前发现变更需求，而且要求变更程序非常简单和快捷。

（2）迅速、全面、系统地落实变更指令。变更指令作出后，承包商应迅速、全面、系统地落实变更指令；全面修改相关的各种文件，例如图纸、规范、施工计划、采购计划等，使它们一直反映和包容最新的变更。在相关的各工程小组和分包商的工作中落实变更指令，并提出相应的措施，对新出现问题作解释和对策，同时又要协调好各方面工作。

（3）保存原始设计图纸、设计变更资料、业主书面指令、变更后发生的采购合同、发票以及实物或现场照片。

（4）对合同变更的影响作进一步分析。合同变更是索赔机会，应在合同规定的索赔有效期内完成对它的索赔处理。在合同变更过程中就应记录、收集、整理所涉及的各种文件，如图纸、各种计划、技术说明、规范和业主的变更指令，以作为进一步分析的依据和索赔的证据。在实际工作中，合同变更必须与提出索赔同步进行，甚至对重大的变更，应先进行索赔谈判，待达成一致后，再实施变更。在这里赔偿协议是关于合同变更的处理结果，也作为合同的一部分。

（5）合同变更的评审。在对合同变更的相关因素和条件进行分析后，应该及时进行变更内容的评审，评审包括合理性、合法性、可能出现的问题及措施等。

由于合同变更对工程施工过程的影响大，会造成工期的拖延和费用的增加，容易引起双方的争执。所以合同双方都应十分慎重地对待合同变更问题。按照国际工程统计，工程变更是索赔的主要起因。

3. 合同变更程序和申请

合同变更应有一个正规的程序，应有一整套申请、审查、批准手续。

（1）对重大的合同变更，由双方签署变更协议确定。合同双方经过会谈，对变更所涉及的问题，如变更措施、变更的工作安排、变更所涉及的工期和费用索赔的处理等，达成一致。然后双方签署备忘录、修正案等变更协议。

在合同实施过程中，工程参加者各方定期会办（一般每周一次），商讨研究新出现的问题，讨论对新问题的解决办法。例如业主希望工程提前竣工，要求承包商采取加速措施，则可以对加速所采取的措施和费用补偿等进行具体地评审、协商和安排，在合同双方达成一致后签署赶工协议。

有时对于重大问题，需很多次会议协商，通常在最后一次会议上签署变更协议。

双方签署的合同变更协议与合同一样有法律约束力，而且法律效力优先于合同文本。所以，对它也应与对待合同一样，进行认真研究，审查分析，及时答复。

（2）业主或工程师行使合同赋予的权力，发出工程变更指令。在实际工程中，这种变更在数量上极多。工程合同通常明确规定工程变更的程序。

在合同分析中常常须作出工程变更程序图。对承包商来说，最理想的变更程序是，在变更执行前，合同双方已就工程变更中涉及到的费用增加和工期延误的补偿协商达成一致。

但按该程序实施变更，时间太长，合同双方对于费用和工期补偿谈判常常会有反复和争执，这会影响变更的实施和整个工程施工进度。所以在一般工程中，特别在国际工程中较少采用这种程序。

在国际工程中，承包合同通常都赋予业主（或工程师）以直接指令变更工程的权力。承包商在接到指令后必须执行，而合同价格和工期的调整由工程师和承包商在与业主协商后确定。

（3）工程变更申请。在工程项目管理中，工程变更通常要经过一定的手续，如申请、审查、批准、通知（指令）等。工程变更申请表的格式和内容可以按具体工程需要设计。

6.3 施工索赔的管理

施工单位在履行建筑安装承包合同的过程中，会经常发生额外的费用支出，这种支出又不属于合同规定的承包人应承担的义务，即可根据合同中有关条款的规定，通过一定的程序，要求建设单位给以适当的补偿，称为施工索赔。

由于建筑安装工程项目内容复杂，某些局部的设计变更是难以避免的，再加上施工现场条件和气候等因素的变化，以及招标文件和设计文件可能有说明不确切、遗漏、甚至错误，在施工过程中，索赔的事件或多、或少总要发生。特别是在建筑市场不景气，竞争激烈的情况下，施工单位的索赔能力如何，往往会影响施工企业的生存与发展。因此，国外的承包企业都非常重视施工索赔问题，有的不惜重金聘请索赔专家，专门负责处理索赔事宜。由此可见，施工索赔是工程建设管理的一项重要内容，必须给予足够的重视。

工程项目各参加者属于不同的单位，它们的经济利益并不一致。施工合同是在工程实施前签订的，合同规定的工期和价格，是基于对环境状况和工程状况预测的基础上，同时又假设合同各方面都能正确地履行合同中所规定的责任。工程实践证明，在工程实施过程中，常常会由于以下几方面的原因产生索赔：

（1）由于业主（包括业主的项目管理者）没能正确地履行合同义务，应当给予的补偿。例如，未及时交付施工场地、提供施工图纸；未及时交付由业主负责的材料和设备；下达了错误的指令，或错误的图纸、招标文件；超出合同中的有关规定，不正确地干预承包商的施工过程等。

（2）由于业主（包括业主的代理人）因行使合同规定的权力，而增加了承包商的费用和延长了工期，按合同规定应给予的补偿。例如，增加工程量，增加合同内的附加工程，或要求承包商完成合同中未注明的工作，要求承包商作合同中未规定的检查项目，而检查结果表明承包商的工程（或材料）完全符合合同的要求等。

（3）由于某一个承包商完不成合同中的责任，而造成的连锁反应损失，也应当给予补偿。例如，由于设计单位未及时交付施工图纸，造成了土建、安装工程的中断或推迟，土建和安装的承包商可以向业主提出索赔。

（4）由于环境的巨大变化，也会发生施工索赔。例如，战争、动乱、市场物价上涨、法律政策变化、地震、洪涝灾害、反常的气候条件、异常的地质状况等，则按照合同规定应该延长工期，调整相应的合同价格。

1. 施工索赔的程序

施工索赔的目的不外乎延长工期或赔偿损失。不论是出于哪一种目的，都应提出比较确切的数额。索赔数额的确定应遵循以下两个原则：一是要实事求是，发生的什么索赔事项，就提出什么索赔，实际损失多少，就要求赔偿多少；二是要计算准确，这就需要熟练地运用计算方法和计价范围。

建筑安装工程在施工过程中如果发生了索赔事项，一般可按下列步骤进行索赔：

（1）明确索赔的依据。

（2）确定索赔的事项。

（3）向建设单位代表（监理工程师）通话或面谈，即先打招呼，使监理工程师先有思想准备。

（4）准备施工索赔依据（如合同文件、有关法规和资料凭据等），计算出索赔数额，经审核无误后，即可编写索赔文件，由施工承包单位法人代表签字，送交建设单位代表（监理工程师）。

（5）监理工程师接到索赔条件后，根据提供的索赔事项和依据，进行认真审核。经审核并经签名后，即可签发付款证明，由建设单位支付赔偿款项，索赔即告结束。

在审核施工索赔文件中，如果监理工程师对索赔文件内容有疑义，施工承包单位应作出口头或书面解释，必要时应补充凭证资料，直到监理工程师承认索赔有理。如果监理工程师拒不接受索赔，则应对施工单位进行说服交涉，直到达成协议。说服交涉后仍不能达成协议的，则可按合同规定提请仲裁机构调解仲裁或向人民法院提起诉讼。

2. *明确索赔的依据*

施工索赔的依据，一是合同，二是资料，三是法规。每一项施工索赔事项的提出，都必须做到有理、有据、合法。也就是说，索赔事项是工程承包合同中规定的，提出来是有理的；提出的施工索赔事项，必须有完备的资料作为凭据；如果施工索赔发生争议，依据法律、条例、规程规范、标准等进行论证。

上述依据，合同是双方事先签订的，法规是国家主管部门统一制定的，只有资料是动态的。资料随着施工的进展不断积累和发生变化，因此，施工单位与建设单位签订施工合同时，要注意为索赔创造条件，把有利于解决施工索赔的内容写进合同条款，并注意建立科学的管理体系，随时搜集、整理工程的有关资料，确保资料的准确性和完备性，满足工程施工索赔管理的需要，为施工索赔提供翔实、正确的凭据，这是工程承包单位不可忽视的重要日常工作。这方面的资料主要包括：

（1）招标文件、工程施工合同签字文本及其附件。这些是经过双方签证认可、最基本的书面资料，也是最容易执行施工索赔的依据。当施工单位发现施工中实际与招标文件等资料不符时，可以以此向监理工程师提出，要求施工索赔。

（2）经签证认可的工程图纸、技术规范和实施性计划。这些是最直接的资料，也是施工索赔主要的依据。如实施性计划——各种施工进度表，工程工期是否延误，从施工进度表中最容易反映出来。施工单位对开工前和施工中编制的施工进度表都应妥善保存，就连监理工程师和施工分包企业所编制的施工进度表，也应设法收集齐全，作为施工索赔的依据。

（3）合同双方的会议纪要和来往信件。建设单位与施工总承包单位，施工总承包单位与设计单位、分包单位之间，经常因工程的有关问题进行协调和确定，施工单位应当派专人或直接参加者作会议记录，对一致意见或未确定事项认真记下来。以此，作为施工过程中执行的依据，也作为施工索赔的资料。

有关工程来往信件，包括某一时期工程进展情况的总结及与工程有关的当事人和具体事项，这些信件中的有关内容和签发日期，对计算工程延误时间很有参考价值，所以必须全部妥善保存，直到合同履行完毕、所有施工索赔事项全部解决为止。

（4）与建设单位代表的定期谈话资料。建设单位的监理工程师及工程师代表，对合同及工程实际情况最为清楚。施工单位有关人员定期与他们交谈是大有好处的，交谈中可以摸清施工中可能会发生的意外情况，以便做到事前心中有数。一旦发生进度延误，施工单位可提出延误原因。并能以充分理由说明延误原因是建设单位造成的，为施工索赔提出根据。

（5）施工备忘录。凡施工中产生的影响工期或工程资金的所有重大事项，按年、月、日顺序编号，汇入施工备忘录存档，以便查找。如工程施工送停电和送停水记录，施工道路开通或封闭的记录，因自然气候影响施工正常进行的记录，以及其他的重大事项等。

（6）工程照片或录像。保存完整的工程照片或录像，能有效真实地反映工程的实际情况，是最具有说服力的资料。因此，除标书中规定需要定期拍摄的工程照片外，施工单位也应注意自己拍摄一些必要的工程照片或录像。特别是涉及变更、修改和隐蔽部分的工程，既可以作为施工索赔的资料，又可以作为证明施工质量合格的凭据，还可以作为工程阶段验收和竣工验收的依据。所有工程照片或录像都应标明日期、地点和内容简介。

（7）检查和验收报告。由监理工程师签字的工程检查和验收报告，反映出某单项工程在某特定阶段的施工进度和质量，并记载了该单项工程竣工和验收的具体时间、人员。一旦出现工程索赔事项，可以有效地利用这些由监理工程师签字的资料。

（8）工资单据和付款单据。工人或雇用人员的工资单据，是工程项目管理中一项非常重要的财务开支凭证，工资单上数据的增减，能反映工程内容的增减情况和起止时间。各种付款单据中购买材料设备的发票和其他数据证明，能提供工程进度和工程成本资料。当出现施工索赔事项时，施工单位向建设单位提出的索赔数额，以上资料对于合理索赔是重要依据。

（9）其他有关资料。除以上所述的在施工过程中应搜集的资料外，还有许多需要搜集的其他有关资料，例如：监理工程师填制的施工汇录表、财务和成本表、各种原始凭据、施工人员计划表、施工材料和机械设备使用报表、实施过程的气象资料、工程所在地官方物价指数和工资指数、国家有关法律和政策文件等。

3. 确定的索赔事项

除以上所讲到的施工索赔主要起因外，总结国内外建筑安装承包企业的实践经验，详细分析建筑安装工程中的施工索赔事项，大致有如下几种情况：

（1）建设单位未按合同规定的时间内提供施工所需用的图纸或指令，致使施工单位延误了施工进度，并导致施工费用增加。

（2）施工单位无法预见，并为监理工程师确认的不利自然条件（如洪水、暴风等）和人为障碍所造成的额外支出费用。

（3）因意外风险（如战争、动乱等）使工程遭受破坏，按监理工程师的要求和指定范围进行修理或修复所发生的费用。

（4）根据监理工程师的要求，进行钻探工程量清单中未列入的探孔或开挖探坑而发生的费用。

(5) 在现场施工中遇到文物古迹，为保护文物古迹而支付的费用。

(6) 按监理工程师的要求，由建设单位雇用的在现场工作的人员提供服务所发生的费用。

(7) 经监理工程师同意，由于运送大机械设备，而对可能受损的桥梁、道路进行补强加固所支付的费用。

(8) 凡是合同未明确规定提供样品进行抽样检验的材料，按监理工程师的要求，提供材料样品并进行检验所发生的费用。

(9) 对已竣工或部分竣工的工程，须经一定的荷载试验或检验，方能确定其是否达到设计要求，但合同中未作规定，而监理工程师要求进行试验或检验，而且经试验或检验符合设计要求，由此所发生的费用。

(10) 经监理工程师批准覆盖或掩埋的隐蔽工程，而后又要求开挖钻孔复验，并查明工程符合合同规定的标准，开挖、钻孔及再恢复原状所发生的费用。

(11) 并非由于施工单位违约、天气影响或意外风险，监理工程师命令工程的全部或分部暂停施工并妥善保护，由此导致的额外费用支出。

(12) 根据监理工程师的命令，或由于非施工单位所能控制的原因，而不能在投标书所规定的期限内开工引起的误工费用。

(13) 建设单位未能按合同规定，按施工单位提交给监理工程师的施工进度计划，及时提供施工场地，由此引起延误工期而增加的费用。

(14) 因合同未规定的附加工程量，或非由施工单位违约的其他原因而延长工期，由施工单位在28天内向监理工程师申明理由，并经审查批准的附加工程量费用或误工费用。

(15) 在工程施工和保修期内，按照监理工程师的要求，对工程缺陷进行调查和维修，如果缺陷不是因施工质量或施工单位未遵守合同义务所造成的，而且监理工程师也已确认，由此而发生的费用支出。

(16) 根据监理工程师的指令，施工过程中改变合同规定的工作内容或数量（如改变工程部分标高、基线、尺寸、位置，增加额外工作量等），由此而增加的支付费用。

(17) 因战争、暴乱等特殊风险，致使工程已运进现场及现场附近或者运往途中的建筑材料，或者已用于或拟用于工程的、属于施工单位的其他财产遭到破坏或损坏时，对遭到破坏项目内容进行更换、修复所发生的费用，但不包括特殊风险发生前已由监理工程师宣布为不合格工程的重建费用。

(18) 由于特殊风险或建设单位与施工单位都无法控制的其他情况而导致合同终止，施工单位将施工机械设备撤离现场，并运回注册的基地或其他目的地所需用的费用，以及施工单位为该项工程施工所雇用职工的返回费用。

(19) 按合同规定，在施工过程中因人工、材料价格上涨而应增加的费用，以及工程所在国家或地区的法律，法规变更（如税收提高）而导致工程增加的费用。

(20) 由于工程所在国政府或其他授权的金融管理机构变更合同规定支付工程所用货币汇率或实行汇税限额，由此而使施工单位受到的损失。

4. 编制索赔的文件

索赔文件是施工承包单位向建设单位正式提出的索赔文书，目前虽然没有规定标准的固定格式和内容，在施工索赔中却起着非常重要的作用。索赔文件应主要说明：告诉建设单位发生了什么样的索赔事项，根据什么提出赔偿，赔偿金额以及在什么期限内赔偿，请建设单位确认。为此，编制的索赔文件一般应包括以下内容：

(1) 提出所发生的索赔事项。要开门见山、简单扼要，说明问题。

(2) 用简练的语言，清楚地讲明索赔事项的具体内容。

(3) 提出索赔的合法依据，通常是讲明是根据合同（或法律法规有其他凭据）哪一条款而提出索赔的。

(4) 提出索赔数及计算凭证。索赔数额要实事求是，计算要符合国家的政策；计算凭证一定要真实，不可涂抹造假。

(5) 提出对方应在收到文件后予以答复的时间（一般应按合同规定的时间，如14天）。

施工索赔涉及工程技术、经济、法律等多方面，因此，从事建筑工程索赔的工作人员，应具有丰富的施工管理经验，既要懂得建筑施工技术，又要熟悉承包业务与建筑法规，还要具有预算和财务会计业务知识，更要有严谨细致和实事求是的工作作风。

施工索赔的管理，在日常工作中必须对承包合同的具体内容十分清楚，经常及时地掌握工程的动态，善于利用工程管理的信息系统，注意积累与索赔有关的资料，不失时机地提出索赔文件。同时，还要与建设单位代表（监理工程师）搞好协作共事关系，以认真务实的工作态度和通情达理的处事方法，去赢得对方的尊重和同情。

学 习 小 结

本项目主要介绍了建设工程合同的签订、内容，施工合同的实施控制，工程合同索赔。

能 力 训 练 题

一、单项选择题

1. 建设工程合同实施控制的作用是（　　）。

A. 通过合同实施情况分析，找出偏离，以便及时采取措施，调整合同实施过程，达到合同总目标

B. 分析合同执行差异的原因

C. 分析合同差异的责任

D. 问题的处理

2. 索赔程序和争执的解决主要分析（　　）。

A. 争执的解决方式

B. 发包人照管责任的开始

C. 工程所有权的转让

D. 承包人工程照管责任的结束和发包人工程照管责任的开始

3. 下列不属于合同诊断的内容的是（　　）。

A. 技术措施　　　　B. 问题的处理

C. 分析合同差异责任　　D. 分析合同执行差异的责任

4. 下列不属于工程问题的四类措施的是（　　）。

A. 问题的处理　　B. 技术措施

C. 经济措施　　D. 合同措施

5. 下列不属于合同资料种类的是（　　）。

A. 合同分析资料

B. 工程实施中产生的各种资料

C. 工程实施中的各种记录、施工日记等

D. 合同资料的收集

6. 下列不属于资料文档管理的内容的是（　　）。

A. 合同分析资料　　B. 合同资料的收集

C. 资料整理　　D. 资料的归档

7. 以下关于索赔的说法不正确的是（　　）。

A. 索赔是相互的　　B. 索赔是双向的

C. 发包人不可以向承包人索赔　　D. 承包人可以向发包人索赔

8. 索赔按索赔当事人分类包括（　　）。

A. 承包人与发包人之间索赔　　B. 发包人与分包人之间索赔

C. 发包人与供货人之间索赔　　D. 发包人与保险人之间的索赔

9. 索赔按索赔要求分类包括（　　）。

A. 工期索赔　　B. 工程终止索赔

C. 工程变更索赔　　D. 工程拖延索赔

10. 下列不属于建设工程反索赔特点的是（　　）。

A. 索赔与反索赔同时性

B. 技巧性强，处理不当将会引起诉讼

C. 在反索赔时，发包人处于主动的有利地位，发包人在经工程师证明承包人违约后，可以直接从应付工程款中扣回款项，或从银行保函中得以补偿

D. 工程质量缺陷反索赔

二、多项选择题

1. 进行合同分析是基于（　　）原因。

A. 合同条文繁杂，内涵意义深刻，法律语言不容易理解

B. 同在一个工程中，往往几份甚至几十份合同交织在一起，有十分复杂的关系

C. 工程小组、项目管理职能人员等所涉及的活动和问题不是合同文件的全部，而仅为合同的部分内容，如何理解合同对合同的实施将会产生重大影响

D. 合同中存在问题和风险，包括合同审查时已经发现的风险和还可能隐藏着的尚未发现的风险

E. 合同分析在不同的时期，为了不同的目的，有不同的内容

2. 承包人的主要任务有（　　）。

A. 明确承包人的总任务，即合同标的

B. 明确合同中的工程量清单、图纸、工程说明、技术规范的定义

C. 明确工程变更的索赔有效期，由合同具体规定，一般为28天，也有14天
D. 明确工程变更的补偿范围，通常以合同金额一定的百分比表示
E. 承包人不能按合同规定工期完成工程的违约金或承担发包人损失的条款
3. 索赔的程序和争执的解决决定着索赔的解决方法，要分析它的（　　）。
A. 索赔的内容、方式及数额
B. 索赔的程序
C. 争执的解决方式和程序
D. 仲裁条款，包括仲裁所依据的法律，仲裁地点、方式和程序仲裁结果的约束力等
E. 索赔的金额
4. 合同控制依据的内容包括（　　）。
A. 合同和合同分析的结果，如各种计划、方案、洽商变更文件等，它们是比较的基础，是合同实施的目标和依据
B. 各种实际的工程文件，如原始记录、各种工作报表、报告、验收结果、计量结果等
C. 对于合同执行差异的原因，对合同实施控制
D. 工程管理人员每天对现场情况的书面记录
E. 合同管理中涉及的资料不仅目前使用，而且必须保存，直到合同结束
5. 合同资料的种类有（　　）。
A. 合同资料
B. 合同分析资料
C. 工程实施中产生的各种资料
D. 工程实施中的各种记录、施工日记等，官方的各种文件、批件，反映工程实施情况的各种报表、报告、图片等
E. 原始资料
6. 按索赔当事人的不同可分为（　　）。
A. 承包人与发包人之间索赔
B. 承包人与分包人之间的索赔
C. 承包人与供货人之间索赔
D. 承包人与保险人之间的索赔
E. 发包人与分包人之间的索赔
7. 按索赔所依据的理由分类分为（　　）。
A. 合同内索赔
B. 合同外索赔
C. 道义索赔
D. 单项索赔
E. 总索赔

项目7 施工项目信息管理

学习目标：通过本项目的学习，能够掌握工程项目管理信息系统运行的过程，以此来分析诸如进度计划、成本计划、合同等的信息流程图，从而了解工程目前的实施情况；了解施工项目管理信息系统的结构和功能，支持项目管理人员进行项目规划以及在项目实施中控制目标的实现；了解几种建设工程项目管理软件的运用，能快速掌握工程项目管理软件的使用。

7.1 施工项目信息管理概述

在项目管理的几大任务当中，信息管理是相当重要的方面，但是普遍没有引起重视，在许多项目的管理中是相当薄弱的。许多国际工程中，由于信息管理工作不规范、不到位、不重视所引起的损失是相当惊人的，因此，到国外参加过工程建设甚至在国内与国际工程公司合作过的公司对此都非常重视。

7.1.1 信息的概念及特征

1. 信息（Information）的概念

世界上对信息的定义有数百种。管理信息系统中常用的信息可以定义为：信息是经过加工后的数据，信息对接收者有用，它服务于决策，它对接收者的决策和行为产生影响。这里的数据是指广义上的数据，包括文字、数值、语言、图表、图像等表达形式，数据有原始数据和加工整理后的数据之分。无论是原始数据还是加工整理后的数据，经过人的解释后，才能成为信息。数据是信息的载体，信息是数据的内涵。二者关系如图7.1.1所示。

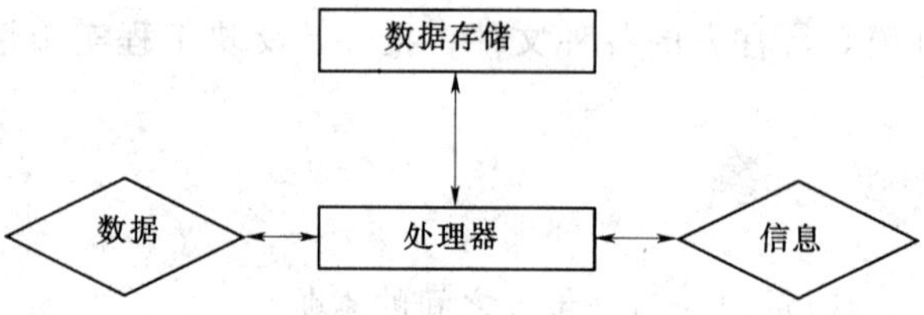

图 7.1.1 数据与信息的关系

2. 信息的特征

（1）真实性。信息要反映事物或现象的本质及其内在联系，不符合事实的信息不仅没有价值，而且可能有害，不能成为管理信息。真实性是施工项目管理中信息收集时最应当注意的。

（2）系统性。任何信息都是信息源中有机整体的一部分，具有系统性和整体性。在施工项目管理工作中，费用信息、进度信息、质量信息、合同管理信息以及其他信息等，彼此之间构成一个有机的整体。

（3）层次性。相对于管理层次，信息也是分层次的：高层管理者需要战略信息，中层管理者需要策略信息，基层作业者需要执行信息。

（4）可压缩性。可压缩性是说信息能够被浓缩，对信息进行集中、综合和概括，而不会丢失信息的本质。

（5）共享性。信息能够分享，这是不同于物质的显著特征，从而使之成为一种特殊资源。

（6）增值性。信息在应用过程中会体现出其重要的价值。

（7）不完全性。由于信息收集、处理手段的局限性，对信息资源的开发和识别有时难以做到全面。对信息的收集、转换和利用不可避免有主观因素存在，这就体现其不完全性的一面。

3. 施工项目管理信息的构成

由于施工项目管理工作涉及多部门、多环节、多专业、多渠道，信息量大、来源广泛、形式多样，主要有下列信息构成：

（1）文字信息。包括图样及说明书、工作条例及规定、项目组织设计、情况报告、原始记录、报表、信件等信息。

（2）语言信息。包括口头分配任务、指示、汇报、工作检查、介绍情况、谈判交涉、建议、批评、工作讨论和研究、会议等信息。

（3）新技术信息。包括电话、电报、传真、计算机、电视、录像、录音、电子邮件、光盘、听写器、广播器等信息。

施工项目管理者应当捕捉各种信息并加工处理和运用各种信息。

4. 施工项目管理信息的分类

实施项目管理，需要与目标跟踪和控制有关的信息。收集的项目信息是否准确，项目信息能否及时传递给项目的利益相关者，将决定项目的成败，因此，要对项目信息进行系统、科学的管理。

（1）按照流向分类。项目信息在项目组织内部和该组织与外部环境之间不断地流动，从而构成“信息流”，有着不同的流向。项目信息按照流向可分为以下几种：

1）自上而下的信息流。自上而下的信息流是指自主管单位、主管部门、业主开始，流向项目的监理工程师、检查员，乃至工人班组的信息，或在分级管理中，自每一个中间层次的组织向其下级逐级流动的信息，即信息源在上，接收信息者是其下属。这些信息主要指项目的目标、工作条例、命令、办法及规定、业务指导意见等。

2）自下而上的信息流。自下而上的信息流是指由下级向上级（一般是逐级向上）流动的信息。信息源在下，接收信息者在上。主要指项目实施工作中有关目标的完成量、进度、成本、质量、安全、消耗、效率、工作人员的工作情况等。此外，还包括上级部门所关注的意见和建议等。

3）横向间的信息流。横向间的信息流是指在项目的建设过程中，同一层次的工作部门或工作人员之间相互提供和接收的信息。这种信息一般是由于分工不同而各自产生的，但为了共同的目标又需要相互协作、互通有无或相互补充，以及在特殊、紧急情况下，为了节省信息流动时间而需要横向提供的信息。

4）以顾问室或经理办公室等综合部门为中心的项目信息。顾问室或经理办公室等综合部门为建筑施工项目经理决策提供辅助资料，同时又是有关项目利害关系的信息的提供者。

5）项目管理班子与环境之间进行交流的项目信息。项目管理班子与自己的领导、建设部门、设计单位、供应单位、银行、咨询单位、质量监督单位、国家有关管理部门都需要进行信息交流。一方面是为了满足自身管理的需要，另一方面也是为了满足与项目外部环境协作的要求，或按照国家规定相互提供信息。因此，建筑施工项目经理对这种信息应给予充分的重视，因为它们涉及项目单位的信誉、项目竞争、守法和经济效益等多方面的原则问题。

（2）按照信息来源分类。从项目信息来源看，项目信息又可分为下面两种：

1）外生信息。即产生于项目管理班子之外的信息，可分为指令性或指导性信息、市场信息和技术信息。

2）内生信息。即产生于项目管理过程中的信息，包括基层信息、管理信息和决策信息。其中，基层信息是项目基层工作人员所需要的以及由他们产生的信息，这类信息需要对原始数据进行整理和汇总；决策信息是高层管理者所需要并产生的信息，如决策、计划、指令等。

（3）从项目管理的角度分类。从项目管理的角度，施工项目信息可分为以下几类：

1）费用控制信息。费用控制信息包括费用规划信息，投资计划，估算、概算、预算资料，资金使用计划，各阶段费用计划，以及费用定额、指标等；实际费用信息，如已支出的各类费用，各种付款账单，工程计量数据，工程变更情况，现场签证，以及物价指数，人工、材料、设备、机械台班的市场价格信息等；费用计划与实际值比较分析信息；费用的历史经验数据，现行数据，预测数据等。

2）进度控制信息。进度控制信息包括项目总进度规划，总进度计划，分进度目标，各阶段进度计划，单体工程计划，操作性计划，物资采购计划等，以及工程实际进度统计信息，项目施工日志，计划进度与实际进度比较信息，工期定额、指标等。

3）质量控制信息。质量控制信息包括项目的功能、使用要求，有关标准及规范，质量目标和标准，设计文件、资料、说明，质量检查、测试数据，验收记录，质量问题处理报告，各类备忘录、技术单，材料、设备质量证明等。

4）合同管理信息。合同管理信息包括相关的法规，招投标文件，项目参与各方情况信息，各类工程合同，合同执行情况信息，合同变更、签证记录，工程索赔事项情况等。

5）项目其他信息。项目其他信息包括有关政策、制度规定等文件，政府及上级有关部门批文，市政公共设施资料，工程来往函件，工程会议信息如设计工作会议、施工协调会、工程例会等的会议纪要，各类项目报告等。

7.1.2 施工项目的信息管理

1. 施工项目信息管理概述

施工项目信息管理是指在项目的各个阶段，对所产生的、面向项目管理业务的信息收集、传递、加工、存储、维护和使用等信息规划和组织工作的总称。信息管理的目的就是要通过有效的信息规划和组织，使项目管理人员能及时、准确地获得进行项目规划、项目控制和管理决策所需的信息。为了达到信息管理的目的，就要把握信息管理的各个环节，并要做到：了解和掌握信息的来源，对信息进行分类；掌握和正确运用信息管理的手段（如计算机）；掌握信息流程的不同环节，建立信息管理系统。

项目管理过程总是伴随着信息处理过程。对于大型建设工程项目，随着项目的启动、规划、实施等项目生命周期的展开，项目的文件、报告、合同、照片、图样、录像等各种介质信息会不断产生，项目信息管理的效率和成本直接影响其他项目管理工作的效率、质量和成本。因此，如何有效、有序、有组织地对项目全过程的各类介质信息资源进行管理，是现代项目管理的重要环节。以计算机为基础的现代信息处理技术在项目管理中的应用，又为大型项目信息管理系统的规划、设计和实施提供了全新的信息管理理念、技术支撑平台和全面解决方案。

2. 施工项目信息管理的主要内容

施工项目信息管理系统有两种类型：人工管理信息系统和计算机管理信息系统。施工项目信息管理的主要内容有项目信息收集、传递、加工、存储、维护和使用等。

(1) 信息的收集。收集信息先要识别信息，确定信息需求。而信息的需求要由项目管理的目标出发，从客观情况调查入手，加上主观思路规定数据的范围。

项目信息的收集，应按信息规划，建立信息收集渠道的结构，即明确各类项目信息的收集部门、收集者为何人，从何处收集，采用何种收集方法，所收集信息的规格、形式，何时进行收集等。信息的收集最重要的是必须保证所需信息的准确、完整、可靠和及时。

(2) 信息的传递。传递信息同样也应建立信息传递渠道的结构，明确各类信息应传输至何地点，传递给何人，何时传输，采用何种方式传输等。应按信息规划规定的传递渠道，将项目信息在项目管理的有关各方、各个部门之间及时传递。信息传递者应保持原始信息的完整、清楚，使接收者能准确地理解所接收的信息。

(3) 信息的加工。数据经加工后成为预信息或统计信息，再经处理、解释后才成为信息。只有占有必要的信息，才能做出正确决策。项目管理信息的加工和处理应明确哪个部门、由何人负责并明确各类信息加工、整理、处理和解释的要求，加工、整理的方式，信息报告的格式，信息报告的周期等。不同管理层次的信息加工者应提供不同要求和不同浓缩程度的信息。施工项目的管理人员可分为高级、中级和一般管理人员，不同等级的管理人员所处的管理层面不同，所实施项目管理的工作、任务、职责也不相同，因而所需的信息也不相同。在项目管理的班子中，由下而上的信息应逐层浓缩，而由上而下的信息应逐层细化。

(4) 信息的储存。信息储存的目的是将信息保存起来以备处理和使用。信息的储存应明确由哪个部门、由谁操作；存在什么介质上；怎样分类，如何有规律地进行存储。要存什么信息、存多长时间、采用的信息存储方式主要应由项目管理的目标确定。

(5) 信息的维护和与使用信息的维护是保证项目信息处于准确、及时、安全和保密的合理状态，能够为管理决策提有用的帮助。

3. 施工项目信息管理的组织规划

对于周期短、规模小的项目，施工项目信息管理没有必要在项目运作的业务流程中单独构成一个独立的管理环节。但是对于周期较长、规模较大的项目，信息管理对于项目的成功将起到重要的作用。施工项目信息管理组织机构的规划原则主要有：

(1) 设立专门的信息管理机构。对于大型施工项目，在项目的组织和资源规划中必须设立专门的信息管理部门与机构，如项目信息中心或项目信息办公室。如果受人员编制的限制，可以把信息管理部门与档案管理部门等合并设置，但必须保证至少 2 名信息管理员的专职编制。

(2) 成立建设领导小组。为统一规划和部署项目信息化工作，应成立以项目总经理为核心的施工项目信息管理系统建设领导小组。设立项目信息总监或项目总信息师，项目信息化领导小组办公室设在项目总信息师办公室。条件具备时，项目信息总监最好由项目总经理亲自兼任，也可以由项目，急工程师兼任，但必须制订与总经理办公室的职能和程序相独立的项目信息管理岗位职责和信息采集、加工、传递、处理和存储管理程序。

(3) 设立部门级项目信息员。在项目的计划、财务、合同、物资、档案、质量、办公室等职能部门设立部门级项目信息员。项目信息员受部门领导和总信息师双重领导，从而建成上通下达的施工项目信息资源管理组织体系。

(4) 信息管理系统的建设费用。目前大型施工项目的信息管理系统的建设费用在每个行业的项目划分和投资估算中设有专门列编，许多建设单位从总预备费或办公管理费中列支计算机网络、数据库、项目管理软件等的采购费用。

7.1.3 计算机辅助施工项目管理

当今，施工项目的规模和要求出现了许多根本性的变化，施工项目面临一系列的问题和机会，项目管理工作日趋复杂。对施工项目实施全面规划和动态控制，需要处理大量的信息，处理的时间要短，速度既要快，又要准确，这样才能及时提供相关的项目决策信息，满足项目管理的需要。在施工项目建设过程中产生的大量数据单靠人工方法进行整理和计算是远远不能满足项目管理要求的，许多信息处理工作靠手工方式是不能胜任的。因此，提高施工项目管理水平，应用计算机辅助进行项目管理已成为项目管理发展的必然趋势。计算机辅助管理是施工项目管理有效和必需的手段。

应用计算机辅助项目管理有着非常重要和现实的意义，它可以极大地提高管理工作的效率，大大地提高施工项目管理水平。体现在以下几个方面：

1. 快速、高效地处理数据

计算机能够快速、高效地处理项目产生的大量数据，提高信息处理的速度，准确提供项目管理所需的最新信息，辅助项目管理人员及时、正确地做出决策，从而实现对项目目标的控制。

2. 存储大量的数据

计算机能够存储大量的信息和数据，采用计算机辅助信息管理，可以集中存储与项目有关的各种信息，并能随时取出被存储的数据，使信息共享，为项目管理提供有效使用服务。

3. 提供多种报告、报表

计算机能够方便地形成各种形式、不同需求的项目报告、报表，提供不同等级的管理信息。

4. 提高工作效率

利用计算机网络，可以提高数据传递的速度和效率，充分利用信息资源，可以提高管理工作效率。

高水平的项目管理，离不开先进、科学的管理手段。在项目管理中应用计算机作为手段，可以辅助发现存在的问题，帮助编制项目规划；辅助进行控制决策，帮助实时跟踪检查。计算机辅助施工项目管理是有效实施项目管理的重要保证。

7.2 施工项目管理信息系统

7.2.1 施工项目管理信息系统的含义

施工项目管理信息系统也称项目规划和控制信息系统，它是针对施工项目的计算机应用软件系统，通过及时地提供施工项目的有关信息，支持项目管理人员进行项目规划以及在项目实施中控制项目目标，即费用目标、进度目标和质量目标。

施工项目管理团队需要信息，用来连续的监控、评估和控制项目中所使用的资源。同样，更高级别的管理层必须时刻知道项目的状况，以实现它的战略责任。而项目状况需要高级管理人员或项目所有者的积极参与时则会有一些滞后。

为实现资源共享，提高数据处理的效率和质量，应建立计算机辅助管理的系统。软件系统是按照总体规划、标准和程序，根据需要，经一个个子系统的开发来实现。

施工项目管理信息系统是一个由几个功能子系统的关联而合成的一体化的信息系统，它的特点是：提供统一格式的信息，简化各种项目数据的统计和收集工作，使信息成本降低；及时全面地提供不同需要、不同浓缩度的项目信息，从而可以迅速做出分析解释，及时产生正确的控制；完整系统地保存大量的项目信息，能方便、快速地查询和综合，为项目管理决策提供信息支持；利用模型方法处理信息，预测未来，科学地进行决策。

7.2.2 建立施工项目管理信息系统的原则

1. 整体性原则

施工项目管理信息系统是为项目管理服务的，因此施工项目管理信息系统的建立要服从整体的利益，要把施工项目管理信息系统作为项目的一个子系统。

2. 实用性原则

一个施工项目管理信息系统对应一个项目，因此首先要实用，不要脱离项目实际。比如：项目的规模，项目管理人员的素质，项目所处环境的复杂性，项目数据获取的难易程度，项目的重要性等都将决定施工项目管理信息系统的规模和功能结构。

3. 开放性原则

考虑到与其他环境系统进行数据交换问题，在系统设计时还应考虑到系统的可扩充性。

4. 标准化原则

规范化关系到系统的实用性、可扩充性、开放性、可维护性，关系到系统的生命力，应十分注意标准化、规范化。

5. 安全可靠原则

系统用到的数据量大，必须从技术管理上保证系统安全可靠。

6. 时效性原则

项目的一次性特点决定了施工项目管理信息系统生命的有限性，其研制时间自然受到相应的限制。

7.2.3 施工项目管理信息系统

1. 项目管理信息系统简介

项目管理信息系统（PMIS——Project Management Information System）是基于计算机的项目管理的信息系统，主要用于项目的目标控制。

项目管理信息系统以计算机的手段，进行项目管理有关数据的收集、记录、存储、过滤和把数据处理的结果提供给项目管理班子的成员。它是项目进展的跟踪和控制系统，也是信息流的跟踪系统。

在20世纪70年代末期和80年代初期国际上已有项目管理信息系统的商品软件，项目管理信息系统现已被广泛地用于业主方和施工方的项目管理。应用项目管理信息系统的主要意义是：

（1）实现项目管理数据的集中存储。

（2）有利于项目管理数据的检索和查询。

（3）提高项目管理数据处理的效率。

（4）确保项目管理数据处理的准确性。

（5）可方便地形成各种项目管理需要的报表。

2. 施工项目管理信息系统的结构和功能

一个完整的施工项目管理信息系统一般主要是由费用控制子系统、进度控制子系统、质量控制子系统、合同管理子系统和公共数据库所组成，其结构图见图7.2.1。

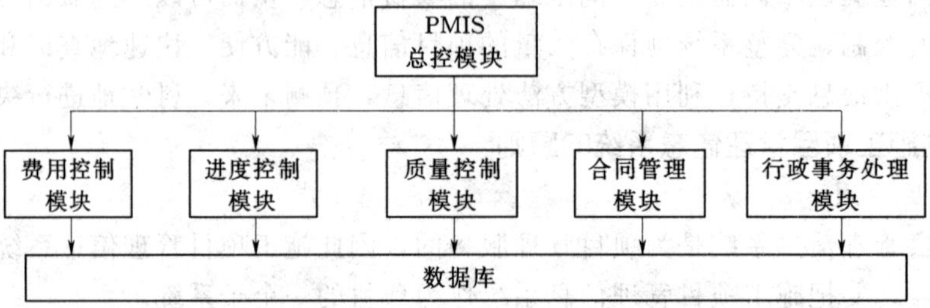

图 7.2.1 项目管理信息系统结构图

系统中的各子系统与公共数据库相连并进行数据传递和交换，使项目管理的各种职能任务共享相同的数据，减少数据的冗余，保证数据的兼容性和一致性。集中统一规划的数据库是施工项目管理信息系统成熟的重要标志。数据库具有自己功能完善的数据库管理系统，它对一个系统中数据的组织、数据的传输、数据的存取等进行统一集中的管理，使数据为多种用途服务。施工项目管理信息系统的总体概念可用图7.2.2来表示。

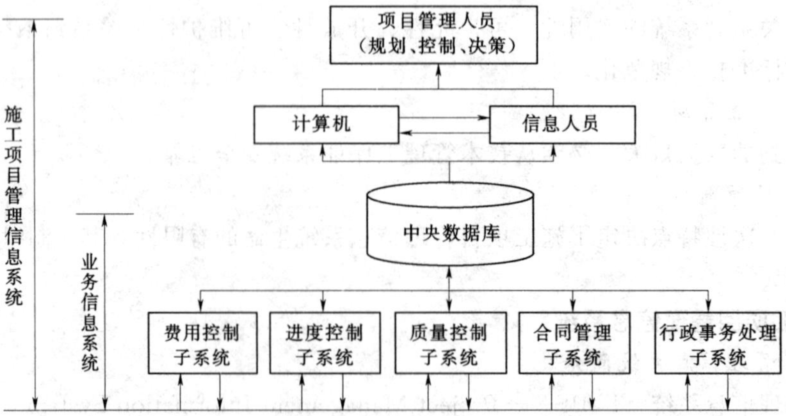

图 7.2.2 项目管理信息系统示意图

施工项目管理信息系统的主要包括以下子系统：

1. 费用控制子系统

费用控制子系统主要包括以下功能：计划费用数据处理；实际费用数据处理；计划/实际费用比较分析；费用分配分析；资金投入控制；报告、报表生成。

2. 进度控制子系统

进度控制子系统主要包括以下功能：编制项目进度计划，绘制进度计划的网络图、横道图；项目实际进度的统计分析；计划/实际进度比较分析；进度变化趋势预测；计划进度的调整；项目进度各类数据查询。

3. 质量控制子系统

质量控制子系统主要包括以下功能：项目建设的质量要求和标准的数据处理；材料、设备验收记录、查询；工程质量验收记录、查询；质量统计分析、评定的数据处理；质量事故处理记录；质量报告、报表生成。

4. 合同管理子系统

合同管理子系统主要包括以下功能：合同结构模式的提供和选用；各类标准合同文本的提供和选择；合同文件、资料的登录、修改、查询和统计；合同执行情况的跟踪和处理过程的管理；合同实施报告、报表生成；建设法规、经济法规查询。

一个完整、完善、成熟的施工项目管理信息系统具有强大的功能，能够有利于进行项目管理。但是，施工项目管理信息系统同样也是一个人机系统，信息处理的过程是由人和计算机共同进行的。建立充分发挥计算机作用的信息系统，问题往往并不在于计算机，而在于施工项目管理的基础管理工作，在于将什么数据、信息输入计算机，把什么样的信息处理交给计算机更合适。

7.2.4 施工项目管理信息系统的总体规划

由于施工项目管理信息系统是一个大系统，复杂程度高，投资大，开发周期长，因而在建立初期必须以整个系统为分析对象，确定这个系统的总目标和主要功能。也就是从总体上来把握系统的目标功能框架，提出实施的解决方案，继而研究论证这个总体方案的可行性，这样就给今后系统分析、系统设计和系统实施打下良好的基础。

总体规划阶段主要包括以下工作：按照项目的具体要求，进行初步调查、分析以确定系统的目标；制订出实施的策略与具体方案；进行系统的可靠性研究并编写可靠性报告。

1. 确定新系统目标

新系统目标是新系统建立后所要求达到的运行指标。如同新产品设计初期需要提出设计性能一样，新系统开发初期也要提出目标。为了确定系统的目标与功能，先要进行初步的调查研究，旨在从总体上了解情况。初步调查的主要内容有：

（1）整体组织的概况。整体组织的概况包括规模、历史、系统目标、人力、物力、设备和技术条件、管理体制等。

（2）组织对外调查。组织对外调查的调查内容包括与哪些外部实体有联系，哪些环境条件对本组织有影响。

（3）现行系统的概况。现行系统的概况包括功能、人力、技术条件、工作效率、可靠性等。

（4）各方面对现行系统的情况及新系统持怎样的态度。

(5) 新系统的条件。新系统的条件包括管理基础、原始数据的完整和准确程度、计算机方面的设备和人员情况，开发新系统的经费来源等。

2. 施工项目管理信息系统的实施策略与方案

施工项目管理信息系统的正确建设策略和措施是：

(1) 以项目信息用户网站作为施工项目管理信息系统的战略目标。

(2) 建立不同项目生命周期信息系统之间的数据流程和接口是施工项目管理信息系统规划的核心任务和目标。

(3) 施工项目管理信息系统的规划设计要作为工程项目概念阶段方案拟订的必备内容。

(4) 以时间、造价（概预算）、合同、财务管理为主线和重心构建施工项目管理信息系统。

(5) 建立进度项目划分、费用项目划分和质量项目划分三者之间编码的统一或对应关系是施工项目管理信息系统开发的重点和难点。

3. 可行性分析与研究

管理信息系统可行性是指在当前条件下，本信息系统是否具备必要的资源条件及其他条件。可行性包括可能性和必要性两个方面。开发的可能性就是指开发的条件是否具备，而必要性是指客观是否需要。可行性研究可从以下三个方面考虑：

(1) 技术方面。根据新系统目标衡量所需要的技术是否具备，如硬件、软件和其他应用技术，以及从事这些工作的技术人员数量及水平。

(2) 经济方面。估计新系统开发所需要的投资费用和将来的运行费用，并同估计新系统收益进行比较，看是否可行。

(3) 运行（组织管理）方面。评价新系统运行的可能性及运行后所引起的各方面变化（组织机构、管理方式、工作环境等），以及将对社会及人的因素产生的影响。

7.2.5 施工项目管理信息系统的设计开发

施工项目管理信息系统的开发研制是一项非常复杂的工作，它的开发周期长、耗资巨大，投入高、风险大。尤其它是以施工项目的管理系统为环境，所涉及的相关专业很多，且专业需求程度高，项目管理专业人士在研制过程中起着重要的作用。软件的开发和研制与所有的项目一样，需要正确的思想和步骤，必须采用科学合理的开发技术和方法。软件工程原理、方法和技术近年来在建筑信息管理系统的建立中越来越受到人们的普遍重视和日益广泛的应用。

施工项目管理信息系统的建立应包括系统分析、系统设计和系统实施。

1. 系统分析

通过系统分析，确定施工项目管理信息系统的目标，掌握整个系统的内容。因此，首先要进行施工项目管理信息系统建立的需求分析，即对系统的现状进行调查，有哪些部门，每个部门有哪些信息，产生哪些文件和资料数据，并在此基础上列出目录；研究建立施工项目管理信息系统所需要的资金、资源、技术条件和时间，确定如何分期、分批、分阶段实现该系统。其次，调查建立系统的信息量和信息流，确定各部门需要保存的文件、输出和传递的数据格式，分析用户的要求，确定纳入管理信息系统的哪些内容可以用计算机处理，哪些可以由人工计算，绘制信息系统的数据流程图。再次，确定计算机的技术要求，提出对计算机硬件和软件的要求，然后进行方案优选，同时还要注意未来数据量的扩展余地。

2. 系统设计

利用系统分析的结果进行系统设计，建立系统流程图，提出程序的详细技术资料，为程序设计做准备。系统设计分两阶段进行：先进行概要设计，内容包括输入、输出文件格式的设计，代码设计，信息分类，子系统模块和文件设计，确定流程图，提出方案的优缺点，判断方案是否可行，并提出方案所需要的物质条件；然后进行详细设计，将前一阶段成果具体化，包括输入、输出格式的详细设计，流程图的详细设计，程序说明书的编写等。

3. 系统实施

系统实施的内容如下：

（1）程序设计。先根据系统设计明确程序设计要求，如用何种语言、文件组织、数据处理等；然后确定计算机操作程序，绘制程序框图；再编写程序，检查并写出操作说明书。

（2）程序调试和系统调试。程序调试是对单个程序进行语法和逻辑检查，是为了消除程序和文件的错误。系统调试分两步进行，首先对各模块进行调试，确保其正确性；再进行总调试，即将主程序和功能模块联结起来调试，这是为了检查系统是否存在逻辑错误和缺陷。

（3）系统评价。为了检查系统运行结果是否达到系统设计提出的预期目的，需要进行系统管理效果评价，包括工作效率、管理和业务质量、工作精度、信息完整性和正确性等评价；还要对系统经济性进行评价，包括系统的一次性投资额、经营费用、成本和生产费用的节约额等。

（4）系统维护。为了使程序和数据能够适应环境和业务的变化，需要对系统进行维护，包括改写程序、更新数据、增减代码、设备维修等。

（5）项目管理。把施工项目管理信息系统作为一个“项目”进行管理，要组织一套操作管理人员，拟订工作计划，并进行实施的控制和检查。

7.3 施工项目管理软件简介

项目管理技术的发展与计算机技术的发展密不可分。随着科学技术的进步，大量的计算机及其软件涌现出来，成为项目管理方法和手段的重要组成部分。它们可以用于各种商业活动，提供便于操作的图形界面，帮助用户制订任务、管理资源、进行成本预算、跟踪项目进度等。

7.3.1 项目管理软件具备的功能

目前，市场上至少有上百种项目管理软件工具。这些软件各具特色，各有所长。这里首先介绍大多数项目管理软件具备的主要功能。

1. 制订计划、资源管理及排定任务日程

用户对每项任务排定起始日期、预计工期、明确各任务的先后顺序以及可使用的资源。软件根据任务信息和资源信息排定项目日程，并随任务和资源的修改而调整日程。

2. 成本预算和控制

通过输入任务、工期，并把资源的使用成本、所用材料的造价、人员工资等一次性分配到各任务包，即可得到该项目的完整成本预算。在项目实施过程中，可随时对单个资源或整个项目的实际成本及预算成本进行分析、比较。

3. 监督和跟踪项目

大多数软件都可以跟踪多种活动。如任务的完成情况、费用、消耗的资源、工作分配等。通常的做法是用户定义一个基准计划，在实际执行过程中，根据输入当前资源的使用状况或工程的完成情况，自动产生多种报表和图表，如资源使用状况表、任务分配状况表、进度图表等。还可以对自定义时间段进行跟踪。

4. 报表生成

与人工相比，项目管理软件的一个突出功能是能在许多数据资料的基础上，快速、简便地生成多种报表和图表，如甘特图（横道图）、网络图、资源图表、日历等。

5. 方便的资料交换手段

许多项目管理软件允许用户从其他应用程序中获取资料，这些应用程序包括 Excel，Access，Lotus 或各种 ODBC 兼容数据库。一些项目管理软件还可以通过电子邮件发送项目信息，项目人员通过电子邮件获取信息，如最新的项目计划、当前任务完成情况以及各种工作报表。

6. 处理多个项目和子项目

有些项目很大而且很复杂，将其作为一个大文件进行浏览和操作可能难度很大。而将其分解成子项目后，可以分别查看每个子项目，更便于管理。另外，建筑施工项目经理或成员有可能同时参加多个项目的工作，需要在多个项目中分配工作时间。通常，项目管理软件将不同的项目存放在不同的文件中，这些文件相互连接。也可以用一个大文件存储多个项目，便于组织、查看和使用相关数据。

7. 排序和筛选

大多数项目管理软件都提供排序和筛选功能。通过排序，用户可以按所需顺序浏览信息，如按字母顺序显示任务和资源信息。通过筛选，用户可以指定需要显示的信息，而将其他信息隐藏起来。

8. 模拟分析

“假设分析”是项目管理软件提供的一个非常实用的功能，用户可以利用该功能探讨各种情况的结果。例如，假设某任务延长一周，则系统就能计算出该延时对整个项目的影响。这样，建筑施工项目经理可以根据各种情况的不同结果进行优化，更好地控制项目的发展。

目前除各种单项功能软件外，项目管理的计算机应用正向集成的方向发展，下面将分别介绍一些在国内外比较流行和常用的施工项目管理软件。

7.3.2 国外流行的项目管理软件

1. Primavera Project Planner（P3）

P3 工程项目管理软件是美国 Primavera 公司的产品，是国际上最为流行的项目管理软件之一，已成为项目管理软件标准。美国 Primavera 公司成立于 1983 年，是专门从事项目管理软件开发与服务的公司。该公司成立伊始，便推出了 P3。

P3 是世界上顶级的项目管理软件，其精髓是广义网络计划技术与目标管理的有机结合，P3 代表了现代项目管理方法和计算机最新技术，它也是全球用户最多的项目进度控制软件，市场份额高达 81%。该软件适用于任何工程类项目，尤其对大型复杂项目和多项目并行管理，更能发挥其独特的优越性。

P3 在中国设立分公司，将 P3 汉化后在中国销售使用。目前国内绝大部分大型工程都在使用 P3，如三峡工程、秦山核电三期、外高桥电厂二期、京沪高速公路、上海通用汽车厂、摩托罗拉天津工厂等大型工厂、齐鲁 45 万吨乙烯、广州地铁、深圳地铁等工程都在使用 P3。P3 工程项目管理软件的主要功能有：

(1) 在多用户环境中管理多个项目。P3 可以有效管理这样的项目：项目团队遍布全球各地，多学科团队，高密度集、期限短的项目，共享有限资源的公司关键项目。它也可以通过多用户来支持项目文档安全模拟，这意味着要不断更新信息。

(2) 有效地控制大而复杂的项目。P3 用于处理大型规模、复杂的、多面性的项目。为了使数千个活动按进度执行，P3 提供了无数的资源和无数的目标计划。

(3) 平衡资源。可以对实际资源消耗曲线及工程延期情况进行模拟。

(4) 利用网络进行信息交换。可以使各个部门之间进行局部或 Internet 网络的信息交换，便于用户了解项目进展。

(5) 资源共享。可以同 ODBC，Windows 进行数据交换，这样可以支持数据采集、存储和风险分析。

(6) 自动调整。P3 处理单个项目的最大工序数达到 10 万道，资源数不受限制，每道工序上可使用的资源数也不受限制。P3 可以自动解决资源不足的问题。

(7) 优化目标。P3 可以对计划进行优化，并作为目标进行保存，随时可以调出来与当前的进度和资源使用情况进行比较，这样可以清楚了解哪些作业超前、滞后，或按计划进行。

(8) 工作分解功能。P3 可以根据项目的工作分解结构进行分解，也可以将组织机构逐级分解，形成最基层的组织单元，并将每一工作单元落实到相应的组织单元去完成。

(9) 对工作进行处理。P3 可以根据工程的属性对工作进行筛选、分组、排序和汇总。

(10) 数据接口功能。P3 可以输出传统的 dBase 数据库、Lotus 文件和 ASCII 文件，也可以接收 dBase，Lotus 格式的数据，还可以通过 ODBC 与 Windows 程序进行数据交换。

2. Microsoft Project

Microsoft Project（或 MSP）软件是由 Microsoft 公司开发的项目管理系统，它是应用最普遍的项目管理软件。它运用项目管理原理，建立了一套控制项目的时间、资源和成本的系统。Microsoft 公司先后于 1998、2000、2003 和 2006 年发布其更新版本的 Microsoft Project 软件。更新版本的 Microsoft Project 软件更加注重软件功能的提升包括在项目中进行日程安排、与资源协作、跟踪进度和交流等，可适应各种规模的项目。此外，该软件界面图形直观，简洁易懂，还可以在该系统使用 VBA（Visual Basic for Application），通过 Excel，Access 或各种 ODBC 数据库、CSV 和制表符分隔的文本文件兼容数据库存取项目文件等。

MSP 软件主要功能包括范围管理、时间管理、成本管理、人力资源管理、风险管理、质量管理、沟通管理、采购管理、综合管理等多个方面。具体表现在以下方面：

（1）范围管理。MSP软件为用户提供了方便地对项目进行分解的功能，并可以在任何层次上进行各种信息的汇总。

（2）时间管理。时间管理使用的最主要技术是关键线路法。MSP软件中的进度计划管理功能最强。它提供了多种方法在已经分解的工作任务之间建立相关性，按CPM（关键线路法）的计算规则计算每个任务和项目的开始、完成时间，每个任务的时差，自动计算并识别出关键线路，还提供了其他多种时间管理的方法，如甘特图、网络图、日历图等，并且能够实现项目的动态跟踪。

（3）费用管理。MSP软件使用"自底向上费用估算"技术使得项目费用的估算更为准确。同时它还可以与其他技术结合，生成S曲线，用净值评价技术对项目进展进行评价。

（4）人力资源管理。MSP软件提供了人力资源管理的技术，包括"责任矩阵"、"资源需求直方图"、"资源均衡"等，不仅能管理人力资源，也可以管理项目中所需要的其他资源，如设备、材料、资金等。还可以迅速做好资源的合理分配，进行资源的工作量、成本、工时信息的统计，分析资源的使用效率。

（5）沟通管理。MSP软件同样提供了沟通管理中的信息设计和沟通渠道。所提供的丰富视图、报告，为项目管理的不同层次类别的相关者提供了所需的信息，MS Project-Server和电子邮件，则为沟通提供了畅快的渠道，建筑施工项目经理可以通过这两个渠道分配任务，更新任务信息，询问或上报任务完成情况，并能够自动更新。

（6）整合管理。项目管理的整合管理就是对于整个项目的范围、时间、费用、资源等进行综合管理和协调，MSP软件恰是一个良好的工具。

综上所述，MSP软件包含了项目管理多方面的技术和方法。使用这个工具有助于施工项目经理很好地管理整个企业的资源、进行项目合作以及分析项目信息。而MS Project Server为项目管理提供了一个可扩展、可自定义的解决方案，它具有强大的报告、方案分析和资源管理功能。

MSP软件可以处理的任务节点数量超过100万个，可以处理的资源数也超过100万个；可以同时处理群体项目的数量达到1000个，足以满足大型复杂项目管理的需求。

MSP软件作为一款通用的项目管理软件，适用于国民经济的各个领域。包括市政、水利、民用建筑、钢铁冶金、石油、煤炭、铁路、公路、IT项目、航空航天及科学研究等各个领域。施工企业可以使用它编制施工计划，建设单位可以使用它安排项目投资分配和进度控制，项目监理可以使用它进行进度控制。此外还可以用于项目投标、项目动态跟踪、争议判定与索赔等众多领域。

7.3.3 国内项目管理软件

我国自20世纪80年代就开始使用项目管理软件。在这个阶段出现了许多软件，一部分是在上新项目时开发的软件，一部分是从国外引进的软件。但由于国内外的情况差异，国内人员对国外的软件缺乏理解。到20世纪90年代，国内的项目管理人员才开始理解国外软件的思路，并引进国际先进的管理软件。目前国内使用的项目管理软件主要用于编制进度计划，通过进度和资源结合使用，分析资源强度和资源的使用安排是否满足要求以及按照现场施工的情况来编制进度和资源计划等工作。

随着计算机技术的飞速发展和应用范围的不断扩展，国内大量各种版本和应用范围各异的项目管理软件也如雨后春笋般地被开发出来，有通用型也有专业型，适合不同的硬件环境。下面主要介绍几种比较流行的软件。

1. 智能项目管理软件

智能项目管理软件是深圳清华斯维尔软件科技有限公司研制开发的项目管理软件。该系统将网络计划技术、网络优化技术应用于建设工程项目的进度管理中，以国内建设行业普遍采用的双代号时标网络图作为项目进度管理及控制的主要工具。在此基础上，通过连接建设行业各地区的不同种类的定额库与工料机数据库，实现对资源与成本的精确计算、分析与控制，使用户不仅能从宏观上控制工期与成本，而且还能从微观上协调人力、设备与材料的具体使用，并以此作为调整与优化进度计划，实现利润最大化的依据。

智能项目管理软件的主要特点是：

(1) 软件设计符合国内项目管理的行业特点与操作惯例，严格遵循《工程网络计划技术规程》(JGJ/T 121—1999) 的行业规范，以及《网络计划技术》的三个国家标准，并将计算机信息技术在网络计划的全过程中进行应用。

(2) 操作流程符合项目管理的国际标准流程，首先通过项目的范围管理，在横道图界面中建立任务大纲结构，从而实现项目计划的分级控制与管理。在此基础上分析并定义工作间的逻辑关系，并通过定额库、工料机数据库等进行项目资源的合理分配，最终完成项目网络模型的构筑。系统将实时计算项目的各类网络时间参数，并对项目资源、成本进行精确分析，以此作为网络计划优化与项目追踪管理的依据。

(3) 除支持常规的标准横道图建模方式外，为方便用户操作也提供了双代号网络图、单代号网络图等多种建模方式，同时能够模拟工程技术人员手绘网络图的过程，提供拟人化智能操作方式，实现快速、高效绘制网络图的功能。

(4) 支持搭接网络计划技术，工作任务间的逻辑关系可以有多种：完成—开始关系、完成—完成关系、开始—开始关系、开始—完成关系，同时可以处理工作任务的延迟、搭接等情况，从而全面反映工程现场实际工作的特性。

(5) 图表类型丰富实用、制造快速精美，满足工程项目投标与施工控制的各类需求。用户可以任选图形或表格界面录入项目的各类任务信息数据，系统自动生成施工横道图、单代号网络图、双代号时标网络图、资源管理曲线等各类工程项目管理图表，输出图表美观、规范，能够满足建设企业工程投标的各类需求，增强企业投标竞争实力。

(6) 兼容 MSP 软件，可快捷、安全地从 MSP 软件中导入项目数据，可迅速生成国内普遍采用的进度控制管理图表——双代号时标网络图。并可完成工程项目套用工程定额库等操作，实现对工程项目资源、成本的精确计算、分析与控制等功能，使其更能满足建设行业项目管理的实际需求，从而实现国际项目管理软件的本地化与专业化功能。

(7) 满足单机、网络用户的项目管理需求，适应大、中、小型施工企业的实际应用。系统既可支持单机用户的使用，又可充分利用企业的局域网资源，实现企业多部门、多用户协同工作。

另外，该软件还包括新建工程项目系统数据库、横道图、网络图、资源管理、进度追踪与管理、报表功能、模板功能等，还有大量项目管理案例分析，比如新产品开发项目、工程设计项目、多层商业楼工程项目、高速公路工程项目、环线快速公路工程项目、特殊事件项目案例、小区施工项目案例、高层建筑工程案例等案例分析。

2. 梦龙项目管理软件

梦龙项目管理软件是梦龙科技有限公司开发的新系统，“梦龙 Linkworks 协同工作平台”主要包含了施工企业办公自动化子系统、工程项目管理子系统、经营管理方面子系统三大模块。具有以下特点：

(1) 高级的安全机制。系统内所有的单元都采用了梦龙公司的自防病毒技术，保证网络安全。对数据进行加密传输，绝对安全可靠。

(2) 采用高效的压缩算法，实现高速的数据传输。

(3) 提供 Server 运行方式，软件管理系统可在服务器后台运行。

(4) 含先进的软件管理单元，可以对各种应用软件进行有机管理。

(5) 具有良好的开放性，允许用户在它的基础上进行二次开发。

(6) 用物理链接层、软件通讯层与应用层构成先进的三层软件体系结构。

(7) 可实现多级多层链接与分布管理，适用于大、中、小不同类型的企业。

另外，梦龙公司还有以下软件：标书快速制作与管理、工程概预算、投标文档管理、智能网络计划编制、施工平面图快速制作、企业形象多媒体制作、智能项目管理动态控制、机具设备管理、材料管理系统、安全管理系统、施工项目投资控制系统、合同管理与动态控制、图样管理系统、综合信息系统、文档管理、合同管理、即时信息服务、财务管理、人力资源管理、工作管理等多种管理软件。梦龙智能项目管理系统，已经应用在亚运会工程、世界最大的水电项目——三峡工程、大型军事演习、铁道部所有（40 条）高速铁路项目、中石化股份公司西南成品油管线项目等许多重点项目中。

3. 同洲工程项目计划管理系统

同洲项目管理软件是面向大中型工程的项目计划管理软件，由大连同洲电脑有限责任公司研制。它汲取同类管理软件的精华，兼顾国内外施工企业的施工管理模式，依据国家标准，帮助用户摆脱重复繁琐的手工编制计划的劳动，合理科学地安排计划，实时动态地控制工程进度。本系统具有以下特点。

(1) 网络计划编制功能。只需在工作信息表内录入作业及相互间的逻辑关系，系统便能智能地生成各种网络图。单、双代号网络图中可直接在图形上添加、修改或删除作业，建立各作业间的逻辑关系；智能化自动生成各工作间关系网络结构，自动布图，能准确处理各种搭接网络关系、中断和强制时限，具有倒排功能，胜任各种复杂的网络计划；能够依据工程量情况推算作业持续时间的准确性；具有智能纠错功能，自动检查回路和冗余关系；独特方便的流水网络功能；三级网络及子工程结构可处理各种复杂工程，便于网络的互联与扩展；时间计算可精确至小时，使项目计划适于不同实际情况；多种时间显示方式；图形可视化动态调整，浮动式菜单操作，快捷方便；具有横道图、单代号网络图、双代号时标网络图（等距、不等距时标）、双代号无时标网络图、资源强度及费用强度曲线（可与横道图、双代号网络图同屏显示）以及各种资源的统计报表；所见即所得的打印输出功能，打印机、绘图仪型号、纸型、线型、边距、字体、颜色等任意设定；联机帮助功能。

(2) 网络计划动态调整功能。依据实际工作工程量的完成情况，自动输出实际进度前锋线，动态跟踪进度；预测后续计划，便于调整进度；分析某一作业的超前或滞后对整个项目计划的进度影响情况；通过计划与实施的对比，输出横道图，实时控制进度；追踪进度计划，生成中期计划，为下期任务量的派发作准备。

（3）资源优化功能。独具特色的资源有限优化和均衡优化功能；资源强度曲线及消耗报表输出功能；资源预警功能，资源冲突时可调整计划；能够生成资源使用报表和资源工作报表，对资源在具体时间段内的使用情况，进行费用统计汇总；对资源工作报表为具体时间段内的资源使用情况，进行资源统计汇总。报表数据可形成文本文件，与 Excel 接口；从概预算软件中，直接读取定额来为工序分配资源，简化资源的录入量，提高资源考核的准确度。

（4）费用管理功能。统计分析计划的直接费用、间接费用、预算费用和其他相关费用情况；费用强度曲线及相应的报表输出功能；统计分析出工程项目的最终费用情况，为整个工程的成本控制提供依据。

（5）日历管理及系统安全机制。根据需要能够方便地指定工程日历的工作日和休息日，自动换算日历时间；具有系统保密、口令设置及导引功能。

（6）分类剪裁输出功能。根据实际考察的需要，可按工程项目的不同性质，如：关键作业、在建项目、某时间段内工作或某施工公司担任的项目等等进行考察，更便于计划的上传下达、更便于掌握工程的进展情况。

（7）可扩展性。提供数据库和正文文件接口，适合二次开发和系统互联；系统文件格式丰富，可生成 DBF 和 XIS 两种数据格式，便于用户使用；可读取概预算软件生成的数据，为工序挂接定额，分配定额及资源消耗量，从而达到简化项目管理软件的目的；可与该公司开发的系列软件进行无缝连接、互相调用，提供完善的项目管理解决方案。

学 习 小 结

本项目主要介绍了信息的概念、种类，信息管理过程，施工项目信息管理的主要内容，施工项目管理信息系统的概念、构成、功能以及设计开发和项目管理软件的功能、项目管理软件的种类及应用。

能 力 训 练 题

一、简答题

1. 建设工程项目信息管理的任务主要内容有哪些？
2. 施工项目信息如何分类？
3. 应用项目管理信息系统的主要意义是什么？

二、单项选择题

1. 项目的信息管理的目的旨在（　　）。

A. 通过有效的项目信息传输的组织和控制为项目建设的增值服务

B. 使项目信息能方便和有效地获取

C. 存储信息

D. 交流信息

2. 下列不属于信息管理主要内容的是（　　）。

A. 信息的分类　　B. 信息管理的任务

C. 管理类信息　　D. 信息处理的工作平台及其使用规定

3. 在当今的时代进行信息管理的核心手段是（　　）。

A. 基于网络的信息处理平台　　B. 委托咨询公司

C. 设立信息管理部门　　D. 信息的分类

4. 下列属于按信息的内容属性分类的是（　　）。

A. 投资控制　　B. 管理类信息

C. 招投标　　D. 设计准备

5. 下列不属于基于网络的信息处理平台的硬件和软件构成的是（　　）。

A. 数据处理设备　　B. 数据通信网络

C. 广域网　　D. 软件系统

6. 为满足项目管理工作的需要，往往需要对建设工程项目信息进行综合分类，即按多维分类，分类的方法不包括（　　）。

A. 按项目的分解结构　　B. 按项目实施的工作过程

C. 按项目管理工作的任务　　D. 按项目完成的质量要求

7. 数据通信网络主要有三种类型，其中不包括（　　）。

A. 局域网　　B. 城域网

C. 互联网　　D. 广域网

8. 下列主要用于项目的目标控制的体系是（　　）。

A. 项目管理信息系统　　B. 项目管理互联网系统

C. 管理信息系统　　D. 项目管理计算机系统

9. 项目管理信息系统的功能不包括（　　）。

A. 投资控制和成本控制　　B. 进度控制

C. 合同管理和质量控制　　D. 信息自动化控制

项目8　施工项目风险管理

学习目标：通过本项目的学习，能够了解建设工程风险管理的基本概念，认识建设工程风险管理目标确立的重要性和责任到人的必要性；熟悉工程项目风险管理的过程，识别工程项目存在的风险；掌握工程项目风险评价的常用方法；熟悉工程项目风险应对策略；理解建设工程各方保险的种类并能够进行建设项目保险的选择。

8.1　施工项目风险管理概述

风险在任何工程项目中都存在。工程项目作为集合经济、技术、管理、组织各方面的综合性社会活动，它在各个方面都存在着不确定性。这些风险造成工程项目实施的失控现象，如工期延长、成本增加、计划修改等，最终导致工程经济效益降低，甚至项目失败。而且现代工程项目的特点是规模大、技术新颖、持续时间长、参加单位多、与环境接口复杂，可以说在项目实施过程中危机四伏。许多领域，由于它的项目风险大，危害性也大，例如国际工程承包、国际投资和合作，所以被人们称为风险型事业。

在我国的许多项目中，由风险造成的损失是触目惊心的。但风险和机会同在，通常只有风险大的工程项目才能有较高的盈利机会，因此风险是对管理者的挑战。

风险控制能获得非常高的经济效果，同时它有助于竞争能力的提高，素质和管理水平的提高。所以在现代项目管理中，风险的控制问题已成为研究的热点之一。

现代项目管理与传统的项目管理的不同之处是引入了风险管理技术。风险管理强调对项目目标的主动控制，对工程实现过程中遭遇的风险或干扰因素可以做到防患于未然，以避免和减少损失。目前，项目管理界已把风险管理和目标管理列为项目管理的两大基础，认为只有把这两者有机地结合起来才能较好地实现工程项目目标。

8.1.1　基本概念

1. 风险

风险的存在，是因为人们对任何未来的结果不可能完全预料，实际结果与主观预料之间的差异就构成了风险。因此，风险可定义为在给定的情况下和特定的时间内，那些可能发生的结果间的差异。若两种可能各占50%，则风险最大。

2. 风险的分类

为了深入、全面地认识项目风险，并有针对性地进行管理，有必要将风险分类。分类可以从不同的角度、根据不同的标准进行。

（1）按风险后果划分。

1）纯粹风险。不能带来机会、无获得利益可能的风险，叫纯粹风险。纯粹风险只有两种可能的后果：造成损失和不造成损失。纯粹风险造成的损失是绝对的损失。工程项目蒙受了损失，全社会也跟着受损失。如某项目空气压缩机房在施工过程中失火，蒙受了损失。该损失不但是这个工程项目的，也是全社会的，没有人从中获得好处。纯粹风险总是和威胁、损失和不幸相联系。

2）投机风险。既可能带来机会、获得利益，又隐含威胁、造成损失的风险，叫投机风险。投机风险有三种可能的后果：造成损失、不造成损失和获得利益。投机风险如果使工程项目蒙受了损失，但全社会不一定也跟着受损失。相反，其他人有可能因此而获得利益。例如，私人投资的房地产开发项目如果失败，投资者要蒙受损失。但是发放贷款的银行却可将抵押的土地和房屋收回，等待时机转手高价卖出，不但可收回贷款，而且还有可能获得高额利润。

纯粹风险和投机风险在一定条件下可以相互转化。项目管理人员必须避免投机风险转化为纯粹风险。

（2）按风险来源划分。

1）自然风险。由于自然力的作用，造成财产毁损或人员伤亡的风险属于自然风险。例如，水利工程施工过程中因发生洪水或地震而造成的工程损害，材料和器材损失。

2）人为风险。人为风险是指由于人的活动而带来的风险。人为风险又可以细分为行为、经济、技术、政治和组织风险等。

a. 行为风险是指由于个人或组织的过失、疏忽、侥幸、恶意等不当行为造成财产毁损、人员伤亡的风险。

b. 经济风险是指人们在从事经济活动中，由于经营管理不善、市场预测失误、价格波动、供求关系发生变化、通货膨胀、汇率变动等导致经济损失的风险。

c. 技术风险是指伴随着科学技术的发展而来的风险。如核燃料出现之后产生的核辐射风险；伴随宇宙火箭技术而来的卫星发射风险。

d. 政治风险是指由于政局变化、政权更迭、罢工、战争等引起社会动荡而造成财产损失和损害以及人员伤亡的风险。

e. 组织风险是指由于项目有关各方关系不协调以及其他不确定性而引起的风险。现代的许多合资、合营或合作项目组织形式非常复杂。有的单位既是项目的发起者，又是投资者，还是承包商。由于有关各方参与项目的动机和目标不一致，在项目进行过程中常常出现一些不愉快的事情，影响合作者之间的关系、项目进展和项目目标的实现。组织风险还包括项目发起组织内部的不同部门由于对项目的理解、态度和行动不一致而产生的风险。

（3）按风险是否可管理划分。可管理的风险是指可以预测，并可采取相应措施加以控制的风险，反之，则为不可管理的风险。风险能否管理，取决于风险不确定性是否可以消除以及工程项目的管理水平。要消除风险的不确定性，就必须掌握有关的数据、资料和其他信息。随着数据、资料和其他信息的增加以及管理水平的提高，有些不可管理的风险可以变为可管理的风险。

（4）按风险影响范围划分。风险按影响范围划分，可以有局部风险和总体风险。局部风险影响的范围小，而总体风险影响范围大。局部风险和总体风险也是相对的。项目管理班子特别要注意总体风险。例如，项目所有的活动都有拖延的风险，但是处在关键路线上的活动一日延误，就要推迟整个项目的完成日期，形成总体风险。而非关键路线上活动的延误在许多情况下是局部风险。

（5）按风险后果的承担者划分。项目风险，若按其后果的承担者来划分，则有项目业主风险、政府风险、承包商风险、投资方风险、设计单位风险、监理单位风险、供应商风险、担保方风险和保险公司风险等。这样划分有助于合理分配风险，提高项目的风险承受能力。

（6）按风险的可预测性划分。按这种方法，风险可以分为已知风险、可预测风险和不可预测风险。

已知风险就是在认真、严格地分析项目及其计划之后就能够明确的那些经常发生的，而且其后果亦可预见的风险。已知风险发生概率高，但一般后果轻微，不严重。项目管理中常见的有：项目目标不明确，过分乐观的进度计划，设计或施工变更，材料价格波动等。

可预测风险就是根据经验，可以预见其发生，但不可预见其后果的风险。这类风险的后果有时可能相当严重。项目管理中常见的有：业主不能及时审查批准，分包商不能及时交工，施工机械出现故障，不可预见的地质条件等。

不可预测风险就是有可能发生，但其发生的可能性即使最有经验的人也不能预见的风险。不可预测风险有时也称未知风险或未识别的风险。它们是新的、以前未观察到或很晚才显现出来的风险。这些风险一般是外部因素作用的结果。例如，地震；百年不遇的暴雨；通货膨胀；政策变化等。

3. 工程项目风险

（1）工程项目风险的概念。工程项目的立项、分析、研究、设计和计划都是基于对未来情况（政治、经济、社会、自然等各方面）预测基础上的，基于正常的、理想的技术、管理和组织之上的。而在实施运行过程中，这些因素都有可能产生变化，使得原定的计划方案受到干扰，目标不能实现。这些事先不能确定的内部和外部的干扰因素，称之为工程项目风险。

（2）工程项目风险的特点。

1）风险的多样性。在一个项目中有许多种类的风险存在，如政治风险、经济风险、法律风险、自然风险、合同风险、合作者风险等。

2）风险的覆盖性。项目的风险不仅在实施阶段，而且隐藏在决策、设计、及所有相关阶段的工作中，如目标设计中可能存在构思的错误，重要边界条件的遗漏；可行性研究中可能有方案的失误，高层分析错误；技术设计中存在图纸和规范错误；施工中物价上涨，气候条件变化；运行中市场变化，产品不受欢迎，达不到设计能力，操作失误等。

3）风险的相关性。风险的影响往往不是局部的，在某一段时间风险也会随着项目的发展，其影响会逐渐扩大。例如，一个活动受到风险干扰，可能影响与它相关的许多活动，所以在项目中风险影响会随着时间推移有扩大的趋势。

4）风险的规律性。项目的实施有一定的规律性，所以风险的发生和影响也有一定的规律性，是可以进行预测的。重要的是要有风险意识，重视风险，对风险进行全面的控制。

4. 项目风险管理的概念

所谓风险管理就是人们对潜在的意外损失进行识别、评估，并根据具体情况采取相应的措施进行处理，即在主观上尽可能有备无患或在无法避免时亦能寻求切实可行的补偿措施，从而减少意外损失或进而使风险为我所用。

近十几年来，人们在项目管理中提出了全面风险管理的概念。全面风险管理是用系统的、动态的方法进行风险控制，以减少项目过程中的不确定性。它不仅使各层次的项目管理者建立风险意识，重视风险问题、防患于未然，而且在各阶段、各方面实施有效的风险控制，形成一个前后连贯的管理过程。

（1）项目全过程的风险管理。全面风险管理首先是体现在对项目全过程的风险管理上。

1）在项目目标设计阶段，就应对影响重大的风险进行预测，寻找目标实现的风险和可能的困难。

2）在可行性研究中，对风险的分析必须细化，进一步预测风险发生的可能性和规律性，同时必须研究各风险状况对项目目标的影响程度，即项目的敏感性分析。

3）随着技术设计的深入，实施方案也逐步细化，项目的结构分析也逐渐清晰。这时风险分析不仅要针对风险的种类，而且必须细化（落实）到各项目结构单元直到最低的操作层。

4）在工程实施中加强风险的控制。

5）项目结束，要对整个项目的风险管理进行评价，以作为今后进行同类项目管理的经验和教训。

（2）对全部风险的管理。在每一阶段进行风险管理都要罗列各种可能的风险，并将它们作为管理对象，不能有遗漏和疏忽。

（3）全方位的管理。

1）对风险要分析它对各方面的影响，例如，对整个项目的各个方面（如工期、成本、施工过程、合同、技术、计划）的影响。

2）采用的对策措施也必须考虑综合手段，从合同、经济、组织、技术、管理等各个方面确定解决方法。

3）风险管理包括风险识别、风险分析、风险文档管理、风险评价、风险控制等全过程。

4）全面的组织措施。在组织上全面落实风险控制责任，建立风险控制体系，将风险管理作为项目各层次管理人员的任务之一。

8.1.2 风险管理的主要内容

1. 风险识别

对潜在的可能损失的识别是首要的任务，也是最困难的任务。因为如果对所有有关的可能损失未能作出正确的识别，就会失去对风险加以适当处置的机会。识别风险可依靠观察、掌握有关的知识、调查研究、实地踏勘、采访或参考有关资料、听取专家意见、咨询有关法规等方法，当然还要掌握正在评估的风险系统或类似的项目发生的风险事件的索赔资料等。

2. 风险分析和评价

对已识别的风险要进行分析和评价，这一阶段的主要任务是测度风险量 R。德国人马特提出项目风险量的测度模型为：

$$R=f(x,y)(pq,A)$$

式中：p 为风险发生的概率；q 为风险对财务的影响量；A 为风险评价员的预测能力。

从上述模型可看出，由于 p，q 均为风险管理专业人员预测而得出，所以这些专业人员的预测能力与水平就成了至关重要的因素。

上述风险的分析、评价以及风险量确定的目的是为了确定第三步骤风险处理所采取的方法。风险的分析与评价涉及到统计与财务方法，内容涉及到预测技术、总体研究、估计可能的最大损失、严重灾害分析、事故分析、灾害逻辑树分析等，并且特别要注意已完类似工程项目的索赔频率及索赔事件严重程度的评审。

3. 风险的处理

一旦风险被识别、分析、评价以及风险量被确定之后，就要考虑各种风险的处理方法。一般而言，有下列三种风险处理方法：

(1) 风险控制。包括主动采取措施避免风险、消除风险、中和风险，或一旦风险发生即采取紧急应急方案，力争将损失减至最低限度。

(2) 风险自留。或称保留风险。即风险量被确认为不大，并不超过项目应急费用时，可以自留风险。自留风险的好处在于节省保费，又可以将风险损失费用控制在项目的储备金范围之内，从而保证一旦风险发生，项目不致因损失而造成财务的困境。

(3) 风险转移。包括将风险转移给合同对手、第三方以及专业保险公司或其他风险投资机构等。一般将风险转移是要付出经济代价的，有时当事人利用市场供求关系把风险强加于对手，这属于不公平竞争之列，不予提倡。而将风险以有偿方式转移给专业保险公司或其他风险投资机构是符合平等有偿原则的，也是明智的办法，但是须付出保险公司能接受的保险费用，这笔费用比较大，以致使许多企业或个人因不愿支付保费而承担着巨大的风险。

此外，如何降低保费而又使保险范围全而不漏，如何当风险发生时能迅速准确地索赔而又不至于耗费业主的大量精力，这就需要一个专业的保险经纪人或风险顾问。

4. 风险监督

风险监督在风险管理中是十分重要的环节，它包括对风险发生的监督和对风险管理的监督，前者是指对已经识别的风险源进行监视和控制，以便及早发现风险事件发生的苗头，从而将风险事件消灭在萌芽之中或采取应急措施尽量缩小损失；后者是指在项目实施中监督人们认真执行风险管理的组织措施与技术措施，以消除风险发生的人为诱因，后者还包括对保险方案的监督等。

8.1.3 我国项目风险管理存在的问题

风险管理技术是20世纪60年代以来的现代项目管理中不可缺少的工具，但我国在70年代末、80年代初引进项目管理理论与方法时，只借鉴、引进了项目管理的基本理论、方法与程序，未能同时引进风险管理，其中的原因主要是：①当时我国经济发展水平较低，人们风险意识普遍较差，尚未认识到运用风险管理技术来抵御风险并转移风险的重要性；②当时我国尚处于计划经济体制，国家是唯一（或主要的）投资主体，为了节省投资（只在账面上反映）而不愿增列风险管理费用；③风险管理的环境尚未形成，人民保险公司当时刚开始组建恢复，也无工程险等险种，风险管理人才奇缺。

由于上述原因，风险管理理论与方法未被及时评价引进是不足为奇的，但是，80年代中期以来，随着经济的不断发展，国外各种风险管理的理论与书籍被介绍到我国，同时也被应用到项目管理之中，尤其是大型土木工程项目。虽然风险管理已在我国逐渐被采用，并已在大型项目管理中显示了广阔的前景，但也仍然存在一些难点，比如：

（1）淡薄的风险意识。在我国，风险意识依然淡薄，这是制约项目风险管理在我国发展的主要障碍，人们不愿在资金极度短缺的情况下增列风险管理费用。中国有句话：“少花钱，多办事。”在这种观念指导下，相当多数的企业领导在对待项目客观存在的风险时，宁愿采用风险自留和风险不合理转移的办法。应该指出，这种自留风险量已经大大超过了为风险而设置的储备，一旦风险发生，项目将不可能恢复财务稳定和经营的连续；此外，风险的转移也不是公平地以合理报酬为前提转移给利益的对立方，而是利用目前建筑市场为业主市场的情况下通过合同免责条款以及其他苛刻条件转移给承包商。这种情形虽然可以给业主带来短期的经济效益，但带来了合同双方利益的尖锐对立，一旦风险发生，承包商可能因无法承受而导致破产，也终将给业主带来损失。此外，这种不公平的转移方式也将给我国建筑业带来损失——承包商为了承担这种不公平的风险转移责任，只好拼设备、拼人力、甚至偷工减料，最终造成企业技术投入不足、装备陈旧，导致整个建筑业的衰退。

虽然如此，从另一方面看，由于我国采取改革开放的政策，大量外资涌入，其他经济成分崛起，形成投资主体的多元化，也带来了新的经营观念和较高的风险意识，因而，有许多外商投资项目采取项目的风险管理技术，有许多非国有经济成分的企业在不断增强风险意识。此外，许多政府的有关部门也吸纳了风险管理的思想，开始为风险管理的研究项目提供资助，这些都是令人鼓舞的进步。

（2）风险管理的技术难点。

1）风险管理困难。在发达国家均有专门的风险研究报告或风险一览表，一些大型企业或专业的保险经纪人公司、项目咨询公司还制定自己的风险管理手册。这一切均为做好风险识别提供了良好的基础。但是，目前我国尚无此类研究与报告，也很少总结过去已完成项目的风险。这样，要进行项目风险管理就只能自己从头开始识别风险与风险源，研究费用必将增大，风险管理成本也随之提高。为了避免这类成本的增加，一些项目业主聘请外国风险管理专家完成风险识别工作。但因为外国专家本身工资与费用较高，并没有达到降低风险管理费用的目的，还可能因为我国与外国的实际情况不同造成风险源误列或漏列，并对以后的分析与评价造成影响。

2）风险评价的误差大。由于基础工作不扎实，风险评价中无历史数据可借鉴，或者为了查找历史数据要花费巨大精力和时间。此外，风险识别阶段的误差也已经形成，即使评价做得再好，也可能会因主要风险源的漏列而前功尽弃。

3）风险处理手段落后一般风险处理手段有三种：风险控制、风险自留、风险转移。我国的项目经理或项目主管部门都愿意采用前两种手段，但是其弊端是明显的：

其一，风险控制的含义是采取一切手段避免风险、消除风险或以应急措施将已发生风险造成的损失控制在最低限度。这一切，均需要在一定前提下才能实现。比如，回避风险意味着采取别的高成本技术方案；应急措施意味着更大的实际风险开支等。此外，一旦风险真的发生就将破坏项目财务的稳定。

其二，风险自留的前提是：风险评价表明该风险要么概率几乎接近于零，要么风险造成的损失在项目储备源限度之内。但是，我国的大多数项目要么不进行风险评价，要么设置少量的项目储备（如不可预见费）就认为可以包容全部风险。

产生上述弊病的经济根源在于：一切投资均由政府承担风险，企业或项目负责人无须承担因风险发生而造成损失的责任。这就造成了所谓的“三超”现象，即概算超估算、预算超概算、决算超预算。随着我国市场经济体制的不断完善，投资主体多元化及其经济责任明朗化和具体化，如何处理项目的风险已成为重要考虑。

(3) 风险的转移。将风险转移给专业保险公司或其他风险投资机构，这是一种符合市场经济规则并且公平的转移手段。但我国的实际情况是，保险的项目数量不多，保险公司收取的保费较昂贵，且保险合同条款明显不利于项目方。随着参加保险的项目增多，保险公司竞争日益激烈，保费和服务均会向有利于项目方转化。

8.2 施工项目风险的识别与分析

8.2.1 风险的识别

风险通常具有隐蔽性，而人们常常容易被一些表面现象迷惑，或被一些细小利益所引诱而看不到内在的危险。在实践中，人们经常谈论的风险有三种：真风险、潜伏的风险和假风险。作为风险管理的第一步，我们必须首先正确识别风险，统一认识，然后才能制定出相应的管理措施。

识别风险的过程包括对所有可能的风险事件来源和结果进行实事求是的调查，一般按以下步骤进行：

(1) 确认不确定性的客观存在。这项工作包括两项内容：首先要辨认所发现或推测的因素是否存在不确定性。如果是确定无疑的，则无所谓风险。其次要确认这种不确定性是客观存在的，是确定无疑的，而不是凭空想象的。

(2) 建立初步清单。清单中应明确列出客观存在的和潜在的各种风险，应包括影响生产率、操作运行、质量和经济效益的各种因素。人们通常凭借企业经营者的经验对其作出判断，并且通过对一系列调查表进行深入研究、分析而制定。

(3) 确立各种风险事件并推测其结果。根据初步清单中开列的各种重要的风险来源，推测与其相关联的各种合理的可能性，包括赢利和损失、人身伤害、自然灾害、时间和成本、节约和超支等方面，重点应是资金的财务结果。

(4) 对潜在风险进行重要性分析和判断。

(5) 风险分类。通过对风险进行分类能加深对风险的认识和理解，同时也能辨清风险的性质。实际操作中可依据风险的性质和可能的结果及彼此间可能发生的关系进行风险分类。这样的分类能更彻底地理解风险、预测结果、且有助于发现与其关联的各方面的因素。

(6) 建立风险目录摘要。通过建立风险目录摘要，将项目可能面临的风险汇总并排列出轻重缓急，能给人一种总体风险的印象。而且能把全体项目人员都统一起来，使人们不再仅仅考虑自己所面临的风险，而且能自觉地意识到项目的其他管理人员的风险，还能预感到项目中各种风险之间的联系和可能发生的连锁反应。

风险的识别是一项复杂的工作，需要做很多细致的工作，要对各种可能导致风险的因素去伪存真，反复比较；要对各种倾向、趋势进行推测，做出判断；还要对工程项目的各种内外因素及其变量进行评估。实践中，可采用下列方法来发现并具体描述各项风险：

（1）分析询问。通过向有关专家、当事人提出一系列有关财产和经营的问题，以了解相关风险因素，并获得各种信息。

（2）分析财务报表。财务报表有助于确定一个工程项目可能遭受的损失以及在何种情况下会遭受这些损失。通过分析资产负债表、营业报表及有关补充资料，可以识别企业当前的所有资产、责任及人身损失风险。将这些报表和财务预测、预算结合起来，可以发现未来风险。

（3）绘制流程图。将一个工程项目的经营活动按步骤或阶段顺序以若干个模块形式组成一个流程图系列。每个模块中都标出各种潜在的风险或利弊因素，从而给决策者一个清晰具体的印象。

（4）现场考察。通过直接考察现场可以发现许多客观存在的静态因素，也有助于预测、判断某些动态因素。例如，承包工程，投标报价前的现场踏勘可以使承包商对拟投标的工程基本做到心中有数，但只有现场考察还远远不够，现场踏勘仅能了解一定范围内的地面情况，而对于超出范围或范围内的地下及有关水文、地质情况并不能了解。因此现场考察除要求获取直接资料外，还应设法获取间接资料，而且要对所掌握的资料认真研究以便去伪存真。

（5）各部门相互配合。风险识别不能仅靠某一部门完成，应由各相关部门系统地、连续地相互配合。风险识别贯穿于工程项目的始末，要求各责任部门鼎力相助，共同分析判断。

（6）参考统计记录。参考以前的统计记录对判断在未来有可能重复出现的风险事件极为有益。

（7）环境分析。详细分析工程项目经营活动的外部环境与内在风险的联系，也是识别风险的重要环节。

（8）向外部咨询。任何人都不是万事通，他们可以从客观上识别，主要风险，但涉及各种细节时就比较困难。因此有必要向有关行业或专家进一步咨询。如业主投资需要委托咨询公司；承包商在投标报价前需要向保险公司、材料设备供应商询价。

8.2.2 风险衡量

识别企业或经营活动所面临的风险之后，应分别对各种风险进行衡量，从而进行比较，以确定各种风险的相对重要性。衡量风险时应考虑两个方面：损失发生的频率或发生的次数和这些损失的严重性，而损失的严重性比其发生的频率或次数更为重要。例如，工程完全毁损虽然只有一次，但这一次足可造成致命损伤；而局部塌方虽有多处或发生较为频繁，却不致使工程全部毁损。

衡量风险的潜在损失的最重要的方法是确定风险的概率分布。这也是当前国际工程风险管理最常用的方法之一。概率分布不仅能使人们能比较准确地衡量风险，还可能有助于制定风险管理决策。

1. 概率分布

概率分布表明每一可能事件及其发生的概率。由于在构成概率分布所相应的时期内，每一项目的潜在损失的概率分布仅有一个结果能够发生，因此，损失概率之和必然等于1。

概率包括主观概率和客观概率两种：

（1）主观概率指人们凭主观判断而得出的概率，例如，对某项承包工程，人们往往根据一些风险因素，从定性角度判断承揽该工程会发生几种亏损的可能性。事实上这种主观概率没有多大实用价值，因为它缺乏可信的依据，而且凭主观推断的结果与实际结果常常相差甚远。

(2) 客观概率指人们在基本条件不变的前提下，对类似事件进行多次观察，统计每次观察的结果及其发生的频率，进而推断出类似事件发生的可能性。依据统计推断出的客观概率对判断潜在的风险损失很重要参考意义。但有时对客观概率的判断结果会因人而异。

在衡量风险损失时应考虑三种概率分布：总损失金额、潜伏损失的具体事项及各项损失的预期数额。总损失金额的概率分布表明在某一项目中可能遭受的多种损失及其可能发生的概率。

2. 概率分布表的确立依据

概率分布表不能凭空设想或凭主观推断建立。确立概率分布表应参考相关的历史资料，依据理论上的概率分布，并借鉴其他的经验对自己的判断进行调整和补充。

历史资料指在相同的条件下，通过观察各种潜在损失金额在长时期内已经发生的次数，估计每一可能事件的概率。但是，由于人们常常缺乏广泛而足够的经验，加之风险环境不断地发生变化，故依据历史事件的概率只能作为参考。参考历史资料时应尽量扩大参考范围，参考时应有所区分，不可完全照搬。

逻辑推理及定性分析亦可有助于确立概率分布。但推理和分析只能得出抽象的概率，而无法具体化。要想准确判断概率损失尚须进行风险分析。

8.2.3 风险分析

风险分析是指应用各种风险分析技术，用定性、定量或两者相结合的方式处理不确定性的过程。

在项目运行过程中，会出现各种不确定性，这些不确定性将对项目目标的实现产生积极或消极影响。项目风险分析就是对将会出现的各种不确定性及其可能造成的各种影响和影响程度进行恰如其分的分析和评估。通过对那些不太明显的不确定性的关注，对风险影响的揭示，对潜在风险的分析和对自身能力的评估，采取相应的对策，从而达到降低风险的影响或减少其发生可能性的目的。

1. 风险分析

(1) 采集数据。首先必须采集与所要分析的风险相关的各种数据，所采集的数据必须是客观的，可统计的。某些情况下，直接的数据资料还不够充分，尚需主观评价，特别是对投资者来讲在技术、商务和环境方面都比较新的项目，需要通过专家调查方法获得具有经验性和专业知识的主观评价。

(2) 完成不确定性模型。以已经得到的有关风险的信息为基础，对风险发生的可能性和可能的结果给以明确的定量化，通常用概率来表示风险发生的可能性，可能的结果体现在项目现金流量表上，用货币表示。

(3) 对风险影响进行评价。在不同风险事件的不确定性已经模型化后，紧接着就要评价这些风险的全面影响。通过评价把不确定性与可能结果结合起来。

2. 风险分析的主要内容

由于每一个风险都有自身的规律和特点、影响范围和影响量，通过分析可将它们的影响统一变为成本目标的形式，按货币单位来度量，具体可如下分析和评价：

（1）风险存在和发生的时间分析。即风险可能在项目的哪个阶段、哪个环节上发生。许多风险都有明显的阶段性，有的风险是直接与具体的工程活动相联系的。这种分析对风险的预警有很大的作用。

（2）风险的影响和损失分析。风险的影响是个复杂的问题，有的风险影响面较小，有的风险影响面很大，可能引起整个工程的中断或报废。而风险之间常常也是有联系的。例如，经济形势的恶化不但会造成物价上涨，而且可能会引起业主支付能力的变化；通货膨胀引起了物价上涨，则不仅会影响后期的采购、工人工资及各种费用支出，而且会影响整个工程费用；由于设计图纸提供不及时，不仅会造成工期拖延，而且会造成费用提高（如人工和设备闲置、管理费开支），还可能存在按原计划可以避开的冬雨季施工，造成更大的拖延和费用增加。

有的风险是相克的，其作用可以相互抵消。例如，反常的气候条件、设计图纸拖延、设备拖延等在同一时间段发生，则它们对总工期的影响可能是重叠的。

（3）风险发生的可能性分析。它是研究风险自身的规律性，通常可用概率表示。

（4）风险级别。风险因素非常多，涉及各个方面，但人们并不是对所有的风险都予以同等重视。否则将大大增加管理费用，而且谨小慎微，反过来会干扰正常的决策过程。

（5）风险的起因和可控性分析。对风险起因的研究是为预测、对策研究、责任分析等服务的；而风险的可控性是人类对风险影响进行控制的可能性。有的风险是人力可以控制的，例如，承包商对招标文件的风险，实施方案的安全性和效率风险等；而有的却是不可控制的，例如，物价风险，反常的气候风险等。

3. 风险分析说明

风险分析结果必须用文字、图表进行表达说明，作为风险管理的文档，即以文字、表格的形式作为风险分析报告。这个结果表达不仅作为风险分析的成果，而且应作为人们风险管理的基本依据。此外，风险应在任务单、决策文件、研究文件、报告指令等文件中予以说明。

8.3　施工项目风险的防范与处理

8.3.1　风险防范的可能性

风险是基于客观存在的分布，而防范则是基于主观的判断。如果主客观一致即可判定风险，从而可以有效地防范。既然风险是在给定情况下存在的可能结果间的差异，那么人们就有可能凭经验推断出其发生的规律和概率。虽然这些规律和概率并非一成不变，但通过一定时期内的观察，可判断出其大致规律，从而可以有意识地采取一些预防手段来防范。

风险具有以下特征，这些特征决定了风险防范的可能性。

1. 风险的可测性

风险并不是秘不可预测的，它有其特定的根源、有发生的迹象、征兆和一定的表现形式。人们通过细心观察、深入分析研究、科学的推测，一般可以预测风险发生的可能性、发生的概率，甚至通过概率计算预测风险可能造成的损失程度。

2. 风险的普遍性

由于风险无时无处不在，且时有重复，人们在进行任何举措之前，都会有风险意识，本能的积极或消极地采取各种预防措施。

3. 风险概率的互斥性

一个事件的演变具有多种可能，而这些可能具有互斥性。例如，投资一个项目至少有两种可能的结果：盈利或亏本。盈利的可能加大，亏本的可能性就减小，两种可能性不会同时加大或同时减小。

4. 风险的可转移性

不同的人对同样的风险可产生不同的反映，因为人们对风险所具有的承受力不一样。例如，一项工程包括多项子工程，总承包商可以承担总包风险，而将其中自己不具优势的子项工程转包给专业承包商，从而将该子项工程中潜伏的风险也转移出去。对于该专业承包商来说，这些潜伏的风险不一定会真正成为风险。

5. 风险的可分散性

风险是由各种因素构成的。若干风险因素集中在一起，风险的因素将会很大。但如果将这些因素分散，尽管每个因素都有可能诱发风险，但其概率将大大降低。工程项目管理是一种多程序、多方位、内容错综复杂的经营活动。投资人可以只考虑其资金筹措中的各种风险，而将工程的设计、实施、管理及运营交给业主，而业主又可通过发包把工程的实施任务委托给承包商，将技术把关任务委托给监理工程师；承包商又可以通过分包将工程各子项中潜伏的风险分散转移至各分包商。这样层层分散、转移，即可调动各方面的积极因素，克服消极因素，大家共同承担风险。

6. 有些风险具有可利用性

风险有两类：纯粹风险和投机风险。纯粹风险只会造成损失或不造成损失而不能提供获利机会，如自然灾害、工伤事故。但投机风险则既可能造成损失，又可能提供获利机会，如投资兴办企业，投资失败会造成重大经济损失，反之，则有可能获得巨额利润。因此，投机风险便具有可利用的一面。

8.3.2 风险的处理

风险的处理主要包括两种最基本的方法：风险控制和财务措施。

1. 风险控制

采用风险控制措施可降低预期损失或使这种损失更具有可测性，从而改变风险；这种方法包括风险回避、风险预防、风险分离、风险分散及风险转移等。

（1）风险回避。风险回避主要是中断风险源，使其不发生或遏制其发展。回避风险有时可能不得不做出一些必要的牺牲，但较之风险真正发生进而可能造成的损失要小得多，甚至微不足道。如回避风险大的项目，选择风险小或适中的项目等。在项目决策时要注意，对于风险超过自己的承受能力，成功把握不大的项目，不介入，不参与合资。甚至有时在工程进行到一半时，预测后期风险很大，必然有更大的亏损，不得不采取中断项目的措施。

回避风险虽然是一种风险防范措施，但应该承认这是一种消极的防范手段。因为回避风险固然能避免损失，但同时也失去了获利的机会。

（2）风险预防。风险预防是指要减少风险发生的机会或降低风险的严重性，设法使风险最小化。主要有两方面的含义：

1）风险预防。风险预防指采取各种预防措施以杜绝风险发生的可能。例如，供应商通过扩大供应渠道以避免货物滞销；承包商通过提高质量控制标准以防止因质量不合格而返工或罚款；管理人员通过加强安全教育和强化安全措施，减少事故的发生等。在商业交易中，各方都把风险预防作为重要事项。业主要求承包商出具各种保函就是为了防止承包商不履约或履约不力；而承包商要求在合同条款中赋予其索赔权利也是为了防止业主违约或发生种种不可预测事件。

2）减少风险。减少风险指在风险损失已经不可避免的情况下，通过种种措施以遏制风险势头继续恶化或局限其扩展范围使其不再蔓延，也就是说使风险局部化。例如，承包商在业主付款误期超过合同规定期限情况下采取停工或撤出队伍并提出索赔要求甚至提起诉讼；业主在确信承包商无力继续实施其委托的工程时立即撤换承包商；施工事故发生后采取紧急救护等都是为了达到减少风险的目的。

（3）风险分离。风险分离指将各风险单位分离间隔，以避免发生连锁反应或互相牵连。这种处理可以将风险局限在一定的范围内，从而达到减少损失的目的。

风险分离常用于工程中的设备采购。为了尽量减少因汇率波动而遭致的汇率风险，可在若干不同的国家采购设备，付款采用多种货币。比如，在德国采购支付马克，在日本采购支付日元，在美国采购支付美元等。这样即使发生大幅度波动，也不会全都导致损失风险。以日元、马克支付的采购可能因其升值而导致损失，但以美元支付的采购则可以因其贬值而获得节省开支的机会。

在施工过程中，承包商对材料进行分隔存放也是风险分离手段。这样就可以避免材料集中于一处时可能遭受同样的损失。

（4）风险分散。风险分散与风险分离不一样，它是通过增加风险单位以减轻总体风险的压力，达到共同分摊集体风险的目的。

工程项目总的风险有一定的范围，这些风险必须在项目参加者之间进行分配。每个参与者都必须有一定的风险责任，这样才有管理和控制风险的积极性和创造性。风险分配通常在任务书、责任书、合同、招标文件等中定义，在起草这些文件的时候都应对风险作出预计、定义和分配。风险分配的原则有：

1）从工程整体效益的角度出发，最大限度地发挥各方面的积极性。项目参与者如果不承担任何风险，就没有任何责任，也就没有控制风险的积极性，就不可能做好工作。例如，对承包商采用成本加酬金合同，承包商没有任何风险责任，它就会千方百计提高成本以争取工程利润，最终损害工程的整体效益。

而如果让承包商承担全部风险责任也不行。一方面，要价很高，会加大预算以防备风险；而业主如不承担任何风险，便随意决策，随意干预，不积极对项目进行战略控制，风险发生时也不积极提供帮助，则同样也会损害项目整体效益。

从工程的整体效益的角度来分配风险的准则是：

a. 能有效地防止和控制风险或将风险转移的，则应承担相应的风险责任；

b. 能经济、有效、方便、可行地控制风险，并只有通过其努力才能减少风险影响的，应承担相应的风险责任；

c. 能通过风险分配强化其责任心和积极性的，应承担相应的风险责任。

2）公平合理、责权利平衡。

a. 风险责任和权力应是平衡的。风险的承担是一项责任，即承担风险控制以及风险产生的损失。但另一方面，要给承担者以控制、处理的权力。如承包商承担施工方案的风险，则它就有权选择更为经济、合理、安全的施工方案。

b. 风险与机会对等。风险承担者同时应享受风险控制获得的收益和机会收益。如承包商承担物价上涨的风险，则物价下跌带来的收益也应归承包商所有；若承担工期风险，拖延要支付误期违约金，则工期提前就应奖励。

c. 承担的可能性和合理性。给风险承担者以预测、计划、控制的条件和可能性，给其以迅速采取控制风险措施的时间、信息等条件，否则对其来说风险管理成了投机。如要承包商承担招标文件的理解、环境调查、实施方案和报价的风险，则必须给其一个合理的做标时间，向其提供现场调查的机会，提供详细且正确的招标文件，特别是设计文件和合同条件，并及时地回答其做标中发现的问题，这样才能理性地承担风险。

3）符合工程项目的惯例，符合通常的处理方法。惯例一般比较公平合理，如果明显的违反国际（或国内）惯例，则常常显示出一种不公平、一种危险。例如，在 FIDIC 合同条款中，明确地规定了业主和承包商之间的风险分配。它是国际工程惯例，比较公平合理。

（5）风险转移。有些风险无法通过上述手段进行有效控制，经营者只好采取转移手段以保护自己。风险转移并非损失转嫁；也不能被认为是损人利已有损商业道德，因为有许多风险对一些人的确可能造成损失，但转移后并不一定给他人造成损失。其原因是各人的优劣势不一样，因而对风险的承受能力也不一样。

风险转移的手段常用于工程承包中的分包、技术转让或财产出租。合同、技术或财产的所有人通过分包工程、转让技术或合同、出租设备或房屋等手段将应由其自身全部承担的风险部分或全部转移至他人，从而减轻自身的风险压力。

2. 财务措施

采用财务措施即经济手段来处理确实会发生的损失。这些措施包括风险的财务转移、风险自留、风险准备金和自我保险等。

（1）风险的财务转移。所谓风险的财务转移，指风险转移人寻求用外来资金补偿确实会发生或业已发生的风险。风险的财务转移包括保险的风险财务转移即通过保险进行转移和非保险的风险财务转移即通过合同条款达到转移之目的。

保险的风险财务转移的实施手段是购买保险。通过保险，投保人将自己本应承担的归咎责任（因他人过失而承担的责任）和赔偿责任（因本人过失或不可抗力所造成损失的风险责任）转嫁给保险公司，从而使自己免受风险损失。非保险的风险财务转移的实施手段则是除保险以外的其他经济行为。如根据承包合同，业主可将其对公众在建筑物附近受到伤害的部分或全部责任转移至建筑承包商，这种转移属于非保险的风险财务转移；而承包商则可以通过投保第三者责任险又将这一风险转移至保险公司，这种风险转移属于保险的风险财务转移。

非保险的风险财务转移的另一种形式就是通过担保银行或保险公司开具保证书或保函。根据保证书或保函，保证人保证委托人对债权人履行某种明确的义务。保证人必须履行担保义务，否则债权人可以依据保证书或保函向保证人索要罚金，然后保证人可以向委托人追偿其损失。通常情况下，保证人或担保人签发保证书或保函时，要求委托人提交现金、债券或不动产作抵押，以备自己转嫁损失赔偿。通过这种形式，债权人可将债务人违约的风险转移给保证人。

非保险的风险财务转移还有一种形式——风险中性化。这是一个平衡损失和收益机会的过程。例如，承包商担心原材料价格变化而进行套期交易；出口商担心外汇汇率波动而进行期货买卖等。不过采取风险中性化手段没有机会从投机风险中获益。因此，这种手段只是一种防身术，只能保证自己不受风险损失而已。

（2）风险自留。风险自留即是将风险留给自己承担，不予转移。这种手段有时是无意识的，即当初并不曾预测到，不曾有意识地采取种种有效措施，以致最后只好由自己承受；但有时也可以是主动的，即有意识、有计划地将若干风险主动留给自己。这种情况下，风险承受人通常已做好了处理风险的准备。

主动的或有计划的风险自留是否合理明智取决于风险自留决策的有关环境。风险自留在一些情况下是唯一可能的对策。有时企业不能预防损失，回避又不可能，且没有转移的可能性，企业别无选择，只能自留风险。例如，在河谷中建厂的企业发现已没有其他可能的方法来处理洪水风险，而放弃建厂和损失控制的成本都极其昂贵，而且在这一特定领域投保洪灾险也不可能，投资人骑虎难下，只好采取自留风险的对策。但是如果风险自留并非唯一可能的对策时，风险管理人应认真分析研究，通盘考虑，制定最佳决策。

决定风险自留必须符合以下条件之一：

1）自留费用低于保险公司所收取的费用。

2）企业的期望损失低于保险人的估计。

3）企业有较多的风险单位（意味着单位风险小，且企业有能力准确地预测其损失）。

4）企业的最大潜在损失或最大期望损失较小。

5）短期内企业有承受最大潜在损失或最大期望损失的经济能力。

6）风险管理的目标可以承受年度损失的重大差异。

7）费用和损失支付分布于很长时间里，因而导致很大的机会成本。

8）投资机会很好。

9）内部服务或非保险人服务优良。

如果实际情况与以上条件相反，无疑应放弃自留风险的决策。

（3）风险准备金。风险准备金是从财务的角度为风险作准备，在计划（或合同报价）中另外增加一笔费用。例如，在投标报价中，承包商经常根据工程技术、业主的资信、自然环境、合同等方面风险的大小以及发生可能性（概率）在报价中加上一笔不可预见风险费。准备金的多少是一项管理决策。从理论上说，准备金的数量应与风险损失期望相等，即为风险发生所产生的损失与发生的可能性（概率）的乘积，即：

风险准备金＝风险损失×发生的概率

除了应考虑到理论值的高低外，还应考虑到项目边界条件各项目状态。例如，对承包商来说，决定报价中的不可预见风险费，要考虑到竞争者的数量，中标的可能性，项目对企业经营的影响等因素。如果风险准备金高，报价竞争力降低，中标的可能性很小，即不中标的风险就大。

（4）自我保险。自我保险指内部建立保险机制或保险机构，通过这种保险机制承担企业的各种可能风险。尽管这种办法属于购买保险范围范畴，但这种保险机制或机构终归隶属于企业内部，即使购买保险的开支有时可能大于自留风险所需开支，但因保险机构与企业的利益一致，各家内部可能有盈有亏，而从总体上依然能取得平衡，好处未落入外人之手。因此，自我保险决策在许多时候也具有相当重要的意义。

8.4 工 程 保 险

工程项目保险是指通过保险公司以收取保险费的方式建立保险基金，一旦发生自然灾害或意外事故，造成参加保险者的财产损失或人身伤亡时，即用保险金给以补偿的一种制度。它的好处是，参加者付出一定的小量保险费，换得遭受大量损失时得到补偿的保障，从而增强抵御风险的能力。

8.4.1 工程保险的种类和内容

工程项目应投保哪几种保险，要按标书中合同条件的规定以及该项目所处的外部条件、工程性质和业主与承包商对风险的评价和分析来决定。其中，合同条件的规定是决定的主要因素，凡是合同条件要求保险的项目一般都是强制性的。下面就此作摘要介绍。

1. 建筑工程一切险（包括第三者责任险）

建筑工程一切险是对各种建筑工程项目提供全面保障。既对在施工期间工程本身、施工机具或工地设备所遭受的损失予以赔偿，也对因施工而给第三者造成的物资损失或人员伤亡承担赔偿责任。

建筑工程一切险多数由承包商负责投保。如果承包商因故未办理或拒不办理投保，业主可代为投保，费用由承包商负担。如果总承包商未曾就分包工程购买保险，负责该项分包工程的分包商也应办理其承担的分包任务的保险。建筑工程一切险的保险契约生效后，投保人就成为被保险人，但保险的受益人同样也是被保险人。该被保险人必须是在工程进行期间承担风险责任或具有利害关系，即具有可保利益的人，具体包括业主、总承包商、分包商、监理工程师、与工程有密切关系的单位或个人。如果被保险人不止两家，则各家接受赔偿的权利以不超过其对保险标的可保利益为限。

建筑工程一切险适用于房屋工程和公共工程，其承保的内容有：

（1）工程本身，指由总承包商和分包商为履行合同而实施的全部工程。包括预备工程、临时工程、全部存放于工地的为施工所必需的材料等。

（2）施工用设施和设备，包括活动房、存料库、搅拌站、脚手架、水电供应及其他类似设施。

（3）施工机具，包括大型陆上运输和施工机械、吊车及不能在公路上行驶的工地用车辆，不管这些机具属承包商所有还是其租赁物资。

（4）场地清理费，这是指在发生灾害事故后场地上产生了大量的残砾。为清理工地现场而必须支付的一笔费用。

（5）第三者责任，指在保险期内对因工程意外事故造成的应由被保险人负责的工地上及邻近地区的第三者人身伤亡、疾病或财产损失，以及被保险人因此而支付的诉讼费用和事先经保险公司书面同意支付的其他费用等赔偿责任。

（6）工地内现有的建筑物，指不在承保的工程范围内的、业主或承包人所有的工地内已有的建筑物或财产。

(7) 由被保险人看管或监护的停放于工地的财产。包括安装工程的建筑项目，如果建筑部分占主导地位，也就是说，如果机器、设施或钢结构的价格及安装费用低于整个工程造价的50%，亦应投保建筑工程一切险。如果安装费用高于工程造价的50%，则应投保安装工程一切险。

建筑工程一切险承保的危险与损害涉及面很广。凡保险单中列举的“除外情况”之外的一切事故损失全在保险范围内。

建筑工程一切险的保险金额按照不同的保险标的确定。如果承包商不愿投保“一切险”，也可以就承包商的材料、机具装备、临时工程、已完工程等分别进行保险，但应征得业主同意。一般来说，集中投保一切险，可能比分别投保的费用要花得少些。有时，承包商将临时工程、劳务或某一部分永久性工程分包给其他分包商，那么，他可以要求分包商投保其分担责任的那一部分的保险，而自己则按扣除该分包价格的余额进行保险。

保险人向被保险人支付为修复保险标的遭受损失所需的费用时，必须扣除免赔额。支付的赔偿额极限相当于保险总额，但不超过保险合同中规定的每次事故的担保极限之和或整个保险期内发生的全部事故的总担保极限。工程本身的免赔额为保险金额的0.5%～2%；施工机具设备等的免赔额为保险金额的5%；第三者责任险中财产损失的免赔额为每次事故赔偿限额的1%～2%，但人身伤害没有免赔额。

建筑工程一切险的保险费率通常要根据风险的大小确定。保险费率同项目的性质（例如，一般民用建筑、公路桥梁、工业建筑、化工装置、危险物品仓库等）和项目所在地的地理条件、自然条件以及工期的长短、免赔额的高低等因素有关，可以就本项目的具体情况与保险公司协商一个合理的费率。

保险的期限要根据合同条件要求确定，它至少应包括全部施工期，如果业主要求缺陷责任期内，由于施工缺陷造成的损害也属于保险范围，则可在投标申请书中写明。一般来说，实际保险期限可以比合同工期略长一些，这是考虑到可能工期拖长，免得以后再办保险延期手续。

2. 安装工程一切险

安装工程一切险属于技术险种。这种保险的目的在于为各种机器的安装及钢结构工程的实施提供尽可能全面的专门保险。

安装工程一切险主要适用于安装各种工厂用的机器、设备、储油罐、钢结构、起重机、吊车以及包含机械工程因素的各种建造工程。

安装工程一切险同建筑工程一切险有着重要的区别：

(1) 建筑工程一切险的标的从开工以后逐步增加，保险额也逐步提高，而安装工程一切险的保险标的一开始就存放于工地，保险公司一开始就承担着全部货价的风险。在机器安装好之后，试车、考核所带来的危险以及在试车过程中发生机器损坏的危险是相当大的，这些危险在建筑工程一切险部分是没有的。

(2) 在一般情况下，自然灾害造成建筑工程一切险的保险标的损失的可能性较大，而安装工程一切险的保险标的多数是建筑物内安装及设备（石化、桥梁、钢结构建筑物等除外），受自然灾害（洪水、台风、暴雨等）损失的可能性较小，受人为事故损失的可能性较大，这就要督促被保险人加强现场安全操作管理，严格执行安全操作规程。

(3) 安装工程在交接前必须经过试车考核，而在试车期内，任何潜在的因素都可能造成损失，损失率要占安装工期内的总损失的一半以上。由于风险集中，试车期的安装工程一切险的保险费率通常占整个工期保费的1/3左右，而且对旧机器设备不承担赔付责任。

安装工程一切险的投保人与被保险人同建筑工程一切险一样，安装工程一切险应由承包商投保，业主只是在承包商未投保的情况下代其投保，费用由承包商承担。承包商办理了投保手续并交纳了保费后即成为被保险人。安装工程一切险的被保险人除承包商外还包括业主、制造商（供应商）、咨询监理公司、安装工程的信贷机构和待安装构件的买主等。安装工程一切险的保险金额包括物质损失和第三者责任两大部分。

如果投保的安装工程包括土建部分，其保额应为安装完成时的总价值（包括运费、安装费、关税等）；若不包括土建部分，则设备购货合同价和安装合同价加各种费用之和为保额；安装建筑用机器、设备、装置应按安装价值确定保额。第三者责任的赔偿限额按危险程度由保险双方商定。通常对物质标的部分的保额先按安装工程完工时的估计总价值暂定，工程完工时再根据最后建成价格调整。

安装工程一切险在保险单列明的安装期限内自投保工程的动工日或第一批被保险项目被卸到施工地点时起生效，直到安装工程完毕经验收时终止。如合同中有试车、考核规定，则试车、考核阶段应以保单中规定的期限为限。但如被保险项目本身是旧产品，则试车开始时，责任即告终止。保险期限的延长需征得保险人的同意，并在保险单上加批和增收保费。

3. 雇主责任险

雇主责任险指雇主为其雇员办理的保险，保障雇员在受雇期间因工作而遭受意外而致受伤、死亡或患有与业务有关的职业性疾病情况下获取医疗费、工伤休假期间的工资，并负责支付必要的诉讼费等。

4. 人身意外伤害险

人身意外伤害保险与雇主责任的保险标的都是保证人身遭受意外伤害时负赔偿责任，但两者之间有重要区别，雇主责任险由雇主为雇员投保，保费由雇主承担，所指伤害应与工作相关。而人身意外伤害险并不一定由雇主投保，投保人可以是雇主，也可以是雇员或个体生产者或自由职业者。

人身意外伤害保险与雇主责任险的保险范围和除外责任基本相同，但投保手续、费用及赔付标准和做法均不相同。最大的区别是人身意外伤害保险规定在保险有效期间。不论有无发生保险事故，保险期满时，保险本金均将退还给被保险人，而雇主责任险则没有这种规定。

人身意外伤害保险尚可附加意外伤害医疗保险条款，保障被保险人在保险责任范围内发生意外伤害的治疗费、药品费、检验费、理疗费、手术费、输血输氧费、敷料费、住院费等。

5. 货物运输险

货物运输险指承包商为实施工程而需要通过河运、海运、空运和陆运的手段，将工程所需材料运至工地过程中可能发生的危险损失负赔偿责任。通常卖方不承担运输风险责任，但如果买主要求，也可以代买主投保运输险，并将保险费计入其货物报价中，货物运输险分为海（河）上、陆上（火车、汽车）、航空三种货物运输险，保险条款大致相同。保险费率视不同的运输方式，货物特性、运距、险别等不同因素而定。

各种运输险一般有平安险和一切险等。所谓运输一切险是指包括平安险和其他外来原因所致的损失保险，而平安险一般指在运输过程中各种自然灾害造成货物损失或损坏、运输工具遭受各种事故（如海轮的搁浅、触礁、沉没、碰撞、失火、爆炸等，空运的坠毁、失踪、碰撞、火灾、爆炸等，陆运的碰撞、翻车、失火、爆炸等）造成的损害或损失，以及失落、丢失等造成的损失。但是，保险公司对于装运前（运输保险责任开始之前）货物已存在的品质不良和数量短缺以及货物的自然损耗，特性改变等损失不承担责任。

8.4.2 保险公司的选择

对较大的工程项目，许多保险公司会主动上门服务。在选择时应考虑以下一些问题。

1. 审查保险公司的注册资本及赔偿风险的资金能力

为保障被保险人的利益，国家对保险公司的承保范围和能力是有规定的。应当根据工程的规模选择与其承保能力相适应的保险公司。特别是大型项目，一旦发生事故损失，索赔金额往往是很大的。如果保险公司的注册资本和付讫资本很小，可能无力支付索赔，有的甚至宣布破产以逃避自己的责任。因此，应当审查保险公司的资金支付能力。

2. 调查保险公司的信誉

有的保险公司可能提供一份营业执照，但其执照是按年发给，甚至有按季度发给的。如果这家保险公司在一年或一季度承保的金额过大，或者发生过一两次严重的赔偿违约事件，有可能中止其保险业务。

3. 优先考虑将国外的工程和国内的外资贷款工程向本国的保险公司投保

有些工程，业主所在国家没有限制性规定的，应争取在我国内投保；对方限制十分严格的，可争取该国保险公司与中国人民保险公司联合承保，或由中国人民保险公司进行分保；还有一种是以所在国家和一家保险公司名义承保，而实际全部由中国人民保险公司承保，当地保险公司充当中国人民保险公司的前方代理，仅收取一定的佣金。由中国人民保险公司承保，不仅可以使外汇保险金不至于外流而且便于处理事故赔偿等问题，保险金费率也可有一定优惠。特别是由中国人民保险公司与当地保险公司联合承保时，中国人民保险公司更可以承担赔偿责任，避免外国保险公司推卸责任。

8.4.3 办理保险合同

在保险合同的办理过程中，应认真做好以下几方面的工作。

1. 如实填报保险公司的调查报表

在办理保险手续时，保险公司为确定风险大小，要求填报工程情况。这是一件严肃认真的事情，绝不能为了争取降低保险金费率而隐瞒情况。否则，一旦发生事故，保险公司将全部或部分推卸责任。

2. 分析研究保险合同条款

一般保险公司出具的保险单都会有保险条款，其中规定了保险范围、除外的责任、保险期、保险金额、免赔额、赔偿限额、保险费、被保险人义务、索赔、赔款、争议和仲裁等。这些条款相当于保险公司与承包人之间的保险合同，双方都要签字认可才正式生效。

在合同条款方面的任何争议必须在签约之前讨论清楚，并逐条修改或补充，取得共同一致的意见。

3. 重视保险内容的变化和改变手续

任何保险内容的变化应当及时通知保险公司。如果认为必要，应办保险变更手续签署补充文件，或由保险公司对变更内容予以书面确认。

8.4.4 预防事故和索赔

1. 重视被保险人的义务

要教育职工重视被保险人的义务，特别是预防事故和防止事故损失的扩大。

对于保险金额较大的工程，保险公司可定期与不定期地到现场进行安全检查，并且提出防止灾害事故的措施。承包人可以就这些措施同保险公司代表进行认真讨论，对于合理的而且费用属于正常支出的则应付诸实施。

无论发生何种事故，应当立即通知保险公司，并努力保护事故现场，采取一切必要的措施将损失减少到最低限度，只要采取的措施是合理和有效的，其措施费用一般可得到保险公司的补偿。相反，如果既不通知保险公司，又不保护现场，其索赔一般将被保险公司拒绝。

2. 及时报损和接受调查

只要被保险人及时向保险公司报告，保险公司一般将派人到事故现场进行调查。严重事故发生时，保险公司还将协同进行抢救活动。有些项目是向工程所在国境外保险公司投保的，他们一般都有指定的当地代理人，代理人的调查就能被保险公司接受。

调查报告主要内容除陈述事故经过、分析事故原因和调查被保险人的防范和抢救措施外，重点在于调查损失。损失的计算首先由被保险人提出，每项损失都要求提供必要的、有效的证明文件。证明文件应能证明索赔对象及索赔资格；证明索赔动因能够成立且属于理赔人的责任范围和责任期间。通常情况下，这些证明文件为保单、工程承包合同、事故照片及事故检验人的鉴定报告及各具体险别的保单中所规定的证明文件。

3. 工程赔偿

对于工程一切险，保险公司的赔偿一般以恢复投保项目受损前的状态为限，其受损的残值应被扣除。承包人的利润损失和其他各项管理费的损失不予赔偿；同时还应扣除免赔额（通常每次赔偿按保险单中所列的免赔额与保险金额的比例扣除）。赔款可以用现款支付，也可以重置受损项目或予以修复代替。一个项目同时由多家保险公司承保，则理赔的保险公司仅负责按比例分担赔偿的责任。

对于其他各种保险的报损、调查和赔偿，应当根据各种保险单和保险协议条款处理，大致与上述工程一切险相似。但如果保险公司未能亲自调查的话，则须提供有关的旁证调查资料。这里特别需要指出，第三方责任保险的事故损失，虽然是由投保人的责任造成，但投保人及其代表不能轻易向受损失方作任何承诺，出价、约定、付款或赔偿，而应当由保险公司去处理，否则，保险公司将不承担投保人承诺的责任。

4. 争议处理

如果被保险人因索赔事宜同保险公司发生争议，通常情况下先进行协商解决，如果协商达不成协议，可申请仲裁或向法院提出诉讼。通常情况下，仲裁与诉讼应在被告方的所在地。如果事先另有协议，则按协议处理。

学 习 小 结

本项目主要介绍了风险的概念、特征及与风险相关的几个概念；风险的分类，风险管理的含义、过程、程序；风险识别、风险估计和风险评价；风险应对策略、风险监控以及工程保险等内容。

能 力 训 练 题

1. 风险指的是损失的（　　）。

A. 不确定性　　B. 可预测性

C. 确定性　　D. 不可预测性

2. 对于工程项目管理而言，风险是指可能出现的（　　）的不确定因素。

A. 影响项目目标实现　　B. 影响项目风险控制

C. 影响项目团队建设　　D. 影响项目组织协调

3. 不确定的损失程度和损失发生的概率常用（　　）表示。

A. 风险事件　　B. 风险函数

C. 风险量　　D. 损失量

4. 承包商管理人员和一般技工的能力方面的风险属于（　　）类型。

A. 经济与管理风险　　B. 组织风险

C. 工程环境风险　　D. 技术风险

5. 风险管理工作流程的第一步是（　　）。

A. 风险转移　　B. 风险控制

C. 风险分析　　D. 风险辨识

6. 风险分析的工作之一是（　　）。

A. 进行风险衡量，确定风险量

B. 制定风险管理方案，采取降低风险量的措施

C. 分析存在哪些风险因素和风险事件

D. 进行投保或担保

7. 属于风险转移对策的是（　　）。

A. 风险衡量　　B. 预留风险金

C. 保险　　D. 减少风险损失值

8. 风险管理的工作流程是（　　）。

A. 风险分析、风险辨识、风险控制、风险转移

B. 风险控制、风险转移、风险分析、风险辨识

C. 风险分析、风险辨识、风险转移、风险控制

D. 风险辨识、风险分析、风险控制、风险转移

9. 损失控制和安全管理人员的资历和能力方面带来的风险属于（　　）。

A. 经济和管理风险　　B. 技术风险

C. 组织风险　　　　　　　　　　D. 工程环境风险

10. 人身安全控制计划方面的风险属于（　　）风险。

A. 组织　　　　　　　　　　　　B. 经济与管理

C. 工程环境　　　　　　　　　　D. 技术

项目9　施工项目沟通管理

学习目标：通过本项目的学习，能够掌握项目管理过程中组织协调的内容和主要方法；能够理解沟通的作用；能够掌握常用的沟通方式；正视沟通冲突，并能够采取恰当的方式予以解决。

9.1　施工项目沟通管理概述

9.1.1　施工项目沟通管理的基本内涵

在现代工程项目中，有众多的单位参与项目建设，几十家，几百家甚至上千家，形成了非常复杂的项目组织系统。由于各单位都具有不同的任务、目标和利益，因而在项目实施过程中，都企图指导、干预项目的实施，获取自身利益的最大化，最终造成了各单位利益相互冲突的混乱局面。

项目管理者必须对此进行有效的协调控制，采取有力的手段，使矛盾的各方面处于一个统一体，解决其不一致和矛盾，使系统结构均衡，项目顺利运行和实施。沟通是有效解决各方面矛盾的重要手段。通过沟通，解决技术、过程、逻辑、管理方法及程序中存在的矛盾和不一致，并且，由于沟通本身又是一个心理过程，因而，能够有效解决各方参与者心理与行为的障碍和争执，达到共同获利的目的。

1. 沟通的概念

所谓沟通就是两个或两个以上的人或实体之间信息的交流。这种信息的交流，既可以是通过通讯工具进行交流，如电话、传真、网络等，也可以是发生在人与人之间、人与组织之间的交流。

任何组织的管理只有通过信息交流即沟通才能实现，所以，组织管理效果的好坏可以通过其沟通效果来测定。沟通效果较好，则管理就较成功，工作效率就提高；反之，沟通不力，则表现为管理较差。管理的实施几乎完全依赖于沟通，一个管理者能否成功地进行沟通，很大程度上决定了他能否成功地对组织进行管理。

2. 沟通的对象

项目沟通的对象，应是与项目有关的内部、外部的有关组织和个人。内部组织指的是项目经理部人员、职能部门成员和班组成员。项目外部组织和个人是指建设单位有关人员、设计单位有关人员、监理单位有关人员、供货单位有关人员、政府监督部门及有关人员等。

项目组织应该通过各相关方的有效沟通，取得各方的认同、配合和支持，达到解决问题、排除障碍、形成合力、确保工程项目管理目标实现的目的。

3. 沟通的重要性和作用

长期以来，沟通只是被作为一个信息过程来看待，人们忽视了其作为心理和组织行为的过程。在使各项目参加者满意以及如何使各方面满意的问题上，没有足够的重视，所以，工作中产生的误解、摩擦、效率低下等问题，很大程度上可以归咎为沟通的失败。

早期的项目管理，大多侧重于项目管理工作手段和技术的研究、开发和论述。自20世纪70年代，项目组织行为及其组织协调工作逐步得到重视，研究重点转移到项目管理中的组织和行为方面，领域涉及领导类型，人际关系技巧，冲突的管理，决策方式和建立项目组织的技巧，组织设计和项目经理的权威关系，项目管理中信息的沟通，项目组织内部、近外层及远外层组织的关系等。

沟通是计划、组织、领导、控制等管理职能有效性的保证，没有良好的沟通，对项目的发展以及人际关系的处理、改善都存在着制约作用。其重要性可以总结概括为以下几个方面：

（1）有效的沟通是良好决策的必要前提。项目的决策者要作出正确的决策，就必须有准确、完整、及时的大量信息作为决策依据。沟通不力，信息不畅，阻碍了决策者获取最及时有效的信息，依据滞后的信息作出的决策必然是不符合项目实际情况的决策，将可能导致项目的失败。而众多变化的信息，通过项目内外环境之间的有效的沟通，为项目决策提供了依据。

（2）有效的沟通对项目活动的顺利实施极为重要。许多项目活动计划的失败或部分完成，都是由于没有很好地传达对项目的指导原则。

（3）沟通对于项目组织内部、组织内部与外部之间关系的协调也极为重要。组织内部成员，有必要通过沟通知晓所要实现的目标，并通过沟通处理好内部成员个体之间的关系，形成一个强有力的整体。通过组织内部与组织外部的沟通，协调各自关系，减少矛盾与对立的产生，使项目能够顺利实施。

（4）沟通对于接受信息的反馈也很重要。项目在实施的过程中，要不断对其工作进行评价，将评价信息反馈给管理者。管理者通过收集、过滤、合并、引导信息流以确定适宜行动。无论对小型组织还是大型项目组织，这点都是至关重要的。

通过沟通，可以达到以下的目的：

1）使项目的目标明确，项目的参与者对项目的总目标达成共识。沟通为总目标服务，以目标作为群体目标，作为大家的行动指南。沟通的目的就是要化解组织之间的矛盾和争执，使在行动上协调一致，共同完成项目的总目标。

2）建立和保持良好的团队精神。沟通使各方面、各种人互相理解，使项目组织成员不会因目标不同而产生矛盾和障碍，从而使各方面的行为一致，减少摩擦、对抗，化解矛盾，建立良好的团队组织，达到较高的组织效率。

3）保持项目的目标、结构、计划、设计、实施状况的透明性。当项目出现问题和困难时，通过沟通使大家有信心、有准备，齐心协力地提出解决方案，顺利解决问题。

4）体现良好的社会责任形象。通过沟通和交流可以使社会的不同层次都能理解和认同组织履行社会责任的业绩，树立组织在社会责任方面的市场形象，全面提高组织的整体管理水平。

4. 沟通的要素

沟通可以理解为“传递思想，使别人理解自己的过程”。其含义是说沟通是一个互相交流的过程。有效的沟通就是为了活动的启动、协调、反馈及中间流程的纠正等目的而互相交换思想和看法。

管理者必须发挥良好的沟通技能。管理者的最基本的技能就是能以书面或口头的形式组织和表达思想，他的成功依赖于他能通过口头和书面文字对别人产生影响，这种将自己思想表达清楚的能力就是管理者应该拥有的最为重要的技能。

沟通的技能对所有管理阶层工作的功效都是很关键的。计划和实施的成功程序与沟通的技能直接相关。

通俗地讲，沟通模式就是：谁向谁说了什么，产生了效果而使其接受。根据这个模式，沟通有三个基本要素：沟通者、内容、接受者。

(1) 沟通者。在任何情况下，信息的发出者都是很关键的。只要让人们知道某条信息来源于某个有名望、有影响的人，就很容易被人们所接受。而到了接受者能区分信息和来源的时候，信息来源可能就要失去其重要性。但在能作出这种区别之前，沟通者就变得非常关键。

(2) 内容。影响信息效果的另一个重要因素就是信息的内容。信息的内容可以通过以下两种沟通特性的表现来反向描述。

1) 有效情感强度的把握。根据大量的研究表明，当沟通对象的情感强度上升，对沟通者所提建议的接受程度并不一定相应地上升。对任何类型的劝说性沟通而言，这种关系更可能是曲线形的。当情感强度从零增至一个中等程度时，接受性也增加；但是情感强度再增强至更高水平时，接受性反而会下降。

这就表明情感强度处于很高或很低水平时都可能有钝化作用。中等情感强度是最有效的。然而，在最终的分析中，对某信息应使用多少程度的情感还要靠主观判断。

2) 劝说型沟通的把握。在劝说型的沟通中，对非人格化的主题给出了一系列复杂的论据，通常明确地给出结论比让听众自己得出结论更为有效，特别是听众一开始不同意评论者的主张的时候更应如此。

给出双方面论据相对于只给出单方面论据从长远来看更有效。如果不管最初的观点是什么，沟通对象都将处于随后的反面宣传之中；或不论沟通对象是否暴露于随后的反面宣传之中，沟通对象一开始就不同意评论者的主张。在这些情况下，给出双方面的论据更有利于沟通对象对评论者观点的接受。但如果沟通对象在一开始就同意评论者的主张，而后来又不会处于反面宣传之中，那么提供双方面的论据就没有只提供单方面的论据有效。

从以上分析可以推断：一个令人信服的单方面沟通（是指仅说出问题的一个方面，或一种观点，而不说明相反方面，不要与单向沟通混淆）能使人们转向期望的方向，至少可以是暂时的，直至他们听到问题的另一个方面。然而，双方面的沟通效果都是持久的。它为沟通对象提供了消除或不理睬负面看法而保留正面看法的基础。

根据有关研究表明，按突降次序给出主要论据收到的效果最好，在这种情况下，人们开始时对沟通的兴趣很小。在开始时兴趣就很高的情况下，其他的因素如接受者的个性和倾向及沟通者、信息的内容等，对表达的内容更为重要。这些因素的相关组合可构成特定情况下的最佳表达。

(3) 接受者。沟通中的第三个重要因素就是接受者。个人的个性及接纳他的群体都很重要。个性可从总体智力和需求倾向两方面来确定。有两个假设必须说明：

1) 具有较高智商的人，由于他们具有进行正确推理的能力，所以当他们处于以下这种类型的劝说沟通中时，比智商较低的人更容易受到影响，这种沟通主要依赖于印象的逻辑论证。

2）具有较高智商的人，由于他们具有较强的否定意识，所以当他们处于以下这种类型的劝说沟通中时，比智商较低的人更少受到影响。这种沟通是基于无依据的归纳，或建立在假设的、不合乎逻辑的无关论据之上的。

个性还应从需求倾向的角度来探究。某些个性需求能使个人易于上当受骗。一个人的社会感觉不健全，压抑、进攻性等都与较强的个性相关联；这种个性可用劝说型沟通来度量。具有很强自尊心的个人更倾向于自己思考，而不会放任自己过分地受外界影响。

个人所属的社会群体也会对沟通产生重要的影响，特别当这种沟通违背这个群体的一些原则时，表现尤为强烈。一个人的态度很大程度上依赖于他所属群体的观点和态度，特别是在他很珍惜在这个群体中的成员这一身份时更为明显。通常情况下，在一个群体中最珍视其成员身份的人，他们的观点最不易受那些违反原则的沟通的影响。这就表明对一个群体的归附程度和这个群体准则的内部化之间有着直接的关系。

概括起来，沟通的效果不仅取决于接受者的个性，还取决于接受者对某个群体的归附程度和这个群体确定的一些原则。

5. 沟通的途径

沟通的实际运作可以通过多种途径。口头沟通可能是运用最为广泛的方式。文字沟通（包括书面和屏幕形式）及音频、视频沟通（包括远程通讯）在现代社会中是同等重要的沟通途径。然而，沟通不仅仅是上述几种方法，在人们面对面交流时，眼神、手势等都是同样重要的沟通方法。某些公开场合，携带旗帜或其他标志物都有一定的含义，或者，一个人的衣着和身体姿势也可能有重要的意义。有时非语言沟通比其他沟通方法更为重要。

（1）口头沟通。这是运用最为广泛的沟通方式。它是一种高度个人化的交流思想、内容和情感的方式。口头沟通与文字沟通相比，为沟通双方提供了更多的平等交换意见的可能性。人们通过沟通信息的内容培育相互之间的理解。

但口头沟通有其局限性。第一个局限就是语义。不同的词对不同的人有不同的意义。第二个局限是语音、语调使意思变得复杂，不利于意思的传递。意思会因人的态度、意愿和感知而被偷换。人们推知的意思可能是正确的，也可能是不正确的。通常，人们只听到他们想听的。另外，组织中不同层次的人们之间还存在着等级差距。一条信息在向上或向下传递的过程中可能会变得扭曲。据统计，在口头沟通中最终原汁原味地保留下来的内容不超过原来信息的20%。

有什么办法使口头沟通更为有效？信息必须清楚、简洁。内容和语境都必须解释充分，沟通者要通过反馈测试人们对该信息是不是正确理解了。因为在语言沟通的时候，同样一句话，用不同的语气或者不同的表达方式，可以获得不同的效果。听众从沟通者的角度出发进行聆听信息。所以，要实现有效的沟通，沟通者和听众的思想境界必须一致。

如果可能，口头沟通应该成为沟通交流的主要方式，原因是其比较快捷、简单。

（2）文字沟通。在缺乏面对面的接触或远程通信设施的情况下，这种沟通方式是传递信息非常有价值的工具。特别是在面对很多人传递同一信息，而且还需要有一个永久存档时，这种方法尤其有用。沟通者可以精确地表达他所想传递的信息，并有机会在给接受者发送之前充分地准备、组织这一信息。文字沟通的传递速度通常很慢，但目前通信技术的发展和广泛普及已在很大程度上解决了这个问题。文字沟通的其他问题有不能得到及时的反馈，有关的部门没有机会对该信息进行讨论。现代通信技术能够在一定程度上解决这些问题，但从个人化和说服力的角度来看，这种沟通的效果是很有限的。

在一个有数千名职员的大型组织中，文字沟通可能是最方便的沟通途径。人们有白纸黑字作为行动的依据就很放心。目前从参考资料的目的出发，书面文字更是不可缺少的。这就是为什么书面沟通是管理工作核心的原因。

(3) 音频、视频、通信。通过高度发达、高效的通信、音频、视频辅助设备设施来使沟通变得更为有效，这种现象近年来日益增多。视觉感知是影响思想的一个很有潜力的工具。人们更易于理解并保留视觉印象而不是文字印象。音频、视频材料的一个问题是这种事先确定好的表达方式对某些听众并不合适，其使用是高度选择性的。

现代通信技术的出现又增添了一条新的途径。根据个人需要剪裁的信息几乎可以即时地发送。由于人脑保留视觉形象的时间比保留语言文字的时间长，所以，现代通信技术可作为一个极好的工具用来支持和强化其他形式的沟通。信息高速公路和逐步普及的互联网技术为增强沟通效果发挥了重要的作用。

6. 沟通的复杂性

由于项目组织和项目组织行为的特殊性，使得在现代工程项目中沟通十分困难，尽管有现代化的通讯工具和信息收集、存储和处理工具，减小了沟通技术上和时间上的障碍，使得信息沟通非常方便和快捷，但仍然不能解决人们许多心理障碍。组织沟通的复杂性在于：

(1) 现代工程项目规模大，参加单位多，造成每个参加者沟通面大，每个人都存在着复杂的联系，需要复杂的沟通网络。

(2) 现代工程项目技术的复杂、新工艺的使用和专业化、社会化的分工，以及项目管理的综合性和人们的专业化分工的矛盾都增加了交流和沟通的难度。特别是项目经理和各职能部门之间经常难以做到协同配合。

(3) 由于各参加者（如发包人、项目经理、技术人员、承包人）有不同的利益、动机和兴趣，且有不同的出发点，对项目也有不同的期望和要求，对目标和目的性的认识更不相同，因此项目目标与他们的关联性各不相同，造成行为动机的不一致。作为项目管理者在沟通过程中不仅应强调总目标，而且要照顾各方面的利益，使各方面都满意。这就有很大的难度。

(4) 由于项目是一次性的，项目组织都是新的成员、新的对象、新的任务，所以项目的组织摩擦就大。一个组织从新成立到正常运行需要一个过程，有许多不适应和摩擦。所以项目刚成立或一个单位刚进入项目，都会有沟通上的困难，容易产生争执。

(5) 反对变革的态度。项目是建立一个新的系统，它会对上层管理组织、外部周边组织（如政府机关、周边居民等）以及其他参与者组织产生影响，需要他们改变行为方式和习惯，适应并接受新的结构和过程。这必然对他们的行为、心理产生影响，容易产生对抗。这种对抗常会影响他们应提供的对项目的支持，甚至会造成对项目实施的干扰和障碍。

(6) 人们的社会心理、文化、习惯、专业、语言、伦理、道德对沟通产生影响，特别是国际合作项目中，参加者来自不同的国度，他们适应不同的社会制度、文化、语言及法律背景，从而从根本上产生了沟通的障碍。同时伴随的社会责任的差异程度也是沟通过程中的相关问题。

（7）在项目实施过程中，组织和项目的战略方式和政策应保持其稳定性，否则会造成协调的困难，造成人们行为的不一致，而在项目生命周期中，这种稳定性是无法保持的。

7. 沟通管理的概念

项目的沟通管理是一种系统化的过程。沟通管理的目的是要保证项目信息及时、准确地提取、收集、分发、存储、处理，保证项目组织内外信息的畅通。在项目组织内，沟通是自下而上的一种信息传递过程。在这个过程当中，关系到项目组织团队的目标、功能和组织机构各个方面。同样，与外部的沟通也很重要。而项目的沟通管理就参与项目的人员与信息之间建立了联系，成为项目各方面管理的纽带，对取得项目成功是必不可少的。

任何一个项目都有其特定的项目周期，其中的每一个阶段都是至关重要的。要做好项目各个阶段的工作，达到预期的标准和效果，就必须在项目内部的各部门、部门与部门之间、项目与外部之间建立起一种有效的沟通渠道，使各种信息快速、准确、有效地进行传递，从而使各部门、项目内外能达到协调一致；使项目成员明确各自职责；并通过这种信息传递，找出项目管理中存在的一些问题。所以，项目的沟通管理，就是为了确保项目信息及时、准确地提取、收集、分发、存储、处理而采取的一系列管理过程。

项目的沟通管理，具有系统性和复杂性两大特性。

（1）系统性。项目的系统是开放性的复杂系统，涉及政治、经济、文化诸多方面，项目的沟通管理应从整体利益出发，系统、全面地分析解决问题，进行有效的管理。

（2）复杂性。任何项目的建立与实施，都关系到大量的组织机构和单位。这决定了项目外部关系的复杂性。另外，根据项目的组织形式，多数项目是临时组建而成，因此，项目沟通管理必须协调内部与外部的各种关系，以确保项目的顺利完成。

9.1.2 施工项目沟通管理的程序和方法

1. 沟通的内容

（1）项目管理者与承包商的沟通。通常承包商指工程的承包商、设计单位、供应商。他们与项目经理没有直接的合同关系，但他们必须接受项目管理者的领导、组织和协调、监督。

1）在技术交底以及整个项目实施过程中，项目管理者应该让各承包商理解总目标、阶段目标以及各自的目标、项目的实施方案、各自的工作任务及职责等，并向他们解释清楚，作详细说明，增加项目的透明度。

2）指导和培训各参加者和基层管理者适应项目工作，向他们解释项目管理程序、沟通渠道与方法。经常对项目目标、合同、计划等进行解释，在发布命令后作出具体说明，有利于有效地消除对抗。

3）项目管理者在观念上应该强调自己是提供服务、帮助，强调各方面利益的一致性和项目的总目标性，因而，即使业主将具体的工程项目管理事务委托给项目管理者，赋予项目管理者很大的权力，但是项目管理者不能对承包商随便动用处罚权，当然不得已时除外。

4）在招标、签订合同、工程施工中应让承包商掌握信息，了解情况，以作出正确的决策。

5）为了减少对抗、消除争执，取得更好的激励效果，项目管理者应该鼓励承包商将项目实施状况的信息、实施结果及实施过程中遇到的困难等向项目管理者汇总和集中，寻找和发现对计划、控制有误解，或有对立情绪的承包商，以及可能存在的干扰。各方面了解得越多，沟通得越多，项目中存在的争执就越少。

(2) 项目经理部内部的沟通。项目经理所领导的项目经理部是项目的组织的核心。项目经理和职能人员之间及各职能人员之间存在着共同的责任。他们之间应该具有良好的工作关系，应当经常进行沟通和协调。

在项目经理部内部的沟通中，项目经理起着核心作用，如何进行沟通以协调各职能工作，激励项目经理部成员，是项目经理的重要课题。

项目经理部的成员的来源与角色是复杂的，有不同的专业目标和兴趣。有的专职为本项目工作，有的以原来职能部门的工作为主。

1) 项目经理与技术专家的沟通是十分重要的，他们之间存在许多沟通障碍。技术专家常常对基层的具体施工了解较少，只注意技术方案的优化，而对社会和心理方面的影响则注意较少。项目经理应该积极引导，从全局的角度考虑，既发挥技术人员的作用，又能使方案在全局切实可行。

2) 建立完备的项目管理系统，明确划分各自的工作职责，设计比较完备的管理工作流程，明确规定项目中的正式沟通的方式、渠道和时间，使大家能够按程序、按规则办事。

但同时，项目经理不能够对管理程序寄予太大的希望，认为只要建立科学的管理程序，要求成员按照程序办事就能够比较好地解决组织沟通的问题。首先，因为过细的管理程序使依赖于它的组织僵化；其次，由于项目具有一次性和特殊性，实际情况千变万化，对其很难进行定量的评价，要管理好项目，还是要依靠管理者的能力；再者，过于程序化不能灵活地应对外界条件的变化，使组织效率低下，组织的摩擦大，管理成本提高。

3) 由于项目的特点，项目经理应该从心理学、行为学等角度激励各个成员的积极性。虽然项目经理没有给项目成员提升、加薪的权力，但是通过有效的沟通，采取一系列的有效措施，同样可以使项目成员的积极性得到提高。

采用民主的工作作风，不独断专行。在项目经理部内放权，让组织成员独立工作，充分发挥他们的积极性和创造性，使他们对自己的工作产生一种成就感。项目经理通过自己的品格、热情和工作挑战精神来影响项目成员。

改进工作关系，形成团队。鼓励大家参与和协作，一起研究目标，制订计划，倾听项目成员的意见、建议，允许质疑，建立一种互相信任、和谐的工作气氛。

公开、公正、公平。对上层的指令、决策应该清楚、快速地传达到项目成员和相关职能部门；对项目实施过程中存在和遇到的问题，不掩饰、不逃避，让大家了解到真实情况，增强团队的凝聚力；合理分配工作，并能够客观、公正地接受反馈意见；该奖则奖，该罚则罚，公平地进行奖罚。

4) 对以项目作为经营对象的组织，应形成比较稳定的项目管理队伍，这样尽管项目是一次性的，但作为项目小组来讲，是相对稳定的。各个成员之间彼此了解，能够大大减少组织摩擦。

5) 由于项目经理部是临时性的组织，特别是在矩阵制的组织中，项目成员在原职能部门仍然保持其专业职位，同时又为项目服务，这就要求职能人员对双重身份都具有相当的忠诚性。

6）在项目组织内部建立公平、公正的考评工作业绩的方法、标准，并定期客观地对成员进行业绩考评，去除不可控制、不可预期的因素。

（3）项目经理与业主的沟通。业主代表项目的所有者，对项目具有特殊的权力，而项目经理为业主管理项目，必须服从业主的决策、指令和对工程项目的干预，项目经理的最重要的职责是保证业主满意。要取得项目的成功，必须获得业主的支持。

1）项目经理首先要理解总目标、理解业主的意图、反复阅读合同或项目任务文件。对于未能参加项目决策过程的项目经理，必须了解项目构思的基础、起因、出发点，了解目标设计和决策背景。否则可能对目标及完成任务有不完整的，甚至是无效的理解，会给他的工作造成很大的困难。如果项目管理和实施状况与最高管理层或业主的预期要求不同，业主将会干预，要改正这种状态。所以项目经理必须花很大气力来研究业主，研究项目目标。

2）让业主一起投入项目全过程，而不仅仅是给他一个结果。尽管有预定的目标，但项目实施必须执行业主的指令，使业主满意。而业主通常是其他专业或领域的人，可能对项目懂得很少，因此常常有项目管理者抱怨：业主什么都不懂，瞎指挥、乱干预。从另一个角度来看，这不完全是业主的责任，很大程度上是由于项目的管理者与业主的沟通不够形成的。

要改变这种状态，解决这个问题，常用的方法是：使业主理解项目、项目过程，使其成为专家，减少业主的非程序干预和越级指挥。特别应防止业主的组织内部其他部门的人员随便干预和指令项目，或将组织内部的矛盾、冲突带到项目中来。许多人不希望业主过多地介入项目，实质上是不可能的。一方面，项目管理者无法也无权拒绝业主的干预；另一方面，业主介入为项目顺利实施起到了一定的作用。业主对项目过程的参与使其深入了解对项目过程和困难的认识，使决策更为科学和符合实际，同时使其有成就感，积极为项目提供帮助。

通过沟通使项目经理在作出决策安排时能考虑到业主的期望、习惯和价值观念，了解业主对项目关注的焦点，随时向业主通报情况。在业主作决策时，向他提供充分的信息，让他了解项目的全貌、项目的实施情况、方案的利弊得失及对目标的影响。

加强计划性和预见性，让业主了解承包商、了解非程序干预的后果。业主和项目管理者双方理解得越深，双方的期望越清楚，矛盾就越少。否则当业主成为项目的一个干扰因素的时候，项目管理必然会遭遇到失败的结局。

3）业主在委托项目管理任务后，应将项目前期策划和决策过程向项目经理作全面的说明和解释，提供详细的资料。众多的国际项目管理经验证明，在项目过程中，项目管理者越早进入到项目中，项目实施得将越顺利。最好是让项目管理者参与目标设计和决策过程，在整个项目过程中保持项目经理的稳定性和连续性。

4）项目经理有时会遇到业主所属组织的其他部门，或者合资者各方都想来指导项目实施的情况。对于这种状况，项目经理应该很好地听取这些人的意见和建议，对他们作出耐心的解释和说明，但不能让其直接指导实施和指挥项目组织成员。

（4）项目经理与职能部门的沟通。项目经理与组织职能部门经理之间的沟通是十分重要的，特别是在矩阵式组织中。职能部门必须对项目提供持续的资源和管理工作支持，职能部门与项目之间有高度的依存性。

1）在项目经理与职能部门经理之间自然会产生矛盾，在组织设置中他们之间的权利和利益平衡存在着许多内在的矛盾性。项目的每个决策和行动都必须跨过这个结合点来进行协调，而项目的许多目标与职能管理目标差别很大。项目经理本身能完成的事情极少，他必须依靠职能部门经理的合作和支持，所以在此点的协调沟通是项目成功的关键。

2）项目经理必须发展与职能部门经理的良好的工作关系，这是项目经理的工作顺利进行的保证。项目经理和职能部门经理之间会有不同的意见，会出现矛盾。职能部门经理常常不了解或不同情项目经理的紧迫感，职能部门会扩大自己的作用，以它自己的观点来管理项目，这有可能使项目经理陷入困境。

当项目经理与职能部门经理沟通协调不及时，产生矛盾后，项目经理可能被迫到企业的高层处寻求解决，将矛盾上交，但这样常常更会激化两个经理之间的矛盾，使以后的沟通更加困难。

项目经理应该与向项目提供职能人员，或职能服务，或供应资源的关键职能部门的经理，就项目的执行计划进行沟通，交换意见，以获得这些关键职能部门的经理的支持。

3）项目经理和职能部门经理之间有一个清楚的、快捷的信息沟通渠道，不能发出相互矛盾的命令。

4）项目经理与职能部门经理的基本矛盾的根源大部分是经理间的权力和地位的斗争。职能部门经理变成项目经理的任务的接受者，他的作用和任务是由项目经理来规定和评价的，同时他还对企业组织的职能业务和他的正式上级负责。所以，职能部门经理感到项目经理对其“地位”和“权力”的威胁，感到他们固有的价值被忽视了，由项目经理来分派各种任务，不愿意对实施活动承担责任。

但在实际上，由于项目组织的特性，项目经理对于项目来说只是某一个项目的经理，是项目实施期存在的，需要职能经理在各个职能方面对其的支持，并不会威胁到一般职能部门经理的地位和权力。在沟通过程中，要注意这一点的沟通，以消除职能部门经理对项目经理不必要的对立和矛盾。

5）项目组织会给原来的组织带来变化。人们倾向于对变革进行抵制。

6）重要的信息沟通工具是项目计划，项目经理制定项目的总体计划后应取得职能部门资源支持的承诺。这个职权说明应通报给各个职能部门，若是没有这样的说明，项目管理就很可能在资源分配、人力利用和进度方面与职能部门做持续的斗争。

2. 沟通的方式、方法

项目中的沟通方式是多种多样的，可以从很多角度进行分类，例如，按照是否需要反馈信息，可以分为单向沟通和双向沟通；按照沟通信息的流向，可以分为上行沟通、下行沟通和平行沟通；按照沟通严肃性程度，可以分为正式沟通和非正式沟通；按照沟通信息的传递媒介，可以分为书面沟通和口头沟通等。

（1）正式沟通与非正式沟通。正式沟通是通过正式的组织过程来实现或形成的，是通过项目组织明文规定的渠道进行信息传递和交流的方式。由项目的组织结构图、项目流程、项目管理流程、信息流程和确定的运行规则所构成，这种正式的沟通方式和过程必须经过专门的设计，有固定的沟通方式、方法和过程，一般存合同中或项目手册中被规定成为一系列的行为准则。并且，这个准则得到大家的认可，作为组织的规则，以保证行动的一致。通常，这种正式沟通的结果具有法律效力。正式沟通的优点在于沟通效果好，有较强的约束力；缺点在于沟通的速度慢。

非正式沟通是在正式沟通之外进行的信息传递和交流。项目参与者，既是正式项目组织中的项目小组成员，又是各种非正式团体中的一个角色。在非正式团体中，人们建立起各种关系来沟通信息，了解情况，影响人们的行为。非正式沟通的优点是沟通方便、沟通速度快，并且能够提供一些非正式沟通中难以获得的小道消息，但是缺点是信息容易失真。

（2）上行沟通、下行沟通与平行沟通。上行沟通是指将下级的意见向上级反映，即自下而上的沟通。项目经理应该鼓励下级积极向上级反应情况，只有上行沟通的渠道畅通，项目经理才能全面掌握情况，作出符合实际的决策。上行沟通通常有两种：一种是层层传递，即根据一定的组织原则和组织程序逐级向上级反映；另外就是减少中间的层次，直接由员工向最高决策者进行情况的反映。

下行沟通则是上级将命令信息传达给下级，是由上而下的沟通。

平行沟通通常应用于组织中各个平行部门之间的信息交流。平行沟通有助于增加各个部门之间的了解，使各个部门保证信息的畅通，减少各个平行部门之间的矛盾和冲突。

（3）单向沟通与双向沟通。当信息发送者与信息接收者之间没有相应的信息反馈的时候，所进行的沟通即为单向沟通。单向沟通过程中，一方只接收信息，另一方只发送信息。双方无论是在情感，还是在语言上都不需要信息反馈。单向沟通适用于以下几种情况：一是问题较简单，但时间较紧；二是下属易于接受解决问题的方案；再者就是下属没有了解问题的足够信息，反馈不仅无助于解决问题，反而有可能混淆视听。单向沟通信息传递速度快，但是准确性较差，有时又容易使接收者产生抗拒心理。

双向沟通中，信息发送者和信息的接收者不断进行信息的交换，信息的发送者在信息发送后及时听取反馈意见，必要时可以进行多次重复商谈，直到双方达到共同明确和满意为止。双向沟通比较适合于时间充裕，但问题棘手、下属对解决方案的接受程度至关重要、下属对解决问题提供有价值的信息和建议等情况。双向沟通的优点使沟通信息准确性较高，接收者有信息反馈的机会，有助于双方信息的有效交流，但是信息传递速度慢。

（4）书面沟通与口头沟通。书面沟通是指用书面形式所进行的信息传递和交流，例如通知、文件、报刊等。其优点是可以作为资料长期保存，反复查阅。缺点是效率低，缺乏反馈。

口头沟通是与书面沟通相对应的沟通方式，运用口头表达进行信息交流，例如演说、谈话、讲座、电话通话等。其优点是比较灵活、速度快，双方可以自由交换意见即时反馈，并且信息传递较为准确。但是缺点是传递过程中经过层层交换，信息容易失真，并且口头沟通不容易被保存。

（5）语言沟通与非语言沟通。语言沟通是利用语言、文字等形式进行的。非语言沟通是利用动作、表情、体态、声光信号等非语言方式进行的。

3. 沟通的渠道

信息沟通是在项目组织内部、外部的公众之间进行信息交流和传递活动。对于沟通渠道的选择，可能会影响到工作效率以及项目成员和参与者的信心。

（1）正式沟通渠道。在信息的传递过程中，信息并非由发出信息的人直接传递给所需要这个信息的人，中间要经过一些人或组织的转达。这就形成了沟通渠道和沟通网络问题。

对于正式的沟通渠道，通常存在5种模式：链式、轮式、环式、Y式、全通道式。

1）链式沟通渠道。在链式网络中，信息按照高低层次逐级传递，信息可以自上而下或者自下而上进行交流。在这个模式中，居于两端的传递者职能与里面的每一个传递者相联系，居中的则可以分别与上下互通信息。各个信息传递者所接受的信息差异较大。该模式的优点是信息传递速度快，适用于项目组织庞大、实行分层授权控制的项目信息传递及沟通。

2）轮式沟通渠道。在轮式沟通模式中，重要的主管部门分别与下属部门发生沟通，成为个别信息的汇集点和传递中心。在这种模式中，只有位于主管位置的人员或组织才能全面了解情况，并由其向下属发出指令，而下级部门之间没有沟通联系，分别只掌握本部门的情况。该沟通模式是加强控制、争时间、抢速度的一个有效方法和沟通模式。

3）环式沟通渠道。信息通过不同成员之间依次联络沟通，有助于形成团队，提高成员士气，使大家都满意。

4）Y式沟通模式。在该模式中，项目其中一个成员或组织位于沟通活动的中心，成为中间媒介与中间环节。

5）全通道式沟通模式。该模式是一个开放的信息沟通系统，其中每一个成员之间都有一定的联系，彼此了解。通常适用于民主、合作精神强的组织中。

（2）非正式沟通渠道。在沟通当中，除了有正式沟通渠道，还有非正式沟通渠道。一部分信息是通过非正式沟通渠道进行传播的，也就是通常所说的小道消息。

对于非正式的沟通渠道，即小道消息的传播，通常也有四种传播方式：单线式、流言式、偶然式和集束式。

1）单线式。消息由A通过一连串的人传播给最终的接收者。

2）流言式。又称为闲谈传播式，是由一个人A主动地把小道消息传播给其他人，例如在小组会上传播小道消息。

3）偶然式。又称机遇传播式。消息由A按照偶然的机会传播给他人，他人又按照偶然的机会传播给其他人，并没有固定的路线。

4）集束式。又称为群集传播式。信息由A有选择的告诉相关的人，相关的人也按照此方式进行信息的传播。这种沟通方式最为普遍。

9.2 施工项目的沟通计划与管理

9.2.1 沟通计划的内容

项目的沟通计划主要是指项目的沟通管理计划，应该包括以下的内容：

（1）信息沟通的方式。主要说明在项目的不同实施阶段，针对不同的项目相关组织及不同的沟通要求，拟采用的信息沟通方式和沟通渠道。即说明信息（包括状态报告、数据、进度计划、技术文件等）流向何人、将采用什么方法（包括口头、书面报告、会议等）分发不同类别的信息。

（2）信息收集归档格式。用于详细说明收集和储存不同类别信息的方法。应包括对先前收集和分发材料、信息的更新和纠正。

（3）信息的发布和使用权限。

（4）发布信息说明。包括格式、内容、详细程度以及应采用的准则和定义。

（5）信息发布时间。即用于说明每一类沟通将发生的时间，确定提供信息更新依据或修改程序，以及确定在每一类沟通之前应该提供的现时信息。

（6）更新修改沟通管理计划的方法。

（7）约束条件和假设。

9.2.2 沟通计划的编制原则

在沟通计划中要确定利害关系者的信息与沟通需求，也就是说谁需要何种信息、何时需要以及如何向他们传递信息。因此，项目的沟通计划要认清利害关系者的信息需求，确定满足这些需求的恰当手段。同时，虽然项目的沟通计划是在项目早期阶段进行的，但在项目的整个过程中都应该对其结果进行定期的检查，并根据需要进行修改，以保证其继续适用性。

综合起来，就是项目的沟通计划编制要保证其准确性以及及时更新。

9.2.3 沟通计划的编制依据

沟通计划编制依据是：合同文件；项目各相关组织的信息需求；项目的实际情况；项目的组织结构；沟通方案的约束条件；假设以及适用的沟通技术。现具体解释如下：

1. 沟通的要求

沟通的要求通常包括以下几点：

（1）项目组织和利害关系者的责任关系。

（2）该项目需用的技术领域、部门和专业。

（3）由具体个人参与的该项目的后勤保证。

（4）外部信息联系等。

2. 沟通的技术

进行项目沟通的方式有很多，选用何种沟通的方式能够达到有效、迅速、快捷的传递信息的目的，取决于下列因素：

（1）对信息要求的紧迫程度。如果项目对信息传递要求较紧急，可以通过口头沟通的方式，相反则可以采用定期发布书面报告的形式。

（2）技术的取得性。例如项目的需求是否有理由要求扩大或缩小已有的系统。

（3）预期的项目环境。对于已经建立的沟通信息系统，是否适合项目成员的经验交流和专业特长的发挥。能不能使所有的成员都能从沟通中获得想要的信息。

（4）制约因素和假设。制约因素和假设是限制项目管理人员选择的因素，项目沟通管理者应对其他知识领域各过程的结果进行评价，找出可能影响项目沟通的因素，并采取措施。

因此，在编制项目沟通管理计划时主要依据下列资料：

1）建设、设计、监理单位等组织的沟通要求和规定。

2）签订的合同文件。

3）项目管理企业的相关制度。

4）国家法律法规和当地政府的有关规定。

5）工程的具体情况。

6）项目采用的组织结构。

7）与沟通方案相适用的沟通技术约束条件和假设前提。

9.2.4 项目沟通的信息分发

信息分发就是把所需要的信息及时地分发给项目利害关系者。包括实施沟通管理计划，以及对不曾预料的信息索取要求作出反应。

1. 信息分发的内容

要进行信息的分发，旨先确定按照哪些内容进行信息的分发。

（1）项目计划的工作结果。项目组织应该收集工作成果的资料，作为项目计划执行的一部分。

（2）沟通管理计划。应该根据项目早期阶段所制定的沟通管理计划实施，并在实际操作中不断修改和完善，以适应项目发展过程。

（3）项目计划。项目计划是在项目的招投标过程中，经过科学论证并得到批准的正式文件，对此，项目组织应该及时分阶段的将项目计划信息分发出去。

2. 信息分发的工具与技术

（1）沟通技巧。沟通技巧用于交换信息。信息的发送者保证信息的内容清晰明确、完整无缺、不能模棱两可，以便让接收者能够正确接收，并确认理解无误。接收者的责任在于保证信息接收完整、信息理解无误。在沟通过程中有多种方式，也就是常说的书面沟通与口头沟通、正式沟通与非正式沟通、上行沟通、下行沟通与平行沟通等。

（2）项目管理信息系统。项目管理信息系统是用于收集、综合、散发及其他过程结果的工具和技术的总和。通过项目管理信息系统，能够快速查处和处理纷繁复杂的事件，系统信息使管理者通过各种方法共享。

该系统主要包含了信息检索系统和信息分发系统。信息通过信息检索系统由项目班子成员与利害关系者通过多种方式共享，包括手工归档系统、电子数据库、项目管理软件以及可调用工程图纸、设计要求、实验计划等技术文件的系统。项目信息通过信息分发系统以多种方式分发，包括项目会议，拷贝文件分发，联网电子数据库调用共享、传真、电子邮件、电话信箱留言、可视电话会议以及项目内联网等。

（3）沟通信息的传递。项目沟通的信息要以管理信息系统为载体，根据不同的重要程度实施不同的传递方式。特殊沟通信息应按照特殊途径进行传递；重要沟通信息应按照高等级的方式进行传递；一般沟通信息应按照普通的方式进行传递，以确保信息在规定的条件下及时、有效、快捷、安全地送达既定的部门。

学 习 小 结

本项目主要介绍了组织协调的内容、主要方法；沟通的作用、过程、常用方式；项目沟通计划的编制依据；项目沟通计划的主要内容；沟通计划编制的方法以及沟通管理计划的实施监督。

能 力 训 练 题

1. 试述沟通的重要性和作用。
2. 沟通的要素有哪些?
3. 沟通的途径有哪些?
4. 沟通的方式方法有哪些?
5. 沟通的渠道有哪些?
6. 项目沟通计划的内容是什么?

项目10 施工项目收尾管理

学习目标：通过本项目的学习，能够理解项目收尾管理的要求；能够掌握项目竣工计划的具体内容；能掌握竣工验收的条件和验收程序；能够掌握工程保修相关事宜。

10.1 施工项目收尾管理概述

10.1.1 施工项目收尾管理的概念

项目收尾管理是建设工程项目管理系统中一个规律性、阶段性、综合性很强的管理，且是各项专业管理内容、方法、要求的总和。

规律性，即项目收尾管理应按照项目管理内在规律和工程项目专业特点，始终做好项目科学化管理。

阶段性，即项目收尾管理应按照项目管理对收尾阶段控制目标的约束，有效实行项目程序化管理。

综合性，即项目收尾管理应按照项目管理系统论和专业化对项目的要求，切实加强项目系统化管理。

1. 项目收尾管理的定义

项目管理理论始终指导建设工程项目的收尾管理。项目管理理论已经深入人心。它是组织运用系统的观念、理论和方法，对建设工程项目进行有效的计划、组织、指挥、协调和控制。项目收尾管理也不例外。

项目系统管理与项目收尾管理互为因果，是母子系统关系，子系统必须服从母系统，犹如“前面千条线，后面一针穿”。因此，《建设工程项目管理规范》对项目收尾管理的术语解释为：“对项目的收尾、试运行、竣工验收、竣工结算、竣工决算、考核评价、回访保修等进行的计划、组织、协调和控制等活动。”

该规范界定的项目收尾管理不是狭义的竣工验收管理的范围，而是一个广义的项目收尾管理的概念。项目收尾管理概念的提出，强调了与现代项目管理的项目启动、项目规划、项目实施、项目结尾四阶段的统一，既符合建设工程项目管理创新的要求，又符合工程项目管理与国际惯例接轨并便于交流，适应了未来建设工程项目管理的发展趋势，是与时俱进、落实科学发展观的重要举措。

2. 项目收尾管理的内容

项目收尾管理是建设工程项目管理全过程的最后阶段。没有这个阶段，建设工程项目就不能顺利交工，就不能生产出符合规定的合格产品，就不能投入使用，就不能最终发挥投资效益。

项目收尾管理内容，包括项目收尾阶段的各项工作，而每项管理工作又有具体的方法和要求。《建设工程项目管理规范》规定：“项目收尾阶段应是项目管理全过程的最后阶段，包括竣工收尾、验收、结算、决算、回访保修、管理考核评价等方面的管理。”项目收尾管理是项目收尾阶段各项管理工作的总称。

3. 项目收尾管理的实施

项目接近收尾时，是项目管理工作侧重点的转移。因此，项目经理作为项目管理的总负责人，应特别强调项目收尾工作的重要性，通过对项目收尾工作的策划和实施，包括对所有未尽事项进行计划、组织、协调和控制，进而为项目管理的终结画上圆满的句号。

如前所述，项目收尾管理内容应结合项目的专业特点和内在规律组织实施。根据管理工作的需要，实行工作分解，按照项目管理主体发包人、承包人和其他管理主体的角度不同，明确责任和分工，具体落实项目收尾阶段的各项工作。

项目经理部作为项目管理的一次性组织，应当在项目经理的领导下，统揽项目收尾的全局，审时度势，让项目的各参与方都明确自己的责任和义务，以项目管理的新理念、新思维、新方法，诚信、务实地做好各自的收尾工作，保证项目管理实施善始善终，实现项目的目标，满足项目各参与方既定的需求。

10.1.2 施工项目收尾管理的要求

项目收尾阶段要十分强调工作的计划性，制定收尾阶段的行动方案。在项目收尾阶段，计划职能，仍然是项目收尾实施的首要职能。通过制订工作计划，使收尾工作的思想具体化、指标化和形象化，以便指导各项管理工作。

加强项目收尾阶段工作的计划性，应认真处理好要做什么工作，什么人去做，什么时候做好的工作关系。参与项目的各方当事人和相关组织都要服从于项目收尾管理。项目收尾非但不能虎头蛇尾，而且必须采取应对措施，创造互补条件，在纵向管理和横向管理的每一方面，搭起项目收尾工作的桥梁，使各项工作路路畅通。

项目收尾阶段工作应涵盖以下要求。

1. 项目竣工收尾

在项目竣工验收前，项目经理部应检查合同约定的哪些工作内容已经完成，或完成到什么程度，并将检查结果记录并形成文件；总分包之间还有哪些连带工作需要收尾接口，项目近外层和远外层关系还有什么工作需要沟通协调等，以保证竣工收尾顺利完成。

2. 项目竣工验收

项目竣工收尾工作内容按计划完成后，除了承包人的自检评定外，应及时地向发包人递交竣工工程申请验收报告。监理应当签署工程竣工审查意见。发包人应按竣工验收法规，向参与项目各方发出竣工验收通知单，组织进行项目竣工验收。

3. 项目竣工结算

项目竣工验收条件具备后，承包人应按合同约定和工程价款结算的规定，及时编制并向发包人递交项目竣工结算报告及完整的结算资料，经双方确认后，按有关规定办理项目竣工结算。办完竣工结算，承包人应履约按时移交工程成品，并建立交接记录，完善交工手续。

4. 项目竣工决算

项目竣工决算综合反映了竣工项目建设成果和财务情况，是竣工验收报告的重要组成部分。按同家有关规定，所有新建、扩建、改建的项目竣工后都要编制竣工决算。

5. 项目回访保修

项目竣工验收后，承包人应按工程建设法律、法规的规定，履行工程质量保修义务，并采取适宜的回访方式为顾客提供售后服务。项目回访与质量保修制度，应纳入承包人的质量管理体系，明确相关人员的职责，提出相应的工作计划，按管理程序进行控制。

6. 项目考核评价

项目结束后，应对项目管理的运行情况进行全面评价。项目考核评价是项目当事人（建设、勘察、设计、施工、监理、咨询等单位）对项目实施效果从不同角度进行的评价和总结。通过定量指标和定性指标的分析、比较，总结经验，找出差距，提出改进处理意见。

10.2 项目竣工收尾

10.2.1 项目竣工计划的编制与审批

项目经理部是项目竣工收尾工作的责任主体，对竣工收尾的各项工作负责。编制项目竣工计划是项目收尾阶段的一项重要基础工作。为了保证竣工收尾任务完成，必须编制针对性很强的项目竣工计划。

项目竣工计划的编制，每一道程序都有一定的工作要求。

（1）项目竣工计划制定。项目收尾应详细清理项目竣工收尾的工程内容，列出清单，做到安排的竣工计划有切实可靠的依据。

（2）项目竣工计划审核。项目经理应全面掌握项目竣工收尾条件，认真审核项目竣工内容，做到安排的竣工计划有具体可行的措施。

（3）项目竣工计划批准。上级主管部门应调查核实项目竣工收尾情况，按照报批程序执行。

10.2.2 项目竣工计划的内容与要求

项目竣工计划受合同工期约束和企业计划控制，是基于对项目收尾特点和内在规律等管理情况的认识，由项目经理部编制的旨在保证项目竣工目标按预期实现的行动方案，是周密细致的计划安排。

1. 项目竣工计划内容

项目竣工计划内容，可分成两条线编制。一是项目现场施工收尾，主要工作为工程实体的收尾组织；二是项目竣工资料整理，主要工作为工程资料的收集归档。

2. 项目竣工计划实施条件

项目竣工计划的实施是确保项目竣工收尾的关键。所谓实施，就是经常用计划与实际作出对比分析，发现、调整和避免出现重大偏差，确保各项收尾计划完成。

为了保证项目竣工计划的有效实施，需创造下列条件：

（1）制定项目竣工收尾标准。竣工收尾标准是根据项目竣工目标和内容的要求而制定的，具有某一特定项目的属性并为这个特定项目服务。如质量验收标准、进度要求标准、安装调试标准、成品保护标准、现场清理标准、竣工资料标准等，并将这些标准的要求纳入竣工计划管理。

（2）反馈项目竣工收尾信息。竣工收尾信息的反馈，是在计划执行中通过现场检查、巡视和资料收集等途径获取的。比如，收尾进度的控制是通过计划与实际比较，取得进度提前或滞后的信息。工程质量的控制，是通过验收记录和控制资料的采集，取得实测、观感和功能检验等是否合格的信息。

(3) 采取项目竣工收尾措施。项目竣工收尾措施是针对收尾中某一事件出了偏差，对竣工目标的实现带来了影响，需要及时处理而专门制定的对策。根据竣工收尾发生的问题不同，可以采取各种相应的对策，纠正技术或管理行为上的偏差。措施是纠正偏差的管理行为，如质量措施、技术措施、经济措施等。

3. 项目竣工计划目标要求

项目竣工计划目标是直接为项目竣工验收创造条件的，包括项目竣工总目标和项目竣工分目标。项目竣工总目标由总包人负责控制，项目竣工分目标由分包人负责控制。项目其他相关组织应为项目竣工计划目标的实施提供支持。

项目竣工计划目标应体现高起点、严要求。所谓高起点，就是竣工条件的起点要高，必须按法律、行政法规、部门规章和强制性标准的规定执行。所谓严要求，就是验收标准的要求严，检查中发现的问题要强制执行整改，及时处理。项目竣工计划目标应满足以下要求：

(1) 项目竣工总目标要求。项目竣工总目标要求包括：全部收尾项目完成，工程符合竣工验收条件；工程质量经过检验合格，各种质量验收记录完整；工程经过安全和功能检验，各种测试、运行记录齐全；施工现场达到工完、料净、场地清，具备工程验收条件；项目竣工资料整理齐全，符合工程文件归档整理规定；其他要求。

(2) 项目竣工分目标要求。项目竣工分目标要求包括：建筑收尾落实到位；安装调试检验到位；工程质量验收到位；总包分包交接到位；文件收集整理到位；竣工验收准备到位；竣工结算编制到位；项目管理小结到位等。

10.2.3 项目竣工收尾的组织与验收

项目经理作为项目管理的总负责人，应当负责项目竣工验收前的各项收尾，加强竣工收尾的组织领导工作。尤其要从全局利益出发，组织项目经理部的部门或专业技术、管理人员，认真反复核对施工图纸和剩余项目内容，把漏项列入竣工收尾计划，明确质量和进度要求，下达到专业施工单位或劳务分包单位，督促按期完成并按要求组织好自检验收，对项目竣工条件要做好记录，签署自查意见。

在组织竣工收尾时，应针对收尾项目零碎、产值不高、工作量不大，极易产生轻视竣工收尾，导致“尾巴”拉得很长的不良习惯，把各方面的工作做细、做实，保证竣工收尾顺利完成。

项目竣工收尾的组织与验收应从两个方面展开工作。

1. 项目竣工实体收尾

项目竣工实体收尾是项目现场性的组织与管理，是塑造工程产品实体的结尾工作。通过收尾工作班子的组织、策划、检查及验收的控制，确保竣工收尾各项工程内容的全面完成。

(1) 建立竣工收尾班子。项目竣工收尾的全面完成，有赖于一个精干、高效的收尾工作班子。搭好项目收尾班子架构，是项目收尾管理的组织保证。

项目竣工收尾班子一般由项目经理亲自挂帅，成员包括项目技术负责人、施工管理负责人、质量管理负责人、分包队伍负责人等。竣工收尾班子要明确管理分工责任制和分包责任制，做到因事设岗，以岗定责，以责考核，限期完成。

项目竣工收尾管理是一项集体活动，每个人都按照分工担负着某一具体的管理工作，有明确的工作任务和项目内容，并规定其完成任务和内容所需的责权。相互之间，尤其是总分包之间，在工作上能够协调配合，包括在时间、空间、质量上的和谐沟通，为项目的竣工验收而努力工作。

项目竣工收尾班子的主要责任包括：编制项目竣工计划；组织竣工收尾实施；负责项目质量验收；进行项目收尾控制；整理项目竣工资料；做好竣工验收准备。

（2）策划竣工收尾工作。项目竣工收尾的策划工作，应由项目经理组织，责成项目的管理、技术人员认真编制竣工计划。项目竣工计划是策划竣工收尾工作的主要控制手段，策划的目的是实现竣工目标与合同约定目标的统一。

竣工收尾看似简单，其实是一项非常具体、交叉、零星的工作，大多要通过自检、验证确认，搞不好会造成许多返工、浪费，对项目最终的成本控制不利。所以，竣工收尾的策划工作，既要目光向内，做好各自的基础工作，又要目光向外，理顺项目外部横向关系。承发包之间、总分包之间、上下级之间的关联工作都要通盘考虑，通盘规划，缺一不可。以创造非常良好的项目竣工收尾内外环境。

在进行竣工收尾时，组织策划的原则是以系统的观念和方法，搞好这项基础性、持续性、关联性较强的管理。凡是列入竣工计划的收尾内容、质量验收、试车调试、问题整改、资料整理、现场清理等，要在执行中逐项检查，做好记录。做到完成一项，验证一项，确认一项，消除一项。

若有甩项竣工的工程内容，应按照规定的程序，经建设、施工、监理、设计等有关方面确认，建立竣工甩项记录，说明工程竣工情况。

（3）坚持竣工自查程序。项目经理部完成项目竣工计划后，应向企业报告，进行项目竣工自查验收，并建立相关记录。项目竣工自查程序，是承包人由下至上逐步组织进行的，并按法律和法规的规定，承担总分包连带责任。

项目经理部完成项目竣工收尾计划，确认达到竣工条件后，应按规定向所在企业报告，提交有关部门组织预验收，填写工程质量竣工验收记录、质量控制资料核查记录、工程质量观感记录表，并对工程施工质量作出合格结论。

项目竣工自检应按以下程序进行：

1）属于承包人独立承包的项目，应由企业技术负责人组织项目经理、技术负责人、施工管理人员和企业的有关部门对工程质量进行检验评定，并做好质量检验记录。

2）依法实行总分包的项目，应按照法律、法规的规定，承担质量连带责任，按规定的程序进行自检、复检和报审，直到工程竣工交接报验结束为止。

3）在一般情况下，当项目达到竣工报验条件后，承包人应向工程监理机构递交工程竣工报验单，提请监理机构组织竣工预验收，审查工程是否符合正式竣工验收条件。若项目是实行总分包管理模式的，则应分两步进行：首先由分包人对工程进行自检，向总包人提交完整的工程施工技术档案资料，总包人据此对分包工程进行复检和验收；然后，由总包人向工程监理机构递交工程竣工报验单，监理机构据此按《建设工程监理规范》的规定对工程是否符合竣工验收条件进行审查，符合竣工验收条件的予以签认。

项目经理部要按照竣工自查的程序，把各自范围内的竣工验收准备工作做扎实、做充分，才能从根本上保证工程顺利通过竣工验收。

4）组织竣工质量验收。项目竣工质量验收是按工程质量验收标准的规定，在分部（子分部）工程质量验收基础上，以单位工程项目为对象，对工程竣工质量作出的综合验收结论。

承包人在组织工程项目竣工收尾时，应主动与建设、监理、施工、设计等单位取得联系，及时进行单位工程的质量竣工验收。

单位工程质量竣工验收，是项目竣工质量验收的基本单位，是评价单位工程项目竣工实体质量的总称。建筑工程项目竣工质量验收一般应反映以下内容：

a. 工程项目施工概况。

b. 工程项目验收结论包括：分部工程验收结论；质量控制资料核查结论；安全和主要使用功能核查及抽查结果；观感质量验收结论；综合验收结论等。

2. 项目竣工资料整理

项目竣工资料整理，是竣工验收的基础，是项目管理的室内工作。通过竣工资料整理，真实反映项目实施全过程的实际情况。项目竣工资料整理与项目竣工实体收尾遥相呼应。

（1）竣工资料的整理要求。项目竣工资料是记录和反映项目实施全过程工程技术与管理档案资料的总称。项目竣工资料必须真实记录和反映项目管理全过程的实际情况，应符合资料形成的规律性和规定性。根据建设工程的特点，整理工程竣工资料要达到下列基本要求：

1）竣工资料的管理。工程竣工资料的管理应符合基本建设项目档案资料管理和城市建设档案管理的有关规定，确保竣工资料齐全完整。

2）竣工资料的收集。收集工程竣工资料要建立岗位责任制，遵循施工的程序和内在规律，保持资料的内在联系，不得遗漏、丢失和损毁。

3）竣工资料的手续。工程竣工资料的整理，应做到图物相符、数据准确，填写、审批、篇章手续要完备，不得擅自修改、伪造和后补。

4）竣工资料的构成。一个建设工程由多个单位工程组成时，竣工资料应以单位工程为对象整理组卷，案卷构成应符合《科学技术档案案卷构成的一般要求》（GB/T 11822—2000）的规定。

（2）竣工资料的整理程序。建设工程承包人根据国家和有关部门发布的工程档案资料管理和标准的规定，应制定行之有效的工程竣工资料形成、收集、整理、交接、立卷、归档的管理制度，实行统一领导、分级管理、按时交接、归口立卷的原则，保证竣工资料完整、准确、系统和规范。

1）项目竣工资料的管理要在企业总工程师的领导下，由归口管理部门负责日常业务工作。相关的职能部门，如工程、技术、质安、试验、材料、合约等部门要密切配合，督促、检查、指导各项目经理部工程竣工资料收集和整理的基础工作。

2）项目竣工资料的收集和整理，要在项目经理的领导下，由项目技术负责人牵头，安排胜任工作的内业技术员具体负责收集整理工作。施工现场的其他管理人员要按时交接资料，统一归口整理，保证竣工资料组卷的有效性。

3）项目实行总承包的，分包项目经理部负责收集、整理分包范围内的工程竣工资料，交总包项目经理部汇总、整理。工程竣工验收时，由总包人向发包人移交完整、准确的工程竣工资料。

4）项目由发包人分别向几个承包人发包的，由各承包人的项目经理部负责收集、整理所承包工程范围的工程竣工资料。工程竣工报验时，交发包人汇总、整理，或由发包人委托一个承包人进行汇总、整理，竣工验收时进行移交。

（3）竣工资料的整理分类。竣工资料的产生和形成有固有的自然规律性。竣工资料的内容应按技术管理、专业管理、质量管理的不同属性和特点，进行科学的划分，以便于分类管理。对一个建设工程项目而言，竣工资料的内容分类应有两个方面含义：一是承包人将本单位在工程建设过程中形成的竣工资料向本单位档案管理部门移交，资料涵盖是全面综合的；二是承包人将本单位在工程建设过程中形成的竣工资料向发包人移交，内容是归档范围规定的。竣工资料由母系统和子系统构成。母系统是竣工资料的总和，子系统是竣工资料的分类。每一个分类，由若干竣工资料的明细即各种表式组成。

为了加强对竣工资料的统一管理，确保项目顺利交上，竣工验收前，承包人应负责汇总、整理所承包工程范围内的竣工资料。工程竣工资料应随施工进度进行及时整理，应按系统和专业分类组卷。审核项目经理部建立的竣工资料时，对存在的问题要提出整改要求，在交付竣工验收前必须加以解决。实行建设监理的工程，还应具备取得监理机构签署认可的报审资料。承包人的有关部门要指导项目经理部按《建设工程文件归档整理规范》（GB/T 50328—2001）的有关规定，进行分类组卷，使之符合项目竣工验收的要求。

项目经理部在进行工程竣工资料的整理组卷排列时，应达到完整性、准确性、系统性的统一，做到字迹清晰、项目齐全、内容完整。各种资料表式一律按各行业、各部门、各地区规定的表格使用。

整理工程竣工资料的依据：一是国家有关法律、法规、规范对工程档案和竣工资料的规定；二是现行建设工程施工及验收规范和质量标准对资料内容的要求；三是国家和地方档案管理部门和工程竣工备案部门对竣工资料移交的规定。

（4）竣工图整理具体要求。

1）竣工图编制的有关规定。竣工图是真实、准确、完整反映和记录各种地下和地上建筑物、构筑物等详细情况的技术文件，是项目竣工验收、投产或交付使用后进行维修、扩建、改建的依据，是生产单位必须长期妥善保存和进行竣工备案的重要工程档案资料。

编制竣工图的费用，按下列办法处理：①因设计失误造成变更较大，施工图不能代用或利用的，由设计单位绘制竣工图，并承担其费用；②因建设单位或主管部门要求变更设计，需要重新绘制竣工图时，由建设单位绘制或委托设计单位绘制，其费用由建设单位从基建投资中解决。除第①、②项规定以外的，则由施工单位负责编制竣工图，所需费用由施工单位自行解决。

2）竣工图编制的基本要求。

a. 施工图没有变更、变动的，可由承包人在原施工图上加盖“竣工图”章标志，即作为竣工图。在施工中，虽有一般设计变更，但能将原施工图加以修改补充作为竣工图的，可不再重新绘制，由承包人负责在原施工图上注明修改的部分，并附设计变更通知单和施工说明，加盖“竣工图”章标志后，即可作为竣工图。

b. 结构形式改变、工艺改变、平面布置改变、项目改变以及其他重大的改变，不宜在原施工图上修改、补充的，应重新绘制改变后的竣工图。由于设计原因造成的，由设计人负责重新绘制；由于施工原因造成的，由承包人重新绘制；由于其他原因造成的，由发包人（或监理人）自行绘制或委托设计人绘制，承包人在新图上加盖“竣工图”章标志，并附有关记录和说明，作为竣工图。重大的改建、扩建工程涉及原有工程项目变更时，应将相关项目的竣工图资料统一整理归档，并在原案卷内增补必要的说明。

c. 各种建设工程的隐蔽部位都应绘制竣工图。各种竣工图的绘制，应在施工过程中着手准备，由项目技术负责人和现场施工管理人员负总责，在施工中做好隐蔽工程检查验收记录，整理好设计变更文件，确保竣工图的编制质量。在编制竣工图前，对工程的全部变更文件应逐一进行审查核对，并分别盖上“已执行”或“未执行”章。如整份变更文件已执行，则在该变更文件标题处盖“已执行”章，未执行则盖“未执行”章；如一份变更文件中有部分条款未执行，则分别在已执行或未执行条款的条号处盖“已执行”或“未执行”章。

d. 竣工图必须与实际情况和竣工资料相符，要保证图纸质量，做到规格统一，图面整洁，字迹清楚，不得用圆珠笔或其他易褪色的墨水绘制，并要经项目技术负责人审核签认。按照现行《建设工程监理规范》规定，竣工图还要提交监理审查签认，作为竣工资料备案方为有效。竣工图的编制一般不得少于两套，有特殊要求的，如全国性特别重要的项目等，按约定或规定，可另增加编制一套，并按规定的初步验收和竣工验收程序移交，作为工程档案长期保存。竣工图章的内容和规格尺寸，应符合国家和地方档案主管部门或备案部门的规定。“已执行”和“未执行”章式样，已有规定的应按规定办理。

10.3 项目竣工验收

10.3.1 项目竣工验收的基本概念

项目竣工验收是建设工程建设周期的最后一道程序，也是我国建设工程的一项基本法律制度。有建设工程就有项目管理，竣工验收是项目管理的重要内容和终结阶段的重要工作。实行竣工验收制度，是全面考核建设工程，检查工程是否符合设计文件要求和工程质量是否符合验收标准，能否交付使用、投产，发挥投资效益的重要环节。

所有建设工程按照批准的设计文件、图纸和建设工程合同约定的工程内容施工完毕，具备规定的竣工验收条件，都要组织竣工验收。竣工验收具体分为施工项目竣工验收和建设项目竣工验收两个不同的验收阶段。不经过施工项目竣工验收，建设项目竣工验收就没有具备最基本的条件。

1. 项目竣工验收的含义

项目竣工验收是项目完成设计文件和图纸规定的工程内容，由项目业主组织项目参与各方进行的竣工验收。项目的交工主体应是合同当事人的承包主体，验收主体应是合同当事人的发包主体。其他项目参与人则是项目竣工验收的相关组织。

项目竣工验收过程中，规范市场主体的行为是必要的，对依法履行竣工验收程序提供了保障。

项目竣工验收的客体，应是设计文件规定、施工合同约定的特定工程对象，具有强烈的针对性、可变性、专业性和系统性。

（1）竣工验收的针对性。指发包人和承包人在合同中约定的项目，而不是其他项目，承包人必须对合同约定和承诺的项目目标负责到底，切实加强项目的过程控制和竣工收尾管理。

（2）竣工验收的多变性。指工程项目是单件的、多变的、一次性的，一般不会重复建设，项目无论是单位工程、单项工程、全部工程或其他专业工程，建成后都要依法履行项目竣工验收程序。

（3）竣工验收的专业性。指建设工程的专业特点不同，如工业建筑、民用建筑、设备安装、市政建设、道路桥梁、机场跑道等，在竣工验收时，采用的验收标准也不尽相同。

（4）竣工验收的系统性。指建设工程无论规模、工程技术、工程造价，都是成系统的；其项目的竣工验收，也必然是成系统的，而不能是局部的、个别的、孤立的。

2. 项目竣工验收法规

项目竣工验收必须依法办事。项目竣工验收必须具备交付竣工验收的条件。项目竣工验收必须符合竣工验收的标准。

项目竣工验收法规，是指工程建设法律、行政法规和合同约定等强制性规定的条款，必须不折不扣地贯彻执行，依法实施，不得违规、违约。

项目竣工验收的法规，应当涵盖以下规定：

（1）必须符合国家法律的规定。《中华人民共和国合同法》第二百七十九条规定："建设工程竣工后，发包人应当根据施工图纸及说明书、国家颁发的施工验收规范和质量检验标准及时进行验收。"还规定："建设工程竣工验收合格后，方可交付使用；未经验收或者验收不合格的，不得交付使用。"

《中华人民共和国建筑法》第六十一条规定："交付竣工验收的建筑工程，必须符合规定的建筑工程质量标准，有完整的工程技术经济资料和经签署的工程保修书，并具备国家规定的其他竣工条件。"还规定："建筑工程竣工验收合格后，方可交付使用；未经验收或者验收不合格的，不得交付使用。"

（2）必须符合行政法规的规定。《建设工程质量管理条例》（国务院令第279号）第十六条规定："建设单位收到建设工程竣工报告后，应当组织设计、施工、工程监理等有关单位进行竣工验收。"

此外还规定："建设工程竣工验收应当具备下列条件"；"建设工程经验收合格后，方可交付使用。"

1）完成建设工程设计和合同约定的各项内容。

2）有完整的技术档案和施工管理资料。

3）有工程使用的主要建筑材料、建筑构配件和设备进场试验报告。

4）有勘察、设计、施工、工程监理等单位分别签署的质量合格文件。

5）有施工单位签署的工程保修书。

《建设工程施工现场管理规定》（建设部令第15号）第十八条规定："建设工程竣工后，建设单位应当组织设计、施工单位共同编制竣工图，进行工程质量评议，整理各种技术资料，及时完成初验，并向有关主管部门提交竣工验收报告。"还规定："单项工程竣工验收合格后，施工单位可以将该单项程工移交建设单位管理。全部工程验收合格后，施工单位方可解除施工现场的全部管理责任。"

（3）必须符合工程合同的规定。根据《合同法》和《建筑法》等法律，原建设部和国家工商行政管理总局在总结过去执行施工合同示范文本经验的基础上，借鉴了国际上一些通行的做法，重新修订了施工合同示范文本。修订后的《建设工程施工合同（示范文本）》（GF 1999—0201）由“协议书”、“通用条款”、“专用条款”三部分构成，在竣工验收中增加了中间交工工程的范围、竣工时间和验收程序等内容。

《合同法》第十二条第二款规定：“当事人可参照各类合同的示范文本订立合同。”承包人与发包人在签订合同中一旦约定了竣工验收的具体内容或事项，在履行合同时即具有强制性。承包人和发包人在工程交付竣工验收时，必须按施工合同的约定执行，不得违约。违约应承担违约的经济责任。

3. 项目竣工验收关系

项目竣工验收的报告制度，是项目管理中必不可少的一道程序，也是承包人履约建成后交付竣工验收的一个过程。其做法是：承包人按施工合同约定，完成了设计文件和图纸规定的工程内容，组织有关人员进行了自检，并经工程监理机构组织了竣工预验收后，向发包人提交《竣工工程申请验收报告》。

项目竣工验收的报告制度，应按以下步骤进行。

（1）组织项目竣工后自查。项目竣工后，承包人的项目经理部应报告所在企业组织有关专业技术人员进行自查。竣工条件自查的内容一般包括：

1）设计文件、图纸和合同约定的各项内容完成情况。

2）工程技术档案和施工管理资料整理。

3）工程所用建材、构配件、商品混凝土和设备的进场试验报告。

4）涉及工程结构安全的试块、试件及有关材料的试（检）验报告。

5）地基与基础、主体结构等重要部位质量验收报告签证情况。

6）建设行政主管部门、质量监督机构或其他有关部门责令整改的执行情况。

7）单位工程质量自评情况。

8）工程质量保修书。

9）工程款支付情况等。

（2）进行项目竣工预验收。工程监理机构受发包人委托，对工程建设活动实行监理。承包人完成工程竣工验收前的各项准备工作，应向监理机构递交《工程竣工报验单》。工程监理机构应组织对竣工资料及各专业工程质量的全面检查，进行项目竣工预验收，对可否进行正式竣工验收提出明确的审查意见。

（3）项目竣工验收前预约。项目竣工条件经过自检、预验后，承包人应向发包人递交预约竣工验收的书面通知，说明项目竣工情况，包括施工现场准备和竣工资料准备。

预约竣工验收的通知，是一种信函文件，应表达两层含义：一是承包人按合同约定，已全面完成设计和图纸规定的工程内容，经预验收合格；二是请发包人按合同的约定和有关规定，组织有关单位进行项目竣工验收。

在建设工程监理中，监理机构受发包人的委托，对工程建设活动实行监理。承包人全面完成工程竣工验收前的各项准备工作，经监理机构审查签认合格后，发包人才能组织正式验收。

预约项目竣工验收通知的函件格式如下：

××××××××（建设单位名称）：

根据合同的约定，由我单位承建的×××工程，已于××××年××月××日竣工，经自检合格，监理单位审查签认合格，可以组织正式验收，我单位特提交《竣工工程申请验收报告》。请贵单位接通知后，尽快洽商，组织有关单位和专家于××××年××月××日前进行项目竣工验收。

（4）项目竣工验收的告知。项目竣工验收是一项相互关联、多家交叉、具体细致的科学管理程序，项目承包人、发包人以及其他有关组织，应当加强协商、沟通，并按竣工验收的规定程序进行。

项目发包人收到承包人递交的预约通知后，应按当地建设行政管理部门印发的表式，签署同意进行竣工验收的意见，并将《工程验收告知单》抄送勘察、设计、施工、监理等有关单位，在确定的时间和地点组织进行项目竣工验收。发包人签字后送质量监督机构和相关部门。若在规定或约定时间内不进行竣工验收，或不提修改意见，应视为承包人递交的工程竣工申请报告被认可。

10.3.2 项目竣工验收的一般规律

为了保证建设工程竣工验收顺利进行，必须遵循项目一次性基本特征，按项目的内在规律和竣工的先后顺序进行竣工验收。

1. 项目竣工验收的程序

在建设工程项目管理实践中，因承包的范围不同，交工的形式也会有所不同。从承包人的角度看，交付竣工验收，意味着项目经理部任务的完成，可以承担新项目。工程交付竣工验收一般按三种情况分别进行：

（1）单位工程（或专业工程）竣工验收。以单位工程或某专业工程内容为对象，独立签订建设工程施工合同的，达到竣工条件后，承包人可单独进行交工，发包人根据竣工验收的依据和标准，按施工合同约定的工程内容组织竣工验收，比较灵活地适应了目前工程承包的普遍性。

按照现行建设工程项目划分标准，单位工程是单项工程的组成部分，有独立的施工图纸，承包人施工完毕，征得发包人同意，或原施工合同已有约定的，可进行分阶段验收。这种验收方式，在一些较大型的、群体式的、技术较复杂的建设工程中比较普遍地存在。

我国加入世贸组织后，建设工程领域利用外资或合作搞建设的会越来越多，采用国际惯例的做法也会日益增多。分段验收或中间验收的做法也符合国际惯例，它可以有效控制分项、分部和单位工程的质量。保证建设工程项目系统目标的实现。

我国近几年来也借鉴了国际上的一些经验和做法，修订了施工合同示范文本，增加了中间交工的条款。新的《建设工程施工合同（示范文本）》（GF—1999—0201）“通用条款”32.6 款规定：“中间交工工程的范围和竣工时间，双方在专用条款内约定，其验收程序按本通用条款 32.1 款至 32.4 款办理。”

在施工合同“专用条款”中，双方一旦约定了中间交工工程的范围和竣工时间，如群体工程中，哪些单位工程先行交工，再如公路工程的哪个合同段先行交工等，则应按合同约定的程序进行分阶段的竣工验收。

（2）单项工程竣工验收。指在一个总体建设项目中，一个单项工程或一个车间，已按设计图纸规定的工程内容完成，能满足生产要求或具备使用条件，承包人向监理人提交

《工程竣工报告》和《工程竣工报验单》经签认后，应向发包人发出《交付竣工验收通知书》，说明工程完工情况，竣工验收准备情况，设备无负荷单机试车情况，具体约定交付竣工验收的有关事宜。

对于投标竞争承包的单项工程施工项目，则根据施工合同的约定，仍由承包人向发包人发出交工通知书请予组织验收。竣工验收前，承包人要按照国家规定，整理好全部竣工资料并完成现场竣工验收的准备工作，明确提出交工要求，发包人应按约定的程序及时组织正式验收。

(3) 全部工程竣工验收。全部工程竣工验收是指整个建设项目已按设计要求全部建设完成，并已符合竣工验收标准，由发包人组织设计、施工、监理等单位和档案部门进行全部工程的竣工验收。全部工程的竣工验收，一般是在单位工程、单项工程竣工验收的基础上进行。对已经交付竣工验收的单位工程（中间交工）或单项工程并已办理工移交手续的，原则上不再重复办理验收手续，但应将单位工程或单项工程竣工验收报告作为全部工程竣工验收的附件加以说明。

对一个建设项目的全部刚刚程竣工验收而言，大量的竣工验收基础工作已在单位工程和单项工程竣工验收中进行。实际上，全部工程竣工验收的组织工作，大多由发包人负责，承包人主要是为竣工验收创造必要的条件。

全部工程竣工验收的主要任务是：负责审查建设工程的各个环节验收情况；听取各有关单位（设计、施工、监理等）的工作报告；审阅工程竣工档案资料的情况；实地察验工程并对设计、施工、监理等方面工作和工程质量、试车情况等作综合全面评价。承包人作为建设工程的承包（施工）主体，应全过程参加有关的工程竣工验收。

2. 项目竣工验收的依据

建设工程产品的形成，是承包人依据若干技术、经济、管理文件，组织项目实施，最终达成的竣工成果。交付竣工验收，是承包人完成承建工程后办理的交工手续。办理竣工验收手续应依据与该建设工程有关的文件，这些文件具有设计、合同、技术的规定性和约束力。

(1) 批准的设计文件、施工图纸及说明书。这是由发包人提供的，主要内容应涵盖：上级批准的设计任务书或可行性研究报告；用地、征地、拆迁文件；地质勘察报告；设计施工图及有关说明等。

《建筑法》第五十八条中规定："建筑施工企业必须按照工程设计图纸和施工技术标准施工，不得偷工减料。"照图施工是承包人的重要责任，这种责任是质量和技术的责任。所以，设计文件、施工图纸是组织施工的第一手技术资料，施工完毕是竣工验收的重要依据。

(2) 双方签订的施工合同。建设工程合同是发包人和承包人为完成约定的工程，明确相互权利、义务的协议。工程竣工验收时，对照合同约定的主要内容，可以检查承包人和发包人的履约情况，有无违约责任，是重要的合同文件和法律依据，受法律保护。

(3) 设备技术说明书。发包人供应的设备，承包人应按供货清单接收并有设备合格证明和设备的技术说明书，据此按照施工图纸进行设备安装。设备技术说明书是进行设备安装调试、检验、试车、验收和处理设备质量、技术等问题的重要依据。

若由承包人采购的设备，应符合设计和有关标准的要求，按规定提供相关的技术说明书，并对采购的设备质量负责。

（4）设计变更通知书。设计变更通知书，是施工图纸补充和修改的记录。《建筑法》第五十八条中规定："工程设计的修改由原设计单位负责。建筑施工企业不得擅自修改工程设计。"

根据这一规定，明确了工程变更设计的程序，以及发包人和承包人的责任。设计变更原则上由设计单位主管技术负责人签发，发包人认可签章后由承包人执行。

（5）施工验收规范及质量验收标准。项目实施中要遵循的工程建设规范和标准很多，主要有设计、施工及验收规范、工程质量检验评定标准等。在建设工程项目管理中，经常使用的工程建设国家和行业标准与施工有关的就达数十个。对不按强制性标准施工，质量达不到合格标准的，不得进行竣工验收。

（6）外资工程应依据我国有关规定提交竣工验收文件。国家规定，凡有引进技术和引进设备的建设项目，要做好引进技术和引进设备的图纸、文件的收集、整理工作，无论通过何种渠道得到的与引进技术或引进设备有关的档案资料均应交档案部门统一管理。

3. 项目竣工验收的要求

建设工程达到竣工验收条件，必须有相应的验收标准和要求，可供遵循。

（1）设计文件和合同约定的各项施工内容已经施工完毕。

1）民用建筑工程完工后，包括单体工程和群体工程，承包人按照施工及验收规范和质量检验标准进行自检，不合格品已自行返修或整改，达到验收标准。水、电、气、设备、智能化、电梯经过试验，符合使用要求。

2）生产性工程、辅助设施及生活设施，按合同约定全部施工完毕，室内工程和室外工程全部完成，建筑物、构筑物周围2m以内的场地平整，障碍物已清除，给水排水、动力、照明、通信畅通，达到竣工条件。

3）工业项目的各种管道设备、电气、空调、仪表、通信等专业施工内容，已全部安装结束，已做完清洗、试压、吹扫、油漆、保温等，经过试运转，全部符合工业设备安装施工及验收规范和质量标准的要求。

4）其他专业工程按照合同的约定和施工图规定的工程内容，全部施工完毕，已达到相关专业技术标准，质量验收合格，达到了交工的条件。

（2）有完整并经核定的工程竣工资料，符合验收规定。项目竣工资料的整理和移交归档的文件应符合《建设工程文件归档整理规范》的规定，分类组卷应符合自然形成规律，并按国家有关规定，把竣工梢案资料装订成册，达到归档范围的要求。

（3）有勘察、设计、施工、监理等单位签署确认的工程质量合格文件。工程施工完毕，勘察、设计、施工、监理单位按照《建设工程质量管理条例》的规定，并按各自的质量责任和义务，签署了工程质量合格文件。

承包人按照合同要求，提交的全套竣工资料应经专业监理工程师审查，确认无误后，由总监理工程师签署认可意见。承包人提交监理机构审查的文件表式主要有10种，各种表格的填写要求在《建设工程监理规范》中均有说明，包括：

1）工程开工/复工报审表。

2）施工组织设计（方案）报审表。

3）分包单位资格报审表。

4）报验申请表。

5）工程款支付申请表。

6）监理工程师通知回复单。

7）工程临时延期申请表。

8）费用索赔申请表。

9）工程材料/构配件/设备报审表。

10）工程竣工报验单。

（4）有工程使用的主要建筑材料、构配件、设备进场的证明及试验报告。

1）现场使用的主要建筑材料（水泥、钢材、砖、砂、沥青等）应有材质合格证，还必须有符合国家标准、规范要求的抽样试验报告。对水泥、钢材等尚应注明主要使用部位。

2）混凝土预制构件、钢构件、钢（木）铝、塑门窗等应有生产单位的出厂合格证书，必要时，应附主要建筑材料的材质证明。

3）混凝土、砂浆等施工试验报告，应按结构部位和楼层依次填写清楚，取样组数应符合施工及验收规范和设计规定，并列表注明。

4）设备进场必须开箱检验，并有出厂质量合格证，检验完毕要如实做好各种进场设备的检查验收记录。

4. 项目竣工验收的标准

由于工程建设是复杂的系统工程，涉及多部门、多行业、多专业，而各部门、各行业、各专业的要求又有所不同，质量验收标准很难以一概全。因此，对各类工程的检查、验收和评定，都有相应的技术标准。对竣工验收而言，总的要求必须依法办事，符合工程建设强制性标准、设计文件和施工合同的规定。具体内容是：

（1）合同约定的工程质量标准。《建设工程施工合同（示范文本）》第二部分通用条款15.1规定：“工程质量应达到协议书约定的质量标准，质量标准的评定以国家或行业的质量检验评定标准为依据。因承包人原因工程质量达不到约定的质量标准，承包人承担违约责任。”通用条款15.2还规定：“双方对工程质量有争议，由双方同意的工程质量检测机构鉴定，所需费用及因此造成的损失，由责任方承担。双方均有责任，由双方根据其责任分别承担。”

合同约定的质量标准具有强制性，合同的约束规范了承发包双方的质量责任和义务，承包人必须确保工程质量达到验收标准，不合格不得交付验收和使用。

（2）单位工程竣工验收的合格标准。国家标准《建筑工程施工质量验收统一标准》（GB/50300—2001）对单位工程质量验收合格规定如下：

1）单位（子单位）工程所含分部（子分部）工程的质量均应验收合格。

2）质量控制资料应完整。

3）单位（子单位）工程所含分部工程有关安全和功能的检测资料应完整。

4）主要功能项目的抽查结果应符合相关专业质量验收规范的规定。

5）观感质量验收应符合要求。

其他专业工程的竣工验收标准，也必须符合各专业工程质量验收标准的规定。合格标准是工程验收的最低标准，不合格一律不允许交付使用。

（3）单项工程达到使用条件或满足生产要求。建设项目的某个单项工程已按设计要求完成，即每个单位工程都已竣工、相关的配套工程整体收尾已完成无影响，能满足生产要求或具备使用条件，工程质量经检验合格，竣工资料整理符合规定，发包人可组织竣工验收。

（4）建设项目能满足建成投入使用或生产的各项要求。建设项目的全部子项工程均已完成，符合交付竣工验收的要求。在此基础上，项目能满足使用或生产要求。并应达到以下标准：

1）生产性工程和辅助公用设施，已按设计要求建成，能满足生产使用。

2）主要工艺设备配套，设施经试运行合格，形成生产能力，能产出设计文件规定的产品。

3）必要的设施已按设计要求建成。

4）生产准备工作能适应投产的需要。

5）其他环保设施、劳动安全卫生、消防系统已按设计要求配套建成。

10.3.3 项目竣工验收备案程序

项目竣工验收是国家通过立法规范工程建设活动行为确立的一项基本法律制度。所谓项目竣工验收制度，就是按照法律、法规和有关工程建设标准的规定，坚持项目竣工预验、竣工验收、竣工报告、竣工备案等程序和方法的总称。

1. 项目竣工验收报验方法

（1）项目竣工报验的规定。《建筑法》第三十条规定，“国家推行建筑工程监理制度”；第三十二条规定，“建筑工程监理应当依照法律、行政法规及有关的技术标准、设计文件和建筑工程承包合同，对承包单位在施工质量、建设工期和建设资金使用等方面，代表建设单位实施监督”。

《建设工程质量管理条例》第三十条规定：“未经监理工程师签字，建筑材料、建筑构配件和设备不得在工程上使用或者安装，施工单位不得进行下一道工序的施工。未经总监理工程师签字，建设单位不拨付工程款，不进行竣工验收。”

未经总监理工程师签字，不进行竣工验收。根据这个基本要求，《建设工程监理规范》（GB/50319—2000）对竣工验收阶段总监理工程师的职责作了明确规定：“审核签认分部工程和单位工程的质量检验评定资料，审查承包单位的竣工申请，组织监理人员对待验收的工程项目进行质量检查，参与工程项目的竣工验收。承包人递交的《工程竣工报验单》必须由总监理工程师签署。”

（2）项目竣工报验的做法。

1）分包与总包项目经理部应在竣工验收准备阶段完成各项竣工条件的自检工作，报所在企业复检。

2）该工程已完成设计和施工合同约定的各项内容，工程质量符合有关法律、法规和工程建设强制性标准的规定。

3）《竣工工程申请验收报告》内容按表式要求填写，自检意见应表述明确，项目经理、企业技术负责人、企业法定代表人应签字，并加盖企业公章。此表由承包人填写，报送发包人。

4）递交的《工程竣工报验单》附件应齐全，足以证明工程已按合同约定完成并符合竣工验收要求。

5）总监理工程师组织专业监理工程师对承包人报送的竣工资料进行审查，并对工程质量进行竣工验收。对存在的问题应要求承包人所在项目经理部及时进行整改。整改完毕，总监理工程师应签署工程竣工报验单，提出工程质量评估报告。

6）承包人根据工程监理机构签署认可的工程竣工报验单和质量评估结论，向发包人递交竣工验收通知函件，具体约定工程交付竣工验收的时间、会议地点和有关安排。

2. 项目竣工验收组织形式

发包人收到承包人递交的预约竣工验收的通知后，应及时研究并按竣工验收程序和约定的时间，成立竣工验收组织，严格履行竣工验收职责。

建设行政主管部门应委托工程质量监督机构对工程竣工验收的组织形式、验收程序、执行标准等情况实施监督。

（1）竣工验收组织的成立。成立竣工验收组织要根据建设工程的重要性、规模大小、隶属关系、承发包关系、工程项目管理方式等具体情况而定。重点工程、大型项目、技术较复杂的工程应组成验收委员会；一般小型工程项目，组成验收小组即可。

竣工验收工作由发包人组织，参加单位应包括勘察、设计、施工、监理和相关单位。参加验收的主要人员是：

1）主持竣工验收的发包方负责人和现场总代表。

2）勘察单位的负责人。

3）设计单位的设计负责人。

4）总承包单位和分包单位的负责人、项目经理、技术负责人等。

5）监理单位的总监理工程师和专业监理工程师。

6）建设主管部门和备案部门的代表。

（2）竣工验收组织的职责。经竣工验收组织审查，确认工程达到竣工验收的各项条件，应形成竣工验收会议纪要和《工程竣工验收报告》。参加验收的各单位负责人应在竣工验收报告上签字并加盖公章，竣工验收组织的具体职责是：

1）听取各单位的情况报告。

2）审查各种竣工资料。

3）对工程质量进行评估、鉴定。

4）形成工程竣工验收会议纪要。

5）签署工程竣工验收报告。

6）对遗漏问题作出处理决定。

3. 项目竣工验收报告内容

根据专业特点和工程类别不同，各地采用的工程竣工验收报告的格式也不尽相同。按照国家对建设工程竣工验收条件的规定，工程竣工验收报告应包括以下主要内容：

（1）工程概况。

（2）竣工验收组织情况：①竣工验收委员会；②竣工验收小组；③验收组织单位和代表。

（3）质量验收情况：①建筑工程质量；②给水排水与采暖工程质量；③建筑电气安装工程质量；④通信与空调工程质量；⑤电梯安装工程质量；⑥建筑智能化工程质量；⑦工

程竣工资料审查结论；⑧其他专业工程质量等。

(4) 竣工验收程序：①按工程规模大小划分；②按工程项目竣工先后组织；③按施工合同约定的程序进行。

(5) 竣工验收意见：①建设单位执行基本建设程序的情况；②对勘察、设计、施工、监理等各方面的评价；③对整个建设工程竣工验收的综合评估。

(6) 签名盖章确认：①参加竣工验收各位代表签名；②加盖竣工验收各单位公章。

(7) 竣工验收报告附件；①施工许可证、施工图设计文件审查意见；②勘察、设计单的质量检查报告；③施工单位的竣工资料分类目录及汇总表；④监理单位对工程质量的评估报告；⑤中间交工工程验收报告；⑥竣工验收遗留问题处理结果报告；⑦建设行政主管部门、质量监督机构责令整改的结果报告；⑧法律、法规、规章规定应交的其他文件资料。

4. 项目竣工验收备案规定

根据《建设工程质量管理条例》规定，国家建设行政主管部门制定了相关的部门规章。项目竣工验收后，发包人作为项目建设单位，应按照有关规定，办理工程项目竣工验收备案。原建设部令第78号颁发了《房屋建筑工程和市政基础设施工程竣工验收备案管理暂行办法》。

建设单位办理项目竣工验收备案应提交下列文件：

(1) 工程竣工验收备案表。

(2) 工程竣工验收报告。

(3) 法律、行政法规规定应当由有关部门出具的认可文件或者准许使用文件。

(4) 施工单位签署的工程质量保修书。

(5) 法规、规章规定必须提供的其他文件。

10.3.4 项目竣工验收文件档案

工程文件是建设工程档案资料的总和，应从工程准备阶段开始就建立工程档案，收集、整理有关资料，并把这项工作贯穿到项目实施全过程直到交付竣工验收为止。

凡是列入归档范围的工程文件，都必须按规定的竣工验收程序、建设工程文件归档整理规范和工程档案验收办法进行正式审定。承包人在工程承包范围内的工程文件应按分类组卷的要求移交发包人，发包人则按照竣工验收备案制的规定，汇总整理全部工程文件，向档案主管部门移交备案。

1. 工程文件的归档范围

工程文件的归档范围应符合《建设工程文件归档整理规范》(GB/T 50328—2001) 的规定。保管期限分为永久、长期、短期三种。

2. 工程文件的交接程序

(1) 承包人，包括勘察、设计、施工必须对工程文件的质量负全面责任，对各分包人做到“开工前有交底，实施中有检查，竣工时有预验”，确保工程文件达到一次交验合格。

(2) 承包人，包括勘察、设计、施工根据总分包合同的约定，负责对分包人的工程文件进行中检和预验，有整改的待整改完成后，进行整理汇总并移交发包人。

(3) 承包人根据建设工程合同的约定，在项目竣工验收后，按规定和约定的时间，将全部应移交的工程文件交给发包人，并符合档案管理的要求。

(4) 根据工程文件移交验收办法，建设工程发包人应组织有关单位的项目负责人、技术负责人对资料的质量进行检查，验证手续应完备，应移交的资料不齐全，不得进行验收。

3. 工程文件的目录清单

交付竣工验收的项目，必须有工程文件目录清单。目录清单应与移交的分类组卷档案资料的内容相符，以备核查。文字材料、图纸声像材料可按专业分类，如建筑安装工程综合卷和建筑（土建）、暖卫、燃气、电气、通风与空调、电梯等；市政基础设施工程如道路、桥梁、广场、隧道、铁路、人防、供水、供热、供气、供电、电信等分类。

编制卷内工程文件页号应符合下列要求：

(1) 均按书写内容页面编号，每卷单独编号，页号从“1”开始。

(2) 单面书写页号在右下角；双面书写的，正面在右下面，背面在左下角；折叠的图纸一律在右下角。

(3) 成套图纸或印刷成册的文件资料，自成一卷的，原目录可代替卷内目录。

(4) 案卷封面、卷内目录、卷内备考表不编写页号。

4. 工程文件的验收办法

工程文件档案的移交验收是项目交付竣工验收的重要内容。工程文件档案的移交验收应当符合国家档案局《建设项目（工程）档案验收办法》和国家标准《建设工程文件归档整理规范》的规定和各地档案管理部门的规定。承包人应当在工程竣工验收前，将形成的工程竣工文件向发包人归档。移交时，承发包双方应按编制的移交清单签字、盖章后方可交接。

10.4 施工项目回访保修

10.4.1 项目回访保修制度

项目交工后回访用户是一种“售后服务”方式，项目交工后保修是我国工程建设的一项基本法律制度。通过建立和完善回访保修服务制度，贯彻“顾客至上”的服务宗旨，可以展示企业良好的形象。

贯彻回访保修服务制度，要求承包人在项目交付竣工验收后，自签署工程质量保修书起的一定期限内，应对发包人和使用人进行工程回访，发现由施工原因造成的质量问题，承包人应负责工程保修，直到在正常使用条件下，建设工程的质量保修期结束为止。

《建筑法》规定，建筑工程实行质量保修制度。《建设工程质量管理条例》规定，建设工程实行质量保修制度。实行工程质量保修制度，对于促进承包人加强工程质量管理，保护用户及消费者的合法权益可以起到重要的保障作用。

1. 回访保修的意义

承包人进行项目回访保修的重要意义在于：

(1) 有利于项目经理部重视项目管理，提高工程质量。只有加强项目的过程控制，增强项目管理层和作业层的责任心，严格按操作工艺和规程施工，以防止和消除质量缺陷的要求出发，才能从源头上杜绝工程质量问题的发生。

(2) 有利于承包人听取用户意见，履行回访保修承诺。发现工程质量缺陷，应采取相应的措施，及时派出人员登门进行修理；收集、倾听用户的意见，做好回访保修记录，纳入承包人回访用户和工程保修的管理程序进行控制。

(3) 有利于改进服务方式，增强用户对承包人的信任感。通过建立回访与保修的服务制度，组织编写一些用户服务卡、使用说明书、维修注意事项等资料，在回访中馈赠使用人或用户，真正树立全心全意为用户提供优质服务的企业形象。

2. 回访保修的程序

坚持项目回访与保修制度，加强承包人与发包人及使用人或用户的广泛联系，并按规定的程序开展工作，可以赢得发包人的信任，创造“服务换合作”的机遇，提高承包人的社会信誉。

进行项目回访保修的工作方法：

(1) 总的指导原则是瞄准建设市场，提高工程质量，与发包人建立良好的公共关系，并将回访保修工作纳入计划实施。

(2) 适时召开一些易于融洽、有益双方交流的座谈会、经验交流会、节庆茶话会，以加强联系，增进双方友好感和信赖感。

(3) 及时研究解决施工问题、质量问题，听取发包人对工程质量、保修管理、在建工程的意见，不断改善项目管理，才能真正提高工程质量水平，树立承包人的社会信誉。

(4) 千方百计为发包人提供各种跟踪服务，不断满足他们提出的各种变更修改要求，建立健全工程项目登记、变更、修改等技术质量管理基础资料，把管理上作做得扎扎实实。

(5) 妥善处理与发包人、监理人和外部环境的关系，捕捉机会，创造有利条件，精心组织，细心管理，形成“我精心，你放心，他尽心”的“三位一体”工程质量保证体系。

(6) 组织发放有关工程质量保修、维修的注意事项等资料，切实贯彻企业服务宗旨，进行工程质量问卷调查，收集反馈工程质量保修信息，对实施效果应有验证和总结报告。

3. 回访保修的依据

按照《合同法》第二百七十五条规定，“建设工程施工合同的内容应包括：质量保修范围和质量保证期”；第二百八十一条规定：“因施工人的原因致使建设工程质量不符合约定的，发包人有权要求施工人在合理期限内无偿修理或者返工、改建”。

《建设工程施工合同（示范文本）》通用条款中对质量保修作了详细规定：

(1) 承包人应按法律、行政法规或国家关于工程质量保修的有关规定，对交付发包人使用的工程在质量保修期内承担质量保修责任。

(2) 质量保修工作的实施。承包人应在工程竣工验收之前，与发包人签订质量保修书，作为本合同附件。

(3) 质量保修书的主要内容包括：质量保修项目内容及范围；质量保修期；质量保修责任。

(4) 质量保修金的支付方法。

10.4.2　项目回访工作计划

1. 回访保修控制程序的要求

(1) 目的和适用范围

1) 通过回访，了解工程交付使用后，用户对工程质量的意见，促进承包人改进工程质量管理，为顾客提供优质服务。

2）服务要素及控制程序的内容适用于承包人承建并交工的项目和交付竣工验收后的服务工作。

（2）术语。采用GB/T 6583—ISO 8402：1994标准的术语。

（3）职责。

1）承包人应明确服务要素的责任领导，确定本要素及程序制订、修订、实施的归口管理部门和相关部门、人员应执行本要素及程序的规定。

2）执行单位或项目经理部应参与用户回访调查，代表企业履行保修承诺，具体执行质量保修、维修业务。

（4）措施和方法。

1）承包人应制订并实施项目回访保修服务控制程序。

2）在项目交付竣工验收后按工作计划组织回访用户。

3）严格按相关规定和约定，搞好质量保修服务，履行服务承诺。

4）正确划分保修和维修的责任界限，处理好与用户的关系。

5）采取多种形式听取用户意见，分析信息，为质量改进提供资料。

2. 回访保修工作计划的要求

回访保修工作计划应由承包人的归口管理部门统一编制，相关部门要积极配合，执行单位或项目经理部要尽职尽责，履行承诺，搞好项目回访及保修服务。

回访保修工作要有计划、有步骤地进行，根据工程交付竣工验收的先后、交工工程所在区域，分别组织。对回访保修工作计划应引起重视，不能草率行事，流于形式。

根据回访保修工作计划的安排，每次回访结束，执行单位或项目经理部应填写《回访工作记录》，撰写回访纪要，执行负责人应在回访记录上签字确认。

撰写回访工作纪要的主要内容一般应包括：存在哪些质量问题；使用人有什么意见；事后应采取什么措施处理；公正、客观地记录正反两方面的评价意见。

回访保修的归口管理部门应依据《回访工作记录》，对回访服务的实施效果进行检查验证，并填写《主控要素监督检查记录（回访用表）》，检查验证部门的有关人员应签字确认。

全部回访工作结束，应提出回访服务报告，收集用户对工程质量的评价，分析质量缺陷的原因，总结正反两方面的经验和教训，采取相应的对策措施，加强施工过程质量控制，改进完善项目管理。

回访服务报告的主要内容应涵盖：回访建设单位和工程项目的概况；使用单位或用户对交工工程的意见；对回访工作的单项分析和全面总结；举一反三提出质量改进的对策措施等。

10.4.3 项目回访工作方式

《建设工程项目管理规范》（GB/T 50326—2006）第18.6.3条规定："回访可采取电话询问、登门座谈、例行回访等方式。回访应以业主对竣工项目质量的反馈及特殊工程采用的新技术、新材料、新设备、新工艺等的应用情况为重点，并根据需要及时采取改进措施。"

承包人的归口管理部门负责组织回访用户的业务工作，可采用电话询问、登门拜访、会议座谈等多种形式，搞好回访的服务工作。执行单位应随时听从召唤，及时履行服务承诺，做好记录并提交预防措施主管部门验收证明。

根据回访计划安排，可采取灵活多样并有针对性的回访工作方式：

1. 例行性回访

按回访工作计划的统一安排，对已交付竣工验收并在保修期限内的工程，组织例行回访，一般半年或一年进行一次，广泛收集用户对工程质量的反映。对回访难以覆盖的地方，可采取电话询问方式，也可以适时采取召开一些易于融洽、有益交流的座谈会、茶话会等形式，把回访工作搞活。

2. 季节性回访

主要是针对具有季节性特点、容易造成负面影响、经常发生质量问题的工程部位进行回访，如夏季回访屋面工程、墙面工程的防水和渗水情况、空调系统，冬季回访采暖系统等；了解有无施工质量缺陷或使用不当造成的损坏等问题，要区分情况处置，妥善处理好外部公共关系，认真负责地解答用户提出的问题，必要时可分发一些资料，进行维护知识的宣传教育。

3. 技术性回访

根据建筑新技术在工程上应用日益增多的情况，通过回访用户的方式，及时了解施工过程中采用新材料、新技术、新工艺、新设备的技术性能，从用户那里获得使用后的第一手材料，掌握设备安装竣工使用后的技术状态、运行中有无安装施工质量缺陷，若发现有质量问题，应及时进行处理。

4. 专题性回访

对某些特殊工程、重点工程、有影响的工程应组织专访，可将服务工作往前延伸，一般由项目经理部自行组织为好，包括交工前对发包人的访问和交工后对使用人的访问，听取他们的意见，为其提供跟踪服务，满足他们提出的合理要求，改进服务方式和质量管理。交工验收后仍然要建立联系，发生问题应及时上门服务，为以后创造“服务换合作”的新机会。

10.4.4　项目工程质量保修

《建设工程项目管理规范》（GB/T 50326—2006）第18.6.4条规定：“签发工程质量保修书应确定质量保修范围、期限、责任和费用的承担等内容。”

《建设工程质量管理条例》第三十九条规定：“建设工程实行质量保修制度。建设工程承包单位在向建设单位提交工程竣工验收报告时，应当向建设单位出具质量保修书。质量保修书中应当明确建设工程的保修范围、保修期限和保修责任等。”

1. 工程质量保修书的示范文本

2. 工程质量最低保修期限规定

《建设工程质量管理条例》第四十条规定：

在正常使用条件下，建设工程的最低保修期限为：

（1）基础设施工程、房屋建筑的地基基础工程和主体结构工程，为设计文件规定的该工程的合理使用年限。

（2）屋面防水工程、有防水要求的卫生间、房间和外墙面的防渗漏，为5年。

（3）供热与供冷系统，为2个采暖期、供冷期。

（4）电气管线、给排水管道、设备安装和装修工程，为2年。其他项目的保修期限由发包方与承包方约定。

建设工程的保修期，自竣工验收合格之日起计算。

根据《建设工程质量管理条例》的规定，发包人和承包人在签署工程质量保修书时，应约定在正常使用条件下的最低保修期限。保修期限应符合下列原则：

（1）条例已有规定的，应按规定的最低保修期限执行。

（2）条例中没有明确规定的，应在工程质量保修书中具体约定保修期限。

（3）保修期应自竣工验收合格之日起计算，保修有效期限至保修期满为止。

3. 工程质量缺陷修理联系方式

在保修期内发生的非使用原因的质量问题，使用人应填写《工程质量修理通知书》告知承包人，并注明质量问题及部位、联系维修方式。

交付竣工验收投入使用的工程当发生施工质量问题时，使用人可直接到承包人接待处领取《工程质量修理通知书》表式，并如实填写一式两份，一份交接待处据此安排保修工作，另一份由使用人自留备查。

原承包人在约定的时间和地点不派人修理的，使用人（用户）可委托其他单位修理，因修理发生的费用，应由原承包人承担赔偿责任。

《工程质量修理通知书》的主要内容是：

（1）质量问题及部位，由使用人具体填写清楚，对专用名词不清楚的，可在接待处咨询后正确填写。

（2）修理通知书发出日期，为约定的起始时间，承包人应在 7 天内派出人员执行保修任务。

4. 工程质量保修义务承诺履行

《建设工程质量管理条例》第四十一条规定："建设工程在保修范围和保修期限内发生质量问题的，施工单位应当履行保修义务，并对造成的损失承担赔偿责任。"

按照国家有关规定，承包人自收到使用人（用户）提交的《工程质量修理通知书》后，应按工程质量保修的承诺，在规定的期限内，为使用人及时提供保修服务，对执行修理任务的单位和人员，实行严格的修理责任制，使保修业务工作落到实处。

若工程属于发包人或使用人委托的修理、维护内容，承包人仍然应按另有约定的承诺，为发包人或使用人提供应有的服务。

修理任务完成，执行项目经理部应安排专职质量人员到现场对修理结果进行自检评定，并签署评定结论。使用人（用户）对修理结果认可，应在《工程质量修理通知书》上签署验收意见，将自留的一份一并移交承包人归档，建立保修业务档案。

5. 工程质量缺陷保修责任界定

工程质量缺陷是产生工程质量保修的根源。进行质量保修，必须划清经济责任。所谓质量缺陷，是指工程发生了不符合国家或行业现行的有关技术标准、设计文件及合同中对质量的要求等。但是，工程发生质量缺陷问题的情况比较复杂，不能"一刀切"。因设计、施工、供应、建设、使用等多方面的影响，都有可能产生质量缺陷问题。

对产生工程质量缺陷的问题应进行具体分析，对经济责任的性质应进行区别、划分，主要目的是便于澄清问题，加强质量管理。因设计、施工、供应、建设、使用等不同原因造成的质量问题，应当由责任方承担经济责任。

（1）质量管理的法律依据。《建筑法》对建筑市场主体各方的质量管理行为作了具体规定：

建设单位不得以任何理由，要求建筑设计单位或者建筑施工企业在工程设计或者施工作业中违反法律、行政法规和建筑工程质量、安全标准，降低工程质量。

建筑工程的勘察、设计单位必须对其勘察、设计的质量负责。勘察、设计文件应当符有关法律、行政法规的规定和建筑工程质量、安全标准、建筑工程勘察、设计技术规范以及合同的约定。

建筑施工企业必须按照工程设计要求、施工技术标准和合同的约定，对建筑材料、建筑构配件和设备进行检验，不合格的不得使用。

建筑工程竣工时，屋顶、墙面不得留有渗漏、开裂等质量缺陷；对已发现的质量缺陷，建筑施工企业应当修复。

（2）质量责任的行政法规。《建设工程质量管理条例》对建设工程质量管理各方的质量责任和义务作了明确的规定：

按照合同约定，由建设单位采购建筑材料、建筑构配件和设备的，建设单位应当保证建筑材料、建筑构配件和设备符合设计文件和合同要求。

建设单位不得明示或者暗示施工单位使用不合格的建筑材料、建筑构配件和设备。

设计单位在设计文件中选用的建筑材料、建筑构配件和设备，应当注明规格、型号、性能等技术指标，其质量要求必须符合国家规定的标准。

除有特殊要求的建筑材料、专用设备、工艺生产线等外，设计单位不得指定生产厂、供应商。

施工单位对建筑工程的施工质量负责。

（3）经济责任的划分原则。根据有关法律、行政法规和部门规章的规定，有不同原因造成的质量问题，应由责任方负责修理并承担由此而产生的经济责任。

1）属于承包人的原因。承包人未严格按照国家现行施工及验收规范、工程质量验收标准、设计文件要求和施工合同约定组织施工，由此而造成的工程质量缺陷，所产生的工程质量保修，应当由承包人负责修理并承担经济损失。

由承包人采购的建筑材料、建筑构配件、设备等不符合质量要求或承包人应进行而没有进行试验或检验，进入施工现场放行使用造成工程质量问题的，应由承包人负责修理并承担经济责任。

2）属于设计人的原因。因设计原因造成的工程质量缺陷，可由承包人进行修理，但设计人应承担经济责任，其费用可按合同约定，通过发包人向设计人索赔，不足部分由发包人补偿。

3）属于发包人及使用人的原因。因发包人供应的建筑材料、构配件、设备不合格，发包人明示或暗示承包人使用造成工程质量缺陷的，或使用人竣工验收后自行改建造成的工程质量缺陷，应由发包人或使用人自行承担经济责任。

因发包人指定分包人或不该肢解而肢解发包的工程，致使施工中接口处理不好，造成工程质量缺陷的，或因发包人或使用人竣工验收后使用不当造成的损坏，应由发包人或使用人自行承担经济责任。

4）其他原因。《房屋建筑工程质量保修办法》（建设部令第80号）规定，不可抗力造成的质量缺陷不属于规定的保修范围。所以，因地震、洪水、台风等不可抗力造成损坏或非施工原因造成的紧急抢修事故，承包人不承担经济责任。

不属于承包人保修范围的工程，但发包人或使用人有意委托承包人修理、维护时，承包人应本着“为用户服务”的精神，为发包人或使用人提供修理、维护等服务，但应签订协议约定。所发生的费用，应由委托人按协议约定的结算方式支付。

（4）保修保险。推行工程风险管理可以有效地转移、分解和规避风险，对发承包双方都是有利的，这种做法符合国际惯例。有的建设工程项目经发包人与承包人协商，根据工程合理使用年限，采用保修保险方式投保的项目，保险费用由发包人支付，承包人应按约定的保修承诺，履行其保修职责和义务。保修保险，解决了费用立项和来源问题，合情合理，最终受益还是发包人或投资人。

10.5 项目考核评价

10.5.1 项目考核评价的一般概念

项目考核评价工作是建设工程项目管理活动中一个很重要的环节，是对管理主体行为实施效果的检验和评估，是客观反映项目管理目标实现情况的总结。通过项目考核评价，总结经验，找出差距。制定措施，对提高建设工程项目管理水平具有十分重要的作用。

1. 项目考核评价的含义

建设工程项目管理通常由立项、规划、施工、收尾四个阶段构成。项目考核评价是项目收尾阶段的一项重要工作或一个重要环节。

所谓项目考核评价，顾名思义，就是项目实施后的考核评价，分为中间考核评价和终结考核评价。中间考核评价，方法比较灵活，可以根据项目的需要来组织，如过程考核、年度考核等，主要对象是建设工期较长的大中型项目，考核的要求是控制和确保建设工程目标的实现。终结考核评价，则是在项目收尾完成，竣工验收后，办完项目竣工结算，编制好项目竣工决算并报批备案，由组织进行的项目终结性考核评价。

2. 项目考核评价的载体

项目考核评价的目的是规范项目管理行为，鉴定项目管理水平，评价项目管理成果。中国建筑业协会工程项目管理委员会颁发的《建筑业企业工程项目管理评估办法》，为开展建设工程项目管理考核评价活动提供了一个可参照的依据。

项目考核评价的载体应包括项目考核评价的管理主体、责任主体和工程客体三个方面。

（1）项目考核评价的管理主体。项目考核评价的管理主体应是派出项目管理机构的主管单位。

1）建设工程项目的发包人。是指具有发包主体资格的建设单位或项目法人。

2）建设工程项目的承包人，是指具有承包主体资格的当事人，可以是勘察、设计、施工等在内的项目承包单位或项目承包人。

3）其他方式建设工程项目考评组织。

（2）项目考核评价的责任主体。项目考核评价的责任主体是派驻项目现场的一次性管理组织机构，通常称为项目部。因项目范围管理的不同，接受项目考核评价的责任主体，可以分别是：

1）建设单位项目经理部；

2）设计单位项目经理部；

3）施工单位项目经理部；

4）总包单位项目经理部；

5）其他单位项目经理部等。

（3）项目考核评价的工程客体。项目考核评价的工程客体是指实行建设工程项目管理的工程项目。工程客体可以分别是：

1）大、中、小型建设工程项目；

2）群体工程项目；

3）单项工程项目；

4）单位工程项目；

5）其他工程项目等。

项目考核评价可以在工程项目全部完成后进行，也可以在实施过程中间进行。

3. 项目考核评价的作用

对项目进行考核评价，在我国建设工程项目管理中还是一项比较新的事业。过去十多年来，在对建设工程施工项目管理进行考核评价方面已经摸索了一些成熟的经验，但对建设项目全过程进行综合考核评价的经验还不足，这与我国建设工程的管理体制和市场发育程度有密切的关系。对项目进行全过程、全方位的考核评价，还需要通过建设工程项目管理的实践逐步总结经验，不断完善项目考核评价体系，丰富项目考核评价的内容及形式。

在我国现阶段，对建设工程项目进行考核评价可以产生以下作用：

（1）提高项目管理的决策水平。通过项目实施后的决策考核，可以对项目立项决策的正确与否作出评价。考核评价虽然是事后总结，但得到的经验能够为后来项目的决策提供依据，起到很好的项目决策参考作用。

（2）提高项目管理的设计水平。通过项目实施后的设计考核，可以对项目勘察设计的方案和水平作出评价，并在项目实施过程中得到验证，不断优化设计方案，为项目勘察设计单位提高设计能力和水平起到很好的促进作用。

（3）提高项目管理的采购水平。通过项目实施后的采购考核，可以对项目采购的设备是否先进、适用、可靠作出评价，检验项目投产或交付使用的运行情况，是否达到了设计能力和要求，总结好的经验，减少失误，起到很好的项目采购借鉴作用。

（4）提高项目管理的施工水平。通过项目实施后的施工考核，可以对项目施工过程的管理控制作出评价，考核项目“四控制”、“二管理”、“一协调”的管理效果，提高项目施工组织管理水平，在不断完善项目管理中起到很好的施工示范作用。

（5）提高项目管理的总包水平。通过项目实施后的总包考核，可以对项目总承包管理涉及的项目准备、设计、采购、施工、交工等全过程目标和任务的实现情况作出评价，为摸索项目总承包经验，提高总承包项目管理水平，起到很好的试点推动作用。

4. 项目考核评价的要求

随着建设工程项目管理形式的多样化，对项目考核评价工作也提出更新的更高的要求，涉及到项目各参与方，根据各自的需要，都应当建立一套科学的项目考核评价内容和指标体系，作为项目完成后考核评价的依据。

（1）项目考核评价条件。进行项目考核评价应具备以下条件：

1）有进行项目评价的组织，包括建设、勘察、设计、施工、供应的企业或单位，其组织结构按照项目管理的要求进行了调整。

2）建立了项目管理组织，且有明确的职责、权限和项目所需的各类管理人员。

3）实行了项目经理责任制，并运用项目的计划、组织、指挥、协调、控制职能，确保项目管理各项目标实现。

4）有考核评价的组织、办法、方案和资料，考评组织接到任务可立即进入程序。

（2）项目考核评价依据。项目考核评价依据，是指对项目考核评价起到评估作用的目标性、管理性、法规性、标准性文件的总称。

1）目标性文件。目标性文件是指领导与被领导、委托与被委托之间签订的《项目管理目标责任书》，实行了项目经理责任制，用以明确项目经理部应达到的项目管理复合目标及承担的责任，并作为项目完成后考核评价项目管理成果的目标性文件。目标性文件是项目考核评价的目标性基本依据。

2）管理性文件。管理性文件是指为规范项目管理行为，由企业管理层制定的各项管理制度、管理办法、管理程序、管理方案等文件，如质量、进度、成本、安全、技术、合同、劳资等方面管理工作的规定。管理性文件是项目考核评价的管理性行为依据。

3）法规性文件。法规性文件是指对项目进行考核评价具有强制约束力的文件，包括国家发布的法律、行政法规、部门规章和地方法规等与工程建设有关的规定。法规性文件是项目考核评价的法规性约束依据。

4）标准性文件。标准性文件是指由行业协会（或单位）主编，国家政府行政主管部门批准发布的有关工程建设的国家标准、行业标准以及地方性的标准等工程技术、管理的规范。如《建设工程项目管理规范》、《建设工程监理规范》、《建设工程文件归档整理规范》等国家标准。标准性文件是项目考核评价的标准性规范依据。

（3）项目考核评价的方式。随着建设工程项目组织实施方式改革，对项目进行考核评价所选择的方式也不尽相同。项目考核评价的方式是项目考评组织运用科学的评价办法对项目管理是否有效及结果是否达到预期目标所做的系统的、综合的项目考核、鉴定、评估和咨询。

鉴于我国建设工程项目管理的现状，可供选择的项目考核评价方式主要有如下几种：

1）业主方项目考核评价方式。亦称建设项目管理考核评价，其项目管理的目标包括项目的投资目标、进度目标和质量目标等。其中：投资目标是指项目的总投资目标；进度目标是指项目交付使用的时间目标或工期目标；质量目标涉及设计、施工、材料、设备、环境的质量目标。

2）设计方项目考核评价方式。亦称设计项目管理考核评价，其项目管理的目标主要在设计阶段，考核评价的内容应包括设计成本、造价、进度、质量的控制和设计合同、信息管理以及与设计工作有关的沟通管理等。

3）施工方项目考核评价方式。亦称施工项目管理考核评价，其项目管理的目标主要在施工承包阶段，其考核评价的内容应包括施工成本、进度、质量、安全控制和施工合同、采购、资源、信息、环境、风险、收尾管理以及与项目施工交叉有关的组织协调等沟通管理。

4）总承包项目考核评价方式。亦称总承包项目管理考核评价，其项目管理目标涉及项目实施全过程，包括设计、施工、采购、试车、交工验收的全部实施阶段，考核评价的内容涵盖了与总承包项目管理有关的投资、成本、进度、质量、安全控制和合同、信息、环境、采购、风险、沟通、收尾管理等。

5）其他的项目考核评价方式。如供货方、专业方、监理方、咨询方项目管理的考核评价，应根据各自的管理特点和项目实施的内在规律，灵活进行具有自身特性的项目考核评价工作和管理。

10.5.2 项目考核评价的指标体系

项目考核评价的指标体系，是由定量指标和定性指标构成，能对项目管理的实施效果作出客观、正确、科学分析和论证的依据。

项目考核评价指标体系具有项目管理指标系统全面、单项剖析的明显特征。选择一组适用的指标对某一项目的管理目标进行定量或定性分析，是考核评价项目管理成果的需要。

项目考核评价指标体系的应用，要结合项目组织实施方式的特点选择，一般应涵盖以下三个方面的工作内容。

1. 项目考核评价定量指标

考核评价定营指标的主要内容有：

（1）工程质量指标。工程质量是项目考核评价的关键性指标，它是依据工程建设强制性标准的规定，对工程质量合格与否作出的鉴定。

评价工程质量的依据是工程勘察质量检查报告、工程设计质量检查报告、工程施工质量检查报告以及工程监理质量评估报告等。

以建筑工程施工质量验收为例，标准对单位（子单位）工程质量验收合格的条件规定是：单位（子单位）工程所含分部（子分部）工程均应验收合格；质量控制资料应完整；单位（子单位）工程所含分部工程有关安全和功能的检测资料应完整；主要功能项目的抽查结果应符合相关专业质量验收规范的规定；观感质量验收应符合要求。

在进行工程质量验收评价时，均应按照现行的各专业质量验收标准规定进行检查，并作出结论。国家或地方评选的优质工程奖，应是评价质量管理水平的复合性指标及优质工程成果。

（2）工期及工期提前率。建设工程的工期长短是综合反映工程项目管理水平、项目组织协调能力、施工技术设备能力、各种资源配置能力等方面情况的指标。在评价项目管理效果时，一般都把工期作为一个重要指标来考核。

工期提前率，是用实际工期与计划工期或合同工期进行对比，按公式计算，即得出工期提前率或提前量的效果指标。

缩短工期，对建设项目尽快发挥投资效益、施工项目降低工程成本都有非常多的优越性。

（3）工程成本降低额及降低率。工程成本降低指标是直接反映工程项目管理经济效果的重要指标。工程成本降低通常用成本降低额和成本降低率来表示。

工程成本降低额是实际成本额低于计划成本额的绝对指标。

工程成本降低率是实际成本低于计划成本的绝对额与计划成本额的相对比率。在项目考核评价中通常用成本降低率这一相对评价指标，以便直观反映工程项目的成本管理水平。

(4) 安全控制目标。安全控制目标是上程项目管理的主要目标之一，按照原建设部1999年发布的行业标准《建筑施工安全检查标准》(JGJ 59—99)的规定，项目施工安全标准分为优良、合格、不合格三个等级。

建设工程职业健康安全事故的分类，应按照国家标准《企业伤亡事故分类》(GB—6441—1986)的规定执行。

安全控制目标包括杜绝重大伤亡事故、杜绝重大机械事故、杜绝重大火灾事故和工伤频率控制等。

贯彻“安全第一，预防为主”的方针，坚持安全控制程序，消除、减少安全事故，保证人员健康安全和财产免受损失，是实现安全控制目标的重要保证。

(5) 环境保护目标及指标。环境保护是按照法律、法规、标准的规定，各级行政主管部门和企业的要求，保护和改善项目现场的环境，控制现场的各种粉尘、废水、废气、固体废弃物、噪声、振动等对环境的污染和危害。

1) 环境保护目标的要求：

a. 现场施工噪声达到国家控制标准，符合《建筑施工场地噪声限值》(GB 12523—90)规定。

b. 工作环境符合国家标准要求。

c. 固体废弃物的处理和处置达到控制标准。

d. 废水排放应按规定进行处理，符合《污水综合排放标准》(GB 8978—1996)标准。

e. 节能降耗，减少资源浪费等。

2) 环境保护指标的内容：

a. 项目现场噪声限值。

b. 现场土方、粉状材料管理覆盖率、道路硬化率。

c. 项目资源能源节约率等。

2. 项目考核评价定性指标

项目考核评价定性指标的主要内容包括：

(1) 经营管理理念。经营管理理念是项目组织实施的理性观念。一般情况是，有什么样的经营理念，就会给项目组织实施带来什么样的管理效果。

评价项目经营管理理念，主要是审视项目实施者是否实现了围绕项目运行的管理、机制、组织和技术上的创新，关键体现在以下几方面：

1) 潜移默化的内在功能和高超绝强的管理水平。

2) 各类人才的素质集聚和综合优势的充分发挥。

3) 组织内部的高效体制和适应市场的经营机制。

(2) 项目管理策划。项目管理策划是项目组织实施的对策谋划。无论哪种项目管理方式，项目经理都要认真策划，做好项目管理这篇文章。

评价项目管理策划，主要是审视项目实施者是否遵循了项目管理规范，建立起精干高效、目标明确、自我约束、协调运行的管理模式。策划构思要从科学的思维创造开始，以良好的管理效果结尾，尽量做到：项目管理组织是精干高效的；项目目标要求是激扬奋进的；项目运行机制是规范有效的；项目协调沟通是运转灵活的。

（3）管理基础工作。管理基础工作是项目组织实施的基础管理，包括项目管理制度、规定、标准、资料、信息等多方面的基础工作。

评价项目管理基础工作，主要是审视项目实施中各项基础工作是否及时、准确、严格、持续的贯彻执行，思想政治工作是否有效，管理规定能否做到令行禁止。具体工作应包括：项目管理有关的标准、规范的执行情况；项目管理有关的制度、办法的贯彻情况；项目管理有关的文件、档案的整理情况。

（4）项目管理方法。项目管理方法是项目组织实施的管理创新。项目管理有无创新，敢为人先，把创新的方法经过加工提炼，融入项目管理之中，体现项目管理创新的特点，为项目管理注入新的内容，使其产生组合效应，形成自己的管理模式。

评价项目管理方法是否创新，主要是审视项目管理过程中采用了哪些独具匠心的方法。

（5）新技术的推广。新技术推广是项目组织实施的技术创新。项目技术创新应以科技为先导，在项目实施中积极推广新技术、新工艺、新材料、新设备的应用，把适用科技成果及时转化为项目生产力。

评价项目新技术的推广应用，主要是审视项目管理中是否用创新的理念，以一流的技术成果、一流的质量水平、一流的施工工艺组织项目实施。

（6）项目社会评价。项目社会评价是项目组织实施的市场反映。项目管理的知名度和美誉度，从某种程度上说是建立在社会评价基础上的。

项目实施效果的最终评价人是用户或使用单位、中介机构或社会各界，他们的评价是最具有说服力的。市场和社会对项目的认同，一般取决于以下四个条件：

1）项目管理机制有无效率，能否吸引业主。

2）项目管理水平有无硬功，能否征服业主。

3）项目管理信用有无承诺，能否取信业主。

4）项目管理传媒有无宣传，能否抓住业主。

以上四个条件缺一不可。由此建立起来的项目社会评价基石才是巩固的和适应市场竞争的，才是真正意义上的管理机制、管理水平、管理信用和管理传媒的整合。

3. 项目考核评价指标分析

项目考核评价的基本手段是应用项目选择确定的指标体系，对项目的最终效果和过程效果进行定量和定性的分析、论证、评估。项目考核评价的结论是进行项目管理总结的基础。

项目考核评价是在综合考虑项目实施的内、外部因素和主、客观条件基础上，列项目管理的效果进行的考核验证。

项目考核评价指标分析的作用如下：

（1）通过项目考核评价指标的分析评价，肯定项目管理目标的实现水平。如项目的建设工期、工程质量、投资效果、成本降低、安全管理、环境保护等各方面的管理水平。

（2）通过项目考核评价指标的计算比较，用数据说话，分析项目各项可比指标的状况，掌握合格率、差异率、完成率、降低率、利润率等，确认项目管理目标实现的准确性。

(3) 通过项目考核评价指标的鉴定论证，识别客观因素和主观因素对项目管理目标实现的影响以及这些因素对项目影响的程度，客观、公正地评价项目管理成果，并为项目的审计、考核提供依据。

(4) 通过项目考核评价指标的综合分析，真实反映项目管理主体的业绩，避免考核评价失真，在考核中找出成绩、问题或差距，总结工程项目管理经验，为以后的工程项目管理提供借鉴参考。

10.5.3 项目考核评价基本程序

《建设工程项目管理规范》(GB/T 50326—2006) 第18.7.4条规定：

项目考核评价应按下列程序进行：

(1) 制定考核评价办法。

(2) 建立考核评价组织。

(3) 确定考核评价方案。

(4) 实施考核评价工作。

(5) 提出考核评价报告。

项目考核评价是一项科学的评估方法。按照项目管理的共性规律，即对一次性的项目、一次性的组织、一次性的管理，在进行考核评价时，必须坚持既定的基本程序，做到项目考核评价有办法、有组织、有方案、有实施、有报告。

组织在对项目进行考核评价时，除了坚持《建设工程项目管理规范》(GB/T 50326—2006) 规定的基本程序外，尚应根据特定项目的具体情况，切实做好以下五个环节的考评管理工作：

1. 制定项目考核评价办法

项目考核评价办法是专为考核评价制定的管理制度。考核评价的管理制度是开展项目考核评价工作的行为规范。常言道："没有规矩，不成方圆。"制定项目考核评价办法，就是为组织进行项目考核评价立的规矩。

鉴于建设工程项目管理方式的多样化，因此选择、制定项目考核评价的方法和内容会有所不同。如业主方项目管理的考核评价，虽然过程很长，涵盖了项目建设的寿命周期，但考核的重点则主要是项目的决策正确与否，包括建设工期、工程质量、投资效果等；承包方项目管理的考核评价，则是不包括立项决策的项目实施过程的多指标、多管理的考核评价，评价的内容和方法一般比较具体。

无论哪种项目管理方式，在制定项目考核评价办法时，都应包括如下内容：

(1) 项目考核评价的目的。

(2) 项目考核评价的机构。

(3) 项目考核评价的指标。

(4) 项目考核评价的方法。

(5) 项目考核评价的总结。

2. 建立项目考核评价组织

项目考核评价组织是为项目考核评价提供智力服务的专家组织。项目考核评价的组织因项目的需要而建立，既可以委托第三方进行项目考核、评估，也可以由企业内部各方面的专家组成，按照考核评价办法的规定进行项目的考核、评估。

项目考核评价组织的成员，应熟悉项目管理理论，有一定的学术造诣和专业管理经验，宣讲和文字表达能力较强，热心项目考核评价工作。

项目考核评价组织的职责和任务是：

(1) 编制项目考核评价的实施方案。

(2) 负责评价期间的工作联系和组织协调。

(3) 具体实施项目考核评价的各项工作。

(4) 查阅资料，考察项目现场，作出评价结论。

(5) 整理移交项目，考核评价各类资料等。

3. 确定项目考核评价方案

项目考核评价方案是指导项目考核评价上作的实施文件。在编制过程中，应认真听取项目所在单位的部门和项目经理部的意见，修订、完善项目考核评价的内容，统一工作步调，达成考核评价共识，使项目考核评价的各项工作按计划、有步骤地进行。

项目考核评价方案编制完成，应按考核评价办法的规定，将文本报送评价组织的负责人审核、批准，然后按认同、批准的方案具体组织实施。

项目考核评价方案的编制内容应包括：

(1) 工程项目概况。

(2) 项目考核评价组织的构成情况。

(3) 项目考核评价的指标分解。

(4) 项目考核评价的时间安排。

(5) 项目考核评价的具体方法。

(6) 项目考核评价的结论报告。

(7) 项目考核评价的统一表式等。

4. 实施项目考核评价工作

开展项目考核评价的各项工作应按批准的项目考核评价方案组织实施。具体的考评工作，应按确定的评价对象、评价范围和评价进度，本着指标、专业分工的原则逐步展开，同时要沟通评价期间交叉和上下的工作信息。

项目考核评价组织进入项目后，应向项目经理部提交评价方案，召开必要的沟通协调会议，争取项目经理部的工作支持，使项目考评实施工作按预定的时间、内容和要求进行。

实施项目考核评价应按下列步骤进行：

(1) 项目考评组织进入现场，听取项目经理部的情况汇报。

(2) 查阅项目实施过程中形成的工程文件、管理制度、各类报表、原始记录等。

(3) 考察工程项目现场，召开必要的座谈会，查看场容场貌、质量安全、环境保护。

(4) 项目考评组织按专业分工进行定量和定性指标分析、比较，提出评价意见。

(5) 项目考评组织按评价程序，对项目实现目标、考核指标完成情况进行评分。

(6) 项目考评组织对项目作考核评价结论，尤其对敏感性问题应广泛听取意见，统一认识。

5. 提出项目考核评价报告

项目考核评价报告是综合反映项目考核评价结果的文件，亦是项目考评组织全面评价项目管理情况的书面报告。

项目考核评价报告的内容应全面、具体，具有较强的逻辑性、客观性和说服力，本着肯定成绩、找出差距的原则，对项目管理行为、项目管理效果、项目管理目标的实施和完成情况作出公平、公正的评价，以理服人，并提出建设性的咨询意见。

项目考核评价报告的主要内容一般应包括：

(1) 项目考核评价报告正文。

(2) 项目考核评价报告附件，包括：若干项目考核评价表；项目考核评价鉴定书；其他附件等。

为了便于企业对工程项目管理进行综合评价，中国建筑业协会工程项目管理委员会制定了《建筑业企业工程项目管理评估办法》，为建设工程项目管理开展评估活动提供了一个参考依据。

10.5.4 施工项目管理的全面总结

工程项目管理总结是全面、系统反映项目管理实施情况的综合性文件。项目管理结束后，项目管理实施责任主体或项目经理部应进行项目管理总结。项目管理总结应在项目考核评价工作完成后编制。

《建设工程项目管理规范》(GB/T 50326—2006) 第18.7.5条规定：

项目管理结束后，组织应按照下列内容编制项目管理总结：

(1) 项目概况。

(2) 组织机构、管理体系、管理控制程序。

(3) 各项经济技术指标完成情况及考核评价。

(4) 主要经验及问题处理。

(5) 其他需要提供的资料。

编制项目管理总结具有十分重要的意义。根据上述规定，项目管理责任主体要十分重视项目管理总结，需从以下几个方面做好项目管理总结的基础工作：

1. 收集整理项目管理的有关资料

项目管理资料是项目管理基础工作的重要内容，也是分析总结项目管理经验的原始材料。在进行项目管理总结前，应注意收集整理如下资料：

(1) 工程技术档案的汇总资料。

(2) 各项技术经济指标完成情况的分析资料和统计报表。

(3) 项目实施过程中的获奖业绩材料。

(4) 项目的各项专业管理制度及总结的经验材料。

(5) 项目考核评价组织提交的项目考核评价报告。

(6) 贯彻现代管理体系，推广适用、先进施工技术的材料。

(7) 项目开展思想政治工作的好经验、好做法的资料。

(8) 其他与项目管理总结有关的材料。

2. 全面分析项目管理的实施效果

全面分析项目管理实施效果是正确反映项目管理水平，编写项管目理总结材料的需要。分析项目管理效果要充分依据有关资料实事求是地科学评价。全面分析实施效果应注意以下问题：

（1）结合项目具体情况进行综合分析，选择适用的评价指标，如质量、工期、产值、利润、成本等分析指标，对项目实施的各方面进行系统的分析，综合评价项目效益和管理效果。

（2）结合项目具体情况进行单项分析，即针对某个单项指标或问题进行剖析，总结好的经验，找出问题的原因，为改进、完善项目管理中的某项工作制定对策措施。

（3）结合项目具体情况总结项目管理经验，应与项目考核评价的指标体系同口径，不能与项目考核评价的结论意见有矛盾，客观地反映项目管理的业绩和效果。

3. 认真撰写项目管理的总结材料

撰写项目管理总结材料，是在资料收集、效果分析的基础上，按照编写提纲的要求进行的文字总结。总结材料编写完，须经项目经理审核同意后打印上报备案。

项目管理总结是工程文件归档整理的重要资料之一，应按照工程文件归档整理的规定及时存入建设工程文件档案和企业档案。

学 习 小 结

本项目主要介绍了项目收尾的概念，项目收尾管理要求，项目竣工资料的整理；项目竣工验收实务，竣工验收的条件、程序、依据、质量标准；项目回访保修的意义，工程回访的方式和工程质量保修的相关内容；项目管理考核评价的概念，项目管理考核评价方式和项目考核评价指标体系。

能 力 训 练 题

1. 竣工验收应如何组织？
2. 达到什么条件，方可竣工验收？
3. 单位工程质量验收合格应符合哪些规定？
4. 工程质量保修书应明确哪些主要内容？
5. 试述项目考核评价的基本程序。
6. 项目考核评价指标体系包括哪些基本内容？
7. 试述工程质量最低保修期限的规定。
8. 试述项目回访的工作方式。
9. 试述项目竣工验收备案程序。
10. 说说《建设工程项目管理规范》中项目收尾的定义。

参 考 文 献

[1] 刘灿生. 给水排水工程施工手册 [M]. 第 2 版. 北京：中国建筑工业出版社，2002.

[2] 建设工程项目管理规范(GB/T 50326—2006). 北京：中国建筑工业出版社，2006.

[3] 质量管理体系 项目质量管理指南(GB/T 19016—2005/ISO10006：2003). 北京：中国标准出版社，2006.

[4] 建筑施工组织设计规范(GB/T 50502—2009). 北京：中国建筑工业出版社，2009.

[5] 于立君,孙宝庆. 建筑工程施工组织 [M]. 北京：高等教育出版社，2005.

[6] 王卓甫. 工程项目管理 [M]. 北京：中国水利水电出版社，2007.